教育部高等学校电子信息类专业教学指导委员会规划教材
高等学校电子信息类专业系列教材

数字信号处理基础教程

（第2版）

陈纯锴　主编
龙帮强　徐妮妮　王少娜　副主编

清华大学出版社
北京

内容简介

本书系统地讨论了数字信号处理的基础理论、基本概念、基本分析方法、算法和设计。全书共7章，包括三部分内容。第一部分（第1、2章）介绍离散时间信号（序列）与系统的基本概念，模拟信号用数字信号处理的原理与方法，时域、频域（Z 变换）的分析方法；第二部分（第3、4章）介绍数字谱分析，离散傅里叶变换及其快速算法；第三部分（第5～7章）介绍各种IIR及FIR数字滤波器的基本概念、理论、结构与设计方法。

本书着重基本概念、基本原理的阐述及各概念之间的相互联系，既重视原理、概念和算法的讲解，保持课程知识体系的完整性和系统性，又重视算法实现和实践。本书图文并茂，在介绍这些理论的同时将MATLAB引入其中，以工程实际为背景，深入、详尽地分析各种实例，使学生尽快掌握数字信号处理的精髓，掌握数字信号处理系统的设计与开发，并提供完整的MATLAB程序。此外，笔者还为本书制作了教学视频，扫描书中相应位置的二维码可以在线观看、学习。本书条理清楚，论述深入浅出，有较多的例题，便于自学。

本书可作为大学本科或专科院校通信工程、电子信息工程、信息工程等专业的教材，也可供从事这些专业及相近专业数字信号处理的科学研究工作者和工程技术人员参考。

本书封面贴有清华大学出版社防伪标签，无标签者不得销售。
版权所有，侵权必究。举报：010-62782989，beiqinquan@tup.tsinghua.edu.cn。

图书在版编目（CIP）数据

数字信号处理基础教程/陈纯锴主编. —2版. —北京：清华大学出版社，2021.11（2025.2重印）
高等学校电子信息类专业系列教材
ISBN 978-7-302-59192-4

Ⅰ. ①数…　Ⅱ. ①陈…　Ⅲ. ①数字信号处理－高等学校－教材　Ⅳ. ①TN911.72

中国版本图书馆CIP数据核字（2021）第187890号

责任编辑：赵　凯
封面设计：李召霞
责任校对：焦丽丽
责任印制：刘海龙

出版发行：清华大学出版社
网　　址：https://www.tup.com.cn, https://www.wqxuetang.com
地　　址：北京清华大学学研大厦A座　　**邮　　编：**100084
社 总 机：010-83470000　　**邮　　购：**010-62786544
投稿与读者服务：010-62776969，c-service@tup.tsinghua.edu.cn
质量反馈：010-62772015，zhiliang@tup.tsinghua.edu.cn
课件下载：https://www.tup.com.cn，010-83470236
印 装 者：三河市君旺印务有限公司
经　　销：全国新华书店
开　　本：185mm×260mm　　**印　　张：**15.75　　**字　　数：**382千字
版　　次：2018年9月第1版　2021年11月第2版　　**印　　次：**2025年2月第3次印刷
印　　数：2501～3000
定　　价：59.00元

产品编号：092675-01

第2版前言

PREFACE

数字信号处理是信息技术的基础，是高校电子信息类的必修课。2018 年，我们在研究国内外同类教材并结合多年教学经验的基础上，编写出版《数字信号处理基础教程》，被一些高校作为教材或参考书。根据三年的教学使用及读者的反馈，对教材进行修订，为保证理论的完整性，在第 1 版的基础上增加或删减，并尽量保持内容的逻辑关联性和全面性。考虑后续的随机信号处理及现代数字信号处理课程，增加了相关运算，增加了滑动平均系统去噪原理及应用实例。线性卷积及圆周卷积关系上引入原理框图及对应例题等，重新修订的教材整体结构循序渐进，内容深入浅出，体现了原理、方法和技术应用的有机结合。同时，本书在形式上充分利用了现代教材建设手段，针对教材的知识点在不同章节精心制作了教学视频，扫描书中相应位置的二维码可以在线观看、学习。进一步增强了教材的可读性和可用性，提高学生的学习效率。由于编者水平有限，书中的缺点和不足之处在所难免，恳请广大读者指正与建议，以便再版时做进一步修订与完善。此外，对部分例题也进行了补充和改编，使其更加契合理论学习。

考虑一些高校要进行工程教育专业认证，我们按照认证要求制作了教学大纲、教学课件、电子教案、全部实例的源代码和教学日历。本书的出版得到了清华大学出版社赵凯编辑的策划与支持，在此深表感谢！同时我们要特别感谢参加本书第 1 版和第 2 版编写与出版工作的所有老师！受编者水平所限，教材中难免有错误或不足之处，敬请广大同行和读者批评指正。

编　者

2021 年 10 月

第2版前言

PREFACE

[illegible]

第1版前言

PREFACE

随着信息、通信、计算机科学与技术的迅速发展,数字信号处理的理论得到快速发展,其应用领域也日益广泛,"数字信号处理"已快速成长为一个主要的学科领域,成为各大专院校相关专业的一门重要专业基础必修课程,其课程的学科内容也在不断充实和完善,从而推动教材内容也随之进行修改、充实和更新。

本书具有如下主要特点:

(1) 强调基础,内容包括数字信号与系统、离散傅里叶变换及快速算法(数字谱分析)、滤波器理论与设计(IIR、FIR)三大块。现在许多高校限于学时等因素也只讲这些内容,而目前许多数字信号处理教材内容不断增加,如小波变换、数字信号处理中的有限字长效应、线性预测和最优线性滤波器、自适应滤波器及功率谱估计等。这些内容往往成了"摆设",当然并不是说不应该有这些新知识,只是大部分普通高校没有讲授。

(2) 本书的习题也进行了有针对性的设计,包括填空题、选择题、计算题及综合题,同时大部分习题给出了详细答案。这些习题都非常有启迪意义,能够帮助读者更好地理解数字信号处理的相关内容。以往教材每章都给出大量习题,在附录中给出答案,但这些答案非常简单,有的还省略了,同时配套出版习题解答书籍,可能是考虑让学生自己来思考,但对互联网如此发达的今天,这样只会增加障碍与不便。

(3) 本书中各章末都拿出一节增加 MATLAB 应用实例,并给出完整程序,有助于学生理解和掌握数字信号处理的基本理论和基本实现方法。

(4) 本书虽强调基础,但讲述内容能全面、深入地阐述近年来数字信号处理领域的新技术和新成果;图文并茂,能用图形说明的不用文字阐述;结合典型实例进行分析,实用性、实践性强,理论联系实际,侧重实用,使学生在实践中掌握数字信号处理的基本概念、基本方法和基本应用。

本书由陈纯锴进行规划、组织和统编,天津工业大学电子与信息工程学院数字信号处理课程组老师均参与编写,陈纯锴编写了绪论、第 6、7 章及第 1、5 章部分内容,第 4 章由龙帮强老师完成,第 1 章部分内容由徐妮妮老师完成,第 2 章由王少娜老师完成,第 3 章由关雪梅老师完成,第 5 章部分内容由王雯老师完成。全书由陈纯锴统稿。

澳大利亚 Wollongong 大学的 J. Tong 教授与天津工业大学的吴涛老师提出了建议与意见,在此表示感谢!

在本书的编写过程中,我们参阅了大量文献,在此对本书末列出的参考文献以及书中未能提及资料来源的文献的作者表示诚挚的感谢。另外还要感谢清华大学出版社的赵凯编辑及其他工作人员,他们在本书的出版过程中给予了大力支持与帮助。由于编者水平有限,疏漏和不当之处在所难免,敬请读者批评指正。

编　者

2018 年 5 月

目录
CONTENTS

教案

教学大纲(通信)

上机实验指导书

实验报告模版

课件

第0章 绪论

CHAPTER 0

数字信号处理是当前信息处理技术中十分活跃的一个分支。在过去的数十年中，数字信号处理的领域，无论在理论上还是技术上都有非常重要的发展。工业上开发和利用廉价的硬件和软件，使不同领域的新工艺和新应用都在使用DSP算法。

视频讲解

数字信号处理：利用数字计算机或专用数字硬件、对数字信号所进行的一切变换或按预定规则所进行的一切加工处理运算。例如，滤波、检测、参数提取、频谱分析等。数字信号处理一般简称为DSP。对于DSP，可狭义理解为Digital Signal Processor(数字信号处理器)，可广义理解为Digital Signal Processing(数字信号处理技术)。本书讨论的DSP的概念是广义的。数字信号处理作为一门新的学科真正出现是在1965年Cooley和Tukey提出快速傅里叶变换(Fast Fourier Transform，FFT)算法之后。FFT算法与莱维逊(Levinson)自回归谱估计算法形成了数字信号处理现代算法的两大支柱。

1. 数字信号处理的研究内容

数字信号处理主要研究：信号的采集和数字化，包括取样、量化；信号的分析，包括信号描述与运算、Z变换、离散傅里叶变换、Hilbert变换、信号时频分析、离散余弦变换、离散小波变换、快速算法理论、快速卷积、相关算法、信号建模、特征估计(自相关函数、功率谱估计)；数字滤波器设计理论包括IIR滤波器设计、FIR滤波器设计、卡尔曼滤波器设计、维纳滤波器设计及自适应滤波器设计理论。其中有些知识是在研究生阶段的“现代信号处理”课程中介绍。数字信号处理理论结构如图0-1所示。

2. 数字信号处理的实现方法

数字信号处理的主要对象是数字信号，采用数值运算的方法达到处理目的。因此，其实现方法不同于模拟信号的实现方法，基本上可以分成三种，即**软件实现方法**、**硬件实现方法**和**片上系统实现方法**。

(1) 数字信号处理的软件实现。

软件实现方法指的是按照原理和算法，自己编写程序或者采用现成的程序在通用计算机上实现，其优点是经济，可以一机多用；缺点是处理速度慢，这是由于通用计算机的体系结构并不是为某一种特定算法而设计的。在许多非实时的应用场合，可以采用软件实现方法。例如，处理一混有噪声的视频，可以将图像(声音)信号转换成数字信号并存入计算机，用较长的时间一帧一帧地处理这些数据。处理完毕，再实时地将处理结果还原成清晰的视频。通用计算机即可完成上述任务，而不必花费较大的代价去设计一台专用计算机。

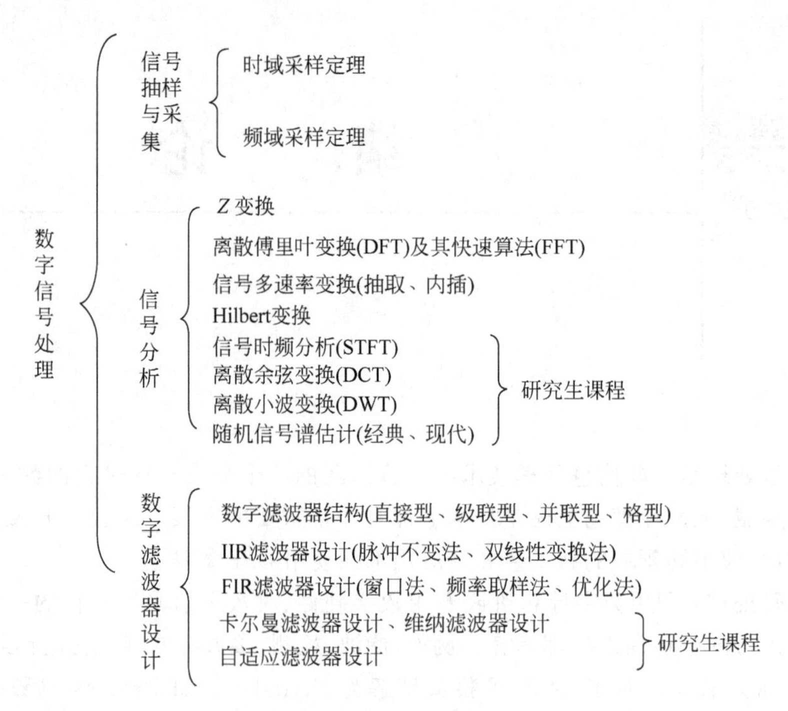

图 0-1 数字信号处理理论结构

(2) 数字信号处理的硬件实现。

硬件实现是按照具体的要求和算法,设计硬件结构图,用乘法器、加法器、延时器、控制器、存储器以及输入输出接口等基本部件实现的一种方法。硬件实现是针对特定的应用目标,设计一个专用的硬件系统。其优点是容易做到实时处理,缺点是设备只能专用。

(3) 数字信号处理的片上系统(System on a Chip,SoC)实现。

随着大规模集成电路的发展,一个复杂数字信号处理系统可以集成在一个芯片上。SoC包含有数字和模拟电路、模拟和数字转换电路、微处理器、微控制器以及数字信号处理器等。与传统集成电路不同的是,嵌入式软件的设计也被集成到SoC设计流程中,SoC设计以组装为基础,采用自上至下设计方法,设计过程中大量重复使用自行设计或第三方拥有知识产权的IP(Intelligent Property)模块。SoC要考虑如何合理划分软件和硬件所实现的系统功能以及如何实现软硬件间的信息传递。SoC是数字信号处理系统的一个新型实现方法。

3. 数字信号处理系统构成

数字信号处理系统构成如图 0-2 所示,前置取样滤波器也称为**抗混叠滤波器**,将输入信号 $x_a(t)$ 中高于某一频率(称为**折叠频率**,等于抽样频率的一半)的分量加以滤除。A/D 转换器由模拟信号产生一个二进制流。在 A/D 转换器中每隔 T 秒(抽样周期)取出一次 $x_a(t)$ 的幅度,抽样后的信号 $x(n)$ 称为离散信号。数字信号处理器(DSP)按照预定要求,对数字信号序列 $x(n)$ 按一定的要求加工处理(滤波、运算等),得到输出信号 $y(n)$。D/A 转换器由一个二进制流产生一个阶梯波形,是形成模拟信号的第一步。后置的模拟滤波器把阶梯波形平滑成预期的模拟信号,以滤除掉不需要的高频分量,生成所需的模拟信号 $y_a(t)$。

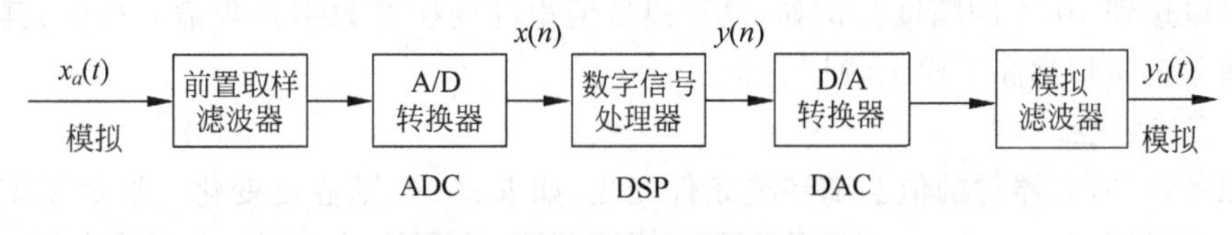

图 0-2 数字信号处理系统构成

4. 数字信号处理的典型应用

在机械制造中，基于 FFT 算法的频谱分析仪用于振动分析和机械故障诊断；医学中使用数字信号处理技术对心电(ECG)和脑电(EEG)等生物电信号作分析和处理；数字音频广播(DAB)广泛使用数字信号处理技术。数字信号处理技术已在各领域引起广泛关注和高度重视，其典型应用如图 0-3 所示。

(1) 语音处理：语音编码、语音合成、语音识别、语音增强、语音邮件和语音存储等。

(2) 图像/图形：二维和三维图形处理、图像压缩与传输、图像识别、动画、机器人视觉、多媒体、电子地图和图像增强等。

(3) 军事：保密通信、雷达处理、声呐处理、导航、全球定位、跳频电台、搜索和反搜索等。

(4) 仪器仪表：频谱分析、函数发生、数据采集和地震处理等。

(5) 自动控制：控制、深空作业、自动驾驶、机器人控制和磁盘控制等。

(6) 医疗：助听、超声设备、诊断工具、病人监护和心电图等。

(7) 家用电器：数字音响、数字电视、可视电话、音乐合成、音调控制、玩具与游戏等。

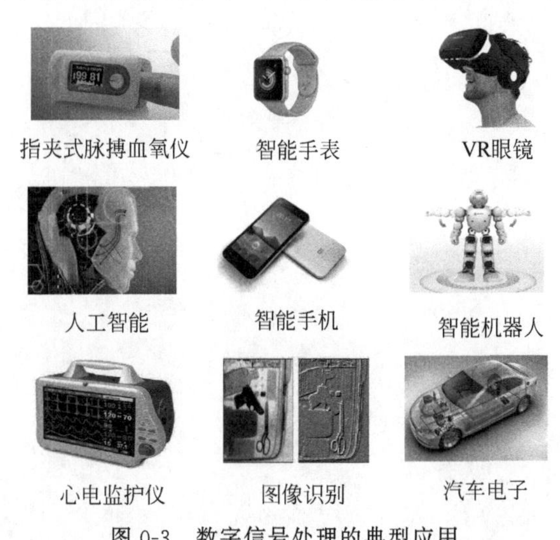

图 0-3 数字信号处理的典型应用

5. 数字信号处理的优点

数字信号处理采用数字系统完成信号处理的任务，它具有数字系统的一些共同优点，例如抗干扰、可靠性强，便于大规模集成等。除此以外，与传统的模拟信号处理方法相比，它还具有以下明显的优点。

(1) 精度高。

在模拟系统的电路中，元器件精度达到 10^{-3} 以上已经不容易了，而数字系统 17 位字

长通常可以达到 10^{-5} 的精度。例如,基于离散傅里叶变换的数字式频谱分析仪,其幅值精度和频率分辨率均远高于模拟频谱分析仪。

(2) 高稳定性。

模拟系统中,元器件的值会随环境条件变化(如 R、L、C 随温度变化),造成系统性能不稳定。数字系统,只有“0”和“1”两种电平,一般不随环境条件(如温度、电磁感应等)变化,工作稳定。

(3) 可控性好,灵活性好。

数字信号处理采用了专用或通用的数字系统,其性能取决于运算程序和乘法器的各系数,这些均存储在数字系统中,只要改变运算程序或系数,即可改变系统的特性参数,比改变模拟系统方便得多。

(4) 可以实现模拟系统很难达到的指标或特性。

例如,有限长单位脉冲响应数字滤波器可以实现严格的线性相位;在数字信号处理中可以将信号存储起来,用延迟的方法实现非因果系统,从而提高了系统的性能指标;数据压缩方法可以大大地减少信息传输中的信道容量。

(5) 可进行二维和多维处理。

利用庞大的存储单元,可以存储二维的图像信号或多维的阵列信号,实现二维或多维的滤波及谱分析等。

第1章 离散时间信号与系统

CHAPTER 1

随着数字技术的发展，离散时间系统所具有的精度高、可靠性好等一系列的优点逐渐显现出来。尤其是大规模集成电路和高速数字计算机的发展，极大地促进了离散时间信号与系统理论的进一步完善。人们用数字的方法对信号与系统进行分析与设计，不断提高数字处理技术。对大数据量的音频、视频等多媒体数字信息以更有效的方法、更理想的速率进行处理和传输。因此，研究离散时间信号与系统的基本理论和分析方法就显得尤为重要。本章首先介绍模拟信号转换成数字信号的方法，通过阐述离散时间信号和离散时间系统的基本概念，开始研究数字信号处理，集中解决有关信号表示、信号运算、系统分类和系统性质等问题；其次，对于线性时不变系统，将证明输入与输出是卷积和的关系，并讨论卷积和的方法及求卷积和的性质。

1.1 引言

视频讲解

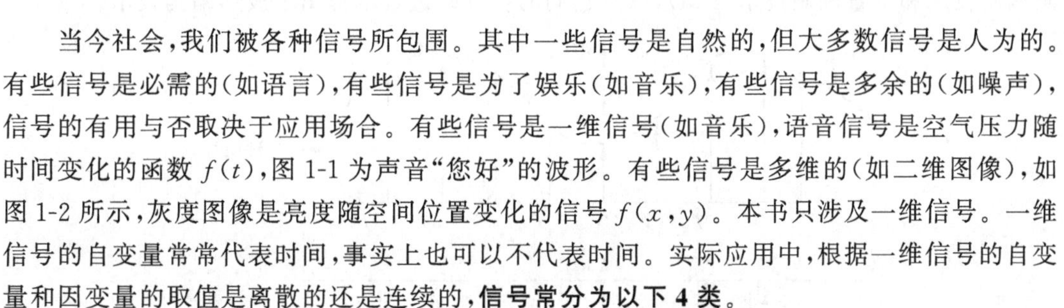

当今社会，我们被各种信号所包围。其中一些信号是自然的，但大多数信号是人为的。有些信号是必需的(如语言)，有些信号是为了娱乐(如音乐)，有些信号是多余的(如噪声)，信号的有用与否取决于应用场合。有些信号是一维信号(如音乐)，语音信号是空气压力随时间变化的函数 $f(t)$，图1-1为声音“您好”的波形。有些信号是多维的(如二维图像)，如图1-2所示，灰度图像是亮度随空间位置变化的信号 $f(x,y)$。本书只涉及一维信号。一维信号的自变量常常代表时间，事实上也可以不代表时间。实际应用中，根据一维信号的自变量和因变量的取值是离散的还是连续的，**信号常分为以下4类**。

(1) 连续时间信号：时间是连续的，幅值是连续的或是离散的。

(2) 模拟信号：时间是连续的，幅值也是连续的。可见模拟信号是连续时间信号的一个特例。

(3) 离散时间信号(或称为序列)：时间是离散的，幅值是连续的。

(4) 数字信号：时间是离散的，幅值也是离散的。因为是离散值，因此可以用二进制码表示。

信号按照应用场合，常需要加工处理，处理信号的设备或运算称为系统。按处理的信号种类不同，系统也分为相应的4类。本书只涉及离散时间信号和系统。对于数字信号与系统，若信号和系统的量化精度高于8bit，可以忽略量化误差，本书的离散时间信号与系统的理论是适用的。

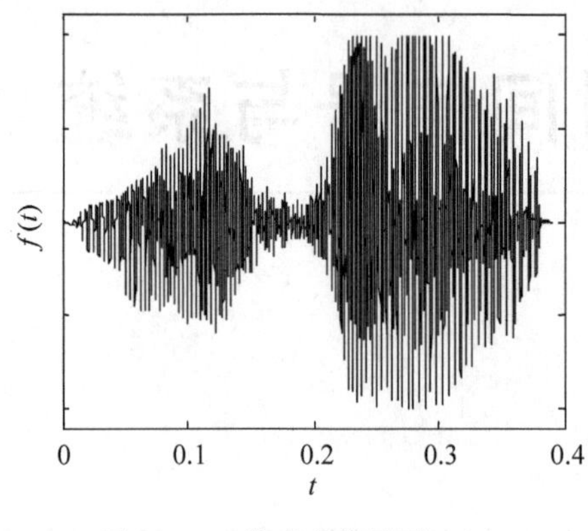

图 1-1 一维声音信号图 $f(t)$

图 1-2 二维图像信号 $f(x,y)$

1.2 模拟信号转换成数字信号方法

数字信号处理技术相对于模拟信号处理技术有许多优点,因此人们往往希望将模拟信号转换成数字信号,再采用数字信号处理技术进行处理;处理完毕,如果需要,再转换成模拟信号。这种处理方法称为模拟信号数字处理方法。模拟信号数字化方法如图 1-3 所示,一般经过 **3 个步骤:采样、量化和编码**。将模拟信号转换为数字信号称为模/数(A/D)转换,反转换称为数/模(D/A)转换。最著名的 A/D 转换技术是**脉冲编码调制(PCM)技术**。PCM 通过对语音采样、量化和二进制数字编码,将模拟语音信号转换为数字信号。脉冲编码调制技术和增量调制技术(ΔM),以及它们的各种改进技术都属于波形编码技术。

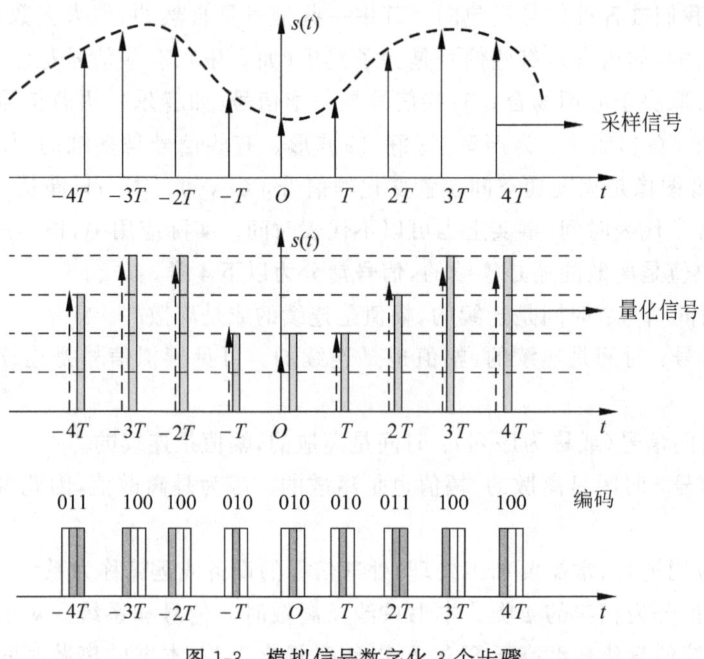

图 1-3 模拟信号数字化 3 个步骤

1.2.1 理想采样

采样是由模拟信号获取离散时间信号的基本途径，**采样分自然采样和理想采样**，其过程如图 1-4 所示。图 1-4(a)和(b)分别为采样器和模拟信号，采样器可以看作一个电子开关，这个过程可以把它看作一个脉冲调幅过程。被调制的脉冲载波是一串周期为 T、宽度为 τ 的矩形脉冲信号。自然采样如图 1-4(c)和(e)所示，而理想采样就是 $\tau\to 0$ 的极限情况，如图 1-4(d)和(f)所示。此时，采样脉冲序列 $p(t)$ 变成冲激函数序列 $s(t)$。

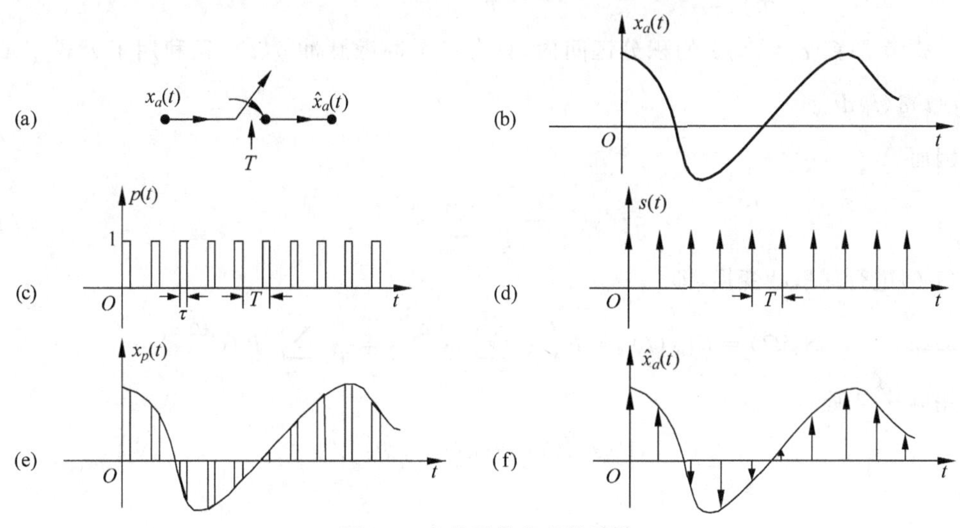

图 1-4 自然采样和理想采样

调制器的输入为连续时间信号 $x_a(t)$ 和单位冲激函数序列 $s(t)$，$s(t)$ 表达式为

$$s(t)=\sum_{n=-\infty}^{\infty}\delta(t-nT) \tag{1-1}$$

式中，$\delta(t)$ 为单位冲激函数，T 为采样周期。用 $x_a(t)$ 调制 $s(t)$ 可得理想采样信号 $\hat{x}_a(t)$，$\hat{x}_a(t)$ 仍然是模拟信号。调制过程可以表示为

$$\hat{x}_a(t)=x_a(t)s(t) \tag{1-2}$$

根据单位冲激函数的**筛选性质**，$\hat{x}_a(t)$ 可表示为

$$\hat{x}_a(t)=x_a(t)\sum_{n=-\infty}^{\infty}\delta(t-nT)=\sum_{n=-\infty}^{\infty}x_a(nT)\delta(t-nT) \tag{1-3}$$

1.2.2 采样定理

现在从频域分析理想采样。设 $x_a(t)$，$s(t)$ 和 $\hat{x}_a(t)$ 的傅里叶变换分别为 $X_a(\mathrm{j}\Omega)$，$S(\mathrm{j}\Omega)$ 和 $\hat{X}_a(\mathrm{j}\Omega)$。由信号与系统的**频域卷积定理**知识可知

$$\hat{X}_a(\mathrm{j}\Omega)=\frac{1}{2\pi}X_a(\mathrm{j}\Omega)*S(\mathrm{j}\Omega) \tag{1-4}$$

注意：本书中总是假设模拟信号 $x(t)$ 是能量有限信号，因此其傅里叶正变换和反变换都存在，这种假设在实际应用中总是成立的。

现在求 $S(\mathrm{j}\Omega)$。由于 $s(t)$ 是以采样频率重复的冲激脉冲，因此是一个周期函数，可表

示为傅里叶级数,即

$$s(t)=\sum_{k=-\infty}^{\infty} a_k e^{jk\Omega_s t} \tag{1-5}$$

其中

$$a_k=\frac{1}{T}\int_{-T/2}^{T/2} s(t)e^{-jk\Omega_s t}dt=\frac{1}{T}\int_{-T/2}^{T/2}\sum_{n=-\infty}^{\infty}\delta(t-nT)e^{-jk\Omega_s t}dt$$
$$=\frac{1}{T}\int_{-T/2}^{T/2}\delta(t)e^{-jk\Omega_s t}dt=\frac{1}{T}$$

上式考虑了$|t|\leqslant T/2$的积分区间内,只有一个冲激脉冲$\delta(t)$,且利用了公式$f(0)=\int_{-\infty}^{\infty}f(t)\delta(t)dt$。

因而

$$s(t)=\frac{1}{T}\sum_{k=-\infty}^{\infty} e^{jk\Omega_s t} \tag{1-6}$$

对式(1-6)进行傅里叶变换,即

$$S(j\Omega)=F[s(t)]=F\left(\frac{1}{T}\sum_{k=-\infty}^{\infty} e^{jk\Omega_s t}\right)=\frac{1}{T}\sum_{k=-\infty}^{\infty} F(e^{jk\Omega_s t})$$

再使用频移定理

$$F(e^{jk\Omega_s})=2\pi\delta(\Omega-k\Omega_s)$$

得到

$$S(j\Omega)=\frac{2\pi}{T}\sum_{k=-\infty}^{\infty}\delta(\Omega-k\Omega_s)=\Omega_s\sum_{k=-\infty}^{\infty}\delta(\Omega-k\Omega_s) \tag{1-7}$$

由式(1-4)得

$$\hat{X}_a(j\Omega)=\frac{1}{2\pi}\left[\frac{2\pi}{T}\sum_{k=-\infty}^{\infty}\delta(\Omega-k\Omega_s)*X_a(j\Omega)\right]$$
$$=\frac{1}{T}\sum_{k=-\infty}^{\infty}X_a(j\Omega-jk\Omega_s) \tag{1-8}$$

由式(1-8)可知,理想采样信号的频谱是模拟信号频谱的周期延拓,延拓周期为Ω_s,幅度受$1/T$加权。$\hat{X}_a(j\Omega)$是周期信号,周期为Ω_s。$-\pi/T<\Omega\leqslant\pi/T$为$\hat{X}_a(j\Omega)$的**主谱**,其他延拓频谱为**镜像谱**。

图1-5给出了理想采样过程中各信号的频谱。图1-5(a)表示一带限的模拟信号$x_a(t)$的频谱,其最高模拟角频率为Ω_h。$\Omega_h=2\pi f_h$,f_h是$x_a(t)$的最高自然频率,也称$x_a(t)$的频域带宽。图1-5(b)表示冲激函数串$s(t)$的频谱。若$\Omega_h<\Omega_s/2$,则理想采样信号$\hat{x}_a(t)$的幅度谱$\hat{X}_a(j\Omega)$的主谱和镜像谱都不会发生混叠现象,如图1-5(c)所示;若$\Omega_h>\Omega_s/2$,则$\hat{X}_a(j\Omega)$的主谱和镜像谱都发生混叠现象,如图1-5(d)所示;若$\Omega_h=\Omega_s/2$,则$\hat{X}_a(j\Omega)$的主谱和镜像谱处于混叠的临界状态。

如果$\hat{X}_a(j\Omega)$的主谱和镜像谱都不发生混叠现象,则可以从$\hat{X}_a(j\Omega)$无失真地恢复$X_a(j\Omega)$,或者说,无失真地恢复原模拟信号$x_a(t)$。

采样定理:又称为奈奎斯特采样定理,如果采样频率f_s大于带限信号$x_a(t)$的最高自

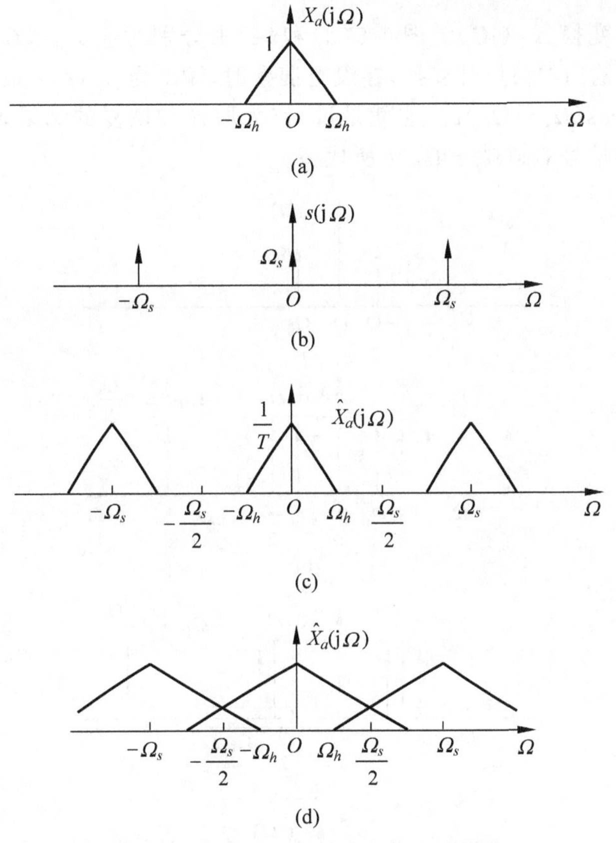

图 1-5 理想采样过程中各信号的频谱

然频率 f_h 的 2 倍，即 $f_s \geqslant 2f_h$，那么就能从理想采样信号的频谱 $\hat{X}_a(j\Omega)$ 无失真地恢复原模拟信号 $x_a(t)$，将采样频率的一半 $\Omega_s/2$ 称为**折叠频率**，条件 $f_s \geqslant 2f_h$ 还可以表示成 $\Omega_s \geqslant 2\Omega_h$、$T_s \leqslant \frac{1}{2f_h}$。

注意：这种纯粹的带限信号在时域中定义域是无限宽的。而现实中处理的信号时域上是有限宽的，因此理想采样后频谱必然存在混叠现象。若采样频率足够大，远远大于信号带限频率 f_h，即 $f_s \gg f_h$，则可以忽略这种混叠失真。现实中，当 $f_s > 3f_h \sim 5f_h$ 时可以忽略这种失真，或者根据具体应用场合决定采样频率。一些典型的数字信号处理系统如表 1-1 所示。

表 1-1 一些典型的数字信号处理系统

应用系统	上限频率 f_{max}	取样频率 f_s
地质勘探	500Hz	1～2kHz
生物医学	1kHz	2～4kHz
机械振动	2kHz	4～10kHz
语音	4kHz	8～16kHz
音乐	20kHz	40～96kHz
视频	4MHz	8～10MHz

下面讨论余弦信号 $x_a(t) = \cos\Omega_0 t$ 采样频谱混叠的情况：

图 1-6(b)是在 $\Omega_0 < \Omega_s/2$ 时，$\hat{x}_a(t)$ 的傅里叶变换 $\hat{X}_a(j\Omega)$。图 1-6(c)是在 $\Omega_0 > \Omega_s/2$

时,$\hat{x}_a(t)$的傅里叶变换$\hat{X}_a(\mathrm{j}\Omega)$。图1-6(d)和(e)则分别对应$\Omega_0<\Omega_s/2=\pi/T$和$\Omega_0>\pi/T$时低通滤波器输出的傅里叶变换,**在没有混叠时**,输出为$y_a(t)=\cos\Omega_0 t$,**在有混叠时**,输出则是$y_a(t)=\cos(\Omega_s-\Omega_0)t$。这就是说,作为取样和恢复的结果,高频信号$y_a(t)=\cos\Omega_0 t$已经被低频信号$\cos(\Omega_s-\Omega_0)t$所代替。

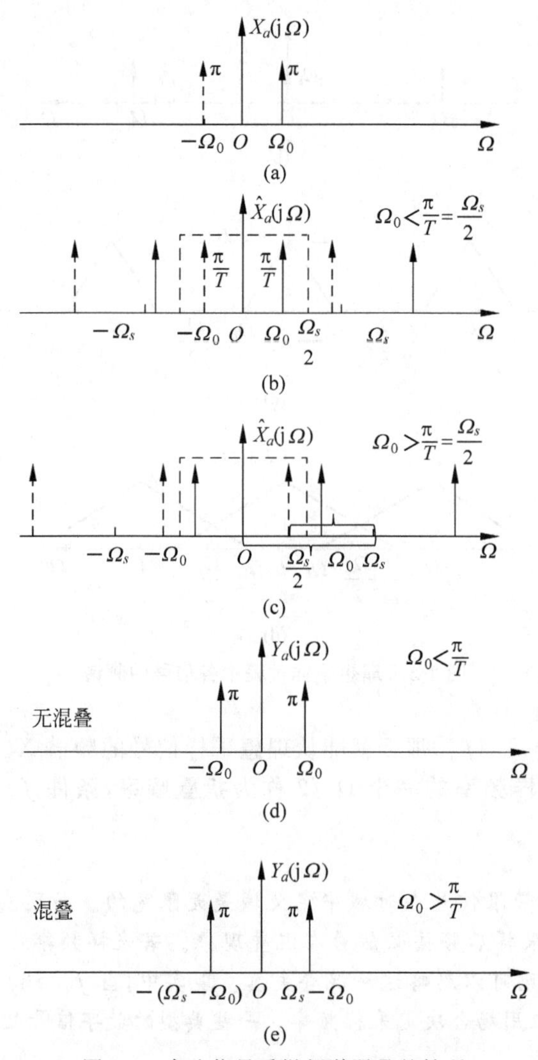

图1-6 余弦信号采样频谱混叠的情况

1.2.3 重构带限模拟信号

设计截止频率为$\Omega_s/2$的模拟理想低通滤波器$H(\mathrm{j}\Omega)$为

$$H(\mathrm{j}\Omega)=\begin{cases}T, & |\Omega|<\Omega_s/2\\ 0, & |\Omega|\geqslant\Omega_s/2\end{cases} \tag{1-9}$$

它的频率特性如图1-7所示。

由信号与系统的知识可知,该滤波器的单位冲激响应$h(t)$为

$$h(t)=F^{-1}[H(\mathrm{j}\Omega)]=\frac{1}{2\pi}\int_{-\infty}^{\infty}H(\mathrm{j}\Omega)\mathrm{e}^{\mathrm{j}\Omega t}\mathrm{d}t$$

$$=\frac{1}{2\pi}\int_{-\Omega_s}^{\Omega_s}T\mathrm{e}^{\mathrm{j}\Omega t}\mathrm{d}t=\frac{\sin(\Omega_s t/2)}{\Omega_s t/2}=\frac{\sin(\pi t/T)}{\pi t/T} \tag{1-10}$$

式中，$h(t)$称为**理想内插函数**，对应波形如图 1-8 所示，它的定义域为无限宽。

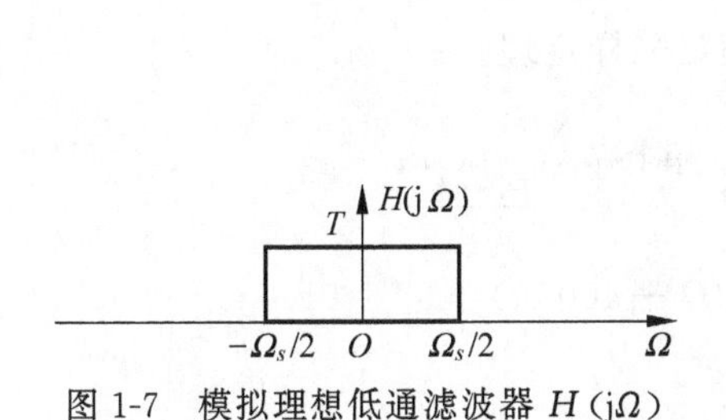

图 1-7　模拟理想低通滤波器 $H(\mathrm{j}\Omega)$

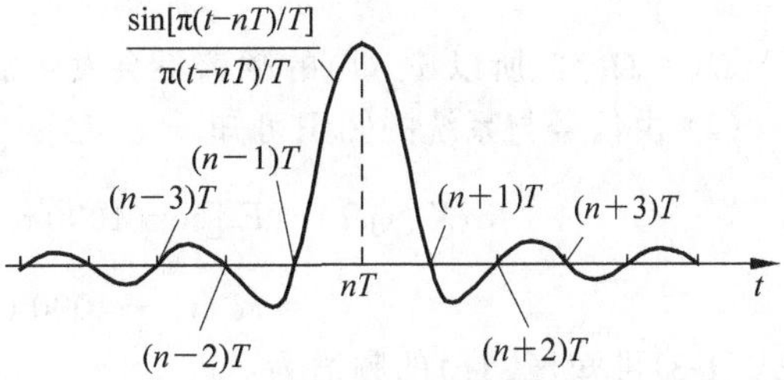

图 1-8　内插函数曲线

模拟理想低通滤波器 $H(\mathrm{j}\Omega)$是一个线性时不变系统。令理想采样信号 $\hat{x}_a(t)$通过该系统的输出为 $y_a(t)$。由信号与系统的知识可知，频域中

$$F[y_a(t)]=\hat{X}_a(\mathrm{j}\Omega)H(\mathrm{j}\Omega)$$

由图 1-5(c)可见，频谱不混叠的理想采样信号可以在频域中无失真地恢复原模拟信号。时域中

$$y_a(t)=\hat{x}_a(t)*h(t)=\sum_{n=-\infty}^{\infty}x_a(nT)\delta(t-nT)*h(t)$$

$$=\sum_{n=-\infty}^{\infty}x_a(nT)h(t-nT)$$

由于 $x_a(t)=y_a(t)$，上述卷积结果可以表示为

$$x_a(t)=\sum_{n=-\infty}^{\infty}x_a(nT)\frac{\sin[\pi(t-nT)/T]}{\pi(t-nT)/T} \tag{1-11}$$

式(1-11)称为**采样内插公式**。$x_a(t)$的每个值可以由无限多个采样值与内插函数的乘积的和得到。在采样点上，只有一个内插函数的值为 1，使得各采样点上信号值不变。图 1-9 是由采样内插公式恢复原模拟信号。

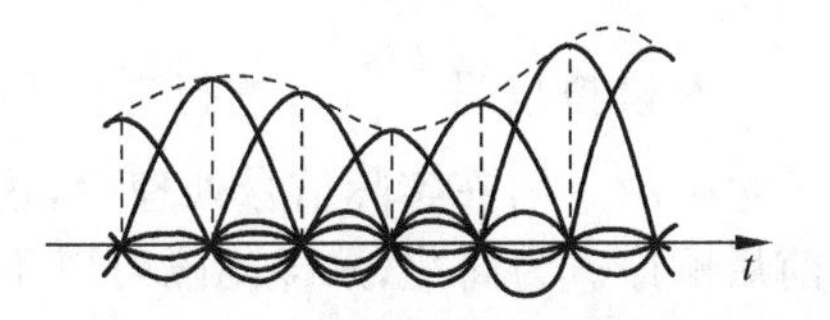

图 1-9　采样内插恢复原模拟信号

$x_a(t)$等于各 $x_a(nt)$乘上对应的内插函数的总和。在每一个采样点上，只有该点所对应的内插函数不为零，采样点之间的信号则由加权内插函数波形的延伸叠加而成。在实际应用中，采样内插公式并不实用(定义域无限长)，为了恢复模拟信号，常采用零阶保持器和后置模拟滤波器或一阶保持器和后置模拟滤波器来实现，当然这些方式不可能毫无失真地恢复原模拟信号，但是可以以很高的精度逼近原模拟信号。例如，音乐信号在 44.1kHz 的采样频率下恢复的模拟信号，即使音乐家也丝毫不会感觉到失真的存在。

【例 1-1】　连续时间信号 $x_a(t)=\cos(\Omega_0 t)=\cos(4000\pi t)$，采样周期为 $T=1/6000$。分析正弦信号的采样与重建过程。(1)判断该采样周期是否满足采样定理；(2)求 $\hat{x}_a(t)$的频谱；(3)求用式(1-9)所示的模拟理想低通滤波器恢复的模拟信号 $y_a(t)$。

【解】　(1) 根据采样定理，采样角频率为 $\Omega_s=2\pi/T=12\,000\pi$，而模拟信号的最高模拟角频率为 $\Omega_h=4000\pi$。

理想采样信号为

$$\hat{x}_a(t)=\sum_{n=-\infty}^{\infty} x_a(nT)\delta(t-nT)$$

采样后获得的离散时间信号为

$$x(n)=x_a(nT)=\cos(\Omega_0 Tn)=\cos(\omega_0 n)=\cos\left(\frac{2\pi}{3}n\right)$$

由于 $\Omega_h<\Omega_s/2$,所以 $\hat{x}_a(t)$ 的频谱不会发生混叠,满足采样定理。

(2) 由信号与系统的知识可知

$$\begin{aligned}X_a(\mathrm{j}\Omega)&=F[\cos(4000\pi t)]=F\frac{\mathrm{e}^{\mathrm{j}4000\pi t}+\mathrm{e}^{-\mathrm{j}4000\pi t}}{2}\\&=\pi\delta(\Omega-4000\pi)+\pi\delta(\Omega+4000\pi)\end{aligned}$$

由式(1-8)可知,$\hat{x}_a(t)$ 的频谱为

$$\begin{aligned}\hat{X}_a(\mathrm{j}\Omega)&=\frac{1}{T}\sum_{k=-\infty}^{\infty} X_a(\mathrm{j}\Omega-\mathrm{j}k\Omega_s)\\&=\frac{1}{T}\sum_{k=-\infty}^{\infty}\left[\pi\delta\left(\Omega-4000\pi-k\frac{2\pi}{T}\right)+\pi\delta\left(\Omega+4000\pi-k\frac{2\pi}{T}\right)\right]\end{aligned}$$

(3) 由信号与系统的知识可知

$$\begin{aligned}y_a(t)&=F^{-1}[\hat{X}_a(\mathrm{j}\Omega)H(\mathrm{j}\Omega)]=F^{-1}[\pi\delta(\Omega-4000\pi)+\pi\delta(\Omega+4000\pi)]\\&=\frac{\mathrm{e}^{\mathrm{j}4000\pi t}+\mathrm{e}^{-\mathrm{j}4000\pi t}}{2}=\cos(4000\pi t)\end{aligned}$$

可见 $y_a(t)=x_a(t)$,可以无失真地恢复原模拟信号。

视频讲解

1.3 离散时间信号——序列

1.3.1 离散时间信号及其表示

对模拟信号 $x_a(t)$ 进行等间隔采样,采样间隔为 T,则得到 $x_a(t)\big|_{t=nT}=x_a(nT)$,$-\infty<n<\infty$,在实际信号处理中,这些数字序列值按顺序放在存储器中,此时 nT 代表的是前后顺序。为简化,采样间隔可以不写,表示 $x(n)$ 或 $\{x(n)\}$,$x(n)$ 称为序列,如图 1-10 所示,纵轴线段的长短代表各序列值的大小。

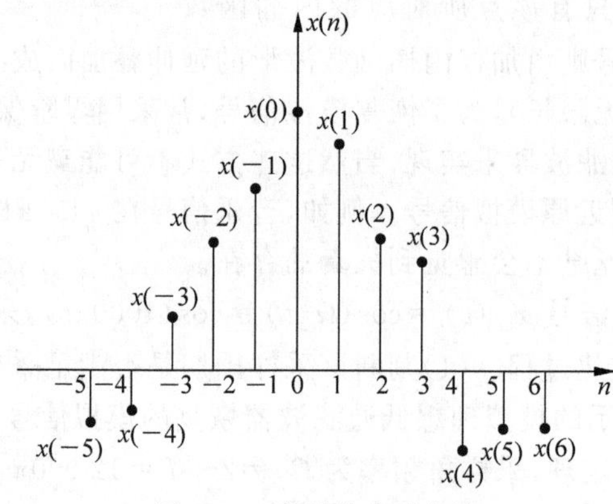

图 1-10 序列的表示方法

1.3.2 常用典型序列

离散时间信号与系统中有几种常用典型序列。这些序列包括单位脉冲序列、单位阶跃序列、矩形序列、实指数序列、复指数序列、正弦序列、周期序列和随机序列。

1. 单位脉冲序列

$$\delta(n)=\begin{cases}1, & n=0\\0, & n\neq 0\end{cases} \tag{1-12}$$

单位采样序列也可以称为单位脉冲序列，如图 1-11 所示，特点是仅在 $n=0$ 时取值为1，其他均为零。类似于模拟信号的单位冲激函数 $\delta(t)$，如图 1-12 所示，但不同的是 $\delta(t)$ 在 $t=0$ 时，取值无穷大，$t\neq 0$ 时取值为零，对时间 t 的积分为 1。

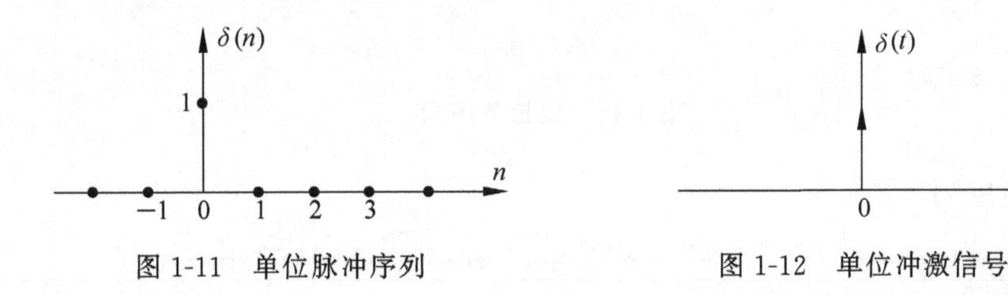

图 1-11 单位脉冲序列　　　图 1-12 单位冲激信号

2. 单位阶跃序列

$$u(n)=\begin{cases}1, & n\geqslant 0\\0, & n<0\end{cases} \tag{1-13}$$

单位阶跃序列类似于模拟信号中的单位阶跃函数 $u(t)$，如图 1-13 所示。$\delta(n)$ 和 $u(n)$ 可以互相表示，即

$$\delta(n)=u(n)-u(n-1) \tag{1-14}$$

$$u(n)=\sum_{k=-\infty}^{n}\delta(k) \tag{1-15}$$

3. 矩形序列

$$R_N(n)=\begin{cases}1, & 0\leqslant n<N\\0, & \text{其他}\end{cases} \tag{1-16}$$

$R_N(n)$ 可以用 $\delta(n)$ 和 $u(n)$ 表示，当 $N=4$ 时，如图 1-14 所示，即

$$R_N(n)=u(n)-u(n-N) \tag{1-17}$$

$$R_N(n)=\sum_{m=0}^{N-1}\delta(n-m) \tag{1-18}$$

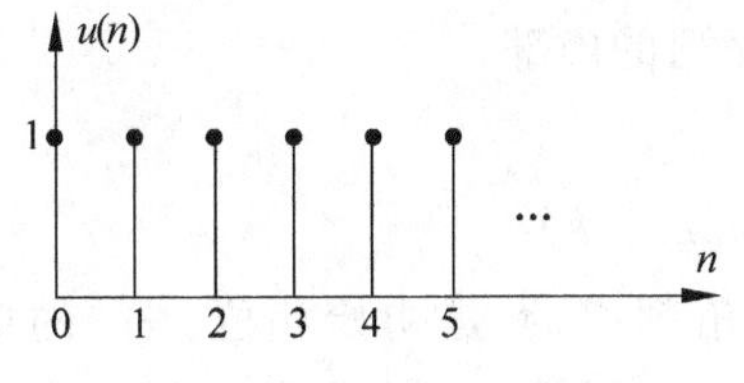

图 1-13 单位阶跃序列

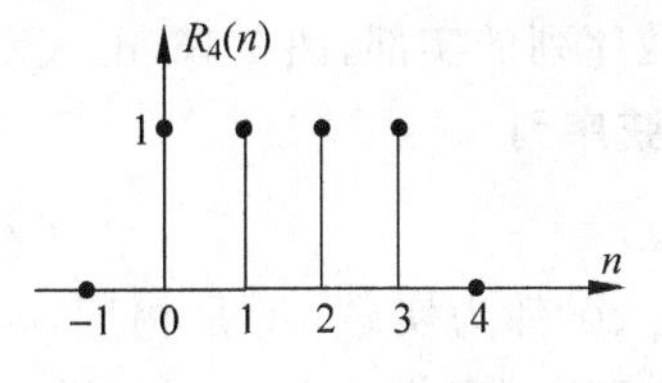

图 1-14 矩形序列

4. 实指数序列(图 1-15)

$$x(n)=a^n u(n) \tag{1-19}$$

式中,a 为实数,$a\neq0$。当$|a|<1$ 时,序列是收敛的;当$|a|>1$ 时,序列是发散的;当 a 为负数时,序列是摆动的。在线性时不变系统的响应中,这样的序列很常见。

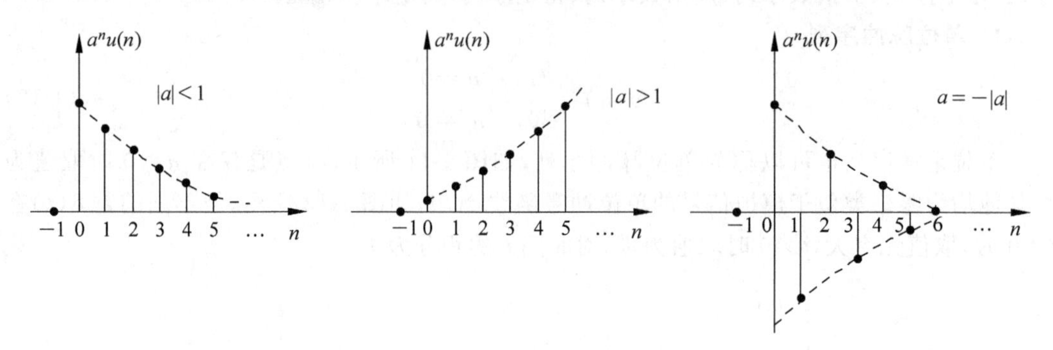

图 1-15 实指数序列

5. 复指数序列

$$x(n)=e^{(\sigma+j\omega_0)n}=e^{\sigma n}\cdot e^{j\omega_0 n}=e^{\sigma n}\cos(\omega_0 n)+je^{\sigma n}\sin(\omega_0 n) \tag{1-20}$$

序列值为复数的序列称为复指数序列。复指数序列的每个值具有实部和虚部两部分。式(1-20)中,σ、ω_0 都是实数,ω_0 是数字角频率。σ 决定序列的收敛性,当 $\sigma<0$ 时序列是收敛的;当 $\sigma>0$ 时序列是发散的;当 $\sigma=0$ 时复指数序列变成复正弦序列 $Ae^{j\omega_0 n}$。

例如,复序列表达式为 $x(n)=e^{(-0.1+j1.6\pi)n}$ $(0<n<16)$,编写程序来实现此序列。

MATLAB 代码如下:

```
n1 = 16;a = - 0.1;w = 1.6 * pi;
n = 0:n1;
x = exp((a + j * w) * n);
subplot(2,2,1);plot(n,real(x));
title('复指数信号的实部');
subplot(2,2,3);stem(n,real(x),'.');
title('复指数序列的实部');
subplot(2,2,2);plot(n,imag(x));
title('复指数信号的虚部');
subplot(2,2,4);stem(n,imag(x),'.');
title('复指数序列的虚部');
box
```

程序运行结果如图 1-16 所示。

其中,图 1-16(a)表示复指数信号的实部,图 1-16(b)表示复指数信号的虚部,图 1-16(c)表示复指数序列的实部,图 1-16(d)表示复指数序列的虚部。

6. 正弦序列

$$x(n)=A\sin(\omega_0 n+\phi) \tag{1-21}$$

式中,A、ω_0、ϕ 都为实数,A 是幅度,ω_0 是数字角频率,ϕ 是初始相位。ω_0 的单位是弧度(rad),它表示序列变化的速率,或者说表示相邻两个序列值之间变化的弧度数。当 $\omega_0=0.1\pi$ 时,该序列值每 20 个重复一次循环,如图 1-17 所示。

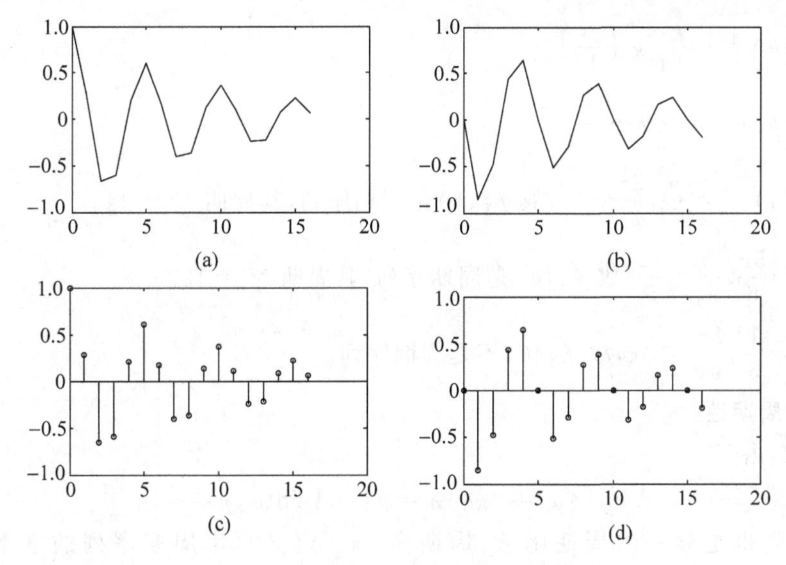

图 1-16 复指数信号、序列实部与虚部

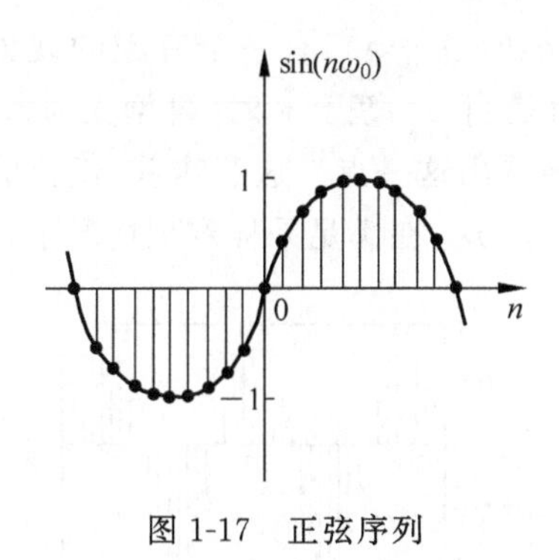

图 1-17 正弦序列

1.3.3 序列的周期性

1. 时间周期性

若对所有 n 存在一个最小的正整数 N，满足 $x(n)=x(n+N)$ 则称序列 $x(n)$ 是周期性序列，周期为 N。下面讨论一般正弦序列的周期性。设 $x(n)=A\sin(\omega_0 n+\phi)$，那么

$$x(n+N)=A\sin[\omega_0(n+N)+\phi]=A\sin(\omega_0 n+\omega_0 N+\phi)$$

则要求 $N=(2\pi/\omega_0)k$，式中 k 与 N 均取整数，且 k 的取值要保证 N 是最小的正整数，满足这些条件，正弦序列才是以 N 为周期的周期序列。具体正弦序列有以下 3 种情况：

(1) $\boldsymbol{2\pi/\omega_0}$ **为整数**，$k=1$，正弦序列是以 $2\pi/\omega_0$ 为周期的周期序列。

(2) $\boldsymbol{2\pi/\omega_0}$ **不为整数**，是一个有理数时，设 $2\pi/\omega_0=P/Q$，式中 P、Q 是互为素数的整数，取 $k=Q$，那么 $N=P$，则正弦序列是以 P 为周期的周期序列。

(3) $\boldsymbol{2\pi/\omega_0}$ **为无理数**，任何整数 k 都不能使 N 为正整数，因此此时的正弦序列不是周期序列。

【例 1-2】 判别下列各序列是否为周期性的，如果是，求其周期。

(1) $f_1(k)=\sin\left(\dfrac{\pi}{7}k+\dfrac{\pi}{6}\right)$

(2) $f_2(k)=\cos\left(\frac{5\pi}{6}k+\frac{\pi}{12}\right)$

(3) $f_3(k)=\cos\left(\frac{1}{5}k+\frac{\pi}{3}\right)$

【解】 (1) $\omega_0=\frac{\pi}{7}$,$\frac{2\pi}{\omega_0}=14$,故 $f_1(k)$是周期序列,其周期 $N_1=14$。

(2) $\omega_0=\frac{5\pi}{6}$,$\frac{2\pi}{\omega_0}=\frac{12}{5}$,故 $f_2(k)$是周期序列,其周期 $N_2=12$。

(3) $\omega_0=\frac{1}{5}$,$\frac{2\pi}{\omega_0}=10\pi$,故 $f_3(k)$不是周期序列。

2. 频率周期性

令 $k\in\mathbf{Z}$,由于

$$A\sin\left[(\omega_0+2\pi k)n+\phi\right]=A\sin(\omega_0 n+\phi)$$

所以正弦序列也是频率的周期函数,周期为 2π。定义频率周期序列的基本频率范围为 $[0,2\pi)$。

对于正弦信号 $x(n)=A\cos(\omega_0 n+\phi)$,有一个有趣的现象,即信号振荡剧烈程度并不总是随着 ω_0 的增加而增加,而是当 ω_0 等于 π 时,再增大 ω_0,信号振荡的剧烈程度反而减弱。从图 1-18 中可以很清楚地看出这一点。这意味着,正弦信号的最高角频率等于 π。数字频率为归一化角频率,$\omega=2\pi f/f_s$,在满足采样定理情况下,f 增大,f_s 也增大。

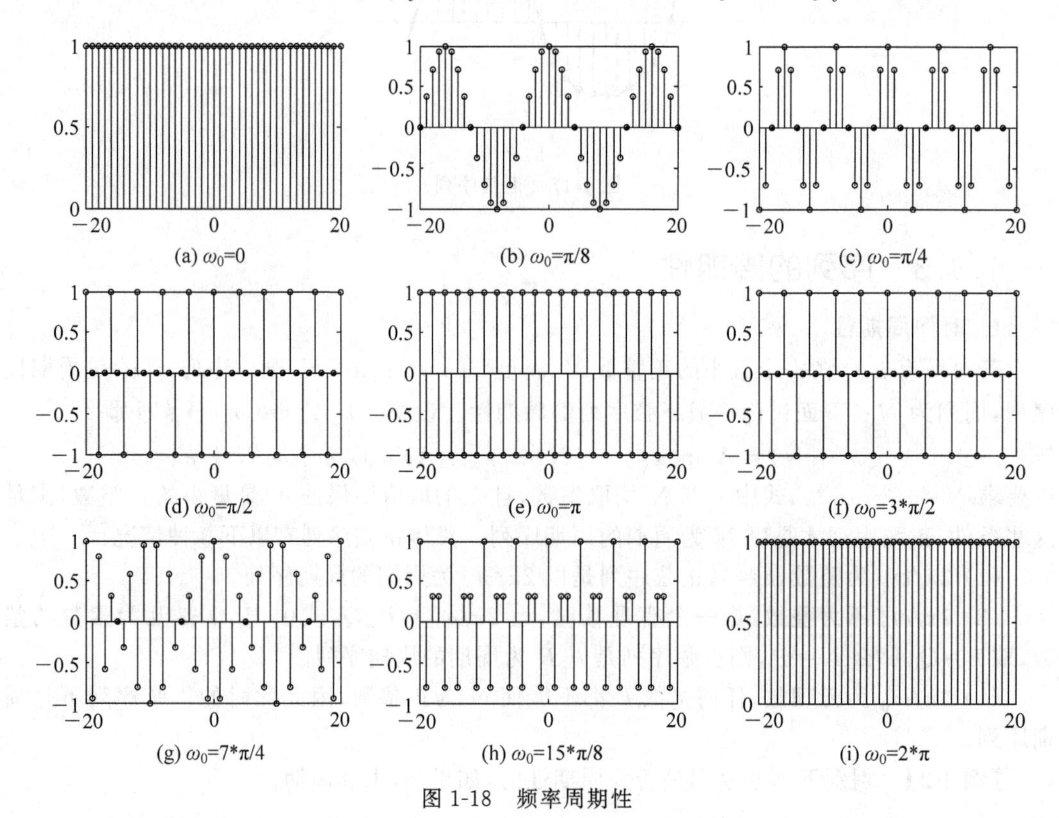

图 1-18 频率周期性

MATLAB 代码如下：

```
clear,close all,
n = - 20:20;
ω0 = 0 * pi;ω1 = pi/8;ω2 = pi/4;ω3 = pi/2;ω4 = pi;ω5 = 3 * pi/2;ω6 = 7 * pi/4;ω7 = 15 * pi/8;ω8 =
2 * pi;
ω6 = 1.1 * pi; ω7 = 1.2 * pi;
x0 = cos(ω0 * n); x1 = cos(ω1 * n); x2 = cos(ω2 * n); x3 = cos(ω3 * n); x4 = cos(ω4 * n);
x5 = cos(ω5 * n); x6 = cos(ω6 * n); x7 = cos(ω7 * n);x8 = cos(ω8 * n);
subplot(331), stem(n,x0,'k.'),title('(a) ω0 = 0')
subplot(332), stem(n,x1,'k.'),title('(b) ω0 = pi/8')
subplot(333), stem(n,x2,'k.'),title('(c) ω0 = pi/4')
subplot(334), stem(n,x3,'k.'),title('(d) ω0 = pi/2')
subplot(335), stem(n,x4,'k.'),title('(e) ω0 = pi')
subplot(336), stem(n,x5,'k.'),title('(f) ω0 = 3 * pi/2')
subplot(337), stem(n,x6,'k.'),title('(g) ω0 = 7 * pi/4')
subplot(338), stem(n,x7,'k.'),title('(h) ω0 = 15 * pi/8')
subplot(339), stem(n,x8,'k.'),title('(i) ω0 = 2 * pi')
```

频率周期性有以下几点含义：

(1) 频率相差 $2\pi k, k\in\mathbf{Z}$ 的正弦序列为相同序列。

(2) 在基本频率范围内，低频序列区在 $\omega_0=0$ 和 $\omega_0=2\pi$ 附近，高频序列区在 $\omega_0=\pi$ 附近，$\omega_0=\pi$ 时，序列的变化频率最高。

(3) 如果 $N\in\mathbf{Z}, N>1, N$ 为奇数，则在数字角频率 $\omega_0=\frac{2\pi}{N}k, 0<k<N$ 的频点上，序列的周期是相同的，周期为 N。在数字角频率 $\omega_0=\frac{2\pi}{N}k=\frac{2\pi}{N}(N-k), 0<k<N$ 的频点上，序列的波形相同。

特别注意，在数字角频率 $\omega_0=\frac{2\pi}{N}k, k=0, k=N$ 的频点上，序列的周期是相同的，周期为 1。

(4) $\omega_0=2\pi k, k\in\mathbf{Z}$ 的正弦序列为相同的周期序列，序列的周期为 1。

1.3.4 序列的运算

序列的运算包含序列的移位、翻转、相加、相乘、累加、数乘、差分和尺度变换。令 $x(n)$，$y(n)$，$z(n)$ 分别表示 3 个序列。

1. 移位

序列的移位表示序列沿着自变量轴移动 m 个时刻。例如，序列 $x(n)$ 移位 m 个时刻成为移位序列 $y(n)$，如图 1-19 所示，则

$$y(n)=x(n-m)$$

当 $m>0$ 时，序列 $x(n)$ 沿自变量轴向正半轴移动 m 个时刻。

2. 翻转

序列的翻转是指序列以 $n=0$ 为对称轴翻转。例如，序列 $x(n)$ 的翻转序列为 $y(n)$，如图 1-20 所示，则

$$y(n)=x(-n)$$

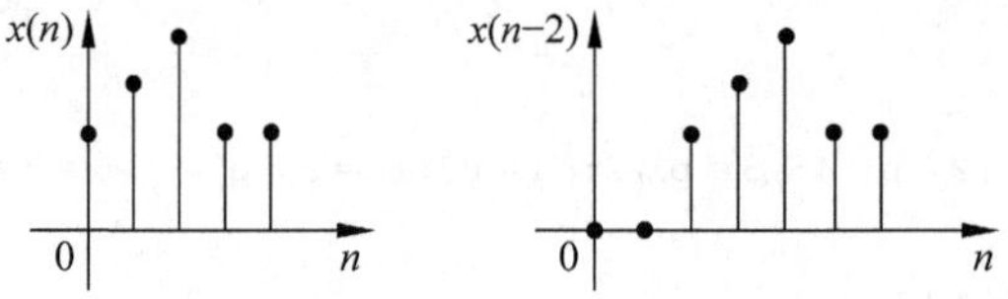

图 1-19　序列移位

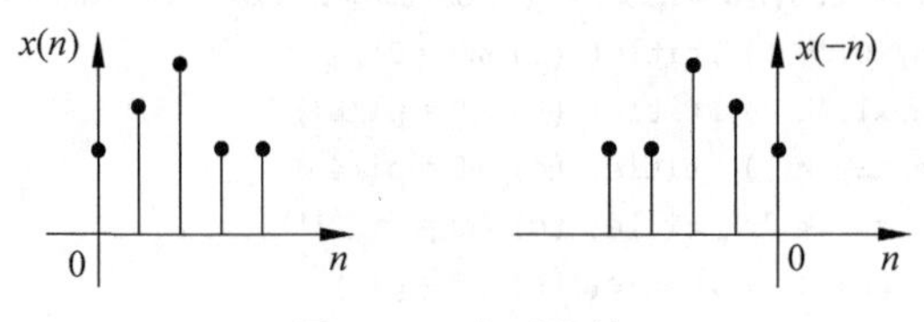

图 1-20　序列翻转

【例 1-3】 已知 $x(n)=R_3(n)$，求 $y(n)=x(m-n)$，$m=5$。

【解】 首先求 $y(n)$的主值区。由于 $R_3(n)$的主值区为 $0\leqslant n\leqslant 2$，由题设知 $0\leqslant m-n\leqslant 2$；不等式各项乘以$-1$可得 $0\geqslant -m+n\geqslant -2$；然后不等式各项加上 m 可得$-2+m\leqslant n\leqslant m$，这就是 $y(n)$的主值区。在主值区内逐点求得 $y(n)$值如图 1-21 所示，可得

$$y(n)=\begin{cases}1, & n=3\\1, & n=4\\1, & n=5\end{cases}$$

上述运算过程也可以理解为，先把序列 $x(n)$翻转；然后所有序列值平移 m 个位置。当 $m>0$ 时，沿 $x(n)$的 n 轴往 n 增大的方向移动。

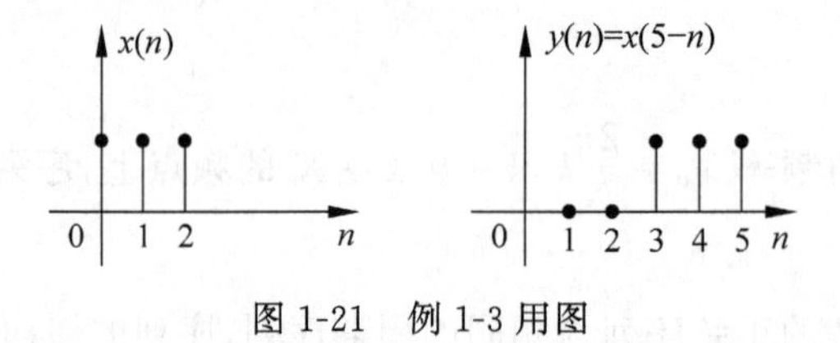

图 1-21　例 1-3 用图

3. 相加

序列相加是指两个序列对同序号 n 对应的序列值相加。例如，序列 $x(n)$和 $y(n)$相加后的序列为 $z(n)$，如图 1-22 所示，则

$$z(n)=x(n)+y(n)$$

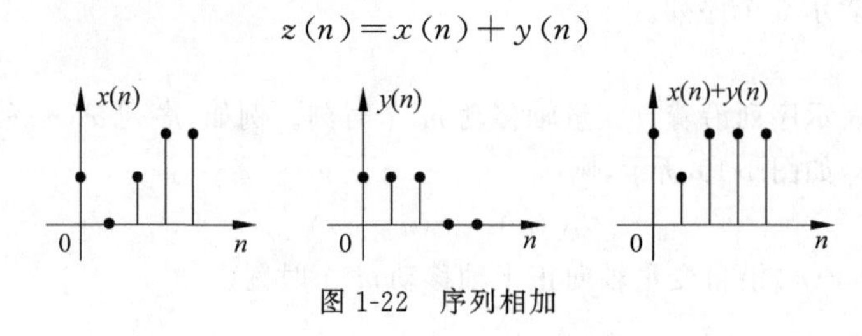

图 1-22　序列相加

4. 相乘

序列相乘是指两个序列对同序号 n 对应的序列值相乘。例如，序列 $x(n)$和 $y(n)$相乘

后的序列为 $z(n)$，如图 1-23 所示，则

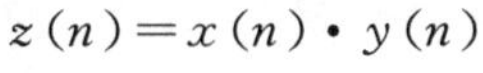

$$z(n)=x(n)\cdot y(n)$$

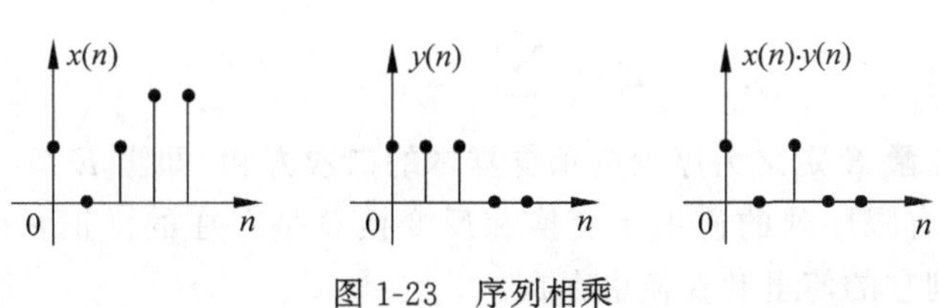

图 1-23　序列相乘

5. 累加

序列累加是指把序列自变量 n 及 n 以前时刻对应的序列值相加。例如，序列 $x(n)$ 累加后的序列为 $y(n)$，则

$$y(n)=\sum_{k=-\infty}^{n}x(k) \tag{1-22}$$

6. 数乘

数乘是指用某个常数 c 和序列值相乘。例如，序列 $x(n)$ 数乘后的序列为 $y(n)$，则

$$y(n)=c\cdot x(n)$$

7. 差分

差分包含前向差分和后向差分。实际应用中，后向差分实用，因为这种运算是因果的，或者说在现实中有可实现性。前向差分是指序列 $n+1$ 时刻对应的序列值减去 n 时刻对应的序列值。例如，序列 $x(n)$ 前向差分后的序列为 $\Delta x(n)$，则

$$\Delta x(n)=x(n+1)-x(n)$$

后向差分是指序列 n 时刻对应的序列值减去 $n-1$ 时刻对应的序列值。例如，序列 $x(n)$ 后向差分后的序列为 $\nabla x(n)$，则

$$\nabla x(n)=x(n)-x(n-1)$$

可见

$$\nabla x(n)=\Delta x(n-1)$$

8. 尺度变换

$x(mn)$ 是 $x(n)$ 序列每隔 m 点取一点形成的，相当于时间轴 n 压缩了 m 倍。$x\left(\frac{n}{m}\right)$ 是 $x(n)$ 序列相邻抽样点间补 $(m-1)$ 个零值点，表示零值插值。序列尺度变换如图 1-24 所示。

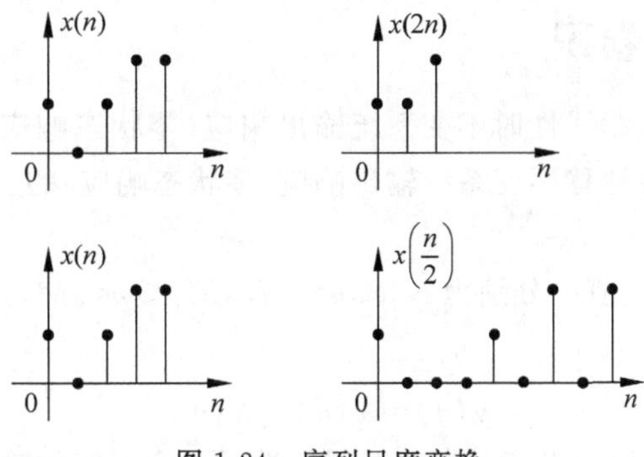

图 1-24　序列尺度变换

1.3.5 序列的能量

$$E=\sum_{n=-\infty}^{\infty}|x(n)|^2 \tag{1-23}$$

序列 $x(n)$ 的能量 E 定义为序列各采样样本的二次方和，即当 $E<\infty$ 时，称该序列为能量有限序列。能量有限序列的傅里叶变换和反变换总是存在的。正弦序列是能量无限序列，在第 2 章会讲到它的傅里叶变换也存在。

例如，计算信号 $x(n)=3\cdot(0.5)^n, n\geqslant 0$ 的能量，这是一个一侧衰减的指数函数，它的信号能量为

$$E=\sum_{n=0}^{\infty}|3\cdot(0.5)^n|^2=\sum_{n=0}^{\infty}9\cdot(0.25)^n=\frac{9}{1-0.25}=12\text{J}$$

视频讲解

1.3.6 用单位脉冲序列来表示任意序列

设 $\{x(m)\}$ 是一个序列值的集合，其中的任意一个值 $x(n)$ 可以表示成单位脉冲序列的移位加权和，即

$$x(n)=\sum_{m=-\infty}^{\infty}x(m)\delta(n-m) \tag{1-24}$$

由于

$$\delta(n-m)=\begin{cases}1, & m=n\\0, & m\neq n\end{cases}$$

则

$$x(m)\delta(n-m)=\begin{cases}x(n), & m=n\\0, & \text{其他}\end{cases}$$

因此，式(1-24)成立，这种表达式提供了一种信号分析工具。用单位脉冲序列来表示任意序列对分析线性时不变系统(下面即将讨论)是很有用的。

例如，用单位脉冲序列的移位加权和来表示图 1-25 序列。

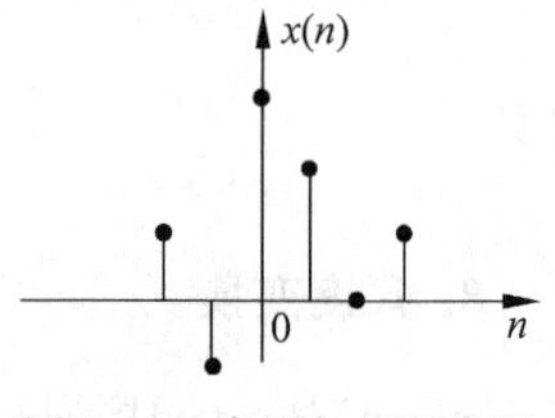

图 1-25 序列加权和表示

序列 $x(n)$ 可以写为

$$x(n)=2\delta(n+2)-\delta(n+1)+3\delta(n)+2\delta(n-1)+\delta(n-3)$$

1.3.7 序列的卷积

正如卷积积分是求连续线性时不变系统输出响应(零状态响应)的主要方法，对离散系统"卷积和"也是求离散线性移不变系统输出响应(零状态响应)的主要方法。

1. 卷积的定义

序列 $x(n)$，$h(n)$ 的主值区分别为 $N_1\leqslant n\leqslant N_2$，$M_1\leqslant n\leqslant M_2$，序列的卷积为 $y(n)$，表示为

$$y(n)=x(n)*h(n) \tag{1-25}$$

1.4 节将主要讲解卷积用来表示离散时间线性时不变系统的输入输出关系。

卷积的计算式为

$$y(n)=x(n) * h(n)=\sum_{m=N_1}^{N_2} x(m)h(n-m) \tag{1-26}$$

为了同以后的圆周卷积相区别，离散卷积也称为“线性卷积”“直接卷积”或简称“卷积”，并用“ * ”表示。

2. 卷积的步骤

卷积过程可以分 4 步：翻转、移位、相乘和相加。

(1) 翻转：先将变量坐标改成 $x(m)$ 和 $h(m)$，再将 $h(m)$ 以 $m=0$ 的垂直轴为对称轴翻转为 $h(-m)$。

(2) 移位：将 $h(-m)$ 移位 n，即得 $h(n-m)$。当 n 为正整数时，右移 n 位；当 n 为负整数时，左移 n 位。

(3) 相乘：再将 $h(n-m)$ 和 $x(m)$ 的相同 m 值的对应点值相乘。

(4) 相加：把以上所有对应点的乘积累加起来，即得 $y(n)$ 值。

如果序列 $x(n)$，$h(n)$ 的长度分别为 L_1 和 L_2，则卷积结果序列的长度为 L_1+L_2-1。

3. 图解法求解

设序列 $x(n)$ 和 $h(n)$ 并将变量 n 改成 m，用图 1-26(a) 和图 1-26(b) 表示。将 $h(m)$ 以 $m=0$ 的垂直轴为对称轴翻转为 $h(-m)$，如图 1-26(c) 所示，再将 $h(-m)$ 由 $-\infty$ 向 $+\infty$ 方向移动，图 1-26(d) 和 (e) 分别是 $n=-1$ 和 $n=+1$ 情况位置图，在移动过程中不断与 $x(m)$ 乘积作和，最终卷积结果如图 1-26(f) 所示。

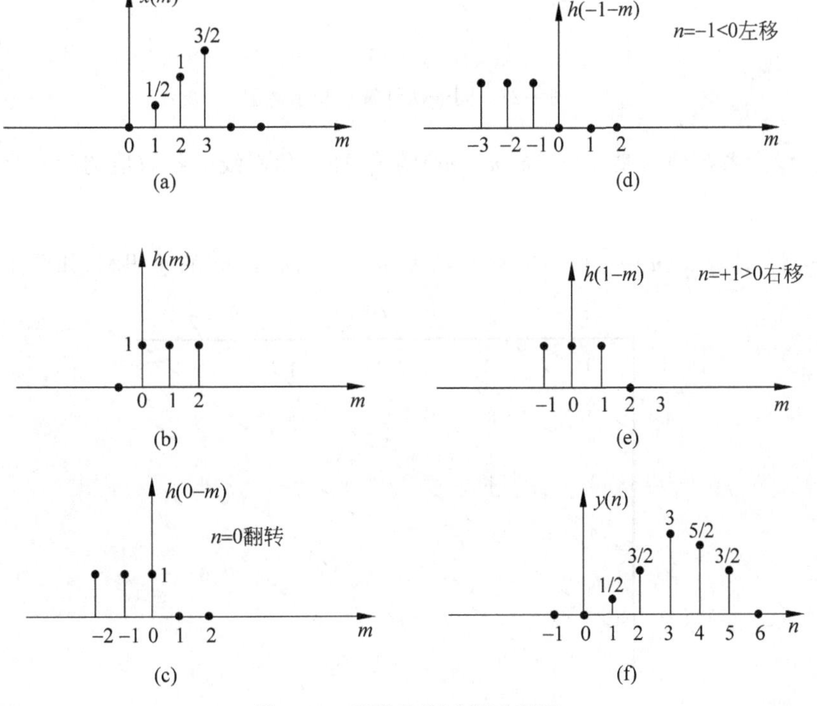

图 1-26 序列卷积过程示意图

4. 列表法求解

设 $x(n)$和 $h(n)$都是因果序列,则有

$$y(n)=x(n)*h(n)=\sum_{m=0}^{n}x(m)h(n-m),\quad n\geqslant 0$$

当 $n=0$ 时,$y(0)=x(0)h(0)$

当 $n=1$ 时,$y(1)=x(0)h(1)+x(1)h(0)$

当 $n=2$ 时,$y(2)=x(0)h(2)+x(1)h(1)+x(2)h(0)$

当 $n=3$ 时,$y(3)=x(0)h(3)+x(1)h(2)+x(2)h(1)+x(3)h(0)$

……

以上求解过程可以归纳成列表法,如图 1-27 所示,将 $h(n)$的值顺序排成一行,将 $x(n)$的值顺序排成一列,行与列的交叉点记入相应 $x(n)$与 $h(n)$的乘积。

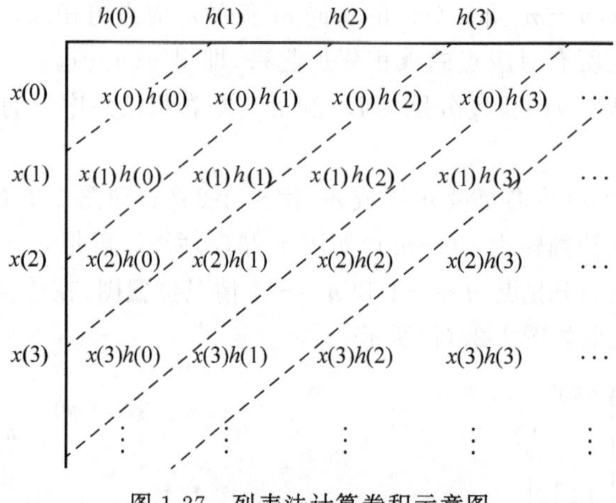

图 1-27 列表法计算卷积示意图

对角斜线上各数值就是 $x(m)h(n-m)$的值,而对角斜线上各数值的和就是 $y(n)$各项的值。

【例 1-4】 计算 $x(n)=\{1,2,\overset{\downarrow}{0},3,2\}$与 $h(n)=\{1,\overset{\downarrow}{4},2,3\}$的卷积和(如图 1-28 所示)。

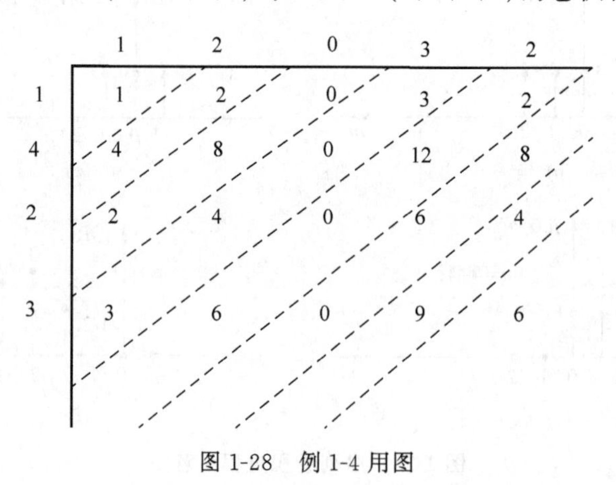

图 1-28 例 1-4 用图

【解】 将对角斜线上各数值求和得到 $y(n)$ 的值为 $y(n)=\{1,6,10,\overset{\downarrow}{10},20,14,13,6\}$，**两个序列起始位置交叉所在数据为卷积结果的起始位置。**

5. 乘法表达式求解

下面仍然以 $x(n)=\{1,2,\overset{\downarrow}{0},3,2\}$ 与 $h(n)=\{1,\overset{\downarrow}{4},2,3\}$ 为例来说明乘法表达式方法，将序列 $x(n)$ 与 $h(n)$ 写成乘法表达式如下

			1	2	0	3	2
				1	4	2	3
			3	6	0	9	6
		2	4	0	6	4	
	4	8	0	12	8		
1	2	0	3	2			
1	6	10	10	20	14	13	6

可以看出计算结果与列表法结果相同 $y(n)=\{1,6,10,\overset{\downarrow}{10},20,14,13,6\}$。

注意：

(1) 各点要分别乘、分别加且不跨点进位。

(2) 卷积结果的起始序号等于两序列的起始序号之和，$x(n)$ 起始序号为 2，$h(n)$ 起始序号为 1，所以最后结果的起始序号为 3。

6. MATLAB 卷积函数 conv(A,B)

MATLAB 提供了函数 conv(A,B)来计算两有限长序列向量 $\boldsymbol{A}$ 和 $\boldsymbol{B}$ 的卷积。如果向量 $\boldsymbol{A}$ 和 $\boldsymbol{B}$ 的长度分别为 L_1 和 L_2，则卷积结果序列向量 $\boldsymbol{C}$ 的长度为 L_1+L_2-1。

%juanji. m 卷积的计算程序

```
xn = [0,1/2,1,3/2];
hn = [1,1,1];
yn = conv(xn, hn)
```

程序运行结果：

```
yn = [0  0.5000  1.5000  3.0000  2.5000  1.5000]
```

卷积结果与用图解方法得到的结果相同。

【例 1-5】 用 MATLAB 计算序列 $x(n)=\{1,2,\overset{\downarrow}{0},3,2\}$ 与 $h(n)=\{1,\overset{\downarrow}{4},2,3\}$ 的卷积。

MATLAB 代码如下：

```
a = [1 2 0 3 2];
b = [1 4 2 3];
c = conv(a,b);
M = length(c) - 1;
n = 0:1:M;
stem(n,c);                    % stem 函数中 X 和 Y 向量长度必须相同
axis([0,10,0,25]);
xlabel('n'); ylabel('幅度');
```

程序运行结果如图 1-29 所示。

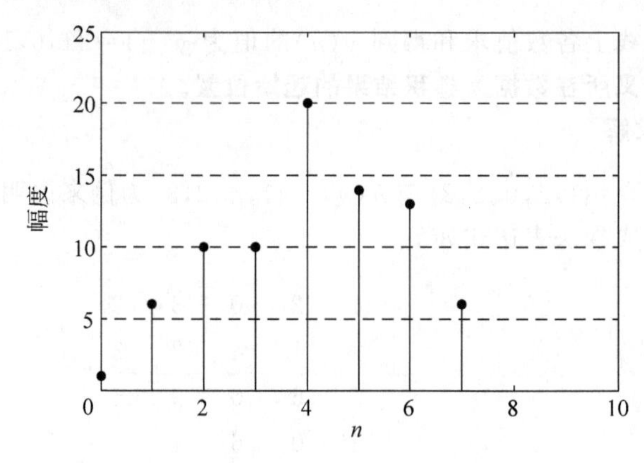

图 1-29 例 1-5 程序运行结果

图 1-29 给出了卷积结果的图形,求得的结果与列表法结果一样,都为 $y(n)=\{1,6,10,\underset{\downarrow}{10},20,14,13,6\}$。

7. 卷积的性质

序列 $x(n)$,$y(n)$,$z(n)$满足如下性质:

(1) **交换律**

$$x(n) * y(n)=y(n) * x(n) \tag{1-27}$$

(2) **结合律**

$$x(n) * y(n) * z(n)=[y(n) * x(n)] * z(n)=x(n) * [y(n) * z(n)] \tag{1-28}$$

(3) **分配律**

$$x(n) * [y(n)+z(n)]=x(n) * y(n)+x(n) * z(n) \tag{1-29}$$

8. 相关运算

相关与卷积公式很像,所以一般相关运算与卷积运算一同介绍。在随机信号处理中相关运算地位与确定性信号处理中的卷积运算的地位一样重要。

互相关:
$$r_{xy}[n]=\sum_{k=-\infty}^{\infty} x[k]y[k+n]$$

自相关:
$$r_{x}[n]=\sum_{k=-\infty}^{\infty} x[k]x[k+n]$$

卷积与相关运算的区别如下:

(1) 相关运算中被积函数没有时间反褶的过程,而卷积运算中有;

(2) 相关函数不满足交换律,而卷积可以;

(3) 卷积运算,反映了事物的相互作用,并且这种相互作用受制于同一个影响因子。相关运算在于反映已有事物的内在关联,并不是事物之间的相互影响。

相关运算的基本特性:

(1) $r_{xy}[n]=x[-n] * y[n]$

(2) $r_{xy}[n]=r_{yx}[-n]$

(3) $r_{x}[n]=r_{x}[-n]$

(4) $r_{x}[0]\geqslant|r_{x}[n]|$

【例 1-6】 $x[k]=\{2,1,-2,1;\ k=0,1,2,3\}$，$y[k]=\{-1,2,1,-1;\ k=0,1,2,3\}$，试计算互相关函数 $r_{xy}[n]$ 和 $r_{yx}[n]$，以及自相关函数 $r_x[n]$。

【解】 根据序列的相关运算定义可得

$$r_{xy}[n]=\sum_{k=0}^{3}x[k]y[k+n]=2y[n]+y[n+1]-2y[n+2]+y[n+3]$$

$$=\{-1,4,-4,\underset{\uparrow}{-3},7,1,-2\}$$

$$r_{yx}[n]=\sum_{k=0}^{3}y[k]x[k+n]=-x[n]+2x[n+1]+x[n+2]-x[n+3]$$

$$=\{-2,1,7,\underset{\uparrow}{-3},-4,4,-1\}$$

$$r_x[n]=\sum_{k=0}^{3}x[k]x[k+n]=2x[n]+x[n+1]-2x[n+2]+x[n+3]$$

$$=\{2,-3,-2,\underset{\uparrow}{10},-2,-3,2\}$$

1.4　离散时间系统

视频讲解

离散时间系统是用来分析或处理离散时间信号的系统，该系统用运算符 $T[\cdot]$ 来表示，系统的输入序列为 $x(n)$，输出序列为 $y(n)$，即

$$y(n)=T[x(n)]$$

式中，$y(n)$ 称为系统的响应。

离散时间系统分为**线性系统和非线性系统，时变系统和时不变系统，因果系统和非因果系统**。本书只涉及线性时不变因果系统，这种系统最简单也最常用。

1.4.1　线性系统

满足叠加原理的系统称为线性系统，若某一输入是由 N 个信号的加权和组成，则输出就是系统对这几个信号中每一个的响应的同样加权和组成。设 $y_1(n)$ 和 $y_2(n)$ 分别为输入序列 $x_1(n)$ 和 $x_2(n)$ 的响应，a 和 b 是常数，当且仅当下式成立时，该系统为线性系统：

$$T[ax_1(n)+bx_2(n)]=aT[x_1(n)]+bT[x_2(n)] \tag{1-30}$$

【例 1-7】 判断下列系统是否为线性系统。

(1) $y(n)=3x^2(n)$，　(2) $y(n)=x(n+1)+x(1-n)$

【解】 (1) 因为

$$T[x_1(n)+x_2(n)]=3[x_1(n)+x_2(n)]^2$$

$$T[x_1(n)]+T[x_2(n)]=3x_1^2(n)+3x_2^2(n)$$

可见

$$T[x_1(n)+x_2(n)]\neq T[x_1(n)]+T[x_2(n)]$$

因此，该系统不是线性系统。

(2) 因为

$$T[x_1(n)+x_2(n)]=x_1(n+1)+x_2(n+1)+x_1(1-n)+x_2(1-n)$$

$$T[x_1(n)]+T[x_2(n)]=x_1(n+1)+x_1(1-n)+x_2(n+1)+x_2(1-n)$$

可见

$$T[x_1(n)+x_2(n)]=T[x_1(n)]+T[x_2(n)]$$

因此，该系统是线性系统。

1.4.2 时不变系统

若系统响应和激励与系统的时刻无关，则这种系统称为时不变系统(或称移不变系统)。这个性质可用以下关系表达：若输入 $x(n)$ 的输出为 $y(n)$，则将输入序列移动任意位后，其输出序列除了跟着移位外，数值应该保持不变，即若

$$T[x(n)]=y(n)$$

则

$$T[x(n-m)]=y(n-m) \quad (m\text{ 为任意整数})$$

满足以上关系的系统称为时不变系统。**同时具有线性和时不变性的离散时间系统称为线性时不变(LTI)离散时间系统，简称 LTI 系统。**除非特殊说明，本书都是研究 LTI 系统。

【例 1-8】 判断下列系统是否为时不变系统。

(1) $y(n)=x(n+1)+x(1-n)$， (2) $y(n)=3\sin(0.1\pi n)x^2(n)$

【解】 (1) 因为

$$T[x(n-k)]=x(n-k+1)+x(1-n-k)$$
$$y(n-k)=x(n-k+1)+x(1-n+k)$$

可见

$$y(n-k)\neq T[x(n-k)]$$

因此，该系统是时变系统。

(2) 因为

$$T[x(n-k)]=3\sin(0.1\pi n)x^2(n-k)$$
$$y(n-k)=3\sin[0.1\pi(n-k)]x^2(n-k)$$

可见

$$y(n-k)\neq T[x(n-k)]$$

因此，该系统不是时不变系统。

1.4.3 系统的因果性

在线性系统的理论中，因果性和稳定性极其重要。**所谓因果系统，就是系统某时刻的输出 $y(n)$ 只取决于此时刻以及此时刻以前的输入，即 $x(n)$，$x(n-1)$，$x(n-2)$，…。**如果系统的输出 $y(n)$ 还取决于 $x(n+1)$，$x(n+2)$，…，也即系统的输出还取决于未来的输入，这样在时间上就违背了因果关系，因而是非因果系统，即不现实的系统。

根据上述定义，$y(n)=nx(n)$ 的系统是一个因果系统，而 $y(n)=x(n+2)+ax(n)$ 的系统是非因果系统。我们知道，许多重要的网络，如频率特性为理想矩形的理想低通滤波器以及理想微分器等都是非因果的、不可实现的系统。

LTI 系统是因果系统的充分必要条件是系统的单位冲激响应 $h(n)$ 满足

$$h(n)=0,\quad n<0 \tag{1-31}$$

1.4.4　系统的稳定性

稳定性是线性系统理论的一个重要概念。考虑稳定性主要是为了避免构造一些有害的系统，或者避免在系统运行中毁坏或饱和。如果系统的输入有界，即$|x(n)|<\infty$，则输出也有界，即$|y(n)|<\infty$，则称系统是输入输出有界的，或 BIBO 稳定。**一个线性时不变系统是稳定系统的充分必要条件是单位脉冲响应绝对可和**，即

$$\sum_{n=-\infty}^{\infty}|h(n)|<\infty \tag{1-32}$$

【例 1-9】 设线性时不变系统的单位系统脉冲响应$h(n)=a^n u(n)$，式中a为实常数，试分析该系统的因果稳定性。

【解】 由于$n<0$时，$h(n)=0$，因此系统是因果系统。

由于

$$\sum_{n=-\infty}^{\infty}|h(n)|=\sum_{n=0}^{\infty}|a|^n=\lim_{N\to\infty}\sum_{n=0}^{N-1}|a|^n=\lim_{N\to\infty}\frac{1-|a|^N}{1-|a|}$$

只有当$|a|<1$时，才有

$$\sum_{n=-\infty}^{\infty}|h(n)|=\frac{1}{1-|a|}$$

因此，系统稳定的条件是$|a|<1$；否则，$|a|\geqslant 1$时，系统不稳定。系统稳定时，$h(n)$的模值随n的加大而减小，此时序列$h(n)$称为**收敛序列**。如果系统不稳定，$h(n)$的模值随n加大而增大，则称为**发散序列**。

1.4.5　常系数线性差分方程

连续线性时不变系统的输入输出关系用常系数线性微分方程表示，而**离散线性移不变系统的输入输出关系用常系数线性差分方程表示**，即

$$\sum_{k=0}^{N}a_k y(n-k)=\sum_{m=0}^{M}b_m x(n-m) \tag{1-33}$$

为了运算方便，常常令$a_0=1$，即

$$y(n)=\sum_{m=0}^{M}b_m x(n-m)-\sum_{k=1}^{N}a_k y(n-k) \tag{1-34}$$

常系数是指决定系统特征的系数是常数，若系数中含有n，则称为"变系数"。差分方程的阶数等于$y(n)$的变量序号的最高值与最低值之差，例如式(1-34)就是N阶差分方程。线性是指各$y(n-k)$项和各$x(n-m)$项都只有一次幂而且不存在它们的相乘项，否则就是非线性。

LTI 系统的这个数学模型有很多优越性：

(1) 这个系统容易实现因果性。

(2) 用Z变换方法可以很容易求得系统的解析解(包含零初始状态和非零初始状态)。

(3) 式(1-34)提供了系统输出的一种计算方法，如果输入和n时刻以前的输出可知，则可以在时域用递归的方法计算系统的输出。若输入的主值区无限长，实际中，系统的输出不可能完全穷尽，只能求得部分解。

求解差分方程的方法有**递推法**、**时域经典法**、**卷积法**、**变换域法**等。递推解法比较简单，适合计算机求解，但是只能得到数值解，不易直接得到闭合形式(公式)解答。时域经典法和微分方程的解法比较类似，比较麻烦，实际应用中很少采用。卷积法则必须知道系统的单位脉冲响应 $h(n)$，这样利用卷积就能得到任意输入时的输出响应。变换域法是利用 Z 变换的方法求解差分方程。当系统的初始状态为零时，单位脉冲响应 $h(n)$ 就能完全代表系统，那么对于线性移不变系统，任意输入下的系统输出就可以利用卷积求得。差分方程在给定输入和边界条件下，可用迭代的方法求系统的响应，当输入为 $\delta(n)$ 时，输出(响应)为单位脉冲响应 $h(n)$。

【例 1-10】 用常系数线性差分方程时域递归解法求系统响应

$$y(n)=\frac{1}{2}y(n-1)+x(n),\quad x(n)=\delta(n),\quad y(n)=0,\quad n<0$$

【解】 因为零时刻以前的输出已经给出，所以只需求零时刻及以后的输出，即

$$y(0)=\frac{1}{2}y(-1)+\delta(0)=0+1=1$$

$$y(1)=\frac{1}{2}y(0)+\delta(1)=\frac{1}{2}+0=\frac{1}{2}$$

$$y(2)=\frac{1}{2}y(1)+\delta(2)=\left(\frac{1}{2}\right)^2+0=\left(\frac{1}{2}\right)^2$$

$$\vdots$$

$$y(n)=\frac{1}{2}y(n-1)+\delta(n)=\left(\frac{1}{2}\right)^n+0=\left(\frac{1}{2}\right)^n$$

故系统的响应为

$$y(n)=\begin{cases}\left(\frac{1}{2}\right)^n, & n\geqslant 0\\ 0, & n<0\end{cases}$$

1.4.6 线性时不变系统的输入输出关系

令 LTI 系统的输入为单位脉冲序列 $\delta(n)$，输出为 $h(n)$，即

$$h(n)=T[\delta(n)]$$

式中，$h(n)$ 称为 LTI 系统的单位脉冲响应。任何 LTI 系统的输入 $x(n)$ 和输出 $y(n)$ 可以表示为

$$y(n)=T[x(n)]$$

根据式(1-24)可得

$$y(n)=T\left[\sum_{m=-\infty}^{\infty}x(m)\delta(n-m)\right]$$

根据系统的线性性质，可得

$$y(n)=\sum_{m=-\infty}^{\infty}x(m)T[\delta(n-m)]$$

根据系统的时不变性，可得

$$y(n)=\sum_{m=-\infty}^{\infty}x(m)h(n-m) \tag{1-35}$$

可见，**LTI 系统的输出是系统输入和单位脉冲响应的卷积**，如式(1-36)。

$$y(n)=x(n)*h(n) \tag{1-36}$$

实际中，若 $x(n)$ 和 $h(n)$ 是有限长的，则系统的输出完全可求；其他情况下系统很难求得解析解或全部的数值解。$x(n)$ 和 $h(n)$ 是有限长的情况在现实中很常见，如数字图像处理和数字音视频处理。

1.4.7　线性时不变系统的性质

1. 交换律

由于卷积与两卷积序列的次序无关，即卷积服从交换律，故

$$y(n)=x(n)*h(n)=h(n)*x(n)$$

这就是说，如果把单位脉冲响应 $h(n)$ 改为输入，而把输入 $x(n)$ 改为系统单位脉冲响应，则输出 $y(n)$ 不变。

2. 结合律

可以证明卷积运算服从结合律，即

$$\begin{aligned}x(n)*h_1(n)*h_2(n)&=[x(n)*h_1(n)]*h_2(n)\\&=[x(n)*h_2(n)]*h_1(n)\\&=x(n)*[h_1(n)*h_2(n)]\end{aligned}$$

这就是说，两个线性时不变系统级联后仍构成一个线性时不变系统，其单位脉冲响应为两系统单位脉冲响应的卷积，且线性时不变系统的单位脉冲响应与它们的级联次序无关，如图 1-30 所示。

3. 分配律

卷积也服从加法分配律

$$x(n)*[h_1(n)+h_2(n)]=x(n)*h_1(n)+x(n)*h_2(n)$$

也就是说，两个线性时不变系统的并联等效系统的单位脉冲响应等于两系统各自单位脉冲响应之和，如图 1-31 所示。

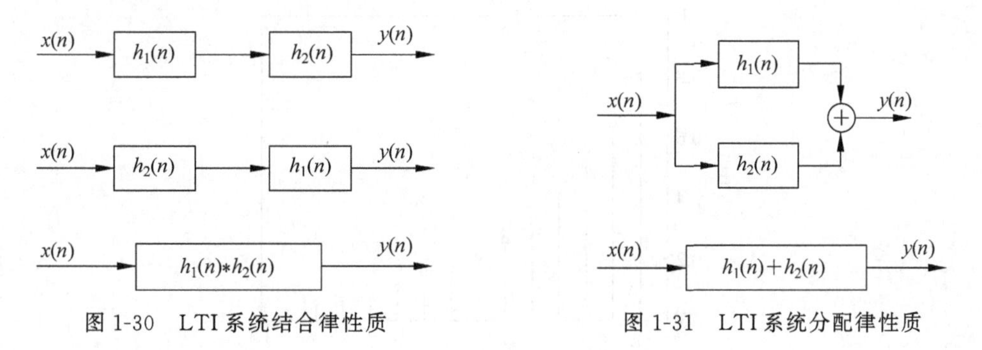

图 1-30　LTI 系统结合律性质　　图 1-31　LTI 系统分配律性质

【例 1-11】　求图 1-32 所示系统的单位脉冲响应，其中 $h_1(n)=2^nu(n)$，$h_2(n)=\delta(n-1)$，$h_3(n)=3^nu(n)$，$h_4(n)=u(n)$。

【解】 图 1-32 中子系统 $h_2(n)$ 与 $h_3(n)$ 级联，$h_1(n)$ 支路、全通支路与 $h_2(n)$、$h_3(n)$ 级联支路并联，再与 $h_4(n)$ 级联。全通支路满足 $y(n)=f(n)*h(n)=f(n)$，即全通离散系统的单位脉冲响应为单位序列 $\delta(n)$。所以，系统总的单位脉冲响应为

$$
\begin{aligned}
h(n) &= \{h_1(n)+\delta(n)+h_2(n)*h_3(n)\}*h_4(n) \\
&= \{2^n u(n)+\delta(n)+\delta(n-1)*3^n u(n)\}*u(n) \\
&= 2(2)^n u(n)+[1.5(3)^{n-1}-0.5]u(n-1)
\end{aligned}
$$

注意

$$
[a^n u(n)]*[b^n u(n)]=\begin{cases}\dfrac{b^{n+1}-a^{n+1}}{b-a}u(n), & a\neq b \\ (n+1)b^n u(n), & a=b\end{cases}
$$

图 1-32 例 1-11 用图

视频讲解

1.5 MATLAB 应用实例

【例 1-12】 典型信号 MATLAB 程序。

(1) $x(n)=0.8^n, 0\leqslant n\leqslant 15$

```
n = 0:15;
x = 0.8.^n;
stem(n,x);
xlabel ('时间序列 n ');
ylabel('x(n) = 0.8^n');
```

序列 $x(n)=0.8^n$ 图形如图 1-33 所示。

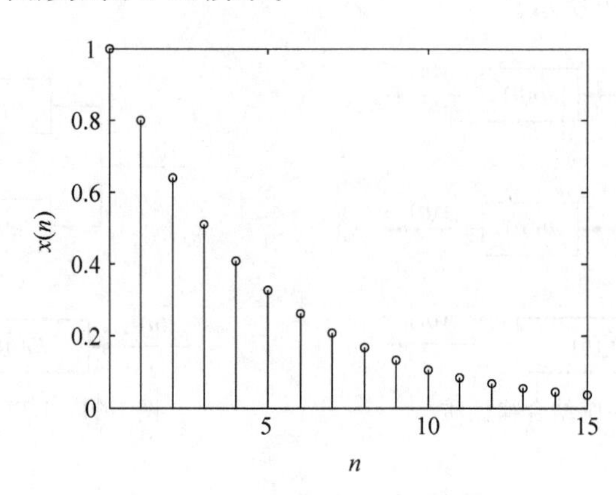

图 1-33 序列 $x(n)=0.8^n$ 图形

(2) $x(n)=\mathrm{e}^{(0.2+3\mathrm{j})n}, 0\leqslant n\leqslant 30$

```
n = 0:30;
x = exp((0.2 + 3 * j) * n);
stem(n,x);
xlabel ('时间序列 n ');
ylabel('x(n) = exp((0.2 + 3 * j) * n)');
```

序列 $x(n)=\mathrm{e}^{(0.2+3\mathrm{j})n}$ 图形如图 1-34 所示。

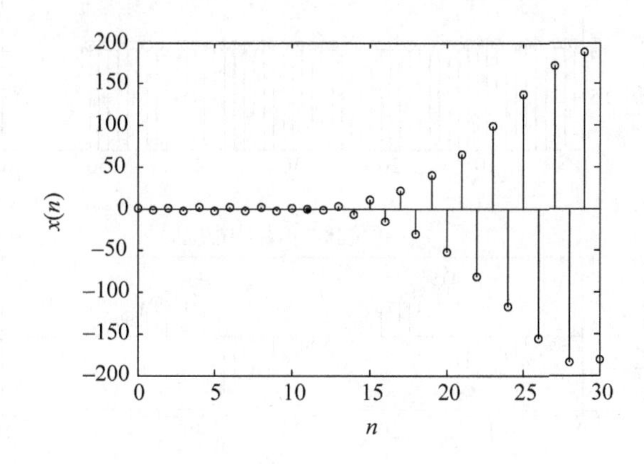

图 1-34　序列 $x(n)=\mathrm{e}^{(0.2+3\mathrm{j})n}$ 图形

(3) 单位脉冲序列

```
n = 1:50;                      % 定义序列的长度是 50
x = zeros(1,50);               % MATLAB 中数组下标从 1 开始
x(1) = 1;close all;
subplot(3,1,1);stem(x);
title('单位脉冲信号序列');k = - 25:25;
X = x * (exp( - j * pi/25)).^(n' * k);
magX = abs(X);                 % 绘制 x(n)的幅度谱
subplot(3,1,2);stem(magX);title('单位脉冲信号的幅度谱');
angX = angle(X);               % 绘制 x(n)的相位谱
subplot(3,1,3);stem(angX) ; title ('单位脉冲信号的相位谱')
```

单位脉冲序列及其频谱如图 1-35 所示。

(4) 正弦信号与调制信号

(a) $x(t)=\sin(2\pi t), 0\leqslant t\leqslant 10$

(b) $x(t)=\cos(100\pi t)\sin(\pi t), 0\leqslant t\leqslant 4$

```
clc;t1 = 0:0.001:10;t2 = 0:0.01:4;
xa = sin(2 * pi * t1);xb = cos(100 * pi * t2). * sin(pi * t2);
subplot(2,1,1);
plot(t1,xa);xlabel ('t');ylabel('x(t)');title('x(t) = sin(2 * pi * t)');
subplot(2,1,2);plot(t2,xb);xlabel ('t');
ylabel('x(t)');title('x(t) = cos(100 * pi * t2). * sin(pi * t2)');
```

正弦信号与调制信号如图 1-36 所示。

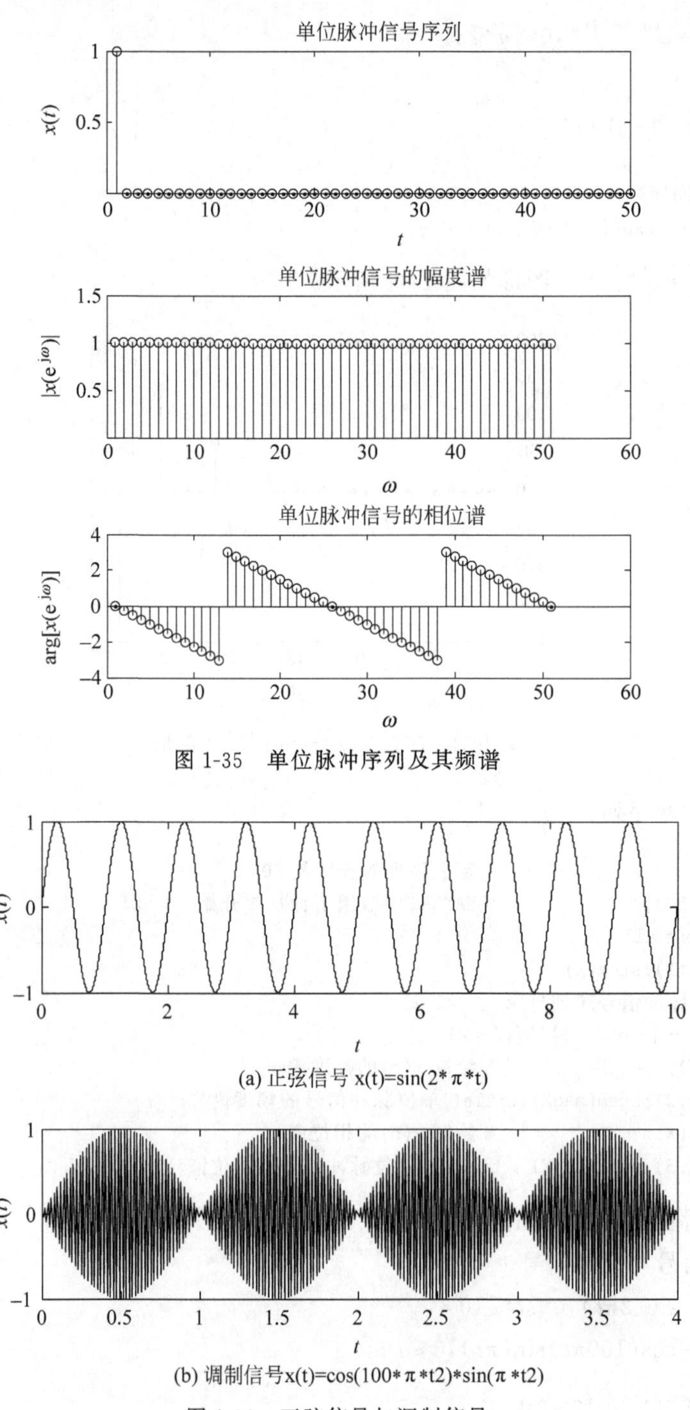

图 1-35 单位脉冲序列及其频谱

(a) 正弦信号 x(t)=sin(2*π*t)

(b) 调制信号x(t)=cos(100*π*t2)*sin(π*t2)

图 1-36 正弦信号与调制信号

(5) 矩形序列

```
n = 1:50;x = sign(sign(10 - n) + 1);
close all;
subplot(3,1,1);stem(x);title('矩形序列');
k = - 25:25;X = x * (exp( - j * pi/25)).^(n' * k);
```

```
magX = abs(X); % 绘制 x(n)的幅度谱
subplot(3,1,2);stem(magX);title('矩形序列的幅度谱');
angX = angle(X); % 绘制 x(n)的相位谱
subplot(3,1,3);stem(angX) ; title ('矩形序列的相位谱')
```

矩形序列及频谱如图 1-37 所示。

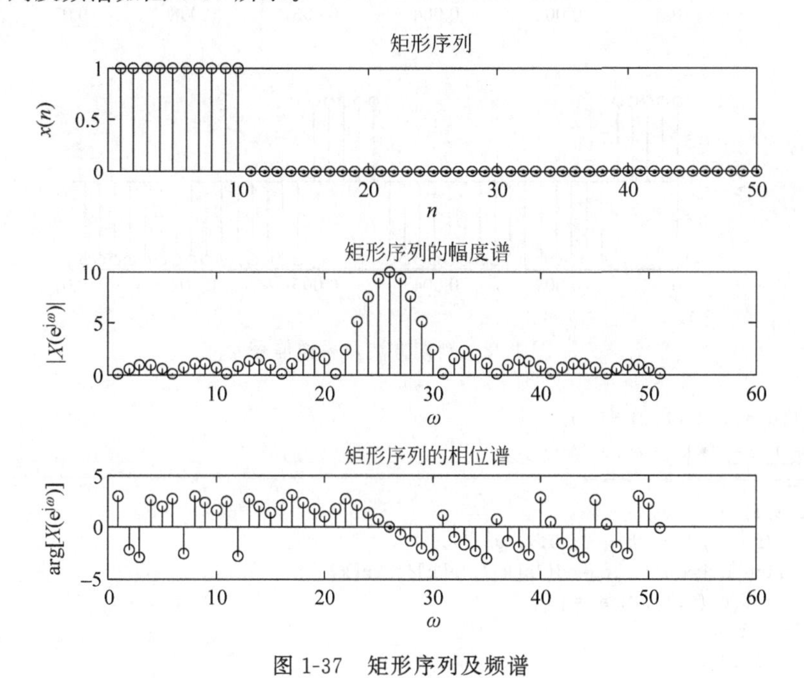

图 1-37 矩形序列及频谱

(6) 一个连续的周期性方波信号频率为 200Hz，信号幅度为$-1\sim+1$V，要求在图形窗口上显示其两个周期的波形。以 4kHz 的频率对连续信号进行采样，编写程序生成连续信号和其采样获得的离散信号波形。

```
f = 200;nt = 2;                % 显示周期数
N = 20;T = 1/f;
dt = T/N;                      % 每个周期显示 20 个离散值,4kHz 的频率
n = 0:nt * N - 1;tn = n * dt;
x = square(2 * f * pi * tn,25); % 其中 25 为占空比
subplot(2,1,1);plot(tn,x);
axis([0,nt * T,1.1 * min(x),1.1 * max(x)]);
ylabel('x(t)');subplot(2,1,2);stem(tn,x);
axis([0,nt * T,1.1 * min(x),1.1 * max(x)]);
ylabel('x(n)');box
```

周期方波及采样信号如图 1-38 所示。

(7) 利用 M 点的滑动平均系统去噪，M 点的滑动平均系统的输入输出关系为

$$y[k]=\frac{1}{M}\sum_{n=0}^{M-1}x[k-n]$$

原始信号 $s[k]=(2k)0.9^k$，噪声干扰的信号 $x[k]=s[k]+n[k]$，噪声信号 $n[k]$。利用 M 点的滑动平均系统从信号 $x[k]$中滤去噪声信号 $n[k]$，如图 1-39 所示。

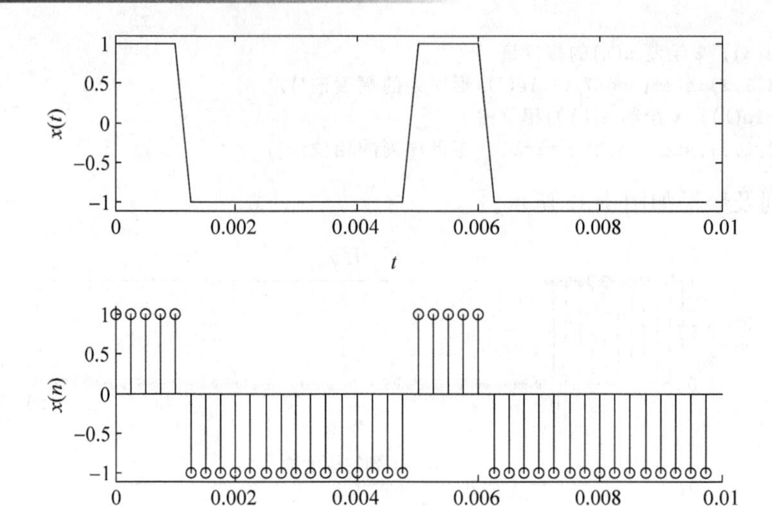

图 1-38　周期方波及采样信号

```
N = 101;n = rand(1,N) - 0.5;
k = 0:N - 1;s = 2 * k. * (0.9.^k);
x = s + n;
subplot(2,1,1);
plot(k,n,'r - .', k,s,'b -- ', k,x,'g - ');
xlabel('Time index k'); legend('n[k]','s[k]', 'x[k]');
M = 5; b = ones(M,1)/M; a = [1];
y = filter(b,a,x);
Subplot(2,1,2);
plot(k,s,'b -- ', k,y,'r - ');
xlabel('Time index k'); legend('s[k]','y[k]');
```

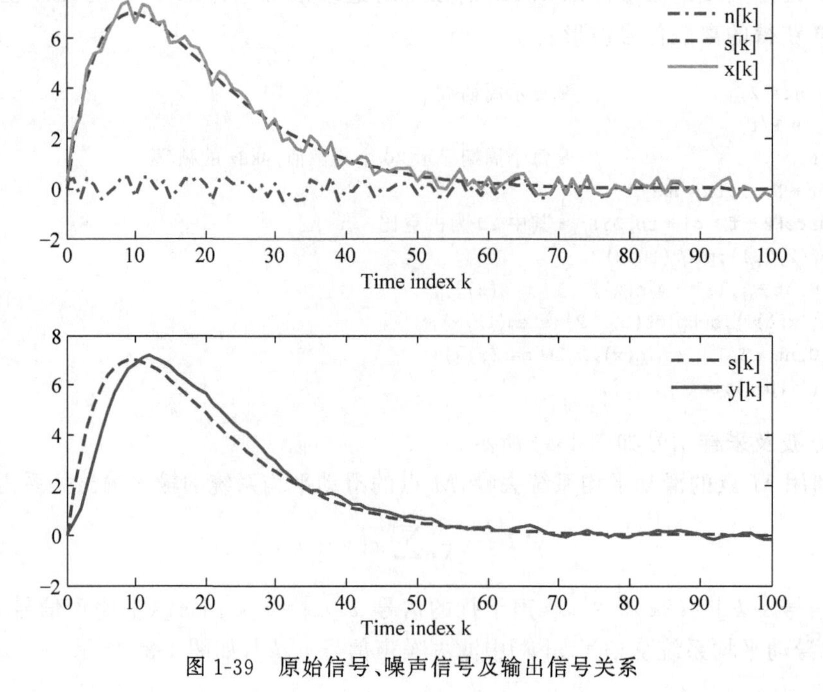

图 1-39　原始信号、噪声信号及输出信号关系

【本章习题】

1.1　填空题

(1) 若 $x_a(t)$ 频带宽度有限,要想抽样后 $x(n)=x_a(nT)$ 能够不失真地还原出原信号 $x_a(t)$,则抽样频率必须________ 2倍信号谱的________,这就是奈奎斯特抽样定理。

(2) 如果系统函数 $H(z)$ 的收敛域包括________,则系统是稳定的。

(3) $x(n)=A\cos\left(\frac{3\pi}{7}n+\frac{\pi}{6}\right)$ 的周期为________。

(4) 序列 $x(n)\delta(n-m)=$________。

(5) 对正弦信号 $x_a(t)=\sin100t$ 进行采样,采样频率为 $f_s=200\text{Hz}$,则所得到的采样序列 $x(n)=$________。

(6) 线性时不变系统是因果系统的充分必要条件是________。

(7) 线性时不变系统是稳定系统的充分必要条件是________。

(8) 数字频率只有相对意义,因为它是实际频率对________频率的________。

1.2　选择题

(1) 若一模拟信号为带限,且对其抽样满足奈奎斯特采样定理,则只要将抽样信号通过(　　)即可完全不失真恢复原信号。

A. 理想低通滤波器　　B. 理想高通滤波器

C. 理想带通滤波器　　D. 理想带阻滤波器

(2) LTI系统,输入 $x(n)$ 时,输出 $y(n)$;输入为 $3x(n-2)$,输出为(　　)。

A. $y(n-2)$　　B. $3y(n-2)$　　C. $3y(n)$　　D. $y(n)$

(3) 要从抽样信号不失真恢复原连续信号,应满足下列条件中(　　)。

(Ⅰ)原信号为带限;(Ⅱ)抽样频率大于两倍信号谱的最高频率;(Ⅲ)抽样信号通过理想低通滤波器。

A. Ⅰ、Ⅱ　　B. Ⅱ、Ⅲ　　C. Ⅰ、Ⅲ　　D. Ⅰ、Ⅱ、Ⅲ

(4) 在对连续信号均匀采样时,若采样角频率为 Ω_s,信号最高截止频率为 Ω_c,则折叠频率为(　　)。

A. Ω_s　　B. Ω_c　　C. $\Omega_c/2$　　D. $\Omega_s/2$

(5) 若一线性移不变系统当输入为 $x(n)=\delta(n)$ 时输出为 $y(n)=R_3(n)$,则当输入为 $u(n)-u(n-2)$ 时输出为(　　)。

A. $R_3(n)$　　B. $R_2(n)$

C. $R_3(n)+R_3(n-1)$　　D. $R_2(n)-R_2(n-1)$

(6) 序列 $x(n)=nR_4(n)$,则其能量等于(　　)。

A. 5　　B. 10　　C. 14　　D. 20

(7) 以下单位冲激响应所代表的线性移不变系统中因果稳定的是(　　)。

A. $h(n)=u(n)$　　B. $h(n)=u(n+1)$

C. $h(n)=R_4(n)$　　D. $h(n)=R_4(n+1)$

(8) 下列系统(其中 $y(n)$为输出序列,$x(n)$为输入序列)中,(　　)属于线性系统。

A. $y(n)=y(n-1)x(n)$　　B. $y(n)=x(n)/x(n+1)$

C. $y(n)=x(n)+1$　　D. $y(n)=x(n)-x(n-1)$

(9) LTI 系统的单位脉冲响应如下,因果且稳定的是(　　)。

A. $h[n]=2^n u[n]$　　B. $h[n]=a^n u[-n-1]$

C. $h[n]=\cos(0.5n)R_{10}[n]$　　D. $h[n]=u[n+2]-u[n-2]$

1.3　简答题

在 A/D 变换之前和 D/A 变换之后都要让信号通过一个低通滤波器,它们分别起什么作用?

1.4　研究一个线性时不变系统,其单位冲激响应为指数序列 $h(n)=a^n\cdot u(n)$,其中 $0<a<1$,求其对矩形输入序列 $x(n)=R_N(n)=\begin{cases}1, & 0\leqslant n\leqslant N-1\\ 0, & 其他\end{cases}$ 的输出序列。

1.5　有一个连续信号 $x_a(t)=\cos(2\pi ft+\varphi)$,式中 $f=20\text{Hz}$,$\varphi=\frac{\pi}{2}$,则

(1) 求出 $x_a(t)$的周期;

(2) 用采样间隔 $T=0.02\text{s}$ 对 $x_a(t)$进行采样,写出采样信号 $\hat{x}_a(t)$的表达式;

(3) 画出对应 $\hat{x}_a(t)$的时域离散信号(序列)$x(n)$的波形,并求出 $x(n)$的周期。

1.6　判断下列系统

(1) $y(n)=\sum\limits_{m=0}^{n}x(m)$;

(2) $y(n)=nx(n)$。

是否为时不变系统。

1.7　若模拟信号为 $x_a(t)=3\cos2000\pi t+5\sin6000\pi t+10\cos12\,000\pi t$,则

(1) 对于该信号的奈奎斯特频率是多少?

(2) 假设取样频率为 $f_s=5000\text{Hz}$,求取样后的得到的离散信号。

(3) 求用理想内插恢复的输出信号 $y_a(t)$。

1.8　若连续时间信号 $x_a(t)=\cos(\Omega_0 t)=\cos(16\,000\pi t)$,采样周期仍为 $T=1/6000$。

(1) 判断该采样周期是否满足采样定理;(2)求 $\hat{x}_a(t)$ 的频谱;(3)求模拟理想低通滤波器恢复的模拟信号 $y_a(t)$。

第2章 Z 变换与序列傅里叶变换

CHAPTER 2

信号与系统的分析不仅可以在时域进行，还可以在变换域进行。时域离散系统中 Z 变换的作用就是把描述离散系统的差分方程转化为简单的代数方程，使其求解大大简化。信号和系统在时域中进行分析和研究的特点是直观、物理概念清楚，但有很多问题在时域研究不方便，或者说研究起来很困难。例如，要滤波器分别滤除两个噪声序列混有的噪声，最大程度上保留有用信号这样的问题，在时域分析时，因为不了解这两个信号的频谱结构，因此设计合适的滤波器是比较困难的。如果是将信号变换到频域，分析其频域特性，则很容易在此基础上设计合适的滤波器对信号进行处理。

本章学习序列的傅里叶变换及其性质、序列的 Z 变换及其性质，了解计算 Z 逆变换的留数法、部分分式展开法和幂级数展开法等解法，以及离散信号的 Z 变换与连续信号的拉普拉斯变换、傅里叶变换的关系等。

2.1 序列的 Z 变换

在连续系统中，为了避开解微分方程的困难，可以通过拉氏变换把微分方程转换为代数方程。出于同样的动机，也可以通过一种称为 Z 变换的数学工具，把差分方程转换为代数方程。**Z 变换是分析离散时间信号与系统的一种有用工具**，它在离散时间信号与系统中的作用就如同拉普拉斯变换在连续时间信号与系统中的作用。Z 变换可用于求解常系数差分方程以及设计滤波器等。这里直接给出序列的 Z 变换表示，并研究一个序列的性质是如何与它的 Z 变换性质联系起来的。

1. Z 变换的定义

由取样信号的双边拉氏变换引出 Z 变换定义

$$x_s(t)=x(t)\cdot\delta_T(t)=\sum_{k=-\infty}^{\infty}x(t)\delta(t-kT)=\sum_{k=-\infty}^{\infty}x(kT)\delta(t-kT)\tag{2-1}$$

对上式进行拉普拉斯变换，得

$$X_s(s)=\sum_{k=-\infty}^{\infty}x(kT)\int_{-\infty}^{\infty}\delta(t-kT)\mathrm{e}^{-st}\,\mathrm{d}t=\sum_{k=-\infty}^{\infty}x(kT)\mathrm{e}^{-sTk}\tag{2-2}$$

引入一个新的复变量 $z=\mathrm{e}^{sT}$，这样，一个离散序列 $x(n)$ 的 Z 变换定义为

$$X(z)=\sum_{n=-\infty}^{\infty}x(n)z^{-n}\tag{2-3}$$

式中,z 是一个复变量,它所在的复平面称为 Z 平面。通常用 $Z[x(n)]$ 表示对序列 $x(n)$ 进行 Z 变换,也即 $Z[x(n)]=X(z)$。这种变换也称为双边 Z 变换,与此相应的单边 Z 变换的定义如下

$$X(z)=\sum_{n=0}^{\infty}x(n)z^{-n} \tag{2-4}$$

这种单边 Z 变换的求和限是从零到无穷,因此对于因果序列,用两种 Z 变换定义计算出的结果是一样的。单边 Z 变换只有在少数几种情况下与双边 Z 变换有所区别。比如,需要考虑序列的起始条件,其他特性则都和双边 Z 变换相同。本书中如不另外说明,均用双边 Z 变换对信号进行分析和变换。

2. Z 变换的收敛域

对于任意给定的序列 $x(n)$,能使 Z 变换收敛的所有 z 值的集合称为 $X(z)$ 的收敛域。收敛域也可以用符号 ROC(Region Of Convergence)来表示。不同序列 $x(n)$ 的 Z 变换,可能对应于相同的 Z 变换表达式,但是各自的收敛域不同,所以**在确定 Z 变换时,必须指明收敛域**。

根据级数理论,式(2-3)的级数**收敛的充分必要条件是满足绝对可和条件**,即要求

$$\sum_{n=-\infty}^{\infty}|x(n)z^{-n}|<\infty \tag{2-5}$$

即

$$\sum_{n=-\infty}^{\infty}|x(n)||z^{-n}|<\infty \tag{2-6}$$

因此,Z 变换是否收敛只取决于 $|z|$。也就是说 ROC 一定由 Z 平面内以原点为中心的圆环所组成,圆环的外边界可以向外延伸至无穷大,内边界也可以向内缩小到包括原点。所以,一般 ROC 用环状域表示,即 $R_{-}<|z|<R_{+}$。其中 R_{-} 和 R_{+} 可以是包括 0 和 ∞ 在内的非负实数。ROC 也可表示成图 2-1 所示的阴影部分。

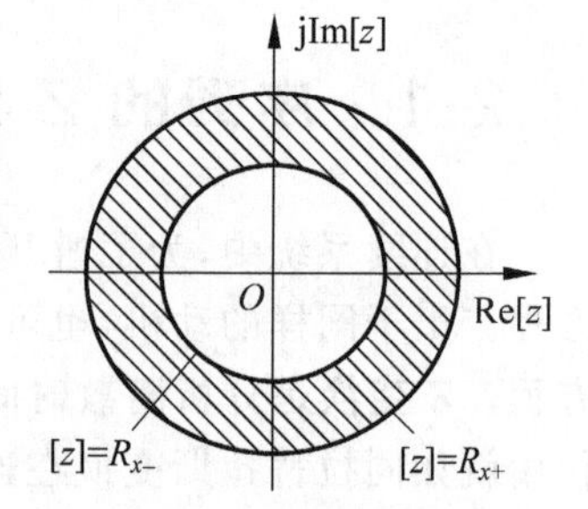

图 2-1 环形收敛域

常用的 Z 变换是一个有理函数,用两个多项式之比表示为

$$X(z)=\frac{\sum_{k=0}^{M}b_k z^{-k}}{\sum_{k=0}^{N}a_k z^{-k}}=\frac{P(z)}{Q(z)} \tag{2-7}$$

$P(z)=0$ 时的 z 值使 $X(z)=0$,称为 $X(z)$ 的**零点**;$Q(z)=0$ 时的 z 值使 $X(z)$ 无穷大,称为 $X(z)$ 的**极点**。

注意:根据 ROC 的定义,**收敛域内不能包括极点,并且总是以极点限定其边界**。

3. 几种典型序列 Z 变换的收敛域

Z 平面上收敛域的位置,或者说 R_{-} 和 R_{+} 的大小和序列有着密切的关系,下面详细讨论 4 种典型序列的 Z 变换。

(1) **有限长序列**:这类序列只在有限区间 $n_1\leqslant n\leqslant n_2$ 之内具有非零的有限值,此时 Z 变换为

$$X(z)=\sum_{n=n_1}^{n_2}x(n)z^{-n} \tag{2-8}$$

由于 n_1 和 n_2 是有限整数,$X(z)$是有限项级数之和,除 0 与∞两点是否收敛与 n_1 和 n_2 的取值情况有关外,整个 Z 平面均收敛。如果 $n_1<0$,则收敛域不包括∞点;如果 $n_2>0$,则收敛域不包括 $z=0$ 点;如果是因果序列,则收敛域包括∞点。具体有限长序列的收敛域表示如下:

$$n_1<0,n_2\leqslant 0\text{ 时},\ 0\leqslant |z|<\infty$$
$$n_1<0,n_2>0\text{ 时},\ 0<|z|<\infty$$
$$n_1\geqslant 0,n_2>0\text{ 时},\ 0<|z|\leqslant\infty$$

【例 2-1】 $x(n)=\delta(n)$,求此序列的 Z 变换及收敛域。

【解】 这是 $n_1=n_2=0$ 时有限长序列特例,由于

$$Z[\delta(n)]=\sum_{n=-\infty}^{\infty}\delta(n)z^{-n}=1,\quad 0\leqslant|z|\leqslant\infty$$

所以,收敛域应是整个 Z 的闭平面($0\leqslant|z|\leqslant\infty$),如图 2-2 所示。

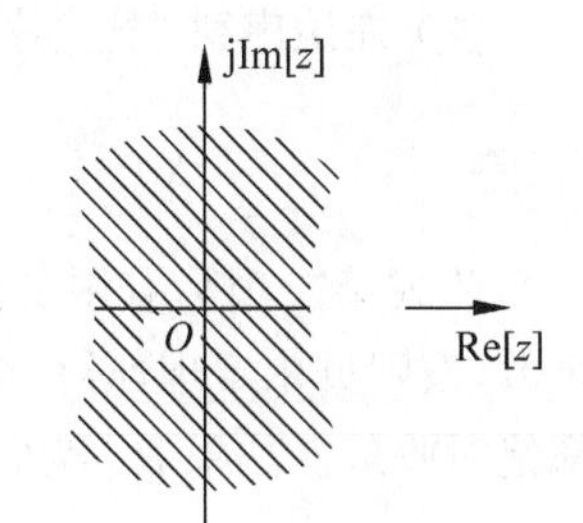

图 2-2 δ(n)的收敛域
(全部 Z 平面)

【例 2-2】 求矩形序列 $x(n)=R_N(n)$的 Z 变换及其收敛域。

【解】
$$X(z)=\sum_{n=-\infty}^{\infty}R_N(n)z^{-n}=\sum_{n=0}^{N-1}z^{-n}$$
$$=1+z^{-1}+z^{-2}+\cdots+z^{-(N-1)}$$

这是一个有限项几何级数之和。因此

$$X(z)=\frac{1-z^{-N}}{1-z^{-1}},\quad 0<|z|\leqslant\infty$$

(2) **右边序列**:这类序列是指 $x(n)$只在 $n\geqslant n_1$ 时有值,在 $n<n_1$ 时 $x(n)=0$。其 Z 变换为

$$X(z)=\sum_{n=n_1}^{\infty}x(n)z^{-n}=\sum_{n=n_1}^{-1}x(n)z^{-n}+\sum_{n=0}^{\infty}x(n)z^{-n} \tag{2-9}$$

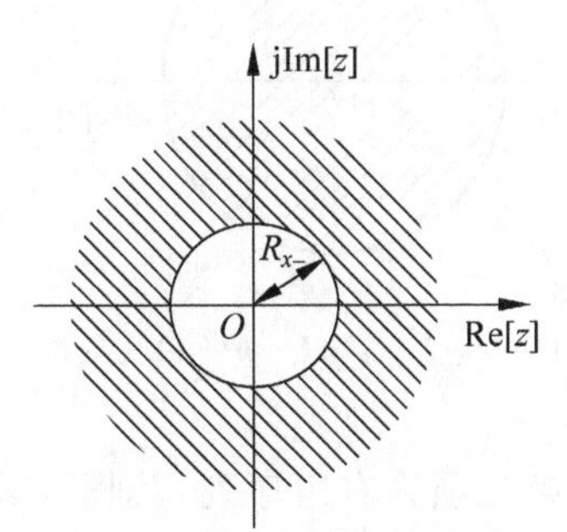

图 2-3 右边序列的收敛域

此式右端第一项为有限长序列的 Z 变换,按上面讨论可知,它的收敛域为有限 Z 平面($0\leqslant|z|<\infty$);而第二项是 Z 的负幂级数,按照级数收敛的阿贝尔定理可推知,存在一个收敛半径 R_-,级数在以原点为中心,以 R_- 为半径的圆外任何点都绝对收敛。因此,综合这两项,只有两项都收敛时级数才收敛。所以右边序列 Z 变换的收敛域为

$$R_-<|z|<\infty$$

右边序列收敛域如图 2-3 所示。**因果序列是最重要的一种右边序列**,即 $n_1=0$ 的右边序列。也就是说,在 $n\geqslant 0$ 时 $x(n)$有值,$n<0$ 时 $x(n)=0$,其 Z 变换级数中无 z 的正幂项,因此级数收敛域可以包括 $|z|=\infty$。Z 变换收敛域包括$|z|=\infty$是因果序列的特征。

$$X(z)=\sum_{n=-\infty}^{\infty}x(n)z^{-n},\quad R_{-}<|z|\leqslant\infty \tag{2-10}$$

【例 2-3】 已知序列 $x(n)=\left(\frac{1}{3}\right)^n u(n)$，求其 Z 变换及其收敛域。

【解】 $X(z)=\sum_{n=0}^{\infty}\left(\frac{1}{3}\right)^n z^{-n}=\sum_{n=0}^{\infty}\left(\frac{1}{3z}\right)^n=1+\frac{1}{3z}+\frac{1}{(3z)^2}+\frac{1}{(3z)^3}+\cdots$

若该序列收敛，则要求$\frac{1}{3|z|}<1$，即收敛域为$|z|>\frac{1}{3}$。本例的收敛域是以 $X(z)$的极点$\frac{1}{3}$为半径的圆外，一般在 $X(z)$的封闭表示式中，若有多个极点，则右边序列的收敛域在绝对值最大的极点为收敛半径的圆外。

(3) **左边序列**：这类序列是指 $x(n)$在 $n\leqslant n_2$ 时有值，而在 $n>n_2$ 时 $x(n)=0$，其 Z 变换为

$$X(z)=\sum_{n=-\infty}^{n_2}x(n)z^{-n}=\sum_{n=-\infty}^{0}x(n)z^{-n}+\sum_{n=1}^{n_2}x(n)z^{-n} \tag{2-11}$$

此式第二项为有限长序列的 Z 变换，收敛域为有限 Z 平面($0<|z|<\infty$)；第一项是正幂级数，按阿贝尔定理，必存在收敛半径 R_{+}，级数在以原点为中心，以 R_{+} 为半径的圆内任何点都绝对收敛。如果 R_{+} 为收敛域的最大半径，则综合以上两项，左边序列 Z 变换的收敛域为

$$0<|z|<R_{+}$$

如果 $n_2\leqslant 0$，则式(2-11)右端不存在第二项，故收敛域应包括 $z=0$，即$|z|<R_{+}$。

【例 2-4】 已知序列 $x(n)=-a^n u(-n-1)$，求其 Z 变换及其收敛域。

【解】

$$X(z)=\sum_{n=-\infty}^{-1}-a^n z^{-n}=\sum_{n=1}^{\infty}-a^{-n}z^n$$

$$=\frac{1}{1-az^{-1}}=\frac{z}{z-a},\quad 0\leqslant|z|<|a|$$

该序列的收敛域如图 2-4 所示，是以 $X(z)$的极点 a 为半径的圆内，一般在 $X(z)$的封闭表示式中，若有多个极点，则左边序列的收敛域在绝对值最小的极点为收敛半径的圆内。

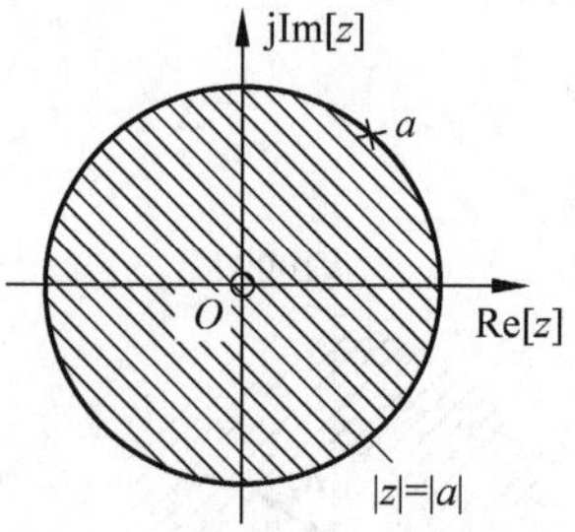

图 2-4 $-a^n u(-n-1)$收敛域

(4) **双边序列**：一个双边序列可以看作一个左边序列和一个右边序列之和，即

$$X(z)=\sum_{n=-\infty}^{\infty}x(n)z^{-n}$$

$$=\sum_{n=-\infty}^{-1}x(n)z^{-n}+\sum_{n=0}^{\infty}x(n)z^{-n} \tag{2-12}$$

因而其收敛域应该是左边序列与右边序列收敛域的重叠部分。等式右边第一项为左边序列，其收敛域为$|z|<R_{+}$；第二项为右边序列，其收敛域为$|z|>R_{-}$。如果 $R_{-}<R_{+}$，则存在公共收敛区域，$X(z)$的收敛域为

$$R_{-}<|z|<R_{+}$$

如果 $R_{-}>R_{+}$，则不存在公共收敛区域，$X(z)$无收敛域，这种 Z 变换是没有意义的。

【例 2-5】 已知序列 $x(n)=a^{|n|}$，a 为实数，求其 Z 变换及其收敛域。

【解】 这是一个双边序列，其 Z 变换为

$$X(z)=\sum_{n=-\infty}^{\infty}x(n)z^{-n}=\sum_{n=-\infty}^{-1}a^{-n}z^{-n}+\sum_{n=0}^{\infty}a^{n}z^{-n}$$

设

$$X_1(z)=\sum_{n=-\infty}^{-1}a^{-n}z^{-n}=\frac{az}{1-az},\quad |z|<\frac{1}{|a|}$$

$$X_2(z)=\sum_{n=0}^{\infty}a^{n}z^{-n}=\frac{1}{1-az^{-1}},\quad |z|>|a|$$

若 $|a|<1$，则存在公共区域，则

$$X(z)=X_1(z)+X_2(z)$$

$$=\frac{az}{1-az}+\frac{1}{1-az^{-1}}=\frac{(1-a^2)z}{(z-a)(1-az)},\quad |a|<|z|<\frac{1}{|a|}$$

其序列及收敛域如图 2-5 和图 2-6 所示。

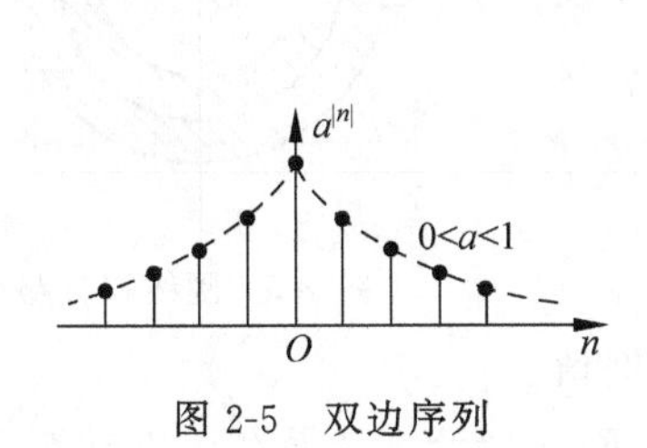

图 2-5　双边序列

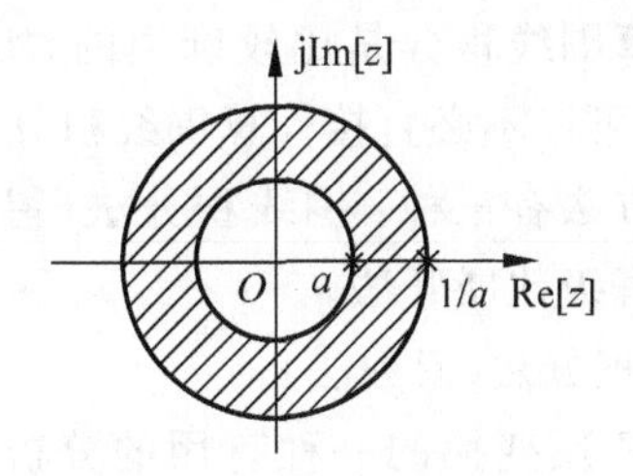

图 2-6　双边序列收敛域

若 $|a|\geqslant 1$，则不存在公共区域，序列发散，不存在 Z 变换。

表 2-1 给出了常见序列的 Z 变换对及其收敛域。这些基本变换对在已知序列求变换，或者相反在给定 Z 变换求序列时都是非常有用的。

表 2-1　常见序列 Z 变换及其收敛域

序列	Z 变换	收敛域	序列	Z 变换	收敛域
$\delta(n)$	1	$0\leqslant\|z\|\leqslant\infty$	$na^n u(n)$	$\frac{az^{-1}}{(1-az^{-1})^2}$	$\|z\|>\|a\|$
$u(n)$	$\frac{1}{1-z^{-1}}$	$\|z\|>1$	$-na^n u(-n-1)$	$\frac{az^{-1}}{(1-az^{-1})^2}$	$\|z\|<\|a\|$
$-u(-n-1)$	$\frac{1}{1-z^{-1}}$	$\|z\|<1$	$e^{-j\omega_0 n}u(n)$	$\frac{1}{1-e^{-j\omega_0}z^{-1}}$	$\|z\|>1$
$R_N(n)$	$\frac{1-z^{-N}}{1-z^{-1}}=1+z^{-1}+\cdots+z^{-(N-1)}$	$\|z\|>0$	$\sin(\omega_0 n)u(n)$	$\frac{(\sin\omega_0)z^{-1}}{1-2(\cos\omega_0)z^{-1}+z^{-2}}$	$\|z\|>1$
$a^n u(n)$	$\frac{1}{1-az^{-1}}$	$\|z\|>\|a\|$	$\cos(\omega_0 n)u(n)$	$\frac{1-(\cos\omega_0)z^{-1}}{1-2(\cos\omega_0)z^{-1}+z^{-2}}$	$\|z\|>1$
$-a^n u(-n-1)$	$\frac{1}{1-az^{-1}}$	$\|z\|<\|a\|$	$r^n\sin(\omega_0 n)u(n)$	$\frac{r(\sin\omega_0)z^{-1}}{1-2r(\cos\omega_0)z^{-1}+r^2z^{-2}}$	$\|z\|>\|r\|$
$a^n R_N(n)$	$\frac{1-a^N z^{-N}}{1-az^{-1}}$	$\|z\|>0$	$r^n\cos(\omega_0 n)u(n)$	$\frac{1-r(\cos\omega_0)z^{-1}}{1-2r(\cos\omega_0)z^{-1}+r^2z^{-2}}$	$\|z\|>\|r\|$
$nu(n)$	$\frac{z^{-1}}{(1-z^{-1})^2}$	$\|z\|>1$			

4. Z 反变换

视频讲解

已知函数 $X(z)$及其收敛域,反过来求序列的变换称为 Z 反变换,表示为

$$x(n)=Z^{-1}[X(z)]$$

若

$$X(z)=\sum_{n=-\infty}^{\infty}x(n)z^{-n},\quad R_{-}<|z|<R_{+} \tag{2-13}$$

则

$$x(n)=\frac{1}{2\pi \mathrm{j}}\oint_{c}X(z)z^{n-1}\mathrm{d}z,\quad c\in(R_{-},R_{+}) \tag{2-14}$$

式(2-14)是 Z 反变换的一般公式,表示 Z 反变换是一个对 $X(z)z^{n-1}$ 进行的围线积分,积分路径 c 是在 $X(z)$的环状解析域(收敛域)内环绕原点的一条逆时针方向的闭合单围线,如图 2-7 所示。

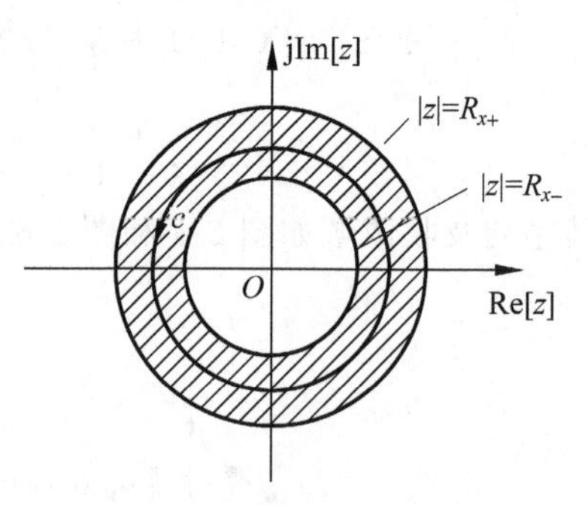

图 2-7 围线积分路径

直接计算围线积分是比较麻烦的,实际上,求 Z 反变换时,往往可以不必直接计算围线积分。一般求 Z 反变换的常用方法有三种:围线积分法(留数法)、部分分式展开法和幂级数展开法。

1) 围线积分法(留数法)

这是求 Z 反变换的一种有用的分析方法。根据留数定理,若函数 $F(z)=X(z)z^{n-1}$ 在围线 c 以内有 K 个极点 z_k,而在 c 以外有 M 个极点 z_m(K 和 M 为有限值),则有

$$\frac{1}{2\pi \mathrm{j}}\oint_{c}X(z)z^{n-1}\mathrm{d}z=\sum_{K}\mathrm{Res}[X(z)z^{n-1},z_k] \tag{2-15}$$

若 $F(z)=X(z)z^{n-1}$ 分母阶次比分子阶次高二阶以上,则有

$$\frac{1}{2\pi \mathrm{j}}\oint_{c}X(z)z^{n-1}\mathrm{d}z=-\sum_{M}\mathrm{Res}[X(z)z^{n-1},z_m] \tag{2-16}$$

式中,$\mathrm{Res}[X(z)z^{n-1},z_k]$表示函数 $F(z)=X(z)z^{n-1}$ 在极点 $z=z_k$ 处的留数。式(2-15)表示函数 $F(z)$沿围线 c **逆时针方向**的积分等于 $F(z)$在围线 c 内部各极点的留数之和。式(2-16)表示函数 $F(z)$沿围线 c **顺时针方向**的积分等于 $F(z)$在围线 c 外部各极点的留数之和。由式(2-15)及式(2-16),可得

$$\sum_{K}\mathrm{Res}[X(z)z^{n-1},z_k]=-\sum_{M}\mathrm{Res}[X(z)z^{n-1},z_m] \tag{2-17}$$

根据具体情况,既可采用式(2-15),也可采用式(2-16)。例如,如果当 n 大于某一值时,函数 $X(z)z^{n-1}$ 在围线的外部可能有多重极点,这时选 c 的外部极点计算留数就比较麻烦,而选 c 的内部极点求留数则通常比较简单。当 n 小于某一值时,函数 $X(z)z^{n-1}$ 在围线的内部可能有多重极点,这时选用 c 外部的极点求留数就方便得多。

如果 $X(z)z^{n-1}$ 在 $z=z_m$ 处有 k 阶极点,此时它的留数由下式决定:

$$\mathrm{Res}[X(z)z^{n-1}]\big|_{z=z_m}=\frac{1}{(k-1)!}\left[\frac{\mathrm{d}^{k-1}}{\mathrm{d}z^{k-1}}(z-z_m)^{k}X(z)z^{n-1}\right]_{z=z_m} \tag{2-18}$$

若只含有一阶极点,即 $k=1$,则有

$$\text{Res}[X(z)z^{n-1}]|_{z=z_m}=[(z-z_m)X(z)z^{n-1}]_{z=z_m} \tag{2-19}$$

【例 2-6】 已知 $X(z)=\dfrac{1}{1-az^{-1}}$，$|z|>a$，$a>0$，求其 Z 反变换。

【解】 根据定义

$$x(n)=\frac{1}{2\pi \mathrm{j}}\oint_c \frac{1}{1-az^{-1}}z^{n-1}\mathrm{d}z=\frac{1}{2\pi \mathrm{j}}\oint_c \frac{z^n}{z-a}\mathrm{d}z$$

当 $n\geqslant 0$ 时，如图 2-8 所示，围线 c 内只有一个极点 a；当 $n<0$ 时，围线 c 内除了极点 a 外还有一个 n 阶极点 $z=0$，因此

$$x(n)=\begin{cases}\text{Res}\left[\dfrac{z^n}{z-a},a\right], & n\geqslant 0\\ \text{Res}\left[\dfrac{z^n}{z-a},a\right]+\text{Res}\left[\dfrac{z^n}{z-a},0\right], & n<0\end{cases}$$

当 $n\geqslant 0$ 时，则

$$\text{Res}\left[\frac{z^n}{z-a},a\right]=z^n\Big|_{z=a}=a^n$$

当 $n<0$ 时，$x(n)$包括两项，不容易求解。因此改求圆外极点留数，但圆的外面没有极点，故 $n<0$ 时 $x(n)=0$。

所以

$$x(n)=a^n u(n)$$

实际上，题目中已经明确指出$|z|>a$，$a>0$，说明这是一个因果序列，不必考虑 $n<0$ 的情况。

在应用留数法时，收敛域是很重要的。同一个函数 $X(z)$，若收敛域不同，则对应的序列就完全不同。例如，仍然以上面的函数为例，改变其收敛域，可以看到结果完全不同。

【例 2-7】 已知 $X(z)=\dfrac{1}{1-az^{-1}}$，$|z|<|a|$，求其 Z 反变换。

【解】

$$x(n)=\frac{1}{2\pi \mathrm{j}}\oint_c \frac{1}{1-az^{-1}}z^{n-1}\mathrm{d}z=\frac{1}{2\pi \mathrm{j}}\oint_c \frac{z^n}{z-a}\mathrm{d}z$$

当 $n\geqslant 0$ 时，由于极点 a 在围线以外，如图 2-9 所示，围线 c 内无极点；当 $n<0$ 时，在 $z=0$ 处有一个 n 阶极点，因此

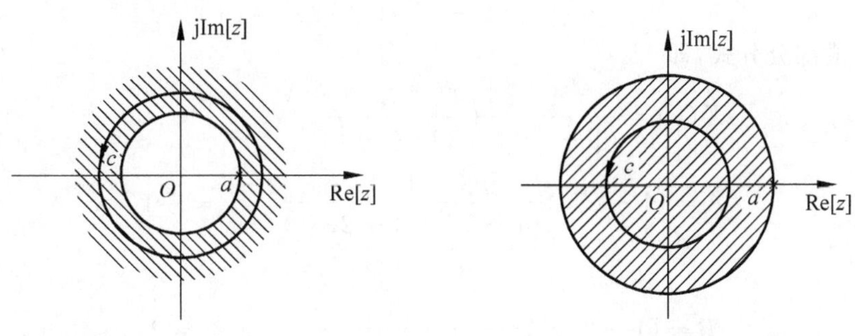

图 2-8 收敛域$|z|>|a|$　　　　图 2-9 收敛域$|z|<|a|$

$$x(n)=\begin{cases}0, & n\geqslant 0\\ \text{Res}\left[\dfrac{z^n}{z-a},0\right], & n<0\end{cases}$$

n 阶极点计算复杂,改求围线 c 外部极点留数

$$x(n)=-\text{Res}\left[\frac{z^n}{z-a},a\right]=-a^n u(-n-1)$$

2）部分分式展开法

在实际应用中,一般 $X(z)$是 z 的有理分式,可表示成 $X(z)=\dfrac{N(z)}{D(z)}$,$N(z)$及 $D(z)$都是实系数多项式,且没有公因式。可将 $X(z)$展开成部分分式的形式,然后利用表 2-1 的基本 Z 变换对应的公式求各简单分式的 Z 反变换(注意收敛域),再将各个反变换相加,就得到了所求的 $x(n)$。

$X(z)$的一般形式为

$$X(z)=\frac{N(z)}{D(z)}=\frac{b_0\prod_{k=1}^{M}(1-c_k z^{-1})}{\prod_{k=1}^{N}(1-d_k z^{-1})} \tag{2-20}$$

式中,c_k 为 $X(z)$的非零零点,d_k 为 $X(z)$的非零极点。如果 $M<N$,且所有极点都是一阶的,则 $X(z)$可展开成

$$X(z)=\sum_{k=1}^{N}\frac{A_k}{1-d_k z^{-1}} \tag{2-21}$$

A_k 可利用留数定理求得

$$A_k=(1-d_k z^{-1})X(z)\big|_{z=d_k}=(z-d_k)\frac{X(z)}{z}=\text{Res}\left[\frac{X(z)}{z},d_k\right] \tag{2-22}$$

若 $X(z)$的收敛域为$|z|>\max[|d_k|]$,部分分式展开式中每一项都是一个因果序列的 z 函数,则

$$x(n)=\sum_{k=1}^{N}A_k d_k^n u(n) \tag{2-23}$$

【例 2-8】 已知 $X(z)=\dfrac{z^2}{(z-1)(z-2)}$,$|z|>2$,求其 Z 反变换 $x(n)$。

【解】

$$X(z)=\frac{1}{(1-z^{-1})(1-2z^{-1})}$$

将上式展开成部分分式,即

$$X(z)=\frac{A}{(1-z^{-1})}+\frac{B}{(1-2z^{-1})}$$

$$A=(1-z^{-1})\frac{1}{(1-z^{-1})(1-2z^{-1})}\bigg|_{z=1}=-1$$

同理

$$B=(1-2z^{-1})\frac{1}{(1-z^{-1})(1-2z^{-1})}\bigg|_{z=2}=2$$

所以

$$X(z)=\frac{-1}{1-z^{-1}}+\frac{2}{1-2z^{-1}}$$

$$x(n)=-u(n)+2(2)^n u(n)=[2(2)^n-1]u(n)$$

3）幂级数展开法（长除法）

$x(n)$的 Z 变换 $X(z)$可以表示成 z 的幂级数，即

$$X(z)=\sum_{n=-\infty}^{\infty}x(n)z^{-n}=\cdots=x(-2)z^2+x(-1)z^1+x(0)z^0$$
$$+x(1)z^{-1}+x(2)z^{-2}+\cdots$$

级数的系数就是 $x(n)$。

如果 $X(z)$的收敛域是$|z|>R_1$，则 $x(n)$必然是因果序列，此时按 z 的降幂次序进行排列，即

$$X(z)=\sum_{n=0}^{\infty}x(n)z^{-n}=x(0)z^0+x(1)z^{-1}+x(2)z^{-2}+\cdots$$

如果收敛域是$|z|<R_2$，则 $x(n)$必然是 $n_2\leqslant 0$ 的左边序列，此时按 z 的升幂次序进行排列，即

$$X(z)=\sum_{n=-\infty}^{0}x(n)z^{-n}=x(0)z^0+x(-1)z^1+x(-2)z^2+x(-3)z^3+\cdots$$

【例 2-9】 已知 $X(z)=\dfrac{z}{z^2-2z+1}$，ROC：$|z|>1$，求其 Z 反变换 $x(n)$。

【解】 收敛域在圆外，是右边序列，按 z 的降幂排列。

$$\begin{array}{r|l}
 & z^{-1}+2z^{-2}+3z^{-3}+4z^{-4}+\cdots \\
\hline
z^2-2z+1 & z \\
 & \underline{z-2+z^{-1}} \\
 & 2-z^{-1} \\
 & \underline{2-4z^{-1}+2z^{-2}} \\
 & 3z^{-1}-2z^{-2} \\
 & \vdots
\end{array}$$

因为

$$X(z)=x(0)z^0+x(1)z^{-1}+x(2)z^{-2}+\cdots$$

所以

$$x(n)=\{\underset{\uparrow}{0},1,2,\cdots\}$$

5. Z 变换的性质

Z 变换的性质在求 Z 变换及反变换，以及求卷积和解差分方程等方面特别有用。这一节讨论几个最常用的性质。

1）线性

Z 变换是一种线性变换，满足叠加原理，即若有

$$Z[x(n)]=X(z),\quad R_{y-}<|z|<R_{y+}$$
$$Z[y(n)]=Y(z),\quad R_{y-}<|z|<R_{y+}$$

则

$$Z[ax(n)+by(n)]=aX(z)+bY(z) \tag{2-24}$$

式中,a 和 b 为任意常数。

一般情况下,两序列和的 Z 变换的收敛域取两个相加序列的收敛域的公共区域,即 $\max(R_{x-},R_{y-})<|z|<\min(R_{x+},R_{y+})$。**在一些线性组合中若某些零点与极点相抵消,则收敛域可能扩大。**

【例 2-10】 求序列 $a^n u(n)-a^n u(n-1)$ 的 Z 变换。

【解】 已知序列 $x(n)=a^n u(n)$ 的 Z 变换为

$$X(z)=\frac{z}{z-a},\quad |z|>|a|$$

序列 $y(n)=a^n u(n-1)$ 的 Z 变换为

$$Y(z)=\sum_{n=1}^{\infty}a^n z^{-n}=\frac{z}{z-a}-1=\frac{a}{z-a},\quad |z|>|a|$$

利用线性性质,$x(n)-y(n)$ 的 Z 变换为

$$X(z)-Y(z)=\sum_{n=0}^{\infty}a^n z^{-n}-\sum_{n=1}^{\infty}a^n z^{-n}=1,\quad |z|>0$$

这时由于极点 $z=a$ 消去,因此收敛域不是 $|z|>|a|$,而扩展为 $|z|>0$。实际上,由于 $x(n)-y(n)$ 是 $n\geqslant 0$ 的有限长序列,故收敛域是除了 $|z|=0$ 外的全部 Z 平面。

2) 时移性

时移性表示序列移位后的 Z 变换与原序列 Z 变换的关系。在实际中可能遇到序列的左移(超前)和右移(延迟)两种不同的情况,**序列移位以后,原序列不变,只影响在时间轴上的位置。**

若序列 $x(n)$ 的 Z 变换为

$$Z[x(n)]=X(z),\quad R_-<|z|<R_+$$

其右移序列的 Z 变换为

$$Z[x(n-m)]=z^{-m}X(z) \tag{2-25}$$

式中,m 为任意正整数。

证明:

根据 Z 变换的定义可得

$$Z[x(n-m)]=\sum_{n=-\infty}^{\infty}x(n-m)z^{-n}$$

令 $n-m=k$,则

$$Z[x(n-m)]=z^{-m}\sum_{k=-\infty}^{\infty}x(k)z^{-k}=z^{-m}X(z)$$

同理,左移位后的变换为

$$Z[x(n+m)]=z^{m}\sum_{k=-\infty}^{\infty}x(k)z^{k}=z^{m}X(z),\quad R_-<|z|<R_+ \tag{2-26}$$

式中,m 为任意正整数。

【例 2-11】 求 $y(n)=a^{n-1}u(n-1)$ 序列的 Z 变换。

【解】 已知序列 $x(n)=a^n u(n)$ 的 Z 变换为

$$X(z)=\frac{z}{z-a},\quad |z|>|a|$$

根据序列 Z 变换的时移性

$$Y(z)=z^{-1}X(z)=\frac{1}{z-a},\quad |z|>|a|$$

3) 乘以指数序列(Z 域尺度变换)

若

$$Z[x(n)]=X(z),\quad R_-<|z|<R_+$$

则

$$Z[a^n x(n)]=X\left(\frac{z}{a}\right),\quad R_-<\left|\frac{z}{a}\right|<R_+ \tag{2-27}$$

a 为非零常数。

4) 线性加权(Z 域微分性质)

若

$$Z[x(n)]=X(z),\quad R_-<|z|<R_+$$

则

$$Z[nx(n)]=-z\frac{\mathrm{d}X(z)}{\mathrm{d}z},\quad R_-<|z|<R_+ \tag{2-28}$$

证明：

$$\frac{\mathrm{d}X(z)}{\mathrm{d}z}=\frac{\mathrm{d}}{\mathrm{d}z}\left[\sum_{n=-\infty}^{\infty}x(n)z^{-n}\right],\quad R_-<|z|<R_+$$

交换求和与求导的次序,则得

$$\frac{\mathrm{d}X(z)}{\mathrm{d}z}=\sum_{n=-\infty}^{\infty}x(n)\frac{\mathrm{d}}{\mathrm{d}z}(z^{-n})=-z^{-1}\sum_{n=-\infty}^{\infty}nx(n)z^{-n}=-z^{-1}Z[nx(n)]$$

所以

$$Z[nx(n)]=-z\frac{\mathrm{d}X(z)}{\mathrm{d}z},\quad R_-<|z|<R_+$$

【例 2-12】 求序列 $na^n u(n)$的 Z 变换。

【解】 已知序列 $x(n)=a^n u(n)$的 Z 变换为

$$X(z)=\frac{z}{z-a},\quad |z|>|a|$$

根据序列 Z 变换的微分特性

$$Y(z)=Z[na^n u(n)]=-z\frac{\mathrm{d}}{\mathrm{d}z}\left(\frac{z}{z-a}\right)=-z\frac{z-a-z}{(z-a)^2}=\frac{za}{(z-a)^2},\quad |z|>|a|$$

5) 复序列的共轭

若

$$Z[x(n)]=X(z),\quad R_-<|z|<R_+$$

则

$$Z[x^*(n)]=X^*(z^*),\quad R_-<|z|<R_+ \tag{2-29}$$

式中,符号“*”表示取共轭复数。

证明：

$$Z[x^*(n)]=\sum_{n=-\infty}^{\infty}x^*(n)z^{-n}=\sum_{n=-\infty}^{\infty}[x(n)(z^*)^{-n}]^*$$

$$=\left[\sum_{n=-\infty}^{\infty}x(n)(z^*)^{-n}\right]^*=X^*(z^*),\quad R_-<|z|<R_+$$

6）翻转序列

若

$$Z[x(n)]=X(z),\quad R_-<|z|<R_+$$

则

$$Z[x(-n)]=X\left(\frac{1}{z}\right),\quad \frac{1}{R_-}<|z|<\frac{1}{R_+} \tag{2-30}$$

证明：

$$Z[x(-n)]=\sum_{n=-\infty}^{\infty}x(-n)z^{-n}=\sum_{n=-\infty}^{\infty}x(n)z^{n}$$

$$=\sum_{n=-\infty}^{\infty}x(n)(z^{-1})^{-n}=X\left(\frac{1}{z}\right)$$

而收敛域为

$$R_-<|z^{-1}|<R_+$$

故可写成

$$\frac{1}{R_-}<|z|<\frac{1}{R_+}$$

【例 2-13】 求序列 $u(-n-1)$的 Z 变换。

【解】 已知序列 $x(n)=u(n)$的 Z 变换为

$$X(z)=\frac{z}{z-1},\quad |z|>1$$

根据序列 Z 变换的时移性

$$Y(z)=Z[u(n-1)]=\frac{z}{z-1}z^{-1}=\frac{1}{z-1},\quad |z|>1$$

再利用 $Z[x(-n)]=X\left(\frac{1}{z}\right)$，可得

$$Y(z)=Z[u(-n-1)]=\frac{1}{\frac{1}{z}-1}=\frac{z}{1-z}=-\frac{z}{z-1},\quad |z|<1$$

注意：将序列 $u(n-1)$进行翻转时，是将其自变量 n 取相反数，而不是将$(n-1)$取相反数。

7）初值定理

对于因果序列

$$x(n)=0,\quad n<0,\quad X(z)=Z[x(n)]=\sum_{n=0}^{\infty}x(n)z^{-n}$$

则

$$x(0)=\lim_{z\to\infty}X(z) \tag{2-31}$$

证明：

由于 $x(n)$是因果序列，则有

$$X(z)=\sum_{n=0}^{\infty}x(n)z^{-n}=x(0)+x(1)z^{-1}+x(2)z^{-2}+\cdots$$

$$\lim_{z\to\infty} X(z)=x(0)$$

8）终值定理

已知因果序列 $x(n)$，且 $X(z)=Z[x(n)]$ 的全部极点除有一个一阶极点可以在 $z=1$ 处外，其余均在单位圆内，则

$$\lim_{n\to\infty} x(n)=\lim_{z\to 1}[(z-1)X(z)] \tag{2-32}$$

终值定理只有当 $n\to\infty$ 时 $x(n)$ 收敛才可以应用，也就是要求 $X(z)$ 的极点必须位于单位圆内（在单位圆上的只能是位于 $z=1$ 的一阶极点）。

9）序列卷积定理

已知

$$X(z)=Z[x(n)],\quad R_{x-}<|z|<R_{x+}$$
$$H(z)=Z[h(n)],\quad R_{h-}<|z|<R_{h+}$$
$$y(n)=x(n)*h(n)$$

则

$$Y(z)=Z[y(n)]=Z[x(n)*h(n)]=X(z)H(z) \tag{2-33}$$

$Y(z)$ 的收敛域取两者收敛域的重叠部分，即 $\max(R_{x-},R_{h-})<|z|<\min(R_{x+},R_{h+})$。**若有零点或极点相抵消，则收敛域可能扩大。**

证明：

$$\begin{aligned}Y(z)&=Z[y(n)]=Z[x(n)*h(n)]=\sum_{n=-\infty}^{\infty}[x(n)*h(n)]z^{-n}\\&=\sum_{n=-\infty}^{\infty}\sum_{m=-\infty}^{\infty}x(m)h(n-m)z^{-n}=\sum_{m=-\infty}^{\infty}x(m)\left[\sum_{n=-\infty}^{\infty}h(n-m)z^{-n}\right]\\&=\sum_{m=-\infty}^{\infty}x(m)z^{-m}H(z)=X(z)H(z)\end{aligned}$$

收敛域为 $\max(R_{x-},R_{h-})<|z|<\min(R_{x+},R_{h+})$，**两序列在时域中的卷积等效于在 Z 域中两序列 Z 变换的乘积**。在线性移不变系统中，如果输入为 $x(n)$，系统的单位脉冲响应为 $h(n)$，则输出 $y(n)$ 是 $x(n)$ 与 $h(n)$ 的卷积；利用卷积定理，通过求出 $X(z)$ 和 $H(z)$，然后求出乘积 $X(z)H(z)$ 的 Z 反变换，从而可得 $y(n)$。这个定理得到广泛应用。

【例 2-14】 已知序列的 $x(n)=a^n u(n)$，$h(n)=b^n u(n)-ab^{n-1}u(n-1)$，求 $y(n)=x(n)*h(n)$。

【解】

$$X(z)=Z[x(n)]=\frac{z}{z-a},\quad |z|>|a|$$

$$H(z)=Z[h(n)]=\frac{z}{z-b}-\frac{a}{z-b}=\frac{z-a}{z-b},\quad |z|>|b|$$

所以

$$Y(z)=X(z)H(z)=\frac{z}{z-b},\quad |z|>|b|$$

其反变换为

$$y(n)=x(n)*h(n)=Z^{-1}[Y(z)]=b^n u(n)$$

显然，在 $z=a$ 处，$X(z)$ 的极点被 $H(z)$ 的零点所抵消，如果 $|b|<|a|$，则 $Y(z)$ 的收敛

域比 $X(z)$ 与 $H(z)$ 收敛域的重叠部分要大，如图 2-10 所示。

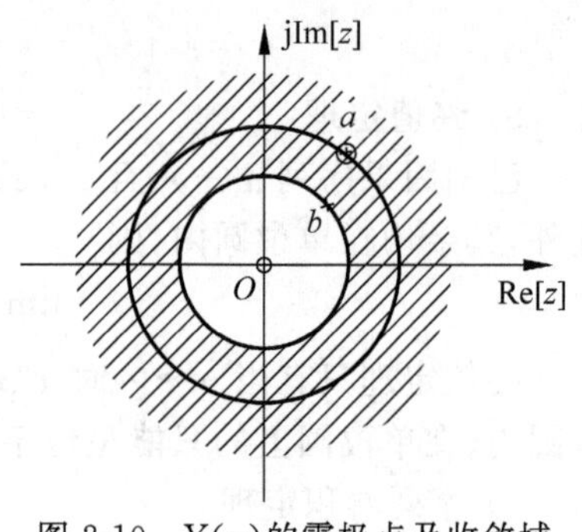

图 2-10 $Y(z)$的零极点及收敛域

10) 帕塞瓦尔定理

若有两序列 $x(n)$ 和 $y(n)$，则有

$$X(z)=Z[x(n)],\quad R_{x-}<|z|<R_{x+}$$

$$Y(z)=Z[y(n)],\quad R_{y-}<|z|<R_{y+}$$

它们的收敛域满足

$$R_{x-}R_{y-}<|z|=1<R_{x+}R_{y+}$$

则

$$\sum_{n=-\infty}^{\infty} x(n)y^*(n)=\frac{1}{2\pi j}\oint_c X(v)Y^*\left(\frac{1}{v^*}\right)v^{-1}dv \tag{2-34}$$

式中，“ * ”表示取复共轭，积分闭合围线 c 应在 $X(v)$ 和 $Y^*\left(\frac{1}{v}\right)$ 的公共收敛域内，即

$$\max\left(R_{x-},\frac{1}{R_{h-}}\right)<|z|<\min\left(R_{x+},\frac{1}{R_{h+}}\right)$$

如果 $y(n)$ 是实序列，则上式两边共轭“ * ”号可以取消。如果 $X(z)$ 和 $Y(z)$ 在单位圆上都收敛，则围线 c 可取为单位圆，即

$$v=e^{j\omega}$$

则式(2-34)可写为

$$\sum_{n=-\infty}^{\infty} x(n)y^*(n)=\frac{1}{2\pi}\int_{-\pi}^{\pi} X(e^{j\omega})Y^*(e^{j\omega})d\omega \tag{2-35}$$

帕塞瓦尔(Parseval)定理的一个很重要的应用是计算序列的能量，一个序列值的平方总和 $\sum_{n=-\infty}^{\infty}|x(n)|^2$ 称为**序列能量**，利用式(2-35)，如果有 $y(n)=x(n)$，则

$$\sum_{n=-\infty}^{\infty}|x(n)|^2=\frac{1}{2\pi}\int_{-\pi}^{\pi}|X(e^{j\omega})|^2 d\omega \tag{2-36}$$

这表明在时域中计算能量与在频域中计算能量是一致的。

Z 变换的主要性质归纳于表 2-2 中。

表 2-2 Z 变换的主要性质

序　列	Z 变 换	收 敛 域
$ax(n)+by(n)$	$aX(z)+bY(z)$	$\max(R_{x-},R_{y-})<\|z\|<\min(R_{x+},R_{y+})$
$x(n-m)$	$z^{-m}X(z)$	$R_{x-}<\|z\|<R_{x+}$
$a^n x(n)$	$X(a^{-1}z)$	$\|a\|R_{x-}<\|z\|<\|a\|R_{x+}$
$nx(n)$	$-z\frac{dX(z)}{dz}$	$R_{x-}<\|z\|<R_{x+}$
$x^*(n)$	$X^*(z^*)$	$R_{x-}<\|z\|<R_{x+}$
$x(-n)$	$X(1/z)$	$\frac{1}{R_{x+}}<\|z\|<\frac{1}{R_{x-}}$
$x(0)=\lim_{z\to\infty}X(z)$		$x(n)$ 为因果序列，$\|z\|>R_{x-}$

续表

序　　列	Z 变 换	收 敛 域
$\lim\limits_{n\to\infty} x(n)=\lim\limits_{z\to 1}[(z-1)X(z)]$		$x(n)$为因果序列，$(z-1)X(z)$的极点都在单位圆内
$x(n)*h(n)$	$X(z)H(z)$	$\max(R_{x-},R_{y-})<\|z\|<\min(R_{x+},R_{y+})$
$x(n)\cdot y(n)$	$\frac{1}{2\pi j}\oint_c X(v)Y\left(\frac{z}{v}\right)v^{-1}dv$	$R_{x-}R_{y-}<\|z\|<R_{x+}R_{y+}$
$\sum\limits_{n=-\infty}^{\infty} x(n)y^*(n)$	$\frac{1}{2\pi j}\oint_c \left[X(v)Y^*\left(\frac{z^*}{v^*}\right)v^{-1}\right]dv$	$R_{x-}R_{y-}<\|z\|<R_{x+}R_{y+}$

2.2 序列傅里叶变换

视频讲解

1. 序列傅里叶变换定义

单位圆上的 Z 变换定义为序列的傅里叶变换(Discrete-Time Fourier Transformation, DTFT)，表示**序列的频谱**。根据 Z 变换的定义式(2-1)，将单位圆 $e^{j\omega}$ 代替 z，得到序列傅里叶变换的定义为

$$X(e^{j\omega})=X(z)\big|_{z=e^{j\omega}}=\sum_{n=-\infty}^{\infty}x(n)e^{-j\omega n} \tag{2-37}$$

同样，通过 Z 反变换式(2-14)，并将积分围线取在单位圆上，得到序列的傅里叶反变换为

$$\begin{aligned}x(n)&=\left[\frac{1}{2\pi j}\oint_{|z|=1}X(z)z^{n-1}dz\right]\Bigg|_{z=e^{j\omega}}=\frac{1}{2\pi j}\int_{-\pi}^{\pi}X(e^{j\omega})e^{j(n-1)\omega}de^{j\omega}\\&=\frac{1}{2\pi}\int_{-\pi}^{\pi}X(e^{j\omega})e^{j(n-1)\omega}e^{j\omega}d\omega=\frac{1}{2\pi}\int_{-\pi}^{\pi}X(e^{j\omega})e^{jn\omega}d\omega\end{aligned} \tag{2-38}$$

这样序列的傅里叶变换可归结为

$$\begin{cases}\text{DTFT}[x(n)]=X(e^{j\omega})=\sum\limits_{n=-\infty}^{\infty}x(n)e^{-j\omega n}\\ \text{IDTFT}[X(e^{j\omega})]=x(n)=\frac{1}{2\pi}\int_{-\pi}^{\pi}X(e^{j\omega})e^{jn\omega}d\omega\end{cases} \tag{2-39}$$

【例 2-15】 已知序列 $x(n)=R_N(n)$，求其傅里叶变换 $X(e^{j\omega})$。

【解】

$$\begin{aligned}X(e^{j\omega})&=\sum_{n=-\infty}^{\infty}x(n)e^{-jn\omega}=\sum_{n=0}^{N-1}e^{-jn\omega}=\frac{1-e^{-j\omega N}}{1-e^{-j\omega}}\\&=e^{-j(N-1)\omega/2}\frac{\sin(\omega N/2)}{\sin(\omega/2)}\end{aligned}$$

若取 $N=4$，则

$$X(e^{j\omega})=e^{-j\cdot 3\omega/2}\frac{\sin(2\omega)}{\sin(\omega/2)}$$

$N=4$ 时的序列与其振幅谱如图 2-11 所示。

由 DTFT 与 IDTFT 定义及上例可知，非周期离散序列的傅里叶变换是连续的周期函

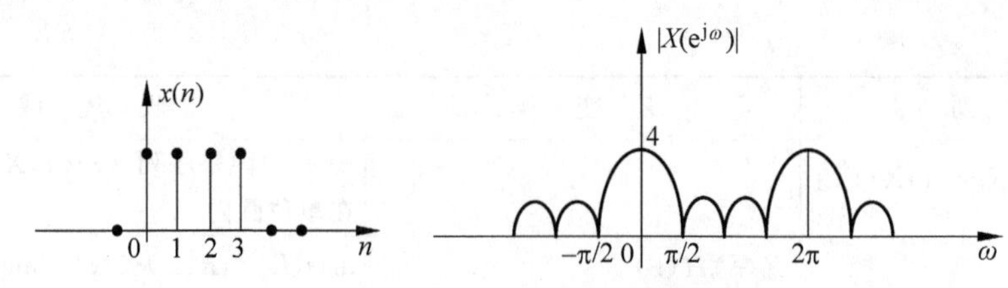

图 2-11 例 2-15 的序列与振幅频谱

数；而对连续的周期信号利用傅里叶级数展开，其傅里叶系数是非周期离散的。因此，**傅里叶变换的时频具有对称性。**

【例 2-16】 已知某序列的周期频谱函数如图 2-12 所示，求序列 $x(n)$。

【解】

$$X(\mathrm{e}^{\mathrm{j}\omega})=\begin{cases}N, & |\omega|<\pi/N\\ 0, & \text{其他}\end{cases}$$

$$x(n)=\frac{1}{2\pi}\int_{-\pi}^{\pi}X(\mathrm{e}^{\mathrm{j}\omega})\mathrm{e}^{\mathrm{j}n\omega}\,\mathrm{d}\omega=\frac{1}{2\pi}\int_{-\pi/N}^{\pi/N}N\mathrm{e}^{\mathrm{j}n\omega}\,\mathrm{d}\omega$$

$$=\frac{N}{\mathrm{j}2\pi n}\left(\mathrm{e}^{\mathrm{j}\frac{n\pi}{N}}-\mathrm{e}^{-\mathrm{j}\frac{n\pi}{N}}\right)=\frac{N}{\pi n}\sin\left(\frac{n\pi}{N}\right)=\mathrm{Sa}\left(\frac{n\pi}{N}\right)=\mathrm{Sa}(\omega_0 n)$$

序列如图 2-13 所示。

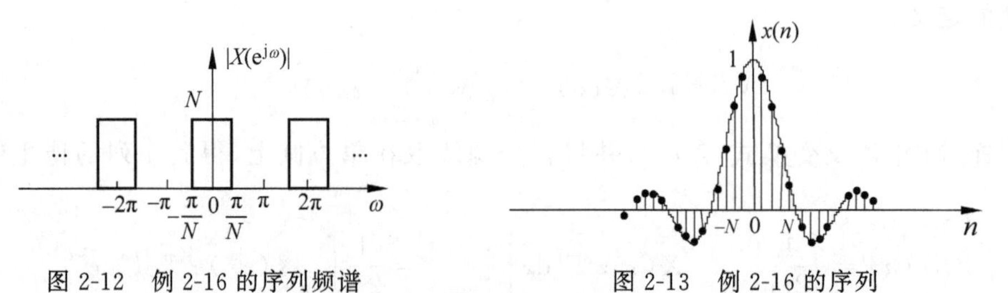

图 2-12 例 2-16 的序列频谱

图 2-13 例 2-16 的序列

表 2-3 列出了几种常见序列的 DTFT。

表 2-3 几种常见序列的 DTFT

时域序列 $x(n)$	DTFT 变换函数 $X(\mathrm{e}^{\mathrm{j}\omega})$
$\delta(n)$	1
$\delta(n-n_0)$	$\mathrm{e}^{-\mathrm{j}\omega n_0}$
1	$\sum_{k=-\infty}^{\infty}2\pi\delta(\omega+2\pi k)$
$a^n u(n),\ \|a\|<1$	$\frac{1}{1-a\mathrm{e}^{-\mathrm{j}\omega}}$
$\frac{\sin\omega_c n}{\pi n}$	$X(\mathrm{e}^{\mathrm{j}\omega})=\begin{cases}1, & \|\omega\|<\omega_c\\ 0, & \omega_c<\|\omega\|\leqslant\pi\end{cases}$
$x(n)=\begin{cases}1, & 0\leqslant n\leqslant M\\ 0, & \text{其他}\end{cases}$	$\frac{\sin[\omega(M+1)/2]}{\sin(\omega/2)}\mathrm{e}^{-\mathrm{j}\omega M/2}$
$\mathrm{e}^{\mathrm{j}\omega_0 n}$	$\sum_{k=-\infty}^{\infty}2\pi\delta(\omega-\omega_0+2\pi k)$
$\cos(\omega_0 n+\phi)$	$\pi\sum_{k=-\infty}^{\infty}[\mathrm{e}^{\mathrm{j}\phi}\delta(\omega-\omega_0+2\pi k)+\mathrm{e}^{-\mathrm{j}\phi}\delta(\omega+\omega_0+2\pi k)]$

2. 序列傅里叶变换的收敛性

序列傅里叶变换的定义(式(2-37))是无限级数求和,一定存在收敛的问题,若 $X(e^{j\omega})$ 存在,则式(2-37)应该以某种方式收敛。

有两类序列满足序列傅里叶变换存在的充分条件。

第一类是绝对可和的序列,满足

$$\sum_{n=-\infty}^{\infty} |x(n)| < \infty \tag{2-40}$$

第二类是能量有限的序列,满足平方可和,即

$$\sum_{n=-\infty}^{\infty} |x(n)|^2 < \infty \tag{2-41}$$

绝对可和的序列一定是能量有限的序列,但是能量有限的序列未必满足绝对可和。 绝对可和的序列使傅里叶变换 $X(e^{j\omega})$定义的无限级数均匀收敛,也就是说,若序列 $x(n)$绝对可和,则它的傅里叶变换一定存在且连续;能量有限的序列使傅里叶变换 $X(e^{j\omega})$定义的无限级数以均方误差为零的方式收敛,所以这两类序列的傅里叶变换一定存在。如表 2-3 中的序列 $x(n)=\dfrac{\sin\omega_c n}{\pi n}$,不满足绝对可和的条件,但是它的能量为 ω_c/π,所以其傅里叶变换存在。

3. 序列傅里叶变换的主要性质

序列的傅里叶变换既然是单位圆上的 Z 变换,因此它的很多重要的性质可由 Z 变换的特性得出。

1) 线性

若

$$\text{DTFT}[x(n)] = X(e^{j\omega})$$

$$\text{DTFT}[y(n)] = Y(e^{j\omega})$$

则

$$\text{DTFT}[ax(n)+by(n)] = aX(e^{j\omega}) + bY(e^{j\omega}) \tag{2-42}$$

式中,a 和 b 为任意常数。

2) 时移和频移

若

$$\text{DTFT}[x(n)] = X(e^{j\omega})$$

则

$$\text{DTFT}[x(n-n_0)] = e^{-j\omega n_0} X(e^{j\omega}) \tag{2-43}$$

$$\text{DTFT}[e^{jn\omega_0} x(n)] = X(e^{j(\omega-\omega_0)}) \tag{2-44}$$

3) 频域微分

若

$$\text{DTFT}[x(n)] = X(e^{j\omega})$$

则

$$\text{DTFT}[nx(n)] = j\frac{d}{d\omega}X(e^{j\omega}) \tag{2-45}$$

证明：

$$\mathrm{j}\frac{\mathrm{d}}{\mathrm{d}\omega}X(\mathrm{e}^{\mathrm{j}\omega})=\mathrm{j}\frac{\mathrm{d}}{\mathrm{d}\omega}\left[\sum_{n=-\infty}^{\infty}x(n)\mathrm{e}^{-\mathrm{j}n\omega}\right]$$
$$=\mathrm{j}\sum_{n=-\infty}^{\infty}x(n)\frac{\mathrm{d}}{\mathrm{d}\omega}\mathrm{e}^{-\mathrm{j}n\omega}=\mathrm{j}\sum_{n=-\infty}^{\infty}x(n)(-\mathrm{j}n)\mathrm{e}^{-\mathrm{j}n\omega}$$
$$=\sum_{n=-\infty}^{\infty}nx(n)\mathrm{e}^{-\mathrm{j}n\omega}$$

4) 时域卷积定理

若

$$\mathrm{DTFT}[x(n)]=X(\mathrm{e}^{\mathrm{j}\omega}),\quad \mathrm{DTFT}[y(n)]=Y(\mathrm{e}^{\mathrm{j}\omega})$$

则

$$x(n)*y(n)=X(\mathrm{e}^{\mathrm{j}\omega})Y(\mathrm{e}^{\mathrm{j}\omega}) \tag{2-46}$$

证明：

$$\sum_{n=-\infty}^{\infty}[x(n)*y(n)]\mathrm{e}^{-\mathrm{j}n\omega}=\sum_{n=-\infty}^{\infty}\left[\sum_{k=-\infty}^{\infty}y(k)x(n-k)\right]\mathrm{e}^{-\mathrm{j}n\omega}$$
$$=\sum_{k=-\infty}^{\infty}y(k)\left[\sum_{k=-\infty}^{\infty}x(n-k)\mathrm{e}^{-\mathrm{j}(n-k)\omega}\right]\mathrm{e}^{-\mathrm{j}k\omega}$$
$$=X(\mathrm{e}^{\mathrm{j}\omega})\sum_{k=-\infty}^{\infty}y(k)\mathrm{e}^{-\mathrm{j}k\omega}=X(\mathrm{e}^{\mathrm{j}\omega})Y(\mathrm{e}^{\mathrm{j}\omega})$$

5) 频域卷积定理

若

$$\mathrm{DTFT}[x(n)]=X(\mathrm{e}^{\mathrm{j}\omega}),\quad \mathrm{DTFT}[y(n)]=Y(\mathrm{e}^{\mathrm{j}\omega})$$

则

$$x(n)y(n)\leftrightarrow\frac{1}{2\pi}X(\mathrm{e}^{\mathrm{j}\omega})*Y(\mathrm{e}^{\mathrm{j}\omega})=\frac{1}{2\pi}\int_{-\pi}^{\pi}X(\mathrm{e}^{\mathrm{j}\theta})Y(\mathrm{e}^{\mathrm{j}(\omega-\theta)})\mathrm{d}\theta \tag{2-47}$$

6) 帕塞瓦尔(Parseval)定理

若绝对可和实序列 $x(n)$分别有 $X(\mathrm{e}^{\mathrm{j}\omega})$,$X(z)$,利用复卷积定理可以证明

$$\sum_{n=-\infty}^{\infty}|x(n)|^2=\frac{1}{2\pi}\int_{-\pi}^{\pi}|X(\mathrm{e}^{\mathrm{j}\theta})|^2\mathrm{d}\omega \tag{2-48}$$

式(2-48)为能量公式,其中$|X(\mathrm{e}^{\mathrm{j}\omega})|^2$ 是数字域的能量谱密度函数。

7) 周期性

序列的傅里叶变换 $X(\mathrm{e}^{\mathrm{j}\omega})$是周期函数,因为

$$X(\mathrm{e}^{\mathrm{j}(\omega+2\pi r)})=\sum_{n=-\infty}^{\infty}x(n)\mathrm{e}^{-\mathrm{j}n(\omega+2\pi r)}=\sum_{n=-\infty}^{\infty}x(n)\mathrm{e}^{-\mathrm{j}n\omega}\mathrm{e}^{-\mathrm{j}2\pi m}$$
$$=\sum_{n=-\infty}^{\infty}x(n)\mathrm{e}^{-\mathrm{j}n\omega}=X(\mathrm{e}^{\mathrm{j}\omega}) \tag{2-49}$$

式(2-49)说明 $X(\mathrm{e}^{\mathrm{j}\omega})$是频率 ω 为的周期函数,周期为 2π。式(2-37)正是周期函数的傅里叶级数展开式,而 $x(n)$正是傅里叶级数的系数。因此在对信号进行频域分析时,只分析一个周期就可以了,即只需要在 $0\leqslant\omega\leqslant2\pi$ 或 $-\pi\leqslant\omega\leqslant\pi$ 内标明 $X(\mathrm{e}^{\mathrm{j}\omega})$即可。

对于时域离散信号，$\omega=0$ 指的是信号的直流分量，由于 $X(e^{j\omega})$ 是以 2π 为周期，那么 $\omega=0$ 和 2π 的整数倍处都表示信号的直流分量，也就是说信号的直流和低频分量集中在 $\omega=0$ 和 $\omega=2\pi$ 整数倍附近，因此最高频率应该是 π，也就是说信号的高频应该集中在 π 附近，对于此问题在1.3.3节中有详细介绍。

8）对称性

序列的傅里叶变换的对称性是傅里叶变换的重要性质，利用它可以简化序列傅里叶变换的运算。下面介绍一些对称的定义和相关的性质。

序列 $x(n)$ 的**共轭对称序列 $x_e(n)$** 满足

$$x_e(n)=x_e^*(-n) \tag{2-50}$$

序列 $x(n)$ 的**共轭反对称序列 $x_o(n)$** 满足

$$x_o(n)=-x_o^*(-n) \tag{2-51}$$

任意一个复序列总可以分解成共轭对称和共轭反对称序列之和，即

$$\begin{cases}x(n)=x_e(n)+x_o(n)\\ x^*(-n)=x_e^*(-n)+x_o^*(-n)=x_e(n)-x_o(n)\end{cases} \tag{2-52}$$

解以上方程组可得

$$\begin{cases}x_e(n)=\dfrac{1}{2}[x(n)+x^*(-n)]\\ x_o(n)=\dfrac{1}{2}[x(n)-x^*(-n)]\end{cases} \tag{2-53}$$

式中，$x_e(n)$ 是实部为偶对称、虚部为奇对称的序列，$x_o(n)$ 是实部为奇对称、虚部为偶对称的序列。

【例 2-17】 试分析 $x(n)=e^{jn\omega}$ 的对称性。

【解】 由于 $x^*(-n)=e^{jn\omega}=x(n)$，满足共轭对称序列的条件，所以是共轭对称序列。

$$x(n)=e^{jn\omega}=\cos n\omega+j\sin n\omega$$

上式表明，共轭对称序列的实部的确是偶序列，而虚部确实是奇序列。

如果 $x(n)$ 是实因果序列，此时 $x_e(n)$、$x_o(n)$ 可进一步表示为

$$x_e(n)=\begin{cases}x(0), & n=0\\ \dfrac{1}{2}x(n), & n>0\\ \dfrac{1}{2}x(-n), & n<0\end{cases}$$

$$x_o(n)=\begin{cases}0, & n=0\\ \dfrac{1}{2}x(n), & n>0\\ -\dfrac{1}{2}x(-n), & n<0\end{cases}$$

共轭对称的有关概念在频域也有类似时域的概念。

$X(e^{j\omega})$ 的共轭对称分量 $X_e(e^{j\omega})$ 满足

$$X_e(e^{j\omega})=X_e^*(e^{-j\omega}) \tag{2-54}$$

$X(e^{j\omega})$的共轭反对称分量 $X_o(e^{j\omega})$满足

$$X_o(e^{j\omega}) = -X_o^*(e^{-j\omega}) \tag{2-55}$$

并且 $X(e^{j\omega})$可以分解成共轭对称与共轭反对称分量之和,即

$$X(e^{j\omega}) = X_e(e^{j\omega}) + X_o(e^{j\omega}) \tag{2-56}$$

式中

$$\begin{cases} X_e(e^{j\omega}) = \dfrac{1}{2}[X(e^{j\omega}) + X^*(e^{-j\omega})] \\ X_o(e^{j\omega}) = \dfrac{1}{2}[X(e^{j\omega}) - X^*(e^{-j\omega})] \end{cases} \tag{2-57}$$

同样,$X_e(e^{j\omega})$的实部为偶函数,虚部为奇函数; $X_o(e^{j\omega})$的实部为奇函数,虚部为偶函数。

表 2-4 中列出了序列傅里叶变换的主要性质。

表 2-4 序列傅里叶变换的主要性质

序列 $x(n),y(n)$	傅里叶变换 $X(e^{j\omega}),Y(e^{j\omega})$
$ax(n)+by(n)$	$aX(e^{j\omega})+bY(e^{j\omega})$
$x(n-n_0)$	$e^{-j\omega n_0}X(e^{j\omega})$
$e^{jn\omega_0}x(n)$	$X(e^{j(\omega-\omega_0)})$
$nx(n)$	$j\dfrac{d}{d\omega}X(e^{j\omega})$
$x(n)*y(n)$	$X(e^{j\omega})Y(e^{j\omega})$
$x(n)y(n)$	$\dfrac{1}{2\pi}\int_{-\pi}^{\pi}X(e^{j\theta})Y(e^{j(\omega-\theta)})d\theta$
帕塞瓦尔定理	$\sum_{n=-\infty}^{\infty}\lvert x(n)\rvert^2 = \dfrac{1}{2\pi}\int_{-\pi}^{\pi}\lvert X(e^{j\omega})\rvert^2 d\omega$
$x^*(n)$	$X^*(e^{-j\omega})$
$x^*(-n)$	$X^*(e^{j\omega})$
$\mathrm{Re}[x(n)]$	$X_e(e^{j\omega})$
$j\mathrm{Im}[x(n)]$	$X_o(e^{j\omega})$
$x_e(n)$	$\mathrm{Re}[X(e^{j\omega})]$
$x_o(n)$	$j\mathrm{Im}[X(e^{j\omega})]$

视频讲解

2.3 拉普拉斯变换、Z 变换、傅里叶变换的关系

前面已经学习了拉普拉斯变换、Z 变换和傅里叶变换。下面讨论这三种变换之间的内在联系与关系。

1. 拉普拉斯变换与 Z 变换关系

设连续信号为 $x_a(t)$,理想采样后的采样信号为 $\hat{x}_a(t)$,并对其进行拉普拉斯变换,即

$$\hat{X}_a(s)=\int_{-\infty}^{\infty}\sum_{n=-\infty}^{\infty}x_a(nT)\delta(t-nT)\mathrm{e}^{-st}\,\mathrm{d}t$$

$$=\sum_{n=-\infty}^{\infty}\int_{-\infty}^{\infty}x_a(nT)\delta(t-nT)\mathrm{e}^{-st}\,\mathrm{d}t=\sum_{n=-\infty}^{\infty}x_a(nT)\mathrm{e}^{-nsT} \tag{2-58}$$

采样序列 $x(n)=x_a(nT)$的 Z 变换为

$$X(z)=\sum_{n=-\infty}^{\infty}x(n)z^{-n}=\sum_{n=-\infty}^{\infty}x_a(nT)z^{-n} \tag{2-59}$$

当 $z=\mathrm{e}^{sT}$ 时，**采样序列的 Z 变换就等于其理想采样信号拉普拉斯变换**

$$X(z)\big|_{z=\mathrm{e}^{sT}}=X(\mathrm{e}^{sT})=\hat{X}_a(s) \tag{2-60}$$

这说明，从理想采样信号的拉普拉斯变换到采样序列的 Z 变换，就是由复变量 S 平面到复变量 Z 平面的映射，其映射关系的标准变换式为

$$\begin{cases}z=\mathrm{e}^{sT}\\ s=\dfrac{1}{T}\ln z\end{cases} \tag{2-61}$$

式中，T 为采样间隔，对应的角频率 $\Omega_s=2\pi/T$，采样频率 $f_s=1/T$。为了更清楚地说明式(2-61)的映射关系，将 $s=\sigma+\mathrm{j}\Omega$ 代入式(2-61)，得

$$z=\mathrm{e}^{sT}=\mathrm{e}^{(\sigma+\mathrm{j}\Omega)T}=\mathrm{e}^{\sigma T}\cdot\mathrm{e}^{\mathrm{j}\Omega T}=r\mathrm{e}^{\mathrm{j}\omega}$$

因此

$$\begin{cases}r=\mathrm{e}^{\sigma T}\\ \omega=\Omega T\end{cases} \tag{2-62}$$

式中，ω 为数字域频率(也称为圆周频率)，上式表明 z 的模 r 只与 s 的实部 σ 相对应，而 z 的辐角与 s 的虚部 Ω 相对应。

(1) $\sigma=0$ (S 平面虚轴)，$r=1$(Z 平面单位圆上)；

(2) $\sigma<0$ (S 的左半平面)，$r<1$(Z 平面单位圆内部)；

(3) $\sigma>0$ (S 的右半平面)，$r>1$ (Z 平面单位圆外部)。

进一步分析，可得

(1) $\Omega=0$(S 平面的实轴)，$\omega=0$(Z 平面正实轴)；

(2) Ω 由 $-\dfrac{\pi}{T}$增至 0，对应于 ω 由 $-\pi$ 增至 0；

(3) Ω 由 0 增至$\dfrac{\pi}{T}$，对应于 ω 由 0 增至 π。

因此可得结论：S 平面中宽为$\dfrac{2\pi}{T}$的一个水平条带相当于 Z 平面辐角转了一周，即整个 Z 平面。因此 Ω 每增加一个$\dfrac{2\pi}{T}$，则 ω 相应的增加一个 2π，所以从 S 平面到 Z 平面的映射是多值映射，如图 2-14 所示。

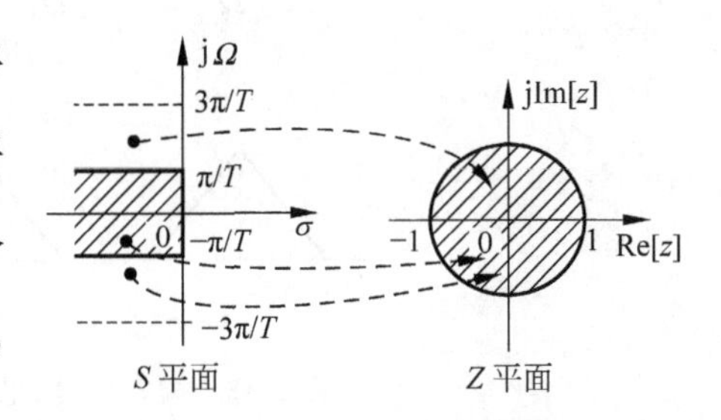

图 2-14　S 平面与 Z 平面的多值映射关系

采样信号与原信号频谱关系为

$$\hat{X}_a(s)=\frac{1}{T}\sum_{k=-\infty}^{\infty}X_a(s-\mathrm{j}k\Omega_s) \tag{2-63}$$

则采样序列 Z 变换与原信号频谱间关系为

$$X(z)\Big|_{z=\mathrm{e}^{sT}}=\frac{1}{T}\sum_{k=-\infty}^{\infty}X_a(s-\mathrm{j}k\Omega_s)=\frac{1}{T}\sum_{k=-\infty}^{\infty}X_a\left(s-\mathrm{j}\frac{2\pi}{T}k\right) \tag{2-64}$$

2. 连续信号的傅里叶变换与序列的 Z 变换

傅里叶变换是拉普拉斯变换在虚轴上的特例，即 $s=\mathrm{j}\Omega$，映射到 Z 平面上正是单位圆 $z=\mathrm{e}^{\mathrm{j}\Omega T}$，将这两个关系式代入 $X(z)\Big|_{z=\mathrm{e}^{sT}}=X(\mathrm{e}^{sT})=\hat{X}_a(s)$ 可得

$$X(z)\Big|_{z=\mathrm{e}^{\mathrm{j}\Omega T}}=X(\mathrm{e}^{\mathrm{j}\Omega T})=\hat{X}_a(\mathrm{j}\Omega)=\frac{1}{T}\sum_{k=-\infty}^{\infty}X_a\left(\mathrm{j}\Omega-\mathrm{j}\frac{2\pi}{T}k\right) \tag{2-65}$$

说明：采样序列在单位圆上的 Z 变换，等于理想采样信号的傅里叶变换 $\hat{X}_a(\mathrm{j}\Omega)$（频谱）。

3. 序列的傅里叶变换与 Z 变换

ω 称为数字频率，它与模拟域频率 Ω 关系为 $\omega=\Omega T=\dfrac{\Omega}{f_s}$，可以看出数字频率是模拟角频率对采样频率 f_s 的归一化值，它代表了序列值变化的速率。

$$X(z)\Big|_{z=\mathrm{e}^{\mathrm{j}\omega}}=X(\mathrm{e}^{\mathrm{j}\omega})=\hat{X}_a(\mathrm{j}\Omega)\Big|_{\Omega=\omega/T}=\frac{1}{T}\sum_{k=-\infty}^{\infty}X_a\left(\mathrm{j}\frac{\omega-2\pi k}{T}\right) \tag{2-66}$$

可见，单位圆上序列的 Z 变换为序列的傅里叶变换，也称为数字序列的频谱。由上式可知，由模拟域频率轴 Ω 乘以 T 就可以从采样信号的频谱 $X_a(\mathrm{j}\Omega)$ 得到数字域频谱 $X(\mathrm{e}^{\mathrm{j}\omega})$。如图 2-15 所示，$X(\mathrm{e}^{\mathrm{j}\omega})$ 与 $X_a(\mathrm{j}\Omega)$ 相比，仅模拟频率被归一化处理。数字域频谱的重复周期为 2π，折叠角频率 π 与模拟域折叠角频率 $\Omega_s/2$ 对应。坐标变换关系为

$$\frac{\Omega_s}{2}=\frac{2\pi f_s}{2}\Rightarrow\frac{\Omega_s}{2}\cdot T=\pi$$

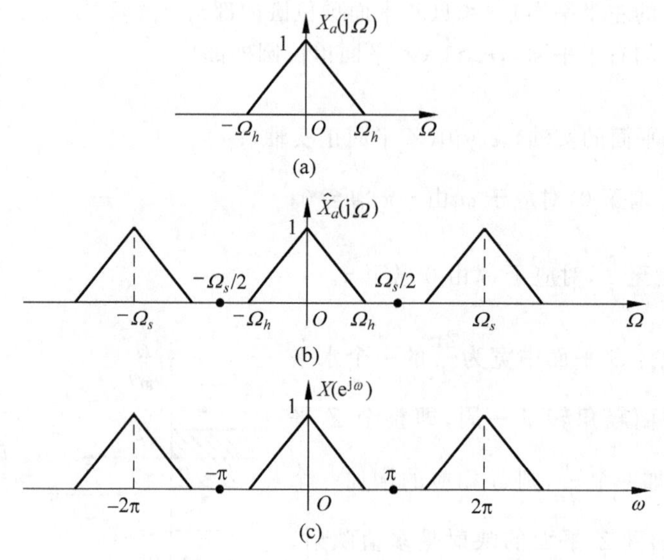

图 2-15 模拟信号、采样信号及序列傅里叶变换关系

2.4　离散时间系统的频域分析

1. 系统的描述

在时域中，一个线性时不变系统完全可以由它的单位脉冲响应 $h(n)$ 来表示。对于一个给定的输入 $x(n)$，其输出 $y(n)$ 为

$$y(n)=x(n)*h(n)=\sum_{m=-\infty}^{\infty}x(m)h(n-m)$$

对等式两端取 Z 变换，得

$$Y(z)=X(z)H(z)$$

则

$$H(z)=\frac{Y(z)}{X(z)} \tag{2-67}$$

把 $H(z)$ 定义为线性时不变系统的**系统函数**，它的单位脉冲响应的 Z 变换，即

$$H(z)=Z[h(n)]=\sum_{n=-\infty}^{\infty}h(n)z^{-n} \tag{2-68}$$

在单位圆上($z=\mathrm{e}^{\mathrm{j}\omega}$)的系统函数就是系统的频率响应 $H(\mathrm{e}^{\mathrm{j}\omega})$，即

$$H(\mathrm{e}^{\mathrm{j}\omega})=\mathrm{DTFT}[h(n)]=\sum_{n=-\infty}^{\infty}h(n)\mathrm{e}^{-\mathrm{j}\omega n} \tag{2-69}$$

2. 线性时不变系统的因果、稳定条件

单位脉冲响应 $h(n)$ 为因果序列的系统称为因果系统，前面已经介绍过，一个线性时不变因果系统的系统函数 $H(z)$ 具有包括 $z=\infty$ 的收敛性，即

$$R_{x1}<|z|\leqslant\infty \tag{2-70}$$

由前面的讨论可知，一个线性时不变系统稳定的充分必要条件为 $h(n)$ 必须满足绝对可和条件，即

$$\sum_{n=-\infty}^{\infty}|h(n)|<\infty \tag{2-71}$$

而 $H(z)$ 的 Z 变换的收敛域由满足 $\sum\limits_{n=-\infty}^{\infty}|h(n)z^{-n}|<\infty$ 的那些 z 值确定，因此稳定系统的系统函数 $H(z)$ 必须在单位圆上收敛，即收敛域包括单位圆 $z=1$，$H(\mathrm{e}^{\mathrm{j}\omega})$ 存在。

因果稳定系统是最普遍、最重要的一种系统，它的系统函数 $H(z)$ 必须在从单位圆到 ∞ 的整个 z 域内收敛，即

$$R_{x1}<|z|\leqslant\infty,\quad R_{x1}<1 \tag{2-72}$$

也就是说，**系统函数的全部极点必须在单位圆内。**

【例 2-18】 已知某离散系统的系统函数为

$$H(z)=\frac{0.2+0.1z^{-1}+0.3z^{-2}+0.1z^{-3}+0.2z^{-4}}{1-1.1z^{-1}+1.5z^{-2}-0.7z^{-3}+0.3z^{-4}}$$

判断该系统的稳定性。

【解】 根据系统稳定的条件，将系统函数写成零极点形式

$$H(z)=\frac{0.2(1+z^{-1}+z^{-2})(1-0.5z^{-1}+z^{-2})}{(1-0.4734z^{-1}+0.8507z^{-2})(1-0.6266z^{-1}+0.3526z^{-2})}$$

$$=\frac{0.2(1+z^{-1}+z^{-2})(1-0.5z^{-1}+z^{-2})}{[1+(0.2367+\mathrm{j}0.8915)z^{-1}][1+(0.2367-\mathrm{j}0.8915)z^{-1}]}\cdot$$

$$\frac{1}{[1+(0.23673133+\mathrm{j}0.5045)z^{-1}][1+(0.3313+\mathrm{j}0.5045)z^{-1}]}$$

其中，极点的模

$$|z_1|=|z_2|=\sqrt{0.2367^2+0.8915^2}=0.9225<1$$

$$|z_3|=|z_4|=\sqrt{0.3133^2+0.5045^2}=0.5939<1$$

所有极点均在单位圆内，所以是稳定系统。

如果系统函数分母阶数较高(如 3 阶以上)，用手工计算，判断系统是否稳定不是一件简单的事情。用 MATLAB 函数判定则很简单，对上例的判定程序如下

```
b = [0.2 0.1 0.3 0.1 0.2];       %H(z)的分子多项式系数矢量
a = [1 -1.1 1.5 -0.7 0.3];       %H(z)的分母多项式系数矢量
[z,p,k] = tf2zp(b,a)             %求 H(z)的极零点矢量
zplane(z,p);                     %绘制 H(z)的零极点图
```

运行程序，则程序输出的极点为

```
z = -0.5000 + 0.8660i  -0.5000  -0.8660i  0.2500 + 0.9682i  0.2500 - 0.9682i
p = 0.2367 + 0.8915i  0.2367 - 0.8915i  0.3133 + 0.5045i  0.3133 - 0.5045i
```

系统零极点如图 2-16 所示。

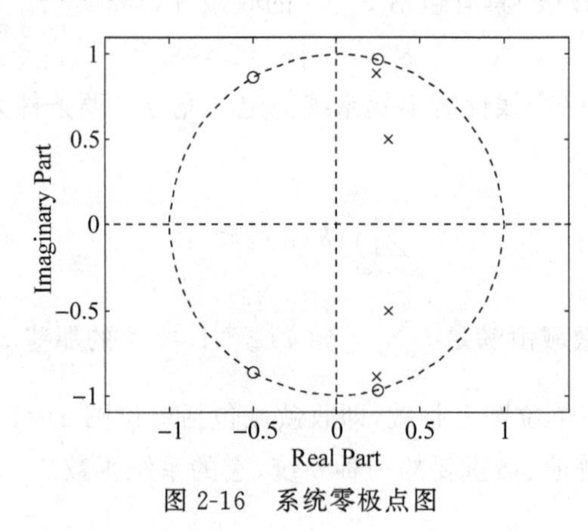

图 2-16 系统零极点图

3. 系统的频率响应特点

为了研究离散线性系统对输入频谱的处理作用，有必要研究线性系统对复指数或正弦序列的稳态响应，即系统的频域表示法。

对于稳定系统，如果输入序列是一个频率为 ω 的复正弦序列

$$x(n)=\mathrm{e}^{\mathrm{j}\omega n},\quad -\infty<n<\infty$$

线性移不变系统的单位脉冲响应为 $h(n)$，则其输出为

$$y(n)=x(n)*h(n)=\sum_{m=-\infty}^{\infty}h(m)x(n-m)$$

$$=\sum_{m=-\infty}^{\infty}h(m)e^{j\omega(n-m)}=e^{j\omega n}\sum_{m=-\infty}^{\infty}h(m)e^{-j\omega m}$$

式中

$$\sum_{m=-\infty}^{\infty}h(m)e^{-j\omega m}=H(e^{j\omega})$$

因此

$$y(n)=e^{j\omega n}H(e^{j\omega}) \tag{2-73}$$

式(2-73)表明，**当线性移不变系统输入是频率为 ω 的复正弦序列时，输出为同频复正弦序列乘以加权函数 $H(e^{j\omega})$**。显然，$H(e^{j\omega})$描述了复正弦序列通过线性移不变系统后，幅度和相位随频率 ω 的变化而变化。换句话说，系统对复正弦序列的响应完全由 $H(e^{j\omega})$决定。故称 $H(e^{j\omega})$为线性移不变系统的频率响应。线性移不变系统的频率响应是其单位脉冲响应的傅里叶变换。

线性移不变系统的频率响应 $H(e^{j\omega})$是以 2π 为周期的连续周期函数，是复函数。它可以写成模和相位的形式，即

$$H(e^{j\omega})=\left|H(e^{j\omega})\right|e^{-j\arg[H(e^{j\omega})]}$$

式中，频率响应的模$|H(e^{j\omega})|$称为**振幅响应**(或幅度响应)，频率响应的相位 $\arg[H(e^{j\omega})]$称为系统的**相位响应**。

系统频率响应 $H(e^{j\omega})$存在且连续的条件是$h(n)$绝对可和，即要求系统是稳定系统。

线性移不变系统在任意输入情况下，输入和输出两者的傅里叶变换间的关系，可用通过傅里叶变换和傅里叶变换的性质得到，即

$$y(n)=x(n)*h(n)$$

$$\text{DTFT}[y(n)]=\text{DTFT}[x(n)*h(n)]$$

即

$$Y(e^{j\omega})=X(e^{j\omega})H(e^{j\omega}) \tag{2-74}$$

$H(e^{j\omega})$就是系统的频率响应。由式(2-74)可知，对于**线性移不变系统，其输出序列的傅里叶变换等于输入序列的傅里叶变换与系统频率响应的乘积**。

若对$Y(e^{j\omega})$取傅里叶反变换，可求得输出序列为

$$y(n)=\frac{1}{2\pi}\int_{-\pi}^{\pi}H(e^{j\omega})X(e^{j\omega})e^{j\omega n}\,d\omega \tag{2-75}$$

【例 2-19】 设有一个系统，其输入输出关系由以下差分方程确定，则

$$y(n)-\frac{1}{2}y(n-1)=x(n)+\frac{1}{2}x(n-1)$$

设系统是因果的。

(1) 求该系统的单位脉冲响应。

(2) 由(1)的结果，求输入 $x(n)=e^{j\pi n}$ 的响应。

【解】 (1) 将差分方程两端取 Z 变换,可得

$$Y(z)-\frac{1}{2}z^{-1}Y(z)=X(z)+\frac{1}{2}z^{-1}X(z)$$

系统函数

$$H(z)=\frac{Y(z)}{X(z)}=\frac{1+\frac{1}{2}z^{-1}}{1-\frac{1}{2}z^{-1}}=\frac{2}{1-\frac{1}{2}z^{-1}}-1$$

系统函数 $H(z)$仅有一个极点,$z_1=\frac{1}{2}$,因为系统是因果的,故 $H(z)$的收敛域必须包含∞,所以收敛域为$|z|>1/2$。该收敛域又包括单位圆,所以系统也是稳定的。

对系统函数 $H(z)$进行 Z 反变换,可得单位脉冲响应为

$$h(n)=z^{-1}[H(z)]=2\times\left(\frac{1}{2}\right)^n u(n)-\delta(n)$$

(2) **解法一**:系统的频率响应为

$$H(\mathrm{e}^{\mathrm{j}\omega})=H(z)\big|_{z=\mathrm{e}^{\mathrm{j}\omega}}=\frac{1+\frac{1}{2}\mathrm{e}^{-\mathrm{j}\omega}}{1-\frac{1}{2}\mathrm{e}^{-\mathrm{j}\omega}}$$

由于系统是线性移不变且因果稳定的,故当输入 $x(n)=\mathrm{e}^{\mathrm{j}\pi n}$ 时,应用式(2-73),可得输出响应为

$$y(n)=x(n)H(\mathrm{e}^{\mathrm{j}\pi})=\mathrm{e}^{\mathrm{j}\pi n}\cdot\frac{1+\frac{1}{2}\mathrm{e}^{-\mathrm{j}\pi}}{1-\frac{1}{2}\mathrm{e}^{-\mathrm{j}\pi}}=\frac{1}{3}\mathrm{e}^{\mathrm{j}\pi n}$$

解法二:

$$y(n)=x(n)*h(n)=\sum_{m=-\infty}^{\infty}h(m)\mathrm{e}^{\mathrm{j}\pi(n-m)}=\mathrm{e}^{\mathrm{j}\pi n}\sum_{m=-\infty}^{\infty}h(m)\mathrm{e}^{-\mathrm{j}\pi m}$$

$$=\mathrm{e}^{\mathrm{j}\pi n}H(\mathrm{e}^{\mathrm{j}\pi})=\mathrm{e}^{\mathrm{j}\pi n}\cdot\frac{1+\frac{1}{2}\mathrm{e}^{-\mathrm{j}\pi}}{1-\frac{1}{2}\mathrm{e}^{-\mathrm{j}\pi}}=\frac{1}{3}\mathrm{e}^{\mathrm{j}\pi n}$$

4. 频率响应的几何确定法

一个 N 阶的系统函数 $H(z)$完全可以用它在 Z 平面上的零点和极点确定。由于 $H(z)$在单位圆上的 Z 变换即是系统的频率响应,因此系统的频率响应也完全可以由 $H(z)$的零点和极点确定。频率响应的几何确定法实际上就是利用 $H(z)$在 Z 平面上的零点和极点,采用几何方法直观、定性地求出系统的频率响应。$H(z)$的因式分解,即用零点和极点表示为

$$H(z)=A\frac{\prod_{m=1}^{M}(1-c_m z^{-1})}{\prod_{k=1}^{N}(1-d_k z^{-1})}=Az^{(N-M)}\frac{\prod_{m=1}^{M}(z-c_m)}{\prod_{k=1}^{N}(z-d_k)} \tag{2-76}$$

式中,A 为实数,用 $z=\mathrm{e}^{\mathrm{j}\omega}$ 代入,即得系统的频率响应为

$$H(\mathrm{e}^{\mathrm{j}\omega})=A\frac{\prod_{m=1}^{M}(1-c_m\mathrm{e}^{-\mathrm{j}\omega})}{\prod_{k=1}^{N}(1-d_k\mathrm{e}^{-\mathrm{j}\omega})}=A\mathrm{e}^{\mathrm{j}(N-M)\omega}\frac{\prod_{m=1}^{M}(\mathrm{e}^{\mathrm{j}\omega}-c_m)}{\prod_{k=1}^{N}(\mathrm{e}^{\mathrm{j}\omega}-d_k)}$$

$$=|H(\mathrm{e}^{\mathrm{j}\omega})|\mathrm{e}^{\mathrm{j}\arg[H(\mathrm{e}^{\mathrm{j}\omega})]} \tag{2-77}$$

其模等于

$$|H(\mathrm{e}^{\mathrm{j}\omega})|=|A|\frac{\prod_{m=1}^{M}|(\mathrm{e}^{\mathrm{j}\omega}-c_m)|}{\prod_{k=1}^{N}|(\mathrm{e}^{\mathrm{j}\omega}-d_k)|} \tag{2-78}$$

其相角为

$$\arg[H(\mathrm{e}^{\mathrm{j}\omega})]=\arg[A]+\sum_{m=1}^{M}\arg[\mathrm{e}^{\mathrm{j}\omega}-c_m]-\sum_{k=1}^{N}\arg[\mathrm{e}^{\mathrm{j}\omega}-d_k]+(N-M)\omega \tag{2-79}$$

在 Z 平面上,$z=c_m(m=1,2,\cdots,M)$ 表示 $H(z)$ 的零点(图上用 o 表示),而 $z=d_k$ 表示的极点(图上用×表示),如图 2-17 所示。$\mathrm{e}^{\mathrm{j}\omega}-c_m$ 可以用一个由零点 c_m 指向单位圆上 $\mathrm{e}^{\mathrm{j}\omega}$ 点的矢量 C_m 表示,即

$$C_m=\mathrm{e}^{\mathrm{j}\omega}-c_m=e_m\mathrm{e}^{\mathrm{j}\alpha_m}$$

同样,$\mathrm{e}^{\mathrm{j}\omega}-d_k$ 可以用一个由极点 d_k 指向单位圆上 $\mathrm{e}^{\mathrm{j}\omega}$ 点的矢量 D_k 表示,即

$$D_k=\mathrm{e}^{\mathrm{j}\omega}-d_k=l_k\mathrm{e}^{\mathrm{j}\beta_k}$$

因此

$$|H(\mathrm{e}^{\mathrm{j}\omega})|=|A|\frac{\prod_{m=1}^{M}e_m}{\prod_{k=1}^{N}l_k} \tag{2-80}$$

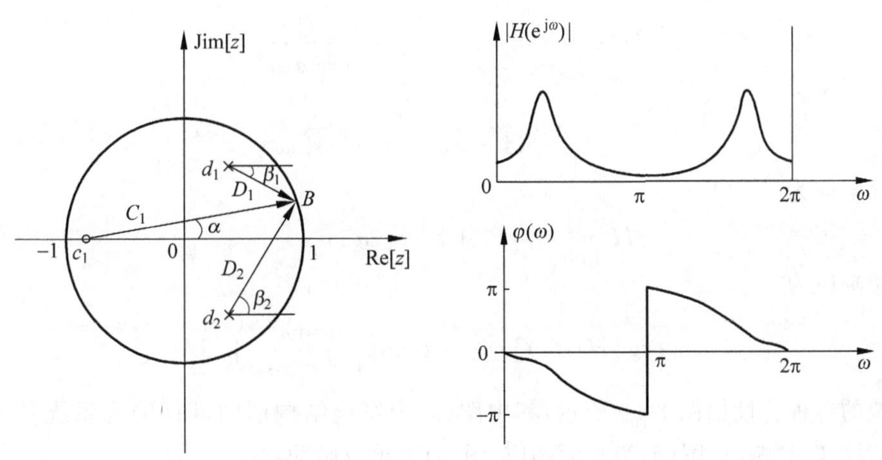

图 2-17　频率响应的几何表示法

也就是说，频率响应的幅度函数就等于各零点至 $e^{j\omega}$ 点矢量长度之积除以各极点至 $e^{j\omega}$ 点矢量长度之积，再乘以常数 $|A|$。

而频率响应的相角

$$\arg[H(e^{j\omega})]=\arg[A]+\sum_{m=1}^{M}\alpha_m-\sum_{k=1}^{N}\beta_k+(N-M)\omega \tag{2-81}$$

也就是说，频率响应的相位函数就等于各零点至 $e^{j\omega}$ 点矢量的相角之和减去各极点至 $e^{j\omega}$ 点矢量的相角之和加上常数 A 的相角 $\arg[A]$，再加上线性相移分量 $(N-M)\omega$。当频率 ω 由 0 到 2π 时，这些矢量的终端点沿单位圆逆时针方向旋转一圈，从而可以估算出整个系统的频率响应。例如，图 2-17 表示了具有两个极点和一个零点的系统及其频率响应。

当 B 点转到极点附近时，极点相量长度最短，因而幅度特性可能出现峰值，且极点越靠近单位圆，极点相量长度越短，峰值愈高越尖锐。如果极点在单位圆上，则幅度特性为∞，系统不稳定。对于零点，情况相反，当 B 点转到零点附近时，零点相量长度变短，幅度特性将出现谷值，零点越靠近单位圆，谷值越接近零。当零点处在单位圆上时，谷值为零。**总结以上结论：极点位置主要影响频响的峰值位置及尖锐程度，零点位置主要影响频响的谷点位置及形状。**

【例 2-20】 设一个因果系统的差分方程为

$$y(n)=x(n)+ay(n-1),\quad |a|<1, a\text{ 为实数}$$

求该系统的频率响应。

【解】 将差分方程两端取 Z 变换，可得

$$H(z)=\frac{Y(z)}{X(z)}=\frac{1}{1-az^{-1}},\quad |z|>|a|$$

单位脉冲响应为

$$h(n)=a^n u(n)$$

该系统的频率响应为

$$H(e^{j\omega})=H(z)\big|_{z=e^{j\omega}}=\frac{1}{1-ae^{-j\omega}}$$

$$=\frac{1}{(1-a\cos\omega)+ja\sin\omega}$$

幅度响应为

$$|H(e^{j\omega})|=(1+a^2-2a\cos\omega)^{-1/2}$$

相位响应为

$$\arg[H(e^{j\omega})]=-\operatorname{argtan}\left(\frac{a\sin\omega}{1-a\cos\omega}\right)$$

系统的各种特性如图 2-18 所示，其中图(a)为系统结构框图，图(b)为系统零极点图，图(c)为系统幅频响应，图(d)为相频响应，图(e)为单位脉冲响应。

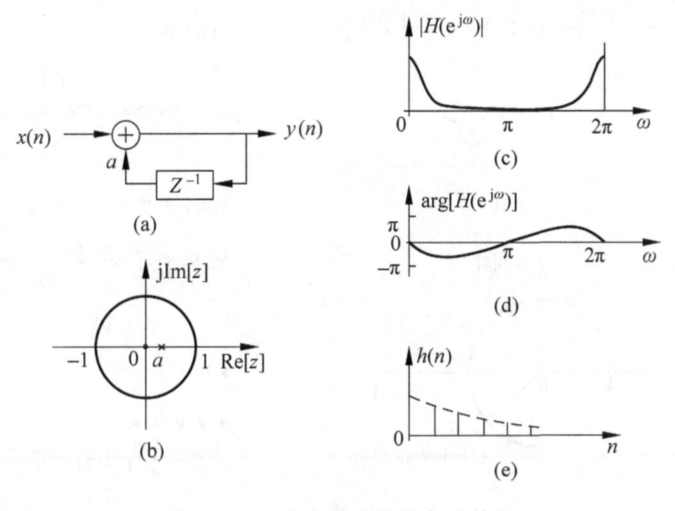

图 2-18　一阶离散系统的各种特性

【例 2-21】 设系统的差分方程为

$$y(n)=x(n)+x(n-1)+x(n-2)+\cdots+x(n-M+1)=\sum_{k=0}^{M-1}x(n-k)$$

这是 $M-1$ 个延迟单元及 M 个抽头相加组成的系统，常称为**横向滤波器**。试求其频率响应。

【解】 令 $x(n)=\delta(n)$，将所给差分方程等式两端取 Z 变换，可得系统函数为

$$H(z)=\sum_{k=0}^{M-1}z^{-k}=\frac{1-z^{-M}}{1-z^{-1}}=\frac{z^M-1}{z^{M-1}(z-1)},\quad |z|>0$$

$H(z)$的零点为

$$z^M-1=0$$

即

$$z_i=\mathrm{e}^{\mathrm{j}\frac{2\pi}{M}i},\quad i=0,1,2,\cdots,M-1$$

这些零点分布在的圆周上，并对圆周进行等分。特别是它的第一个零点 $z_0=1(i=0)$，正好和单极点 $z_p=1$ 相抵消，所以整个函数有 $M-1$ 个零点 $z_i=\mathrm{e}^{\mathrm{j}\frac{2\pi}{M}i}(i=1,2,\cdots,M-1)$，而在 $z=0$ 处有 $M-1$ 阶极点。

当输入为 $x(n)=\delta(n)$时，系统只延时 $M-1$ 位就不存在了，故单位脉冲响应 $h(n)$只有 M 个值，即

$$h(n)=\begin{cases}1, & 0\leqslant n\leqslant M-1\\ 0, & \text{其他}\end{cases}$$

图 2-19 展示了 $M=6$ 时横向结构滤波器，其中图(a)为系统结构框图，图(b)为系统零极点图，图(c)为系统幅频响应，图(d)为相频响应，图(e)为单位脉冲响应。频率响应的幅度在 $\omega=0$ 处为峰值，而在 $H(z)$的零点的频率处，频率响应的幅度为零。可以用零、极点矢量图来解释此响应。从 $h(n)$看出，其单位脉冲响应是有限长的序列。若系统的零点和极点较多，则手工不易画出准确的幅频响应曲线和相频曲线，不易找到准确的峰值和谷值频率。

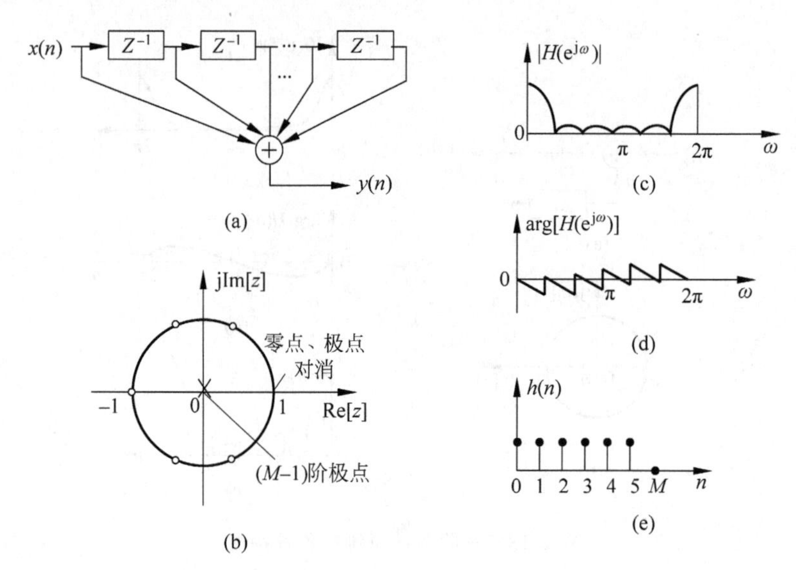

图 2-19　横向结构滤波器

视频讲解

2.5　MATLAB 应用实例

【例 2-22】 试用 MATLAB 计算

$$X(z)=\frac{1.5+0.98z^{-1}-2.608z^{-2}z+1.2z^{-3}-0.144z^{-4}}{1-1.4z^{-1}+0.6z^{-2}-0.072z^{-3}},\quad |z|>0.6$$

的部分分式展开式。

MATLAB 代码如下：

```
b = [1.5,0.98, - 2.608,1.2, - 0.144];
a = [1, - 1.4,0.6, - 0.072];
[r,p,k] = residuez(b,a);
disp('留数');disp(r');
disp('极点');disp(p')
disp('常数');disp(k');
```

运行结果为：

留数

```
0.7000    0.5000    0.3000
```

极点

```
0.6000    0.6000    0.2000
```

常数

```
0    2
```

部分分式展开的结果为：

$$X(z)=\frac{0.7}{1-0.6z^{-1}}+\frac{0.5}{(1-0.6z^{-1})^2}+\frac{0.3}{1-0.2z^{-1}}+2z^{-1}$$

【例 2-23】 绘制信号 $x(n)$的幅度谱和相位谱。

MATLAB 代码如下：

```
n = 0:50;                                        % 定义序列长度为 50
A = 400; a = 50 * sqrt(2.0) * pi;               % 设置信号参数
T = 0.001;                                       % 采样率
w0 = 50 * sqrt(2.0) * pi;x = A * exp( - a * n * T). * sin(w0 * n * T);
close all;subplot(3,1,1);stem(x);
k = - 25:25;
W = (pi/12.5) * k;
X = x * (exp( - j * pi/12.5)).^(n' * k);
magX = abs(X);                                   % 绘制 x(n)的幅度谱
subplot(3,1,2);stem(magX);title('理想采样信号序列的幅度谱');
angX = angle(X);                                 % 绘制 x(n)的相位谱
subplot(3,1,3);stem(angX) ; title ('理想采样信号序列的相位谱')
```

$x(n)$的幅度谱和相位谱如图 2-20 所示。

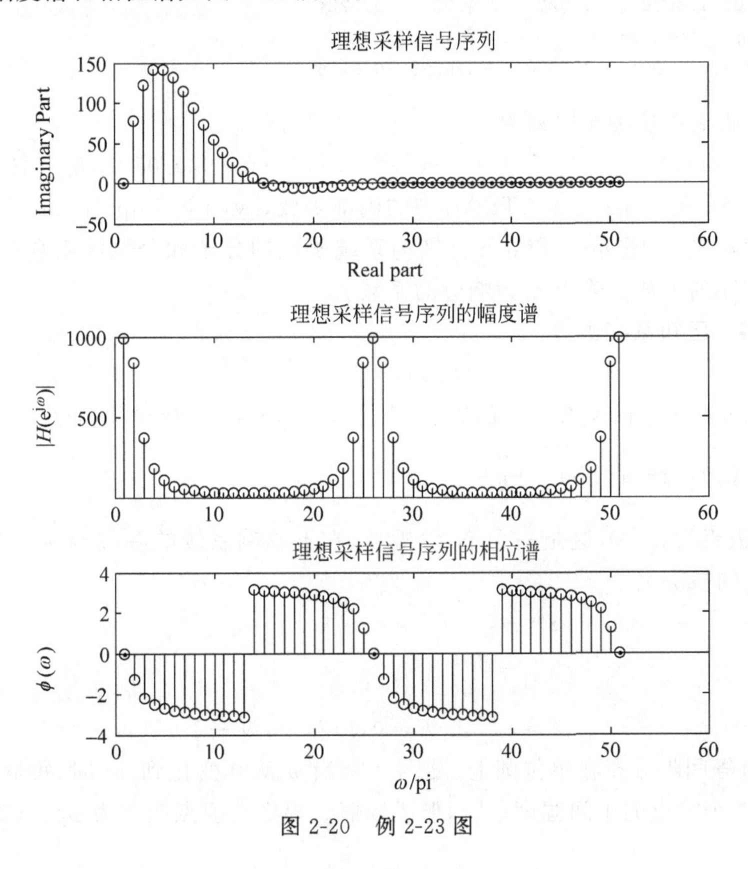

图 2-20　例 2-23 图

【例 2-24】 已知

$$H(z)=\frac{1+2z^{-1}}{1+0.4z^{-1}-0.12z^{-2}}$$

试用 MATLAB 求出单位抽样响应 $h(n)$。

MATLAB 代码如下：

```
L = input('输入输出向量的长度 L = ');                         % 规定输出向量的长度
num = input('输入分子的系数 num = ');                         % 输入分子的系数
den = input('输入分母的系数 den = ');                         % 输入分母的系数
[y,t] = impz(num, den, L);                                   % 计算单位冲激响应
disp('Coefficients of the power series expansion');          % 显示指令
disp(y)                                                      % 显示指令
```

输入如下：

```
L = 10;
num = [1 2]
den = [1 0.4  - 0.12]
```

输出如下：

```
Coefficients of the power series expansion
    Columns 1 through 5
    1.0000   1.6000   - 0.5200   0.4000   - 0.2224
    Columns 6 through 10
    0.1370   - 0.0815   0.0490   - 0.0294   0.0176
```

由此可以得到单位抽样序列为

$$h(n)=\{1,1.6,-0.52,0.4,-0.22,0.14,-0.09,0.05,-0.03,0.02\}$$

说明：程序中的 impz 为 MATLAB 中的内部函数，[y, t]=impz(num, den, L)用于计算系统的冲激响应，矢量 num 和 den 分别为系统函数的分子和分母的系数矢量，L 表示冲激响应输出的序列个数。输出 y 为响应的系数。

【例 2-25】 已知系统函数

$$H(z)=1-z^{-N}$$

试用 MATLAB 绘出 8 阶系统函数的零、极点图，幅频响应和相频响应曲线。

【解】 $H(z)=1-z^{-N}=\dfrac{z^N-1}{z^N}$

$H(z)$的极点为 $z=0$，这是一个 N 阶极点，它不影响系统的幅频响应。零点有 N 个，由分子多项式的根决定

$$z^N-1=0$$

$$z^N=\mathrm{e}^{\mathrm{j}2\pi k}$$

$$z=\mathrm{e}^{\mathrm{j}\frac{2\pi}{N}k},\quad k=0,1,2,\cdots,N-1$$

N 个零点等间隔分布在单位圆上，设 $N=8$，当 ω 从 0 变化到 2π 时，每遇到一个零点，幅度为零，在两个零点的中间幅度最大，形成峰值。幅度谷值点频率为 $\omega_k=(2\pi/N)k$，$k=0, 1, 2, \cdots, N-1$。

MATLAB 代码如下：

```
b = [1 0 0 0 0 0 0 0  - 1];              % H(z)的分子多项式系数矢量
a = 1;                                   % H(z)的分子多项式系数矢量
```

```
subplot(1,3,1);
zplane(b,a);                        % 绘制 H(z)的零极点图
[H, w] = freqz(b, a);               % 计算系统的频率响应
subplot(1,3,2);
plot(w/pi, abs(H));                 % 绘制幅频响应曲线
axis([0,1,0,2.5]);
xlabel('\omega/pi');
ylabel('|H(e^j^\omega)|');
subplot(1,3,3);
plot(w/pi, angle(H));               % 绘制相频响应曲线
xlabel('\omega/pi');
ylabel('\phi(\omega)');
```

说明：程序中的 freqz 和 zplane 为 MATLAB 中的内部函数，[H，w]＝freqz(b，a)，用于计算离散时间系统的复频率响应，矢量 a 和 b 分别为系统函数的分子和分母的系数矢量，w 表示输出的数字域角频率，H 为相应的频率响应。zplane(b，a)表示画出以矢量 b 和 a 描述的离散时间系统的零极点图(如图 2-21 所示)。

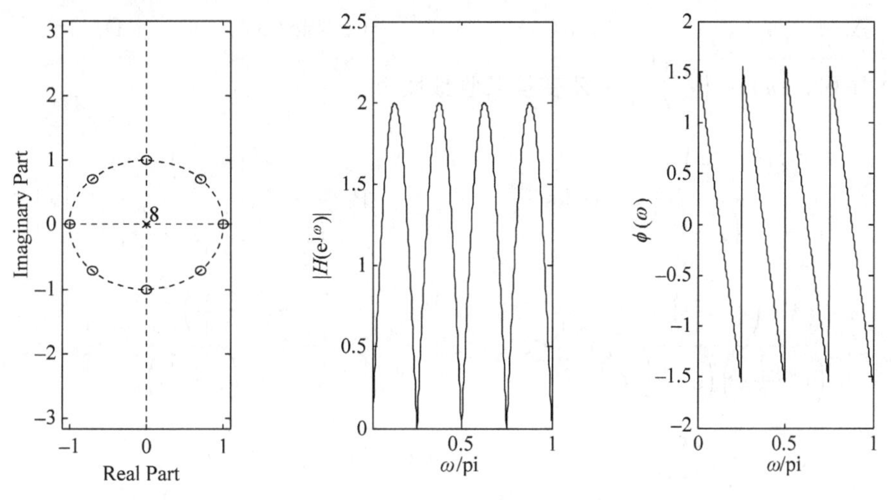

图 2-21 例 2-25 离散系统的零极点图、幅频响应曲线和相频响应曲线

【本章习题】

2.1 填空题

(1) 已知序列 $x(n)$的 Z 变换 $X(z)$的收敛域为$|z|<1$，则该序列为________长的________边序列。

(2) 线性时不变系统离散时间因果系统的系统函数为 $H(z)=\dfrac{8(z^2-z-1)}{2z^2+5z+2}$，则系统的极点为________；系统的稳定性为________。系统单位冲激响应 $h(n)$的初值________；终值 $h(\infty)$________。

(3) 对 $x(n)=R_4(n)$的 Z 变换为________，其收敛域为________。

(4) 序列 $x(n)$的傅里叶变换存在的充分条件是 $x(n)$________。

(5) 设 $X(e^{j\omega})$ 是 $x(n)$ 的傅里叶变换,用 $X(e^{j\omega})$ 表示 $y(n)=x^2(n)$ 的傅里叶变换为________。

2.2 选择题

(1) 对于序列的傅里叶变换而言,其信号的特点是(　　)。

A. 时域连续非周期,频域连续非周期

B. 时域离散周期,频域连续非周期

C. 时域离散非周期,频域连续非周期

D. 时域离散非周期,频域连续周期

(2) 设系统的单位抽样响应为 $h(n)$,则系统因果的充要条件为(　　)。

A. 当 $n>0$ 时,$h(n)=0$　　B. 当 $n>0$ 时,$h(n)\neq 0$

C. 当 $n<0$ 时,$h(n)=0$　　D. 当 $n<0$ 时,$h(n)\neq 0$

(3) 一个线性移不变系统稳定的充分必要条件是其系统函数的收敛域包括(　　)。

A. 单位圆　　B. 原点　　C. 实轴　　D. 虚轴

(4) $\delta(n)$ 的 Z 变换是(　　)。

A. 1　　B. $\delta(\omega)$　　C. $2\pi\delta(\omega)$　　D. 2π

(5) 序列 $x(n)=\left(\frac{1}{2}\right)^{|n|}$ 的 Z 变换及收敛域为(　　)。

A. $\dfrac{z\left(1-\frac{1}{4}\right)}{(1-z)\left(z-\frac{1}{2}\right)},\quad |z|<\frac{1}{2}$　　B. $\dfrac{z\left(1-\frac{1}{4}\right)}{\left(1-\frac{1}{2}z\right)\left(z-\frac{1}{2}\right)},\quad |z|<\frac{1}{2}$

C. $\dfrac{z\left(1-\frac{1}{4}\right)}{\left(1-\frac{1}{2}z\right)\left(z-\frac{1}{2}\right)},\quad \frac{1}{2}<|z|<2$　　D. $\dfrac{z\left(1-\frac{1}{4}\right)}{(1-z)\left(z-\frac{1}{2}\right)},\quad \frac{1}{2}<|z|<2$

(6) 若 $X(z)=\dfrac{1-2z^{-1}}{z^{-1}-2},\ |z|>\left|\frac{1}{2}\right|$,则 $X(z)$ 的 Z 反变换为(　　)。

A. $x(n)=\left(\frac{1}{2}\right)^{n+1}u(n+1)-\left(\frac{1}{2}\right)^{n-1}u(n-1)$

B. $x(n)=\left(\frac{1}{2}\right)^{n-1}u(n+1)-\left(\frac{1}{2}\right)^{n+1}u(n-1)$

C. $x(n)=\left(\frac{1}{2}\right)^{n-1}u(n-1)-\left(\frac{1}{2}\right)^{n+1}u(n+1)$

D. $x(n)=\left(\frac{1}{2}\right)^{n-1}u(n-1)-\left(\frac{1}{2}\right)^{n+1}u(n)$

(7) 如果一线性移不变系统的收敛域为一半径小于 1 的圆的外部,则该系统为(　　)。

A. 因果稳定系统　　B. 因果非稳定系统

C. 非因果稳定系统　　D. 非因果非稳定系统

2.3 求下列序列的 Z 变换,收敛域及零极点分布图。

(1) $\left(\frac{1}{2}\right)^n u(n)$　　(2) $\left(-\frac{1}{2}\right)^n u(n)$

(3) $\left(-\frac{1}{2}\right)^n u(-n-1)$　　(4) $\delta(n+1)$

(5) $\left(\frac{1}{2}\right)^n [u(n)-u(n-5)]$　　(6) $\left(\frac{1}{2}\right)^{|n|}$

2.4 求下列函数的反变换。

(1) $X(z)=\frac{1}{1+\frac{1}{2}z^{-1}}$, $|z|>\frac{1}{2}$　　(2) $X(z)=\frac{1}{1+\frac{1}{2}z^{-1}}$, $|z|<\frac{1}{2}$

(3) $X(z)=\frac{1-\frac{1}{2}z^{-1}}{1+\frac{3}{4}z^{-1}+\frac{1}{8}z^{-2}}$, $|z|>\frac{1}{2}$　　(4) $X(z)=\frac{1-\frac{1}{2}z^{-1}}{1-\frac{1}{4}z^{-2}}$, $|z|>\frac{1}{2}$

2.5 画出 $X(z)=\frac{-3z^{-1}}{2-5z^{-1}+2z^{-2}}$ 的零极点图，问在以下三种收敛域下，哪一种是左边序列，哪一种是右边序列，哪一种是双边序列，并求出各自对应的序列。

(1) $|z|>2$　　(2) $|z|<\frac{1}{2}$　　(3) $\frac{1}{2}<|z|<2$

2.6 假如 $x(n)$ 的 Z 变换代数表达式是下式，问 $X(z)$ 可能有多少不同的收敛域，对应不同的收敛域求 $x(n)$。

$$X(z)=\frac{1-\frac{1}{4}z^{-2}}{\left(1+\frac{1}{4}z^{-2}\right)\left(1+\frac{5}{4}z^{-1}+\frac{3}{8}z^{-2}\right)}$$

2.7 已知 $X(z)$，求 $x(n)$。

(1) $X(z)=\frac{1}{(1-z^{-1})(1-2z^{-1})}$, $1<|z|<2$

(2) $X(z)=\frac{z-5}{(1-0.5z^{-1})(1-0.5z)}$, $0.5<|z|<2$

(3) $X(z)=\frac{1}{(1-z^{-1})(1+z^{-1})}$, $|z|<1$

(4) $X(z)=\frac{1+z^{-1}}{1-2z^{-1}\cos\omega_0+z^{-2}}$, $|z|>1$

(5) $X(z)=\frac{z^{-1}}{(1-6z^{-1})^2}$, $|z|>6$

(6) $X(z)=\frac{z^{-2}}{1+z^{-2}}$, $|z|>1$

(7) $X(z)=z^{-1}+6z^{-4}+5z^{-7}$

2.8 已知 $x(n)$，求 $X(z)$。

(1) $x(n)=na^n u(n)$　　(2) $x(n)=n^2 a^n u(n)$

2.9 以下为因果序列的 Z 变换，求序列的 $x(0)$ 和 $x(\infty)$。

(1) $X(z)=\dfrac{1+2z^{-1}}{1-0.7z^{-1}-0.3z^{-2}}$　　(2) $X(z)=\dfrac{z^{-1}}{1-0.5z^{-1}+0.5z^{-2}}$

(3) $X(z)=\dfrac{1+z^{-1}+z^{-2}}{(1-z^{-1})(1-2z^{-1})}$　　(4) $X(z)=\dfrac{1}{(1-1.5z^{-1})(1+0.5z^{-1})}$

2.10 对因果序列,初值定理是 $x(0)=\lim\limits_{z\to\infty}X(z)$,如果序列为 $n>0$ 时 $x(n)=0$,那么相应的定理是什么?讨论一个序列 $x(n)$,其 Z 变换为

$$X(z)=\frac{\frac{7}{12}-\frac{19}{24}z^{-1}}{1-\frac{5}{2}z^{-1}+z^{-2}}$$

$X(z)$的收敛域包括单位圆,求其 $x(0)$(序列)值。

2.11 有一信号 $y(n)$,它与另两个信号 $x_1(n)$和 $x_2(n)$的关系是

$$y(n)=x_1(n+3)*x_2(-n+1)$$

其中,$x_1(n)=\left(\frac{1}{2}\right)^n u(n)$,$x_2(n)=\left(\frac{1}{3}\right)^n u(n)$。已知 $Z[a^n u(n)]=\dfrac{1}{1-az^{-1}}$,$|z|>|a|$,利用 Z 变换的性质求 $y(n)$的 Z 变换 $Y(z)$。

2.12 求以下序列 $x(n)$的频谱 $X(e^{j\omega})$。

(1) $\delta(n-n_0)$　　(2) $e^{-an}u(n)$

(3) $e^{-(\alpha+j\omega_0)n}u(n)$　　(4) $e^{-an}u(n)\cos(\omega_0 n)$

2.13 设 $X(e^{j\omega})$是如题 2.13 图所示的 $x(n)$信号的傅里叶变换,不必求出 $X(e^{j\omega})$,试完成下列计算。

(1) $X(e^{j0})$　　(2) $\int_{-\pi}^{\pi}X(e^{j\omega})d\omega$

(3) $\int_{-\pi}^{\pi}|X(e^{j\omega})|^2 d\omega$　　(4) $\int_{-\pi}^{\pi}\left|\dfrac{dX(e^{j\omega})}{d\omega}\right|^2 d\omega$

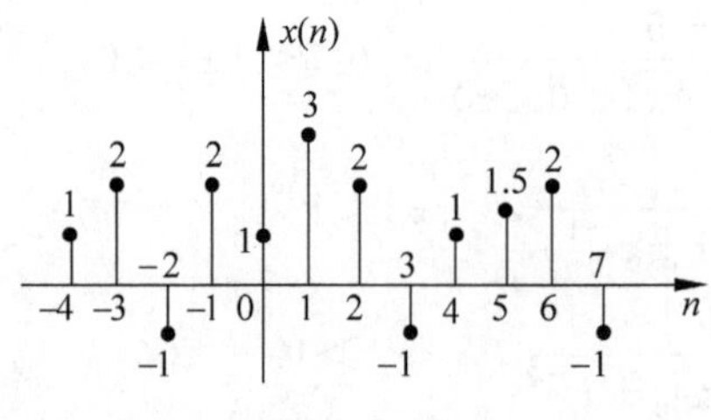

题 2.13 图

2.14 已知 $x(n)$的傅里叶变换 $X(e^{j\omega})$,用 $X(e^{j\omega})$表示下列信号的傅里叶变换。

(1) $x_1(n)=x(1-n)+x(-1-n)$　(2) $x_2(n)=\dfrac{x^*(-n)+x(n)}{2}$

(3) $x_3(n)=(n-1)^2x(n)$

2.15 一个序列 $x(n)$的 Z 变换为 $X(z)$,其零极点分布图如题 2.15 图所示。

(1) 如果已知序列的傅里叶变换收敛,确定 $X(z)$的收敛域。对于此情形,确定序列是右的边序列、左边的序列还是双边的序列。

(2) 如果不知道 $x(n)$的傅里叶变换收敛,但知道序列是双边的,对于图中的零极点图有多少种可能的序列。对于每种可能性,指出其收敛域。

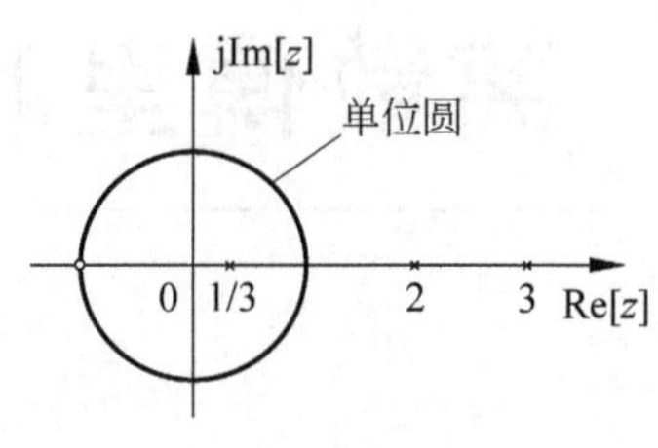

题 2.15 图

2.16　已知用下列差分方程描述的一个线性移不变因果系统:

$$y(n)=y(n-1)+y(n-2)+x(n-1)$$

(1) $H(z)$,并画出零、极点图及收敛域;

(2) 系统的单位脉冲响应 $h(n)$;

(3) 画出系统的结构框图;

(4) 若 $n<0$ 时,$y(n)=0$,$x(n)=2\times(0.4)^n u(n)$,求输出 $y(n)$。

2.17　研究一个输入为 $x(n)$和输出为 $y(n)$的时域线性移不变因果系统,已知它满足

$$y(n)-\frac{5}{6}y(n-1)+\frac{1}{6}y(n-2)=x(n)$$

试求其系统函数和单位脉冲响应。

2.18　已知一个线性移不变离散系统,其激励 $x(n)$和响应 $y(n)$满足下列差分方程:

$$y(n)-\frac{1}{3}y(n-1)=x(n)$$

(1) 画出系统的结构框图;

(2) 求系统函数 $H(z)$,并画出零、极点图及收敛域;

(3) 系统的单位脉冲响应 $h(n)$,并讨论系统的稳定性和因果性。

2.19　题 2.19 图是因果稳定系统的结构,试列出系统差分方程,求系统函数。当 $b_0=0.5$,$b_1=1$,$a_1=0.5$ 时,求系统单位脉冲响应,画出系统零、极点图及系统频率响应曲线。

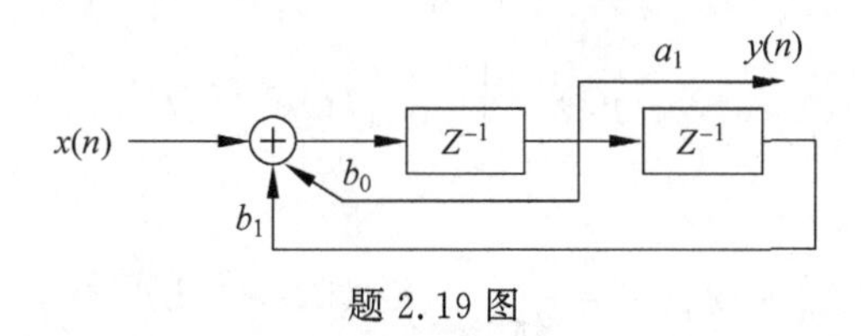

题 2.19 图

第3章 离散傅里叶变换

CHAPTER 3

计算机只能计算有限长离散序列，因此有限长序列在数字信号处理中就显得很重要，虽然可以用 Z 变换和序列傅里叶变换研究它，但是这两种变换无法直接利用计算机进行数值计算。针对序列“有限长”这一特点，可以导出一种更有效的变换——离散傅里叶变换(Discrete Fourier Transform，DFT)。作为有限长序列的一种表示方法，离散傅里叶变换除了在理论上相当重要之外，由于存在有效的快速算法——快速傅里叶变换(Fast Fourier Transform，FFT)，因而在各种数字信号处理的算法中起着核心作用。本章主要讨论离散傅里叶级数和离散傅里叶变换定义性质，圆周卷积，利用 DFT 计算线性卷积和以及频域采样理论等内容。

视频讲解

3.1 引言

傅里叶变换是以时间(t，n)为自变量的“信号”与以频率(Ω、f 或 ω)为自变量的“频谱”函数之间的一种变换关系。当自变量“时间”与“频率”为连续形式和离散形式的不同组合时，就形成了各种不同形式的傅里叶变换对，即“信号”与“频谱”的对应关系。

1. 连续时间、非周期信号的傅里叶变换

连续时间、非周期信号通过连续傅里叶变换(FT)得到非周期连续频谱密度函数。

正变换

$$X_a(\mathrm{j}\Omega)=\int_{-\infty}^{\infty}x_a(t)\mathrm{e}^{-\mathrm{j}\Omega t}\mathrm{d}t \tag{3-1}$$

逆变换

$$x_a(t)=\frac{1}{2\pi}\int_{-\infty}^{\infty}X_a(\mathrm{j}\Omega)\mathrm{e}^{\mathrm{j}\Omega t}\mathrm{d}\Omega \tag{3-2}$$

从图3-1的矩形脉冲及其频谱可以看出：

(1) **时域连续函数造成频域是非周期的谱；**

(2) **时域的非周期造成频域是连续的谱。**

2. 连续时间周期信号的傅里叶级数

周期为 T 的周期性连续时间函数 $x_a(t)$ 可展开成傅里叶级数 F_n，是离散非周期性频谱。

正变换

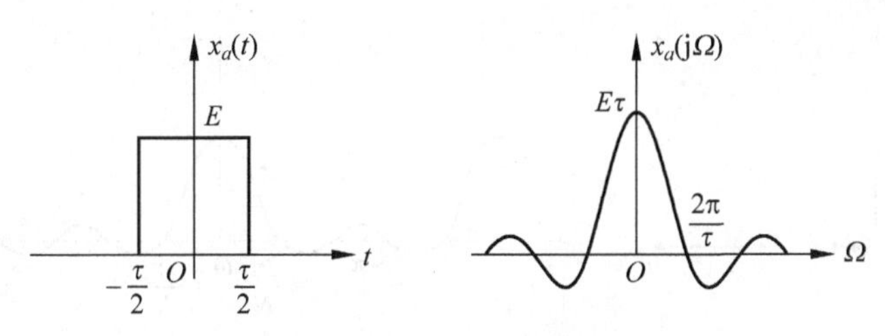

图 3-1　矩形脉冲及其频谱

$$F_n = \frac{1}{T}\int_{-\frac{T}{2}}^{\frac{T}{2}} x_a(t)\mathrm{e}^{-\mathrm{j}n\Omega t}\mathrm{d}t \tag{3-3}$$

逆变换

$$x_a(t) = \sum_{n=-\infty}^{\infty} F_n \mathrm{e}^{\mathrm{j}n\Omega t} \tag{3-4}$$

由图 3-2 的周期矩形脉冲及其频谱可以看出：

(1) **时域的连续函数造成频域是非周期的频谱函数；**

(2) **频域的离散频谱与时域的周期时间函数对应(频域采样，时域周期延拓)。**

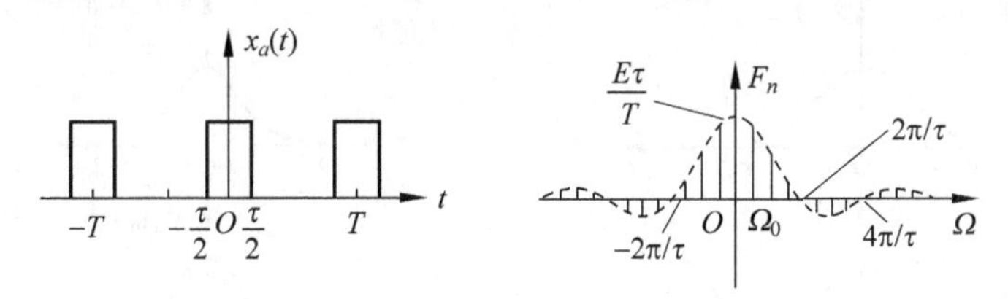

图 3-2　周期矩形脉冲及其频谱

3. 非周期离散信号的傅里叶变换

非周期离散的时间信号得到周期性连续的频率函数。

正变换

$$X(\mathrm{e}^{\mathrm{j}w}) = \sum_{n=-\infty}^{\infty} x(n)\mathrm{e}^{-\mathrm{j}\omega n} \tag{3-5}$$

逆变换

$$x(n) = \frac{1}{2\pi}\int_{-\pi}^{\pi} X(\mathrm{e}^{\mathrm{j}\omega})\mathrm{e}^{\mathrm{j}\omega n}\mathrm{d}\omega \tag{3-6}$$

由图 3-3 的非周期离散时间信号及其频谱可以看出

(1) **时域的离散造成频域的周期延拓；**

(2) **时域的非周期对应于频域的连续。**

4. 傅里叶变换的 4 种形式

通过上面分析，可以得出**一般性规律：一个域的离散对应另一个域的周期延拓，一个域的连续必定对应另一个域的非周期**。上面的 3 种傅里叶变换对，都不适用在计算机上运算，因为至少在一个域(时域或频域)中函数是连续的。因为从数字计算角度，感兴趣的是时域及频域都是离散的情况，就是这里要谈到的离散傅里叶变换。

傅里叶变换的 4 种形式如下：

(1) 连续时间、连续频率——傅里叶变换(FT)，是非周期连续信号傅里叶变换，如

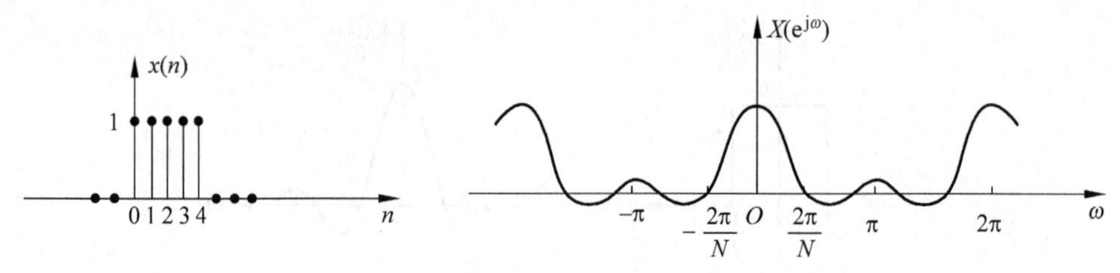

图 3-3 非周期离散时间信号及其频谱

图 3-4(a)所示；

(2) 连续时间、离散频率——傅里叶级数(FS)；是周期连续信号傅里叶级数，如图 3-4(b)所示；

(3) 离散时间、连续频率——序列傅里叶变换(DTFT)；是序列傅里叶变换，如图 3-4(c)所示；

(4) 离散时间、离散频率——离散傅里叶变换(DFT)，是离散周期序列频谱，如图 3-4(d)所示。

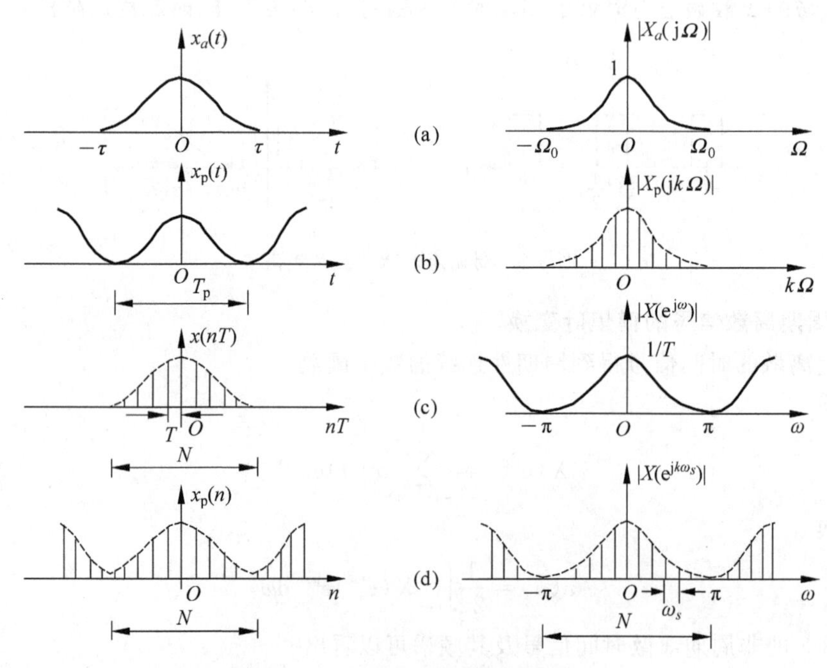

图 3-4 各种形式的傅里叶变换

3.2 周期序列的离散傅里叶级数

3.2.1 离散傅里叶级数定义

若离散时间序列 $x(n)$ 为周期序列，则一定满足

$$x(n)=x(n+rN)$$

其中，N（正整数）为信号的周期，r 为任意整数。为了与非周期序列区分，周期序列记作：

$\tilde{x}(n)$。因为周期序列不是绝对可和，因此周期序列不能用傅里叶变换表示，但是周期序列可以用傅里叶级数(Discrete Fourier Series，DFS)表示，**离散傅里叶级数定义为**

$$\tilde{x}(n)=\frac{1}{N}\sum_{k=0}^{N-1}\tilde{X}(k)\mathrm{e}^{\mathrm{j}\frac{2\pi}{N}nk}=\mathrm{IDFS}[\tilde{X}(k)] \tag{3-7}$$

其中，$\tilde{X}(k)$为周期序列傅里叶级数的系数，表示为

$$\tilde{X}(k)=\sum_{n=0}^{N-1}\tilde{x}(n)\mathrm{e}^{-\mathrm{j}\frac{2\pi}{N}nk}=\mathrm{DFS}[\tilde{x}(n)] \tag{3-8}$$

为了书写方便，常令符号 $W_N=\mathrm{e}^{-\mathrm{j}\frac{2\pi}{N}}$，这样周期序列傅里叶变换对可以再次写为

正变换

$$\tilde{X}(k)=\mathrm{DFS}[\tilde{x}(n)]=\sum_{n=0}^{N-1}\tilde{x}(n)W_N^{nk}$$

反变换

$$\tilde{x}(n)=\mathrm{IDFS}[\tilde{X}(k)]=\frac{1}{N}\sum_{k=0}^{N-1}\tilde{X}(k)W_N^{-nk}$$

MATLAB 程序实现 DFS 过程如下：

```
function [Xk] = dfs(xn,N)          % 计算(DFS)系数
% [Xk] = dfs(xn,N)
% Xk = 在 0 <= n <= N - 1 之间的一个单周期信号
% N = xn 的基本周期
n = [0:1:N - 1];                   % n 的行向量
k = [0:1:N - 1];                   % k 的行向量
WN = exp( - j * 2 * pi/N);         % Wn 因子
nk = n' * k;                       % 产生一个含 nk 值的 N × N 维矩阵
Xk = xn *  WN.^nk;                 % DFS 系数行向量
```

MATLAB 程序实现 IDFS 过程如下：

```
function [xn] = idfs(Xk,N)         % 计算逆(DFS)系数
% [xn] = dfs(Xk,N)
%  xn  = 周期信号在 0 <= n <= N - 1 之间的一个单周期信号
%  Xk  = 在 0 <= k <= N - 1 间的 DFS 系数数组
% N = Xk 的基本周期
n = [0:1:N - 1];                   % n 的行向量
k = [0:1:N - 1];                   % k 的行向量
WN = exp( - j * 2 * pi/N);         % Wn 因子
nk = n' * k;                       % 产生一个含 nk 值的 N × N 维矩阵
xn = Xk *  (WN.^( - nk))/N;        % DFS 系数行向量
```

【例 3-1】 设 $\tilde{x}(n)$为周期脉冲串，求 $\tilde{x}(n)=\sum\limits_{r=-\infty}^{\infty}\delta(n+rN)$。

【解】 因为对于 $0\leqslant n\leqslant N-1$，$\tilde{x}(n)=\delta(n)$，$\tilde{x}(n)$的 DFS 系数为

$$\tilde{X}(k)=\sum_{n=0}^{N-1}\tilde{x}(n)W_N^{nk}=\sum_{n=0}^{N-1}\delta(n)W_N^{nk}=1$$

在这种情况下,对于所有 k 值,$\widetilde{X}(k)$ 均相同,于是有

$$\tilde{x}(n)=\sum_{r=-\infty}^{\infty}\delta(n+rN)=\frac{1}{N}\sum_{k=0}^{N-1}W_N^{-nk}=\frac{1}{N}\sum_{k=0}^{N-1}e^{j\frac{2\pi}{N}nk}$$

当 n 为 N 整数倍时结果为 1,这正好是周期性脉冲串。

说明:

$$\frac{1}{N}\sum_{n=0}^{N-1}e^{j\frac{2\pi}{N}kn}=\frac{1}{N}\frac{1-e^{j\frac{2\pi}{N}kN}}{1-e^{j\frac{2\pi}{N}k}}=\begin{cases}1, & k=mN, m\text{ 为整数}\\ 0, & \text{其他}\end{cases}\tag{3-9}$$

式(3-9)一般称为**复正弦序列正交特性**。

【例 3-2】 已知周期序列 $\tilde{x}(n)$ 如图 3-5 所示,其周期 $N=10$,求解其傅里叶级数系数 $\widetilde{X}(k)$。

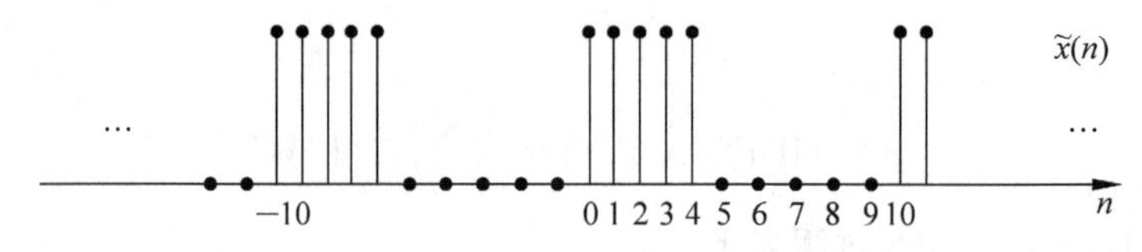

图 3-5 周期脉冲序列($N=10$)

【解】

$$\widetilde{X}(k)=\sum_{n=0}^{10-1}\tilde{x}(n)W_{10}^{nk}=\sum_{n=0}^{4}e^{-j\frac{2\pi}{10}nk}$$

这一有限求和有闭合形式

$$\widetilde{X}(k)=\frac{1-W_{10}^{5k}}{1-W_{10}^{k}}=e^{-j\frac{4\pi k}{10}}\frac{\sin(5\pi k/10)}{\sin(5\pi k/10)}$$

周期脉冲序列 DFS 如图 3-6 所示,**MATLAB 程序实现 DFS 过程如下:**

```
>> xn = [1,1,1,1,1,0,0,0,0,0];N = 10;
>> Xk = dfs(xn,N)
Xk = Columns 1 through 5
      5.0000 + 0.0000i  1.0000 - 3.0777i  -0.0000 + 0.0000i  1.0000 - 0.7265i
-0.0000 + 0.0000i
      Columns 6 through 10
      1.0000 - 0.0000i -0.0000 - 0.0000i  1.0000 + 0.7265i  -0.0000 - 0.0000i
1.0000 + 3.0777i
```

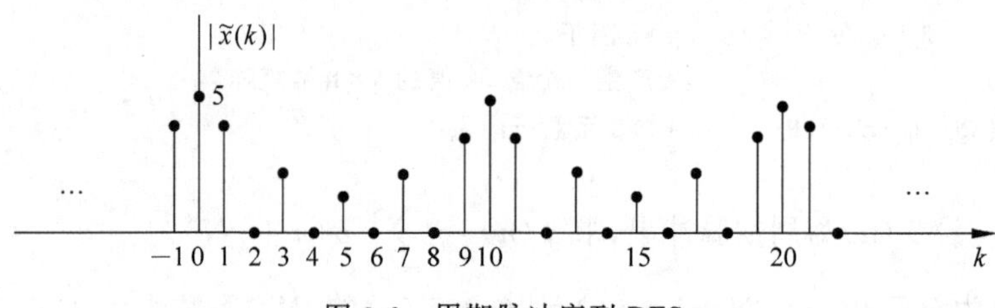

图 3-6 周期脉冲序列 DFS

下面给出 $L=5,N=20$ 周期方波的离散傅里叶级数的 **MATLAB 程序**:

```
L = 5;N = 20;k = [ - N/2:N/2];                    % 方波参数
```

```
xn = [ones(1,L),zeros(1,N - L)];                  % 方波 x(n)
Xk = dfs(xn,N);                                   % DFS
magXk = abs([Xk(N/2 + 1:N) Xk(1:N/2 + 1)]);       % DFS 幅度
subplot(2,2,1);stem(k,magXk);
axis([ - N/2,N/2, - 0.5,5.5]);
xlabel('k');ylabel('Xtilde(k)');
title('方波的 DFS:L = 5,N = 20')
```

上述程序产生的图及其他情形如图 3-7 所示，注意到 $\widetilde{X}(k)$是周期信号，图中只画出了从$-N/2$ 到 $N/2$ 的部分。从图 3-7 可以看出，方波的 DFS 系数包络看起来像 sinc 函数，$k=0$ 时的幅度为 L，同时函数的零点位于 N/L（占空比的倒数）的整数倍处。

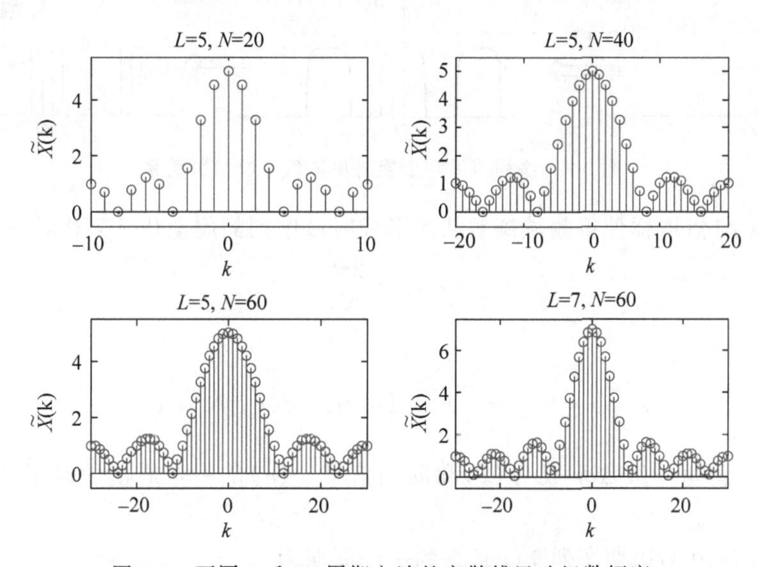

图 3-7　不同 L 和 N 周期方波的离散傅里叶级数幅度

正变换定义公式(3-8)中的周期序列 $\widetilde{X}(k)$可看成是对 $\tilde{x}(n)$的第一个周期 $x(n)$作 Z 变换，然后将 Z 变换在 Z 平面单位圆上按等间隔角 $2\pi/N$ 采样而得到，如图 3-8 所示。令

$$x(n)=\tilde{x}(n)\cdot R_N(n)=\begin{cases}\tilde{x}(n), & 0\leqslant n\leqslant N-1\\ 0, & \text{其他}\end{cases} \tag{3-10}$$

通常称 $x(n)$为 $\tilde{x}(n)$的主值区序列，则 $x(n)$的 Z 变换为

$$X(z)=\sum_{n=-\infty}^{\infty}x(n)z^{-n}=\sum_{n=0}^{N-1}\tilde{x}(n)z^{-n} \tag{3-11}$$

$$\widetilde{X}(k)=X(z)\Big|_{z=W_N^{-k}=\mathrm{e}^{\mathrm{j}\left(\frac{2\pi}{N}\right)k}} \tag{3-12}$$

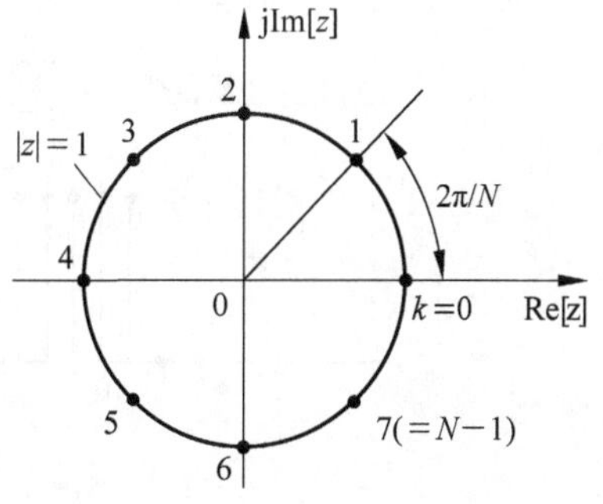

图 3-8　Z 平面单位圆上等间隔采样

由于单位圆上的 Z 变换为序列傅里叶变换，周期序列 $\widetilde{X}(k)$也可以解释为 $\tilde{x}(n)$的一个周期 $x(n)$的傅里叶变换的等间隔采样。因为

$$X(\mathrm{e}^{\mathrm{j}\omega})=\sum_{n=0}^{N-1}x(n)\mathrm{e}^{-\mathrm{j}\omega n}=\sum_{n=0}^{N-1}\tilde{x}(n)\mathrm{e}^{-\mathrm{j}\omega n} \tag{3-13}$$

比较式(3-8)和式(3-13),可以看出

$$\widetilde{X}(k)=X(\mathrm{e}^{\mathrm{j}\omega})\big|_{\omega=2\pi k/N}=\sum_{n=0}^{N-1}\tilde{x}(n)\mathrm{e}^{-\mathrm{j}\frac{2\pi}{N}kn},\quad k=0,1,2,\cdots,N-1 \tag{3-14}$$

这相当于以 $2\pi/N$ 的频率间隔对傅里叶变换进行采样。也就是说,非周期离散时间信号经序列傅里叶变换(DTFT),得周期连续谱函数,再经采样得周期离散频谱函数(DFS),过程如图 3-9 所示。

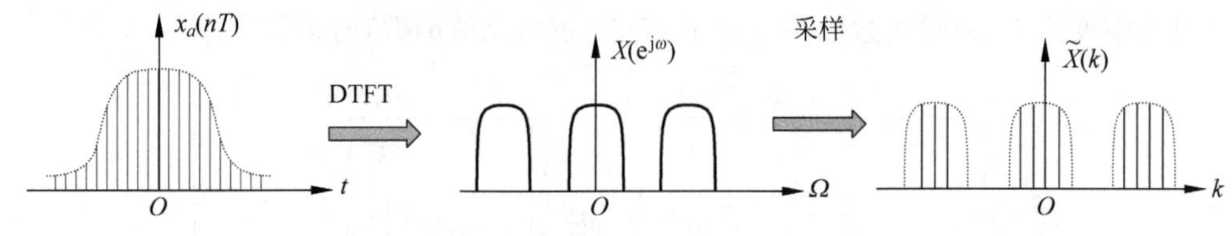

图 3-9 序列傅里叶变换与离散傅里叶级数关系

由于频域 N 点取样使得频域离散从而形成时域序列的周期化。采样频点间隔为

$$\omega_0=\frac{2\pi}{N} \tag{3-15}$$

数字频率为

$$\omega=k\omega_0=\frac{2\pi}{N}k,\quad k=0,1,2,\cdots,N-1 \tag{3-16}$$

【例 3-3】 傅里叶级数系数 $\widetilde{X}(k)$ 和周期信号 $\tilde{x}(n)$ 的一个周期的傅里叶变换之间的关系。

【解】 图 3-10 为周期序列 $\tilde{x}(n)$,它的一个周期为

$$x(n)=\begin{cases}1, & 0\leqslant n\leqslant 4\\ 0, & 其他\end{cases}$$

$\tilde{x}(n)$ 的一个周期的傅里叶变换为

$$X(\mathrm{e}^{\mathrm{j}\omega})=\sum_{n=0}^{4}\mathrm{e}^{-\mathrm{j}\omega n}=\frac{1-\mathrm{e}^{-\mathrm{j}5\omega}}{1-\mathrm{e}^{-\mathrm{j}\omega}}=\mathrm{e}^{-\mathrm{j}2\omega}\ \frac{\sin(5\omega/2)}{\sin(\omega/2)}$$

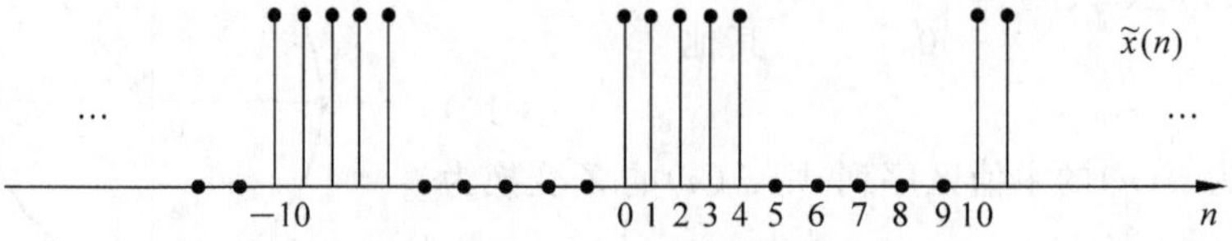

图 3-10 周期序列

根据 $|x(\mathrm{e}^{\mathrm{j}\omega})|$ 绘制一个周期的 DTFT 幅度谱如图 3-11 所示。

根据上面分析,傅里叶级数为

$$\widetilde{X}(k)=X(\mathrm{e}^{\mathrm{j}\omega})\Big|_{\omega=2\pi k/10}=\mathrm{e}^{-\mathrm{j}\frac{4\pi k}{10}}\ \frac{\sin(5\pi k/10)}{\sin(\pi k/10)}$$

根据 $\widetilde{X}(k)$ 绘制周期序列傅里叶级数 DFS 如图 3-12 所示,可以看出 $\widetilde{X}(k)$ 为 $|X(\mathrm{e}^{\mathrm{j}\omega})|$ 在$[0,2\pi]$的 N 点等间隔采样。

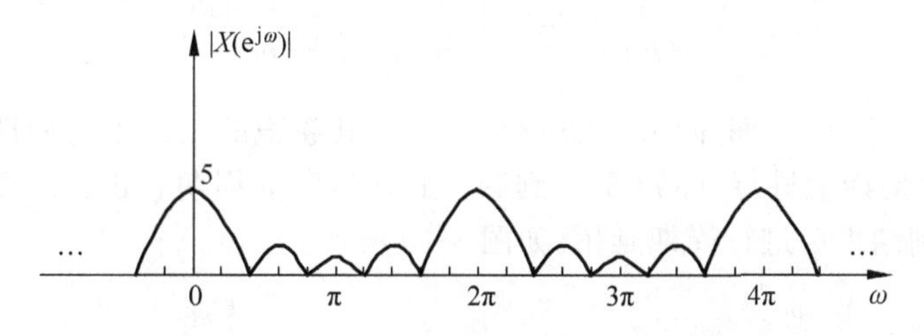

图 3-11　$\tilde{x}(n)$一个周期的 DTFT 幅度谱

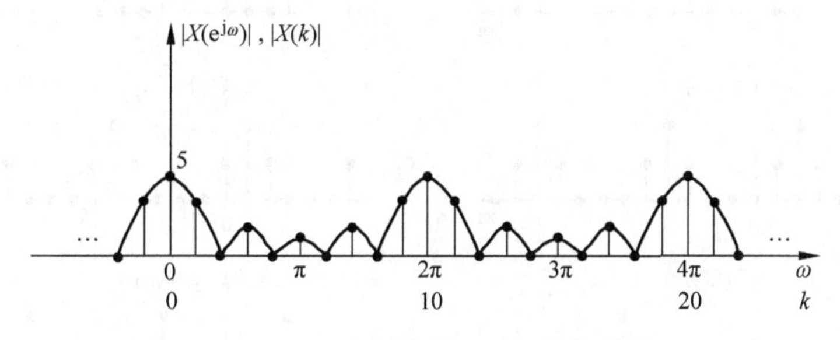

图 3-12　$\tilde{x}(n)$一个周期的 DTFT 幅度谱和 DFS

3.2.2　离散傅里叶级数的性质

由于可以用采样 Z 变换解释 DFS，因此它的许多性质与 Z 变换性质非常相似。但是，由于 $\tilde{x}(n)$和 $\widetilde{X}(k)$两者都具有周期性，这就使它与 Z 变换性质还有一些重要的差别。此外，DFS 在时域和频域之间具有严格的对偶关系，这是序列的 Z 变换表示所不具有的。设 $\tilde{x}_1(n)$和 $\tilde{x}_2(n)$皆是周期为 N 的周期序列，各自的 DFS 分别为 $\widetilde{X}_1(k)$、$\widetilde{X}_2(k)$。

1. 线性

$$\text{DFS}[a\tilde{x}_1(n)+b\tilde{x}_2(n)]=a\widetilde{X}_1(k)+b\widetilde{X}_2(k) \tag{3-17}$$

2. 序列的移位

$$\text{DFS}[\tilde{x}(n+m)]=W_N^{-mk}\widetilde{X}(k)=\mathrm{e}^{\mathrm{j}\frac{2\pi}{N}mk}\widetilde{X}(k) \tag{3-18}$$

$$\text{DFS}[W_N^{nl}\tilde{x}(n)]=\widetilde{X}(k+l) \tag{3-19}$$

或

$$\text{IDFS}[\widetilde{X}(k+l)]=W_N^{nl}\tilde{x}(n)=\mathrm{e}^{-\mathrm{j}\frac{2\pi}{N}nl}\tilde{x}(n) \tag{3-20}$$

3. 周期卷积

如果

$$\widetilde{Y}(k)=\widetilde{X}_1(k)\widetilde{X}_2(k) \tag{3-21}$$

则

$$\tilde{y}(n)=\text{IDFS}[\widetilde{Y}(k)]=\sum_{m=0}^{N-1}\tilde{x}_1(m)\tilde{x}_2(n-m) \tag{3-22}$$

或

$$\tilde{y}(n)=\sum_{m=0}^{N-1}\tilde{x}_2(m)\tilde{x}_1(n-m) \tag{3-23}$$

两个周期都为 N 的周期序列 $\tilde{x}_1(n)$和 $\tilde{x}_2(n)$，其卷积的结果也是周期为 N 的周期序列，求和只在一个周期上进行，即 m 为 0 到 $N-1$，所以称为周期卷积。注意：n 的取值不在 N 的范围内，得到结果后进行周期延拓，如图 3-13 所示。

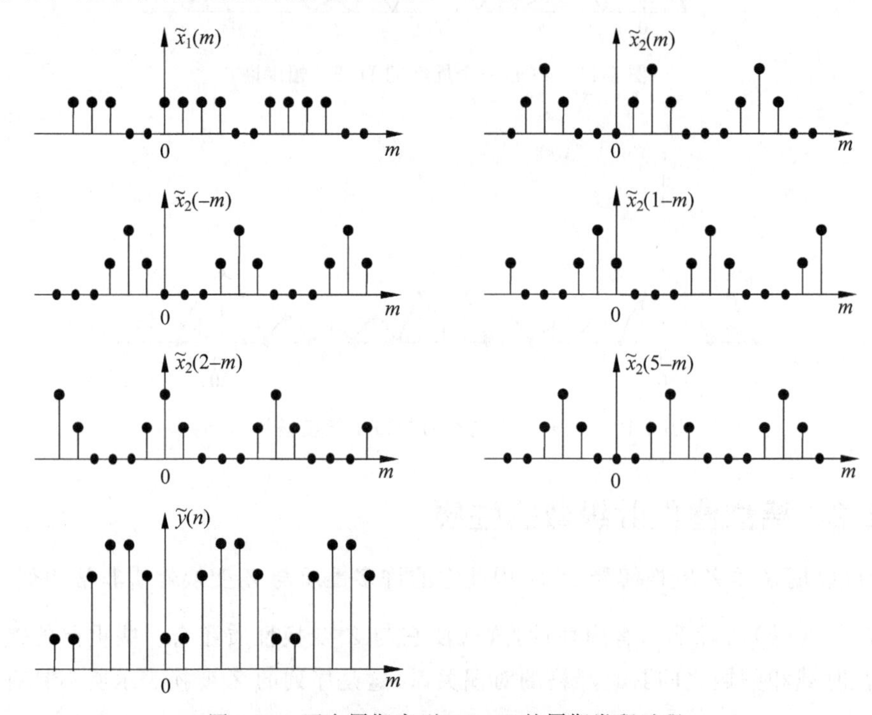

图 3-13　两个周期序列($N=6$)的周期卷积过程

3.3　有限长序列离散傅里叶变换

3.3.1　离散傅里叶变换定义

由于长度为 N 的有限长序列可以看作周期为 N 的周期序列的一个周期，利用 DFS 计算周期序列的一个周期，就可以得到有限长序列的离散傅里叶变换。设 $x(n)$是长度为 N 的有限长序列，可以把它看作是周期为 N 的周期序列 $x(n)$的一个主周期，而将 $\tilde{x}(n)$看作 $x(n)$以 N 为周期进行周期延拓得到，即

$$x(n)=\begin{cases}\tilde{x}(n), & 0\leqslant n\leqslant N-1\\ 0, & \text{其他}\end{cases}$$
$$=\tilde{x}(n)R_N(n) \tag{3-24}$$

同理

$$\widetilde{X}(k)=X((k))_N \tag{3-25}$$

$$X(k)=\widetilde{X}(k)R_N(k) \tag{3-26}$$

通常，把 $\tilde{x}(n)$的第一个周期 $n=0$ 到 $n=N-1$ 定义为**主值区间**，故 $x(n)$是 $\tilde{x}(n)$的**主值序列**。而称 $\tilde{x}(n)$为 $x(n)$的**周期延拓**(图 3-14)。

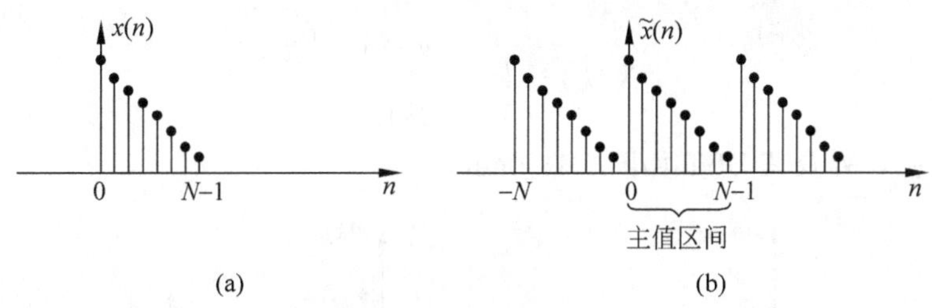

图 3-14　周期序列、主值区间、主值序列之间关系

DFS 与 IDFS 变换前后都是周期的、无限长的,但这里一个周期信息与其他周期信息相同,因而可以得到**有限长序列的离散傅里叶变换的定义**:

$$\begin{cases} X(k)=\mathrm{DFT}[x(n)]=\sum_{n=0}^{N-1}x(n)W_N^{nk}, & 0\leqslant k\leqslant N-1 \quad (3\text{-}27)\\ x(n)=\mathrm{IDFT}[X(k)]=\frac{1}{N}\sum_{k=0}^{N-1}X(k)W_N^{-nk}, & 0\leqslant n\leqslant N-1 \quad (3\text{-}28)\end{cases}$$

注意,所处理的有限长序列都是作为周期序列的一个周期表示的。换句话说,**离散傅里叶变换隐含周期性**。

【例 3-4】 已知序列 $x(n)=\delta(n)$,求它的 N 点 DFT。

【解】 单位脉冲序列的 DFT 很容易由 DFT 的定义式(3-27)得到

$$X(k)=\sum_{n=0}^{N-1}\delta(n)W_N^{nk}=W_N^0=1,\quad k=0,1,2,\cdots,N-1$$

$\delta(n)$的 $X(k)$如图 3-15 所示。这是一个很特殊的例子,它表明对序列 $\delta(n)$来说,不论对它进行多少点的 DFT,所得结果都是一个离散矩形序列。

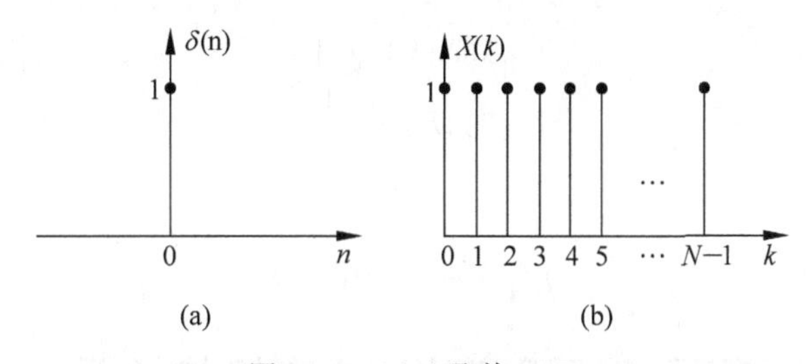

图 3-15　$\delta(n)$及其 DFT

【例 3-5】 已知 $x(n)=\cos(n\pi/6)$是一个长度 $N=12$ 的有限长序列,求它的 N 点 DFT。

【解】 由 DFT 的定义式(3-27)可得

$$\begin{aligned}X(k)&=\sum_{n=0}^{11}\cos\frac{n\pi}{6}W_{12}^{nk}=\sum_{n=0}^{11}\frac{1}{2}\left(\mathrm{e}^{\mathrm{j}\frac{n\pi}{6}}+\mathrm{e}^{-\mathrm{j}\frac{n\pi}{6}}\right)\mathrm{e}^{-\mathrm{j}\frac{2\pi}{12}nk}\\&=\frac{1}{2}\left(\sum_{n=0}^{11}\mathrm{e}^{-\mathrm{j}\frac{2\pi}{12}n(k-1)}+\sum_{n=0}^{11}\mathrm{e}^{-\mathrm{j}\frac{2\pi}{12}n(k+1)}\right)\end{aligned}$$

利用复正弦序列正交特性式(3-9),则

$$\sum_{n=0}^{N-1}\mathrm{e}^{\mathrm{j}\frac{2\pi}{N}(k-m)n}=\begin{cases}N, & k=m\\0, & k\neq m\end{cases}$$

再考虑 k 的取值区间,可得

$$X(k)=\begin{cases}6, & k=1,11\\0, & \text{其他}\end{cases}$$

有限长余弦序列及其 DFT 如图 3-16 所示。

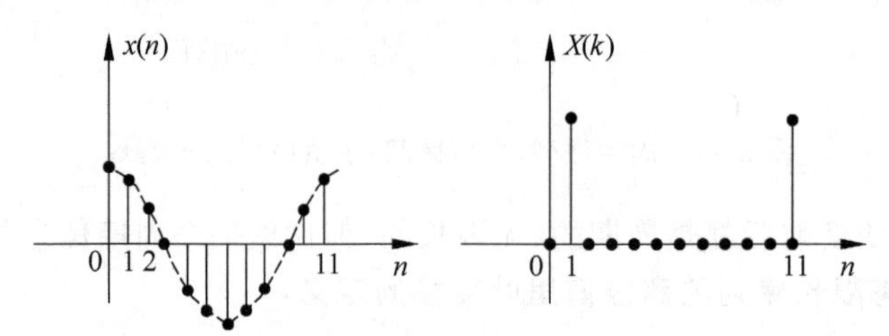

图 3-16　有限长余弦序列及其 DFT

【例 3-6】 已知 $X(k)=\begin{cases}3, & k=0\\1, & 1\leqslant k\leqslant 9\end{cases}$,求 $k=0,1,2,\cdots,9$ 点 IDFT。

【解】 $X(k)$可以表示为 $X(k)=1+2\delta(k)$，$0\leqslant k\leqslant 9$。

由于一个单位脉冲序列的 DFT 为常数

$$x_1(n)=\delta(n)\quad X_1(k)=\mathrm{DFT}[x_1(n)]=1$$

同样,一个常数的 DFT 是一个单位脉冲序列

$$x_2(n)=1\quad X_2(k)=\mathrm{DFT}[x_2(n)]=N\delta(k)$$

$$X(k)=\sum_{n=0}^{10-1}x(n)\mathrm{e}^{-\mathrm{j}\frac{2\pi}{10}nk}=\frac{1-\mathrm{e}^{-\mathrm{j}2\pi k}}{1-\mathrm{e}^{-\mathrm{j}\frac{2\pi}{10}k}}=\begin{cases}10, & k=0\\0, & k=1,2,\cdots,9\end{cases}$$
$$=10\delta(k)$$

由于

$$\begin{cases}10\delta(k)\rightarrow 1\\2\delta(k)\rightarrow \dfrac{1}{5}\end{cases}$$

所以

$$x(n)=\frac{1}{5}+\delta(n)$$

3.3.2 DFT 与序列傅里叶变换、Z 变换的关系

若 $x(n)$是一个有限长序列,长度为 N,Z 变换 $X(z)=\sum_{n=0}^{N-1}x(n)z^{-n}$,则

$$X(z)\Big|_{z=W_N^{-k}}=\sum_{n=0}^{N-1}x(n)W_N^{nk}=\mathrm{DFT}[x(n)]=X(k)\tag{3-29}$$

$z=W_N^{-k}=\mathrm{e}^{\mathrm{j}\left(\frac{2\pi}{N}\right)k}$ 表明 W_N^{-k} 是 Z 平面单位圆上幅角为 $\omega=\frac{2\pi}{N}k$ 的点,即将 Z 平面单位圆 N 等分后的第 k 点,如图 3-17 所示。所以 $X(k)$是对 $X(z)$在 Z 平面单位圆上 N 点等间隔采样值。此外,由于序列的傅里叶变换 $X(\mathrm{e}^{\mathrm{j}\omega})$即是单位圆上的 Z 变换,根据式(3-29),**DFT 与序列傅里叶变换的关系为**

$$X(k)=X(\mathrm{e}^{\mathrm{j}\omega})\Big|_{\omega=\frac{2\pi}{N}k}=X(\mathrm{e}^{\mathrm{j}k\omega_N})\tag{3-30}$$

其中，$\omega_N=\dfrac{2\pi}{N}$。

DFT 的物理意义：说明 $X(k)$可看作序列 $x(n)$的傅里叶变换 $X(\mathrm{e}^{\mathrm{j}\omega})$在区间$[0,\ 2\pi]$上的 N 点等间隔采样，其采样间隔为 $\omega_N=2\pi/N$。显而易见，DFT 的变换区间长度 N 不同，表示对 $X(\mathrm{e}^{\mathrm{j}\omega})$在区间$[0,\ 2\pi]$上的采样间隔和采样点数不同，所以 DFT 的变换结果也不同。

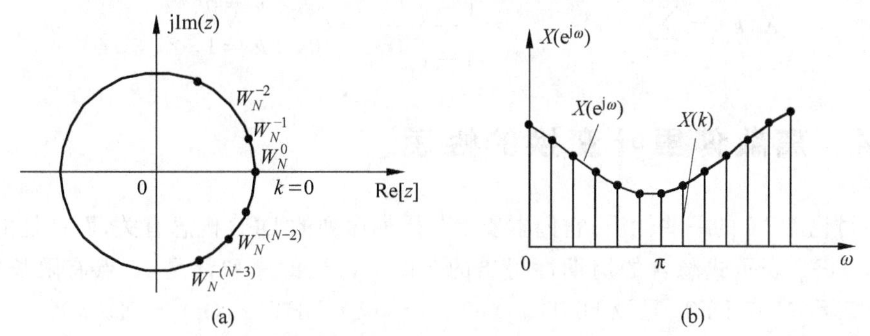

图 3-17　DFT 物理意义说明图示

【例 3-7】 有限长序列 $x(n)$为

$$x(n)=\begin{cases}1, & 0\leqslant n\leqslant 4\\0, & 其他\end{cases}$$

求其 $N=5$ 点离散傅里叶变换 $X(k)$。

【解】 将有限长序列 $x(n)$，如图 3-18(a)所示，以 $N=5$ 为周期将 $x(n)$延拓成周期序列 $\tilde{x}(n)$，如图 3-18(b)，$\tilde{x}(n)$的 DFS$\widetilde{X}(k)$与 $x(n)$的 DFT $X(k)$相对应如图 3-18(c)和图 3-18(d)所示。因为图 3-18(b)中的序列在区间 $0\leqslant n\leqslant N-1$ 上为常数值，所以可以得出

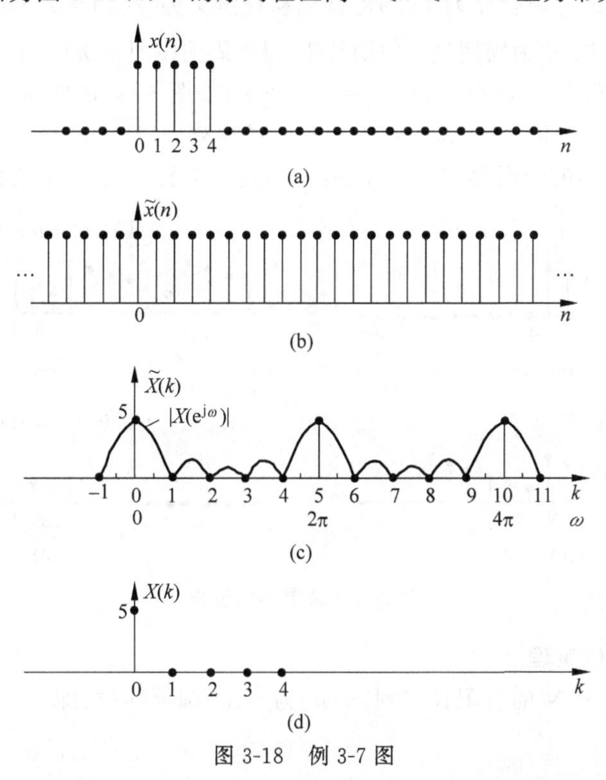

图 3-18　例 3-7 图

$$\widetilde{X}(k)=\sum_{n=0}^{N-1}\mathrm{e}^{-\mathrm{j}(2\pi k/N)n}=\frac{1-\mathrm{e}^{-\mathrm{j}2\pi k}}{1-\mathrm{e}^{-\mathrm{j}(2\pi k/N)}}=\begin{cases}N, & k=0,\pm N,\pm 2N,\cdots\\0, & \text{其他}\end{cases}$$

在 $k=0$ 和 $k=N$ 的整数倍处才有非零的 DFS 系数 $\widetilde{X}(k)$ 值。就是 $X(\mathrm{e}^{\mathrm{j}\omega})$ 在频率 $\omega_k=2\pi k/N$ 处的样本序列。$x(n)$ 的 DFT 对应于取 $\widetilde{X}(k)$ 的一个周期而得到的有限长序列 $X(k)$。

$$X(k)=\sum_{n=0}^{5-1}x(n)\mathrm{e}^{-\mathrm{j}\frac{2\pi}{5}nk}=\frac{1-\mathrm{e}^{-\mathrm{j}2\pi k}}{1-\mathrm{e}^{-\mathrm{j}\frac{2\pi}{5}k}}=\begin{cases}5, & k=0\\0, & k=1,2,3,4\end{cases}$$

视频讲解

3.4 离散傅里叶变换的性质

本节讨论 DFT 的一些性质,它们本质上与周期序列的 DFS 概念有关,而且是由有限长序列及其 DFT 表示式隐含的周期性得出的。以下讨论的序列都是 N 点有限长序列,用 DFT[·]表示 N 点 DFT,且设 $\mathrm{DFT}[x_1(n)]=X_1(k)$、$\mathrm{DFT}[x_2(n)]=X_2(k)$。

1. 线性

若两个有限长序列 $x_1(n)$ 和 $x_2(n)$ 的线性组合 $x_3(n)=ax_1(n)+bx_2(n)$,则有

$$\mathrm{DFT}[ax_1(n)+bx_2(n)]=aX_1(k)+bX_2(k)\tag{3-31}$$

其中,a,b 为任意常数。

说明:(1) 若 $x_1(n)$ 和 $x_2(n)$ 的长度均为 N,则 $x_3(n)$ 的长度为 N;

(2) 若 $x_1(n)$ 和 $x_2(n)$ 的长度不等,$x_1(n)$ 的长度为 N_1,$x_2(n)$ 的长度为 N_2,则 $x_3(n)$ 的长度为 $N=\max[N_1,N_2]$,离散傅里叶变换的长度必须按 N 计算。

2. 圆周移位

一个长度为 N 的有限长序列 $x(n)$ 的圆周移位定义为 $y(n)=x((n+m))_N R_N(n)$,将图 3-19(a)所示 $x(n)$ 以 N 为周期进行周期延拓,得到周期序列 $\tilde{x}(n)=x((n))_N$,如图 3-19(b)所示;再将 $\tilde{x}(n)$ 加以移位 $x((n+m))_N=\tilde{x}(n+m)$ 如图 3-19(c)所示,然后,再对移位的周期序列 $\tilde{x}(n+m)$ 取主值区间(n 为 0 到 $N-1$)上的序列值,即 $x((n+m))_N R_N(n)$。所以,一个有限长序列 $x(n)$ 的圆周移位序列 $y(n)$ 仍然是一个长度为 N 的有限长序列。

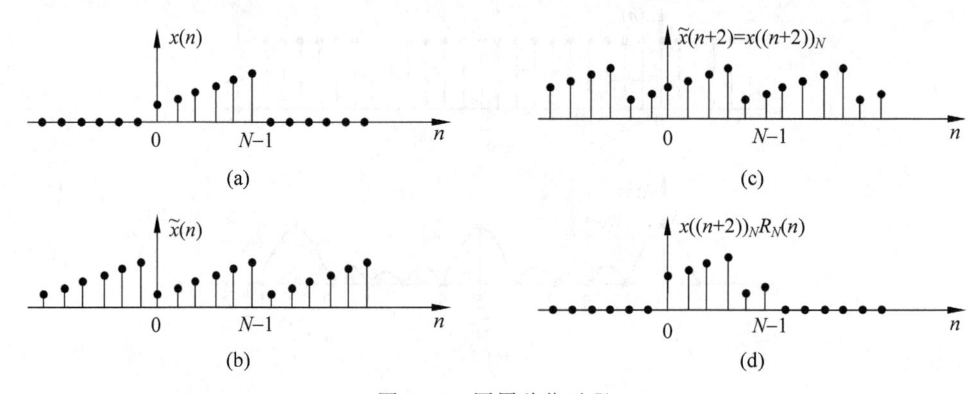

图 3-19 圆周移位过程

3. 时域圆周移位定理

设 $x(n)$ 是长度为 N 的有限长序列,$y(n)$ 为 $x(n)$ 圆周移位,即

$$y(n)=x((n+m))_N R_N(n) \tag{3-32}$$

则圆周移位后的 DFT 为

$$Y(k)=\mathrm{DFT}[y(n)]=\mathrm{DFT}[x((n+m))_N R_N(n)]=W_N^{-mk}X(k) \tag{3-33}$$

4. 频域圆周移位定理

若 $X(k)=\mathrm{DFT}[x(n)]$，则

$$\mathrm{IDFT}[X((k+l))_N R_N(k)]=W_N^{nl}x(n)=\mathrm{e}^{-\mathrm{j}\frac{2\pi}{N}nl}x(n) \tag{3-34}$$

上式称为**频率移位定理**，也称为**调制定理**，此定理说明时域序列的调制等效于频域的圆周移位。

5. 圆周卷积

设 $x_1(n)$和 $x_2(n)$都是点数为 N 的有限长序列($0\leqslant n\leqslant N-1$)，且有

$$Y(k)=X_1(k)X_2(k)$$

则

$$\begin{aligned}y(n)=\mathrm{IDFT}[Y(k)]&=\sum_{m=0}^{N-1}x_1(m)x_2((n-m))_N R_N(n)\\&=\sum_{m=0}^{N-1}x_2(m)x_1((n-m))_N R_N(n)\end{aligned} \tag{3-35}$$

卷积过程：圆周卷积流程如图 3-20 所示，过程如图 3-21 所示。先将 $x_1(n)$和 $x_2(n)$补零，使得长度均为 N 点，并将变量 n 变成 m，$x_2(m)$周期化 $x_2((m))_N$，再反转 $x_2((-m))_N$，取主值序列 $x_2((-m))_N R_N(m)$，对 $x_2(m)$圆周右移 n，形成 $x_2((n-m))_N R_N(m)$，当 $n=0$，$1,2,\cdots,N-1$ 时，分别将 $x_1(m)$与 $x_2((n-m))_N R_N(m)$相乘，并在 m 为 0 到 $N-1$ 区间内求和，便得到圆周卷积 $y(n)$。

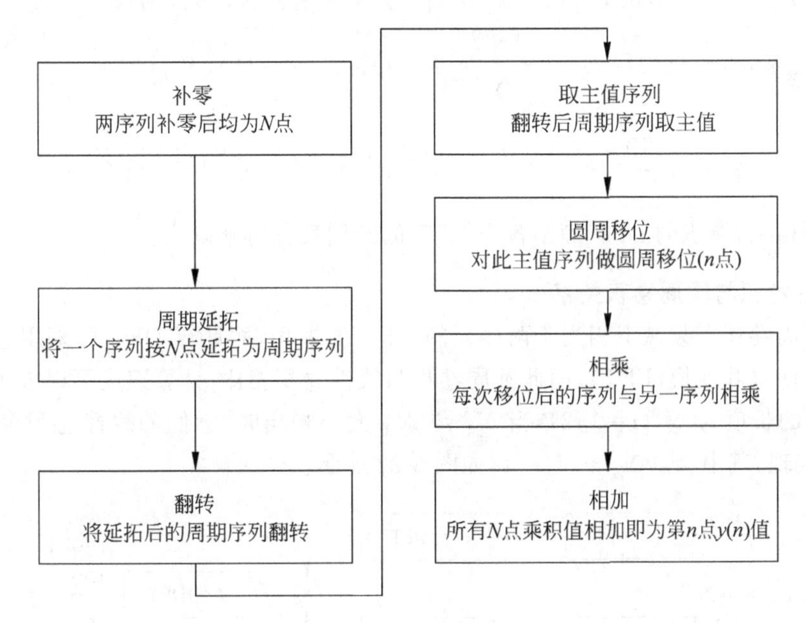

图 3-20 圆周卷积流程

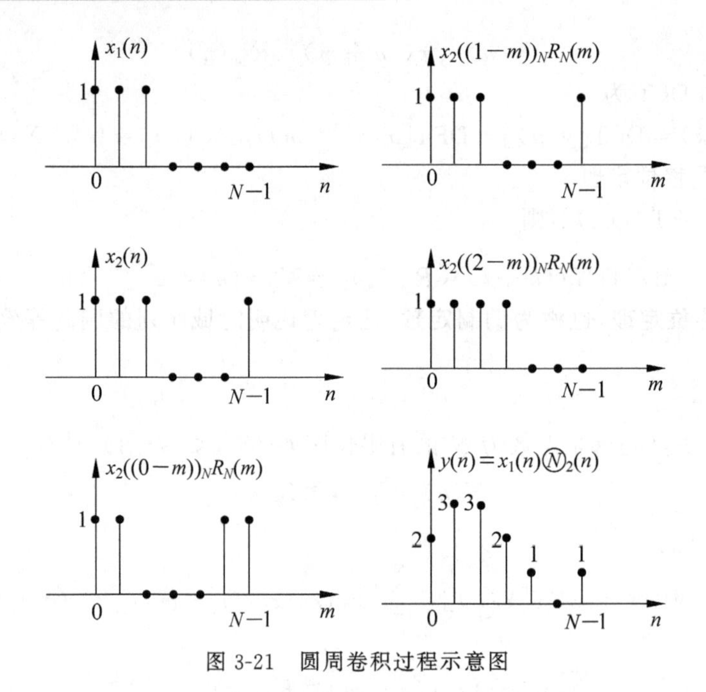

图 3-21 圆周卷积过程示意图

特别要注意：两个长度小于或等于 N 的序列的 N 点圆周卷积长度仍为 N，这与一般的线性卷积不同。为了区别线性卷积，用 * 表示线性卷积，用Ⓝ表示 N 点圆周卷积。

$$y(n)=x_1(n) \text{Ⓝ} x_2(n)=\sum_{m=0}^{N-1} x_1(m)x_2((n-m))_N R_N(n) \tag{3-36}$$

利用时域与频域的对称性，可以证明**频域圆周卷积定理**。

若 $y(n)=x_1(n)x_2(n)$，$x_1(n)$，$x_2(n)$皆为 N 点有限长序列，则

$$\begin{aligned} Y(k)=\text{DFT}[y(n)]&=\frac{1}{N}\sum_{l=0}^{N-1} X_1(l)X_2((k-l))_N R_N(k) \\ &=\frac{1}{N}\sum_{l=0}^{N-1} X_2(l)X_1((k-l))_N R_N(k)=\frac{1}{N}X_1(k) \text{Ⓝ} X_2(k) \end{aligned} \tag{3-37}$$

即时域序列相乘，乘积的 DFT 等于各个 DFT 的圆周卷积再乘以$\frac{1}{N}$。

6. 线性卷积与圆周卷积关系

时域圆周卷积在频域上相当于两序列的 DFT 的乘积，而计算 DFT 可采用它的快速算法——快速傅里叶变换(FFT)，因此圆周卷积与线性卷积相比，计算速度可以大大加快。若序列 $x_i(n)$的长度为 $N_i(i=1,2)$，当 N_1 与 N_2 大小相当时，它们的线性卷积可以用 L 点 DFT 快速实现，其中 $L \geqslant N_1+N_2-1$，如图 3-22 所示。

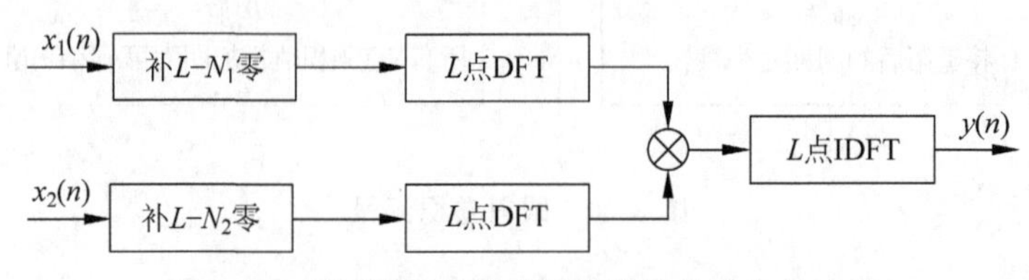

图 3-22 用圆周卷积和计算出线性卷积和的过程

实际问题大多总是要求解线性卷积。例如，信号通过线性时不变系统，其输出就是输入信号与系统的单位脉冲响应的线性卷积，如果信号以及系统的单位脉冲响应都是有限长序列，那么是否能用圆周卷积运算来代替线性卷积运算而不失真呢？下面就来讨论这个问题。

设 $x_1(n)$是 N_1 点的有限长序列($0\leqslant n\leqslant N_1-1$)，$x_2(n)$是 N_2 点的有限长序列($0\leqslant n\leqslant N_2-1$)。

1）线性卷积

$$y_1(n)=x_1(n)*x_2(n)=\sum_{m=-\infty}^{\infty}x_1(m)x_2(n-m)=\sum_{m=0}^{N_1-1}x_1(m)x_2(n-m) \tag{3-38}$$

$y_1(n)$是 N_1+N_2-1 点有限长序列，即线性卷积的长度等于参与卷积的两序列的长度之和减 1。

2）圆周卷积

先假设进行 L 点的圆周卷积，再讨论 L 取何值时，圆周卷积才能代表线性卷积。设 $y(n)=x_1(n)\textcircled{L}x_2(n)$是两序列的 L 点圆周卷积，$L\geqslant\max[N_1,N_2]$，这就要将 $x_1(n)$与 $x_2(n)$都看成是 L 点的序列。在这 L 点的序列值中，$x_1(n)$只有前 N_1 个是非零值，后 $L-N_1$ 个均为补充的零值。同样，$x_2(n)$只有前 N_2 个是非零值，后 $L-N_2$ 个均为补充的零值。则

$$y(n)=x_1(n)\textcircled{L}x_2(n)=\sum_{m=0}^{L-1}x_1(m)x_2((n-m))_L R_L(n) \tag{3-39}$$

可以证明

$$\tilde{y}(n)=\sum_{r=-\infty}^{\infty}y_1(n+rL) \tag{3-40}$$

$\tilde{y}(n)$为 $x_1(n)$与 $x_2(n)$线性卷积的周期延拓，周期也为 L，定义为**周期卷积**。

前面已经分析了 $y_1(n)$具有 N_1+N_2-1 个非零值。因此可以看到，如果周期卷积的周期 $L<N_1+N_2-1$，那么 $y_1(n)$的周期延拓必然有一部分非零序列值会交叠起来，从而出现混叠现象。只有在 $L\geqslant N_1+N_2-1$ 时，才没有交叠现象，而**圆周卷积正是周期卷积取主值序列**。

$$y(n)=x_1(n)\textcircled{L}x_2(n)=\tilde{y}(n)R_L(n) \tag{3-41}$$

因此

$$y(n)=\left[\sum_{r=-\infty}^{\infty}y_1(n+rL)\right]R_L(n) \tag{3-42}$$

所以要使圆周卷积等于线性卷积而不产生混叠的必要条件为 $L\geqslant N_1+N_2-1$。线性卷积与圆周卷积关系如表 3-1 所示。

表 3-1　线性卷积与圆周卷积的关系

圆 周 卷 积	线 性 卷 积
1. 针对 DFT 引出的一种表示方法	1. 信号通过线性系统时，信号输出等于输入与系统单位脉冲响应的卷积
2. 两序列长度必须相等，若不等则按要求补零	2. 两序列长度可以相等，也可以不相等
3. 卷积结果长度与两信号长度相等皆为 N	3. 卷积结果长度 $N=N_1+N_2-1$

下面以具体示例说明，两个有限长矩形序列 $x_1(n)$ 与 $x_2(n)$，它们长度分别为 $N_1=4$、$N_2=5$，分别计算线性卷积和圆周卷积结果如图 3-23 所示。其中，图 3-22(c)为线性卷积结果，图 3-22(d)～(f)分别为长度为 6、8、10 的圆周卷积结果，根据 $L \geqslant N_1+N_2-1$ 关系，确实可以看到当 $L=8$ 时线性卷积与圆周卷积结果相等。

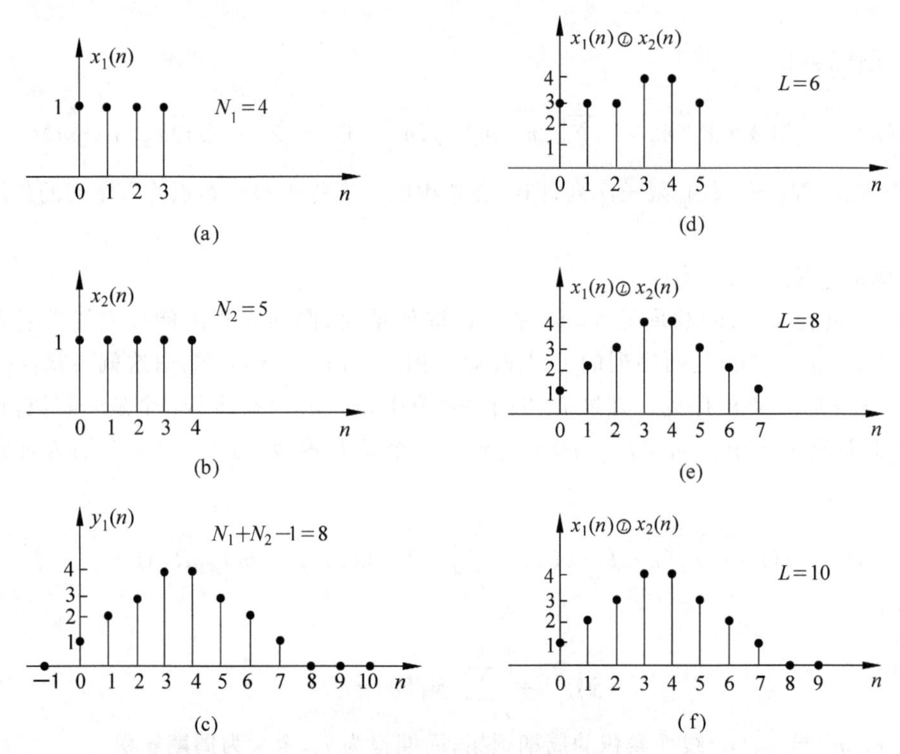

图 3-23　线性卷积与圆周卷积示例

【例 3-8】　一个有限长序列为 $x(n)=\delta(n)+2\delta(n-5)$，

(1) 计算序列 $x(n)$的 10 点离散傅里叶变换。

(2) 若序列 $y(n)$的 DFT 为 $Y(k)=\mathrm{e}^{\mathrm{j}2k\frac{2\pi}{10}}X(k)$，式中，$X(k)$是 $x(n)$的 10 点离散傅里叶变换，求序列 $y(n)$。

(3) 若 10 点序列 $y(n)$的 10 点离散傅里叶变换是 $Y(k)=X(k)W(k)$，式中，$X(k)$是序列 $x(n)$的 10 点 DFT，$W(k)$是序列 $w(n)$的 10 点 DFT。

$$w(n)=\begin{cases}1, & 0 \leqslant n \leqslant 6 \\ 0, & \text{其他}\end{cases}$$

求序列 $y(n)$。

【解】　(1) 由式(3-27)可求得 $x(n)$的 10 点 DFT：

$$X(k)=\sum_{n=0}^{N-1} x(n) W_N^{nk}=\sum_{n=0}^{10-1}[\delta(n)+2\delta(n-5)] W_{10}^{nk}$$
$$=1+2W_{10}^{5k}=1+2\mathrm{e}^{-\mathrm{j}\frac{2\pi}{10}5k}=1+2(-1)^k$$

(2) 根据移位性质 $\mathrm{DFT}[x((n+m))_N R_N(n)]=W_N^{-mk}X(k)$，$X(k)$乘以一个 W_N^{-mk} 形

式的复指数相当于是 $x(n)$ 圆周移位 m 点。本题中 $m=2$，$x(n)$ 向左圆周移位了 2 点，就有

$$y(n)=x((n+2))_{10}R_{10}(n)=2\delta(n-3)+\delta(n-8)$$

(3) $X(k)$ 乘以 $W(k)$ 相当于 $x(n)$ 与 $w(n)$ 的圆周卷积。为了进行圆周卷积，可以先计算线性卷积再将结果周期延拓并取主值序列。$x(n)$ 与 $w(n)$ 的线性卷积为

$$z(n)=x(n)*w(n)=\{1,1,1,1,1,3,3,2,2,2,2,2\}$$

根据式(3-42)，圆周卷积为

$$y(n)=\left[\sum_{r=-\infty}^{\infty}z(n+10r)\right]R_{10}(n)$$

在 $0\leqslant n\leqslant 9$ 求和中，仅有序列 $z(n)$ 和 $z(n+10)$ 有非零值，用表列出 $z(n)$ 和 $z(n+10)$ 的值，对 $n=0,1,2,\cdots,9$ 求和，得到

n	0	1	2	3	4	5	6	7	8	9	10	11
$Z(n)$	1	1	1	1	1	3	3	2	2	2	2	2
$z(n+10)$	2	2	0	0	0	0	0	0	0	0	0	0
$y(n)$	3	3	1	1	1	3	3	2	2	2	—	—

所以 10 点圆周卷积为：$y(n)=\{3,3,1,1,1,3,3,2,2,2\}$，由于 $6+7-1=12>10$ 所以线性卷积不等于圆周卷积。

【例 3-9】 已知 $x_1(n)=\{1,1,1,1,0,2\}$，$x_2(n)=\{0,1,2,1,0,3\}$，$n=0,1,\cdots,5$。求圆周卷积 $y_1(n)=x_1(n)⑥x_2(n)$，$y_2(n)=x_1(n)⑨x_2(n)$，$y_3(n)=x_1(n)⑪x_2(n)$。

【解】 首先计算线性卷积和 $y_l(n)=\{0,1,3,4,4,6,6,7,5,0,6\}$，$n=0,1,\cdots,10$。$y_l(n)$ 长度为 11。

然后，将 $y_l(n)$ 以 6 为周期进行周期延拓得到 $\tilde{y}(n)$。由于周期延拓的周期小于 $y_l(n)$ 的长度，所以，在周期延拓时每个周期会有 $(N_1+N_2-1)-L$ 个混叠点。当 $L=6$，$N_1+N_2-1=11$，每个周期有 5 个混叠点，得到

$$\tilde{y}(n)=\{\cdots,\underline{6},8,8,4,10,6,\cdots\}$$

最后取 $\tilde{y}(n)$ 的主值序列即为圆周卷积和

$$y_1(n)=x_1(n)⑥x_2(n)=\{6,8,8,4,10,6\},\quad n=0,1,\cdots,5$$

同理，可以得到

$$y_2(n)=x_1(n)⑨x_2(n)=\{0,7,3,4,4,6,6,7,5\},\quad n=0,1,\cdots,8$$

当 $L\geqslant N_1+N_2-1$ 时，$y(n)=y_l(n)$，所以

$$y_3(n)=x_1(n)⑪x_2(n)=y_l(n)=\{0,1,3,4,4,6,6,7,5,0,6\},\quad n=0,1,\cdots,10$$

7. DFT 形式下的帕塞瓦尔定理

$$\sum_{n=0}^{N-1}x(n)y^*(n)=\frac{1}{N}\sum_{k=0}^{N-1}X(k)Y^*(k) \tag{3-43}$$

证明：

$$\begin{aligned}\sum_{n=0}^{N-1}x(n)y^*(n)&=\sum_{n=0}^{N-1}x(n)\left[\frac{1}{N}\sum_{k=0}^{N-1}Y(k)W_N^{-kn}\right]^*\\&=\frac{1}{N}\sum_{k=0}^{N-1}Y^*(k)\sum_{n=0}^{N-1}x(n)W_N^{kn}\end{aligned}$$

$$=\frac{1}{N}\sum_{k=0}^{N-1}X(k)Y^*(k)$$

如果令 $y(n)=x(n)$

$$\sum_{n=0}^{N-1}x(n)x^*(n)=\frac{1}{N}\sum_{k=0}^{N-1}X(k)X*(k)$$

即

$$\sum_{n=0}^{N-1}|x(n)|^2=\frac{1}{N}\sum_{k=0}^{N-1}|X(k)|^2$$

表明一个序列在时域计算的能量与在频域计算的能量是相等的。

视频讲解

3.5 频域采样理论

考虑一个任意的绝对可和的非周期序列 $x(n)$，它的 Z 变换为

$$X(z)=\sum_{n=-\infty}^{\infty}x(n)z^{-n}$$

由于绝对可和，所以其傅里叶变换存在且连续，故 Z 变换收敛域包括单位圆。如果对 $X(z)$ 在单位圆上进行 N 点等距采样：

$$X(k)=X(z)\Big|_{z=W_N^{-k}}=\sum_{n=-\infty}^{\infty}x(n)W_N^{nk},\quad k=0,1,2,\cdots,N-1 \tag{3-44}$$

问题在于，这样采样以后是否仍能不失真地恢复原序列 $x(n)$。也就是说，频率采样后从 $X(k)$的反变换中所获得的有限长序列，即 $x_N(n)=\mathrm{IDFT}[X(k)]$，能不能代表原序列 $x(n)$？为此，先来分析 $X(k)$的周期延拓序列 $\widetilde{X}(k)$的离散傅里叶级数的反变换，令其为 $\tilde{x}_N(n)$。

$$\tilde{x}_N(n)=\mathrm{IDFS}[\widetilde{X}(k)]=\frac{1}{N}\sum_{k=0}^{N-1}\widetilde{X}(k)W_N^{-nk}=\frac{1}{N}\sum_{k=0}^{N-1}X(k)W_N^{-nk} \tag{3-45}$$

将式(3-27)代入式(3-45)，可得

$$\tilde{x}_N(n)=\frac{1}{N}\sum_{k=0}^{N-1}\left[\sum_{m=-\infty}^{\infty}x(m)W_N^{mk}\right]W_N^{-nk}=\sum_{m=-\infty}^{\infty}x(m)\left[\frac{1}{N}\sum_{k=0}^{N-1}W_N^{(m-n)k}\right] \tag{3-46}$$

由于

$$\frac{1}{N}\sum_{k=0}^{N-1}W_N^{(m-n)k}=\begin{cases}1, & m=n+rN, r\text{ 为任意整数}\\ 0, & \text{其他}\end{cases} \tag{3-47}$$

所以

$$\tilde{x}_N(n)=\sum_{r=-\infty}^{\infty}x(n+rN) \tag{3-48}$$

这说明由 $\widetilde{X}(k)$得到的周期序列 $\tilde{x}_N(n)$是原非周期序列 $x(n)$的周期延拓，其时域周期为频域采样点数 N。在第 1.2 节中已经知道，**时域采样造成频域的周期延拓**，这里又看到一个对称的特性，即**频域采样同样会造成时域的周期延拓**。

(1) 如果 $x(n)$是有限长序列，点数为 M，则当频域采样不够密，即当 $N<M$ 时，$x(n)$ 以 N 为周期进行延拓，就会造成混叠。这时，从 $\tilde{x}_N(n)$就不能不失真地恢复出原信号 $x(n)$。因此，**频域采样不失真的条件是频域采样点数 N 大于或等于时域采样点数 M**（时域

序列长度),即满足

$$N \geqslant M$$

此时可得到

$$x_N(n) = \tilde{x}_N(n) R_N(n) = \sum_{r=-\infty}^{\infty} x(n+rN) R_N(n) = x(n), \quad N \geqslant M \tag{3-49}$$

也就是说,点数为 N(或小于 N)的有限长序列,可以利用它的 Z 变换在单位圆上的 N 个等间隔点上的采样值精确地表示。

(2) 如果 $x(n)$ 不是有限长序列(即无限长序列),时域周期延拓后,必然造成混叠现象,因而一定会产生误差;当 n 越大时信号衰减得越快,或频域采样越密(即采样点数 N 越大),则误差越小,即 $x_N(n)$ 越接近 $x(n)$。

【例 3-10】 已知一个序列 $x(n)$ 为 5 点矩形序列,其序列傅里叶变换如图 3-24 所示,分析频域上的 5 点抽样。

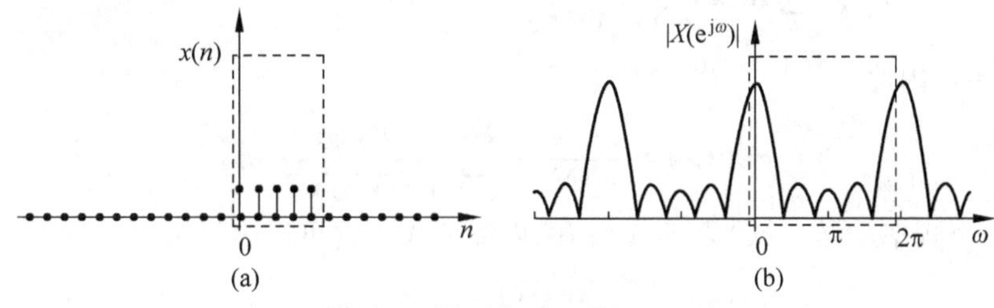

图 3-24 矩形序列及其 DTFT

【解】 序列 $x(n)$ 时域是有限长非周期的,所以频域是连续信号。现在频域上进行抽样处理,使其频域离散化。按 $N=5$ 点进行频域抽样,由于频域抽样会造成时域延拓相加,时域延拓的周期个数等于频域的抽样点数 $N=5$,由于 $N=M$,所以时域延拓恰好无混叠现象,如图 3-25 所示。

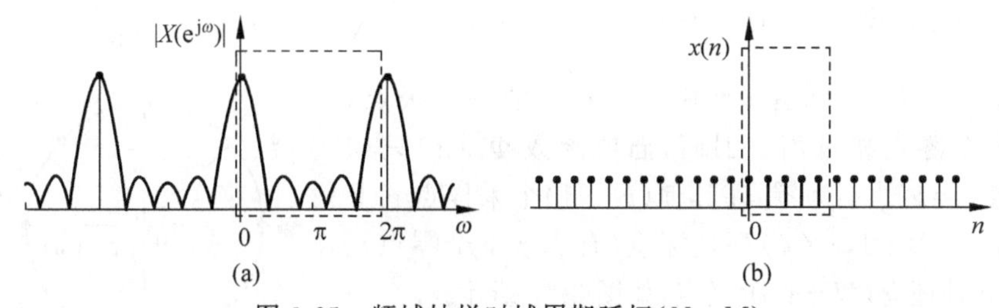

图 3-25 频域抽样时域周期延拓($N=M$)

按 $N=4$ 时进行抽样,由于 $N=4$,序列长度为 $M=5$,$N<M$,时域延拓后产生混叠现象如图 3-26 所示。

既然 N 个频域采样 $X(k)$ 能不失真地代表 N 点有限长序列 $x(n)$,那么这 N 个采样值 $X(k)$ 也一定能够完全地表达整个 $X(z)$ 及频率响应 $X(\mathrm{e}^{\mathrm{j}\omega})$。讨论如下:

$$X(z) = \sum_{n=0}^{N-1} x(n) z^{-n}$$

由于

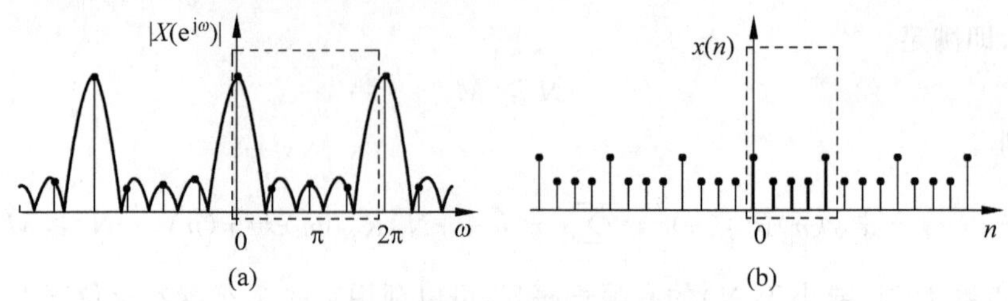

图 3-26 频域抽样时域周期延拓($N<M$)

$$x(n)=\frac{1}{N}\sum_{k=0}^{N-1}X(k)W_N^{-nk} \tag{3-50}$$

$$X(z)=\sum_{n=0}^{N-1}\left(\frac{1}{N}\sum_{k=0}^{N-1}X(k)W_N^{-nk}\right)z^{-n}=\frac{1}{N}\sum_{k=0}^{N-1}X(k)\left(\sum_{n=0}^{N-1}W_N^{-nk}z^{-n}\right)$$

$$=\frac{1}{N}\sum_{k=0}^{N-1}X(k)\frac{1-W_N^{-Nk}z^{-N}}{1-W_N^{-k}z^{-1}} \tag{3-51}$$

由于 $W_N^{-Nk}=1$,因此

$$X(z)=\frac{1-z^{-N}}{N}\sum_{k=0}^{N-1}\frac{X(k)}{1-W_N^{-k}z^{-1}} \tag{3-52}$$

这就是用 N 个频率采样 $X(k)$ 表示 $X(z)$ 的**内插公式**。它可以表示为

$$X(z)=\sum_{k=0}^{N-1}X(k)\Phi_k(z) \tag{3-53}$$

$$\Phi_k(z)=\frac{1}{N}\frac{1-z^{-N}}{1-W_N^{-k}z^{-1}} \tag{3-54}$$

式(3-54)称为**内插函数**。令其分子为零,得

$$z=\mathrm{e}^{\mathrm{j}\frac{2\pi}{N}r},\quad r=0,1,2,\cdots,k,\cdots,N-1 \tag{3-55}$$

即内插函数在单位圆的 N 等分点上(也即采样点上)有 N 个零点。而分母为零,则有 $z=W_N^{-k}=\mathrm{e}^{\mathrm{j}\frac{2\pi}{N}k}$ 的一个极点,它将与第 k 个零点相抵消。因而,插值函数 $\Phi_k(z)$ 只在本身采样点 $r=k$ 处不为零,在其他($N-1$)个采样点 r 上($r=0,1,2,\cdots,N-1,r\neq k$)都是零点(有 $N-1$ 个零点)。而它在 $z=0$ 处还有($N-1$)阶极点,如图 3-27 所示。

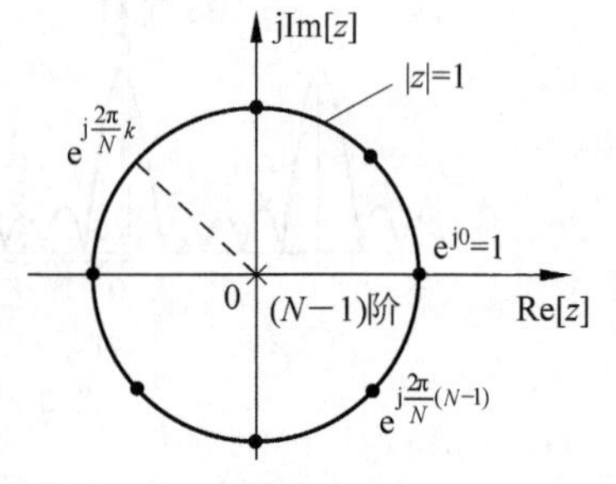

图 3-27 内插函数的零极点分布

现在讨论频率响应,即求单位圆上 $z=\mathrm{e}^{\mathrm{j}\omega}$ 的 Z 变换。

$$X(\mathrm{e}^{\mathrm{j}\omega})=\sum_{k=0}^{N-1}X(k)\Phi_k(\mathrm{e}^{\mathrm{j}\omega}) \tag{3-56}$$

将 $z=\mathrm{e}^{\mathrm{j}\omega}$ 代入式(3-54),$\Phi_k(\mathrm{e}^{\mathrm{j}\omega})$ 可以表示成更方便的形式:

$$\Phi_k(\mathrm{e}^{\mathrm{j}\omega})=\frac{1}{N}\frac{1-\mathrm{e}^{-\mathrm{j}\omega N}}{1-\mathrm{e}^{-\mathrm{j}\left(\omega-k\frac{2\pi}{N}\right)}}=\frac{1}{N}\frac{\sin\left(\frac{\omega N}{2}\right)}{\sin\left(\frac{\omega-\frac{2\pi}{N}k}{2}\right)}\mathrm{e}^{-\mathrm{j}\left(\frac{N-1}{2}\omega+\frac{k\pi}{N}\right)}$$

$$=\frac{1}{N}\frac{\sin\left[N\left(\frac{\omega}{2}-\frac{\pi}{N}k\right)\right]}{\sin\left(\frac{\omega}{2}-\frac{\pi}{N}k\right)}\mathrm{e}^{\mathrm{j}\frac{k\pi}{N}(N-1)}\mathrm{e}^{-\mathrm{j}\frac{N-1}{2}\omega}$$

这样

$$\Phi_k(\mathrm{e}^{\mathrm{j}\omega})=\Phi\left(\omega-k\frac{2\pi}{N}\right)\tag{3-57}$$

其中，

$$\Phi(\omega)=\frac{1}{N}\frac{\sin(\omega N/2)}{\sin(\omega/2)}\mathrm{e}^{-\mathrm{j}\left(\frac{N-1}{2}\right)\omega}\tag{3-58}$$

式(3-58)称为频域响应的内插函数。而式(3-56)又可改写为

$$X(\mathrm{e}^{\mathrm{j}\omega})=\sum_{k=0}^{N-1}X(k)\Phi\left(\omega-\frac{2\pi}{N}k\right)\tag{3-59}$$

$\Phi\left(\omega-k\frac{2\pi}{N}\right)$满足以下关系

$$\Phi\left(\omega-k\frac{2\pi}{N}\right)=\begin{cases}1, & \omega=k\frac{2\pi}{N}=\omega_k\\ 0, & \omega=i\frac{2\pi}{N}=\omega_i, i\neq k\end{cases}\tag{3-60}$$

也就是说，函数 $\Phi\left(\omega-k\frac{2\pi}{N}\right)$在本采样点$\left(\omega_k=k\frac{2\pi}{N}\right)$上，$\Phi\left(\omega_k-k\frac{2\pi}{N}\right)=1$，而在其他采样点$\left(\omega_i=i\frac{2\pi}{N}, i\neq k\right)$上，函数 $\Phi\left(\omega_i-k\frac{2\pi}{N}\right)=0$。整个 $X(\mathrm{e}^{\mathrm{j}\omega})$就是由 N 个 $\Phi\left(\omega-k\frac{2\pi}{N}\right)$函数分别乘上 $X(k)$后求和的。所以很明显，在每个采样点上 $X(\mathrm{e}^{\mathrm{j}\omega})$就精确地等于 $X(k)$(因为其他点的插值函数在这一点上的值为零，没有影响)即

$$X(\mathrm{e}^{\mathrm{j}\omega})\Big|_{\omega=\frac{2\pi}{N}k}=X(k),\quad k=0,1,2,\cdots,N-1\tag{3-61}$$

就是说，各采样点之间的 $X(\mathrm{e}^{\mathrm{j}\omega})$值由各采样点的加权插值函数 $X(k)\Phi\left(\omega-\frac{2\pi}{N}k\right)$在所求 ω 点上的值的叠加得到的，如图 3-28 所示。

【例 3-11】 频域采样定理的验证，给定信号如下：

$$x(n)=\begin{cases}n+1, & 0\leqslant n\leqslant 13\\ 27-n, & 14\leqslant n\leqslant 26\\ 0, & \text{其他}\end{cases}$$

编写程序分别对频谱函数 $X(\mathrm{e}^{\mathrm{j}\omega})=\mathrm{FT}[x(n)]$在区间 $[0,2\pi]$上等间隔采样 32 和 16 点，得到

$$X_{32}(k)=X(\mathrm{e}^{\mathrm{j}\omega})\Big|_{\omega=\frac{2\pi}{32}k},\quad k=0,1,2,\cdots,31$$

$$X_{16}(k)=X(\mathrm{e}^{\mathrm{j}\omega})\Big|_{\omega=\frac{2\pi}{16}k},\quad k=0,1,2,\cdots,15$$

再分别对 $X_{32}(k)$和 $X_{16}(k)$进行 32 点和 16 点 IFFT，得到

$$x_{32}(n)=\mathrm{IFFT}[X_{32}(k)]_{32},\quad n=0,1,2,\cdots,31$$

$$x_{16}(n)=\mathrm{IFFT}[X_{16}(k)]_{16},\quad n=0,1,2,\cdots,15$$

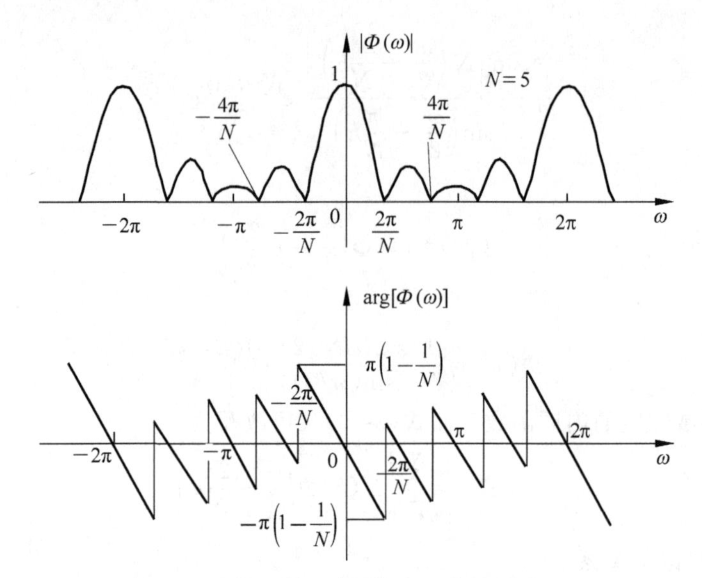

图 3-28　内插函数幅度特性与相位特性($N=5$)

分别画出 $X(e^{j\omega})$、$X_{32}(k)$和 $X_{16}(k)$的幅度谱，并绘图显示 $x(n)$、$x_{32}(n)$和 $x_{16}(n)$的波形，进行对比和分析，验证总结频域采样理论。

提示：频域采样用以下方法编程实现。

(1) 直接调用 MATLAB 函数 FFT 计算 $X_{32}(k)=\text{FFT}[x(n)]_{32}$ 得到 $X(e^{j\omega})$在$[0,2\pi]$的 32 点频率域采样。

(2) 抽取 $X_{32}(k)$的偶数点即可得到 $X(e^{j\omega})$在$[0,2\pi]$的 16 点频率域采样 $X_{16}(k)$，即 $X_{16}(k)=X_{32}(2k), k=0,1,2,\cdots,15$。

(3) 当然也可以按照频域采样理论，先将信号 $x(n)$以 16 为周期进行周期延拓，取其主值区(16 点)，再对其进行 16 点 DFT(FFT)，得到的就是 $X(e^{j\omega})$在$[0,2\pi]$的 16 点频率域采样 $X_{16}(k)$。

MATLAB 代码如下：

```
M = 27;N = 32;N = 0:M;
%产生 M 长三角波序列 x(n)
xa = 0:floor(M/2); xb =  ceil(M/2) - 1: - 1:0; xn = [xa,xb];
Xk = fft(xn,1024);                          %1024 点 FFT[x(n)], 用于近似序列 x(n)的 TF
X32k = fft(xn,32);                          %32 点 FFT[x(n)]
x32n = ifft(X32k);                          %32 点 IFFT[X32(k)]得到 x32(n)
X16k = X32k(1:2:N);                         %隔点抽取 X32k 得到 X16(K)
x16n = ifft(X16k,N/2);                      %16 点 IFFT[X16(k)]得到 x16(n)
subplot(3,2,2);stem(n,xn,'.');box on
title('(b)三角波序列 x(n)');xlabel('n');ylabel('x(n)');
axis([0,32,0,20]);k = 0:1023;wk = 2 * k/1024;
subplot(3,2,1);plot(wk,abs(Xk));title('(a)FT[x(n)]');
xlabel('\omega/\pi');ylabel('|X(e^j^\omega)|');axis([0,1,0,200])
k = 0:N/2 - 1;subplot(3,2,3);stem(k,abs(X16k),'.');box on
title('(c) 16 点频域采样');xlabel('k');ylabel('|X_1_6(k)|');
axis([0,8,0,200]);n1 = 0:N/2 - 1;subplot(3,2,4);stem(n1,x16n,'.');box on
title('(d) 16 点 IDFT[X_1_6(k)]');xlabel('n');ylabel('x_1_6(n)');
```

```
axis([0,32,0,20]);k = 0:N - 1;subplot(3,2,5);stem(k,abs(X32k),'.');box on
title('(e) 32 点频域采样');xlabel('k');ylabel('|X_3_2(k)|');
axis([0,16,0,200]);n1 = 0:N - 1;subplot(3,2,6);stem(n1,x32n,'.');box on
title('(f) 32 点 IDFT[X_3_2(k)]');xlabel('n');ylabel('x_3_2(n)');
axis([0,32,0,20])

function tstem(xn,yn)
% 时域序列绘图函数
% xn:信号数据序列,yn:绘图信号的纵坐标名称(字符串)
n = 0:length(xn) - 1;
stem(n,xn,'.');box on
xlabel('n');ylabel(yn);
axis([0,n(end),min(xn),1.2 * max(xn)])
```

结果如图 3-29 所示。图 3-29(a)和(b)分别为 $X(e^{j\omega})$和 $x(n)$的波形；图 3-29(c)和(d)分别为 $X(e^{j\omega})$的 16 点采样 $|X_{16}(k)|$ 和 $x_{16}(n)=\mathrm{IDFT}[X_{16}(k)]$ 波形；图 3-29(e)和(f)分别为 $X(e^{j\omega})$的 32 点采样 $|X_{32}(k)|$ 和 $x_{32}(n)=\mathrm{IDFT}[X_{32}(k)]$ 波形图；由于实序列 DFT 满足共轭对称性，因此频域图仅画出 $[0,\pi]$ 上的幅频特性波形。本例中 $x(n)$的长度 $M=26$。从图中可以看出，当采样点数 $N=16<M$ 时，$x_{16}(n)$确实等于原三角序列 $x(n)$以 16 为周期的周期延拓序列的主值序列。由于存在时域混叠失真，因而 $x_{16}(n)\neq x(n)$；当采样点数 $N=32>M$ 时，无时域混叠失真，$x_{32}(n)=\mathrm{IDFT}[X_{32}(k)]=x(n)$。

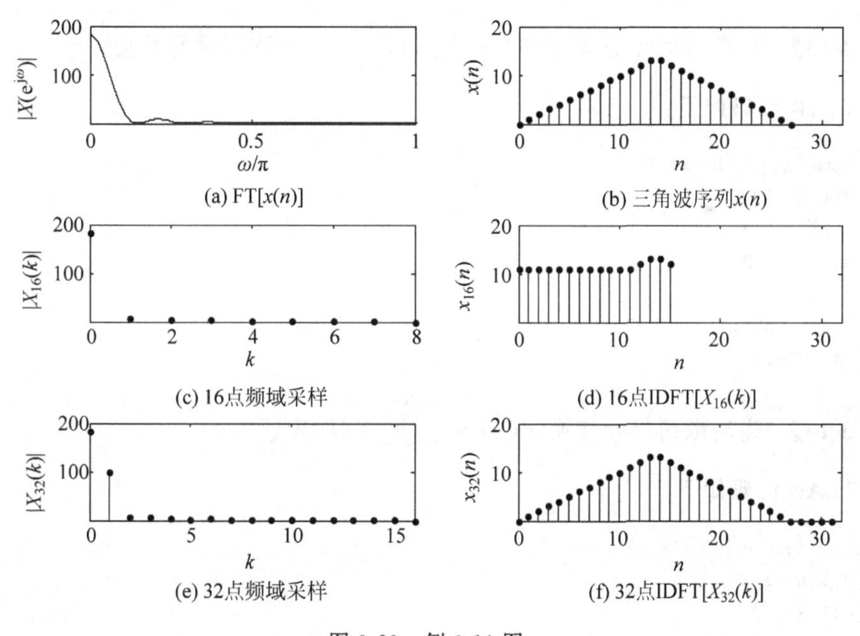

图 3-29　例 3-11 图

3.6 MATLAB 应用实例

【例 3-12】 $x[k]=\cos(2\pi rk/N)$，$N=16$，$r=4$，利用 MATLAB 计算 16 点序列 $x[k]$ 的 512 点 DFT，如图 3-30 所示。

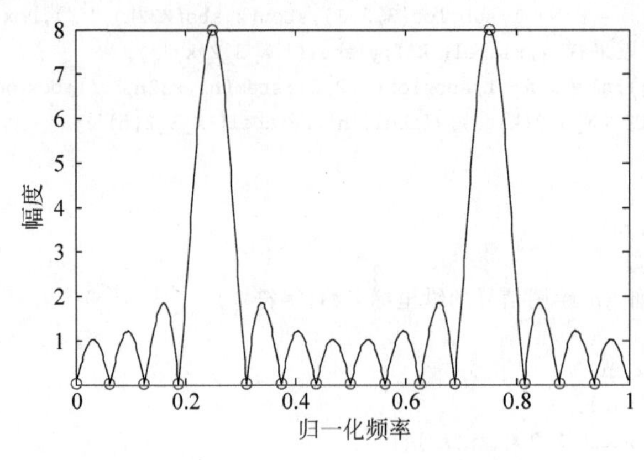

图 3-30　$x[k]$的 512 点 DFT

MATLAB 代码如下：

```
N = 16;k = 0:N-1;
L = 0:511;x = cos(2*pi*k*4./16);
X = fft(x);plot(k/16,abs(X),'o');
hold on;XE = fft(x,512);
plot(L/512,abs(XE))
xlabel('归一化频率');ylabel('幅度');
```

【例 3-13】 离散傅里叶变换 $X(k)=\sum_{n=0}^{N-1}x(n)W_N^{nk}$（矩阵相乘的方法）。

MATLAB 代码如下：

```
function [Xk] = dft(xn,N)
n = [0:1:N-1];
k = [0:1:N-1];
WN = exp(-j*2*pi/N);
nk = n'*k;
WNnk = WN.^(nk);
Xk = xn*WNnk;
```

【例 3-14】 逆离散傅里叶变换 $x(n)=\frac{1}{N}\sum_{k=0}^{N-1}X(k)W_N^{-nk}$。

MATLAB 代码如下：

```
function [xn] = idft(Xk,N)
n = [0:1:N-1];
k = [0:1:N-1];
WN = exp(-j*2*pi/N);
nk = n'*k;
WNnk = WN.^(-nk);
```

【例 3-15】 信号的傅里叶分解与合成。

MATLAB 代码如下：

```
clear all
```

```
N = 256; dt = 0.05; % data numbers and sampling intervel,sampling frequence is 20Hz
n = 0:N - 1;t = n * dt; % 序号序列和时间序列
x1 = sin(2 * pi * t);x2 = 0.5 * sin(2 * pi * 5 * t);
x = sin(2 * pi * t) + 0.5 * sin(2 * pi * 5 * t); % signals add
m = floor(N/2) + 1; % down for integer
a = zeros(1,m);b = zeros(1,m);
for k = 0:m - 1
    for ii = 0:N - 1
        a(k + 1) = a(k + 1) + 2/N * x(ii + 1) * cos(2 * pi * k * ii/N); % matlab's array index must
be increase from 1
        b(k + 1) = b(k + 1) + 2/N * x(ii + 1) * sin(2 * pi * k * ii/N);
    end
    c(k + 1) = sqrt(a(k + 1).^2 + b(k + 1).^2);
end
if(mod(N,2)~ = 1)a(m) = a(m)/2;end
for ii = 0:N - 1
    xx(ii + 1) = a(1)/2;
    for k = 1:m - 1;
        xx(ii + 1) = xx(ii + 1) + a(k + 1) * cos(2 * pi * k * ii/N) + b(k + 1) * sin(2 * pi * k *  ii/N);
    end
end
subplot(2,2,1),plot(t, x1); title('正弦信号 1'), xlabel('时间/s');
subplot(2,2,2),plot(t, x2); title('正弦信号 2'), xlabel('时间/s');
% subplot(4,1,1),plot((0:N - 1) * dt,xx);title('Composed sitgnal');
subplot(2,2,3),plot(t, x); title('合成信号'), xlabel('时间/s');
subplot(2,2,4),plot((0:m - 1)/(N * dt),c),title('傅里叶变换'),xlabel('频率/Hz'), ylabel('幅
度');
```

信号傅里叶合成与分解如图 3-31 所示。

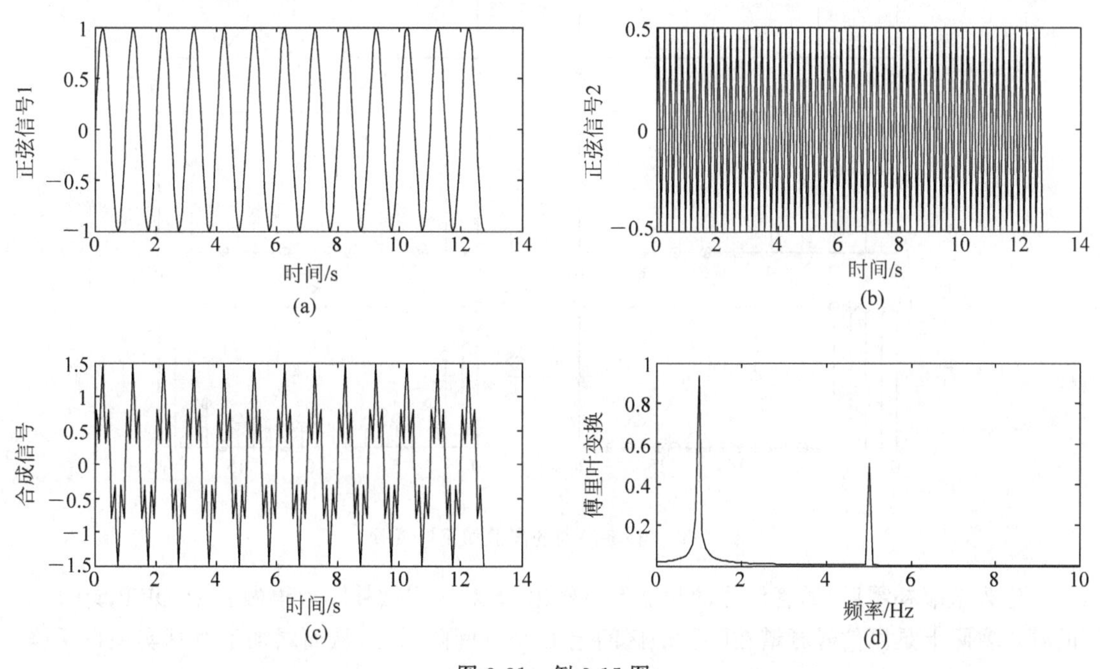

图 3-31 例 3-15 图

此处的1Hz和5Hz的振幅与原来信号振幅不完全一致，是由于数据采样点较少导致的，即 N 较小。

【例 3-16】 补零序列的离散傅里叶变换。

MATLAB 代码如下：

```
n = 0:4; x = [ones(1,5)];                                   % 产生矩形序列
k = 0:999;w = (pi/500) * k;
X = x * (exp( - j * pi/500)).^(n' * k);                     % 计算离散时间傅里叶变换
Xe = abs(X);                                                % 取模
subplot(3,2,1);stem(n,x);ylabel('x(n)');                    % 画出矩形序列
subplot(3,2,2);plot(w/pi,Xe);ylabel('|X(ejw)|');            % 画出离散时间傅里叶变换
N = 10;x = [ones(1,5),zeros(1,N - 5)];                      % 将原序列补零为 10 长序列
n = 0:1:N - 1; X = dft(x,N);                                % 进行 DFT
magX = abs(X); k = (0:length(magX)' - 1) * N/length(magX);
subplot(3,2,3);stem(n,x);ylabel('x(n)');                    % 画出补零序列
subplot(3,2,4);stem(k,magX);                                % 画出 DFT 结果
axis([0,10,0,5]);ylabel('|X(k)|');
N = 20;x = [ones(1,5),zeros(1,N - 5)];                      % 将原序列补零为 20 长序列
n = 0:1:N - 1; X = dft(x,N);                                % 进行 DFT
magX = abs(X); k = (0:length(magX)' - 1) * N/length(magX);
subplot(3,2,5);stem(n,x);ylabel('x(n)');                    % 画出补零序列
subplot(3,2,6);stem(k,magX);                                % 画出 DFT 结果
axis([0,20,0,5]);ylabel('|X(k)|');
```

补零序列的离散傅里叶变换如图3-32所示。

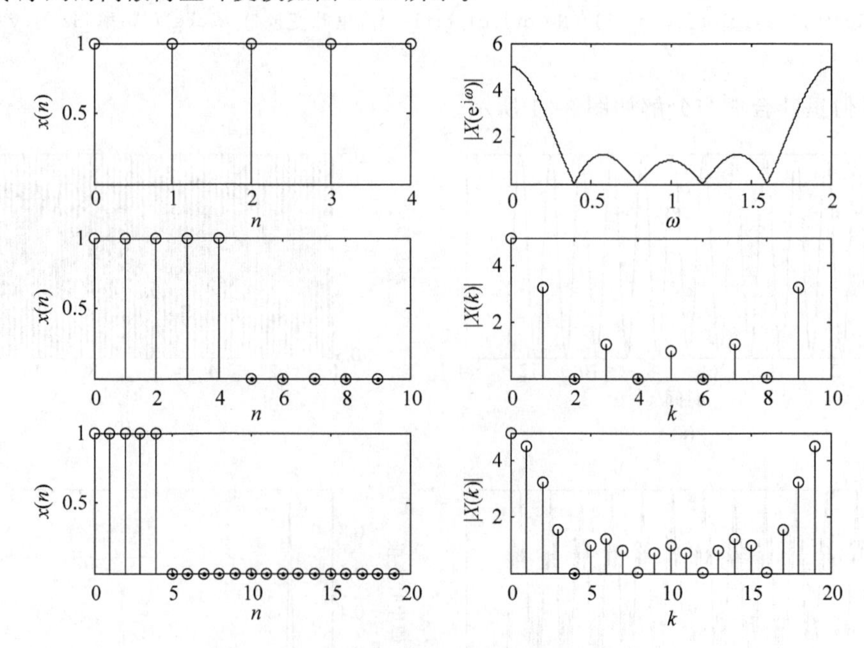

图 3-32 补零序列的离散傅里叶变换

序列末端补零后，尽管信号的频谱不会变化，但对序列做补零后再做 L 点DFT，计算出的频谱实际上是原信号频谱在[0，2π)区间上 L 个等间隔采样，从而增加了对真实频谱采样

的点数，并改变了采样点的位置，将会显示出原信号频谱更多的细节。故而数据后面补零可以克服栅栏效应。在第 4 章快速傅里叶变换中将详细介绍。

【本章习题】

3.1　填空题

(1) 已知一个长度为 N 的序列 $x(n)$，它的离散时间傅里叶变换为 $X(e^{j\omega})$，它的 N 点离散傅里叶变换 $X(k)$ 是关于 $X(e^{j\omega})$ 的________点等间隔________。

(2) DFT 与 DFS 有密切关系，因为有限长序列可以看成周期序列的________，而周期序列可以看成有限长序列的________。

(3) 对长度为 N 的序列 $x(n)$ 圆周移位 m 位得到的序列用 $x_m(n)$ 表示，其数学表达式为 $x_m(n)=$ ________。

(4) 设序列 $x(n)$ 的 N 点 DFT 为 $X(k)$，则 $x((n+m))_N R_N(n)$ 的 N 点 DFT 为________。

(5) 某序列的 DFT 表达式为 $X(k)=\sum_{n=0}^{N-1}x(n)W_N^{kn}$，由此可以看出，该序列时域的长度为________，变换后数字频域上相邻两个频率样点的间隔是________。

(6) 圆周卷积可被看作是周期卷积的________；圆周卷积的计算是在________区间中进行的，而线性卷积不受此限制。

(7) 有限长序列 $X(z)$ 与 $X(k)$ 的关系________，$X(k)$ 与 $X(e^{j\omega})$ 的关系________。

3.2　选择题

(1) 序列 $x_1(n)$ 的长度为 4，序列 $x_2(n)$ 的长度为 3，则它们线性卷积的长度是(　　)，5 点圆周卷积的长度是(　　)。

A. 5，5　　B. 6，5　　C. 6，6　　D. 7，5

(2) 下面描述中最适合离散傅里叶变换 DFT 的是(　　)。

A. 时域为离散序列，频域也为离散序列

B. 时域为离散有限长序列，频域也为离散有限长序列

C. 时域为离散无限长序列，频域为连续周期信号

D. 时域为离散周期序列，频域也为离散周期序列

(3) 若序列的长度为 M，要能够由频域抽样信号 $X(k)$ 恢复原序列，而不发生时域混叠现象，则频域抽样点数 N 需满足的条件是(　　)。

A. $N\geqslant M$　　B. $N\leqslant M$　　C. $N\leqslant 2M$　　D. $N\geqslant 2M$

3.3　$x(n)$ 和 $h(n)$ 是如下给定的有限序列 $x(n)=\{5,2,4,-1,2\}$，$h(n)=\{-3,2,-1\}$。

(1) 计算 $x(n)$ 和 $h(n)$ 的线性卷积 $y(n)=x(n)*h(n)$；

(2) 计算 $x(n)$ 和 $h(n)$ 的 6 点循环卷积 $y_1(n)=x(n)⑥h(n)$；

(3) 计算 $x(n)$ 和 $h(n)$ 的 8 点循环卷积 $y_2(n)=x(n)⑧h(n)$；

比较以上结果，有何结论？

3.4　证明 $W_N^{(N-n)k}=W_N^{-nk}=(W_N^{nk})^*$。

3.5　对有限长序列 $x(n)=\{1,0,1,1,0,1\}$ 的 Z 变换 $X(z)$ 在单位圆上进行 5 等分取样，得到取样值 $X(k)$，即 $X(k)=X(z)\big|_{z=W_5^{-k}}$，$k=0,1,2,3,4$ 求 $X(k)$ 的逆傅里叶变换 $x_1(n)$。

3.6 试用定义计算周期为5,且一个周期内 $x(n)=\{\underline{2},1,3,0,4\}$ 的序列 $\tilde{x}(n)$ 的DFS。

3.7 设

$$x(n)=\begin{cases}1, & n=0,1\\ 0, & \text{其他}\end{cases}$$

将 $x(n)$ 以4为周期进行周期延拓,形成周期序列 $\tilde{x}(n)$,画出 $x(n)$ 和 $\tilde{x}(n)$ 的波形,求出 $\tilde{x}(n)$ 的离散傅里叶级数 $\widetilde{X}(k)$ 和傅里叶变换。

3.8 已知序列 $x(n)=\delta(n)+2\delta(n-2)+\delta(n-3)$,若 $y(n)$ 是 $x(n)$ 与其本身的4点循环卷积,求 $y(n)$ 及其4点DFT $Y(k)$。

3.9 序列 $x(n)$ 为

$$x(n)=2\delta(n)+\delta(n-1)+\delta(n-3)$$

计算 $x(n)$ 的5点DFT,然后对得到的序列求平方:

$$Y(k)=X^2(k)$$

求 $Y(k)$ 的5点DFT反变换 $y(n)$。

3.10 设序列 $x(n)=\{1,2,\underline{3},2,1,0\}$,$v(n)=\{\underline{3},2,1,0,1,2\}$。

(1) 求 $x(n)$ 的傅里叶变换 $X(\mathrm{e}^{\mathrm{j}\omega})$;

(2) 求 $v(k)=\mathrm{DFT}[v(n)]_6$;

(3) 请解释 $v(k)$ 与 $X(\mathrm{e}^{\mathrm{j}\omega})$ 之间的关系。

第4章 CHAPTER 4

快速傅里叶变换

在前面的章节里，提出了离散傅里叶变换(DFT)理论，但是直接进行运算确定时域序列频率成分的效率非常低。如果需要计算的时域点数增加到数百甚至更多，则DFT的运算量大大增加。1965年，库利(Cooley)和图基(Turkey)在《计算数学》(*Mathematic of Computation*)杂志上发表了著名的文章《机器计算傅里叶级数的一种算法》，提出了一种实现DFT的非常有效的算法。这个算法就是现在被称为快速傅里叶变换(Fast Fourier Translation, FFT)的算法。在出现FFT之前，DFT的计算量太大，上千点的DFT需要很长时间，即使使用计算机也难以实现实时处理，所以当时DFT并没有得到真正运用。FFT出现后，DFT的运算大大简化，运算时间一般可缩短一两个数量级之多，从而使DFT的运算在实际中真正得到了广泛的应用。1984年，法国的杜梅尔(P. Dohamel)和霍尔曼(H. Hollmann)将基2分解和基4分解糅合在一起，提出了分裂基FFT算法。其运算量比前几种算法都有所减少，运算流图却与基2-FFT很接近，运算程序也很短。它是目前一种实用的高效新算法。科学家们的探索启发人们认识到DFT运算的内在规律，从而开发和完善了高速有效的算法，大大降低了运算时间及存储器的需求，从而推动了信号处理理论与实践的快速发展。本章主要介绍DFT运算特点，直接计算DFT运算量及减少运算量的途径；时域抽取法基2-FFT(DIT-FFT)基本原理；频域抽取法基2-FFT(DIF-FFT)基本原理；DIT-FFT的运算规律及编程思想；最后阐述利用FFT分析时域连续信号频谱方法及可能出现的误差。

4.1 直接计算DFT的运算量和减少运算量的途径

如果$x(n)$为N点有限长序列，其DFT计算公式为

$$X(k)=\sum_{n=0}^{N-1}x(n)W_N^{nk}=\sum_{n=0}^{N-1}x(n)\mathrm{e}^{-\mathrm{j}\frac{2\pi}{N}nk},\quad k=0,1,2,\cdots,N-1 \tag{4-1}$$

相应的反变换IDFT为

$$x(n)=\frac{1}{N}\sum_{k=0}^{N-1}X(k)W_N^{-nk}=\frac{1}{N}\sum_{k=0}^{N-1}X(k)\mathrm{e}^{\mathrm{j}\frac{2\pi}{N}nk},\quad n=0,1,2,\cdots,N-1 \tag{4-2}$$

由式(4-1)及式(4-2)可以看出，正反变换都是N点长的乘加计算，区别是相乘时W_N的指数符号不同，反变换时乘以一个常数因子$1/N$。**IDFT和DFT具有相同的工作量**，下面通过一道例题讨论DFT的运算量。

【例 4-1】 假设 $x(n)$ 为 4 点有限长序列，取值为 $(1+\mathrm{j},1-2\mathrm{j},1,-\mathrm{j})$，进行 DFT 计算。

【解】 因为

$$x(0)=1+\mathrm{j},\quad x(1)=1-2\mathrm{j},\quad x(2)=1,\quad x(3)=-\mathrm{j}$$

所以 $x(n)$ 的 DFT 为

$$\begin{aligned}X(0)&=\sum_{n=0}^{3}x(n)\mathrm{e}^{-\mathrm{j}\frac{2\pi}{4}n\cdot 0}\\&=(1+\mathrm{j})\cdot\mathrm{e}^{-\mathrm{j}\frac{2\pi}{4}0\cdot 0}+(1-2\mathrm{j})\cdot\mathrm{e}^{-\mathrm{j}\frac{2\pi}{4}1\cdot 0}+1\cdot\mathrm{e}^{-\mathrm{j}\frac{2\pi}{4}2\cdot 0}+(-\mathrm{j})\cdot\mathrm{e}^{-\mathrm{j}\frac{2\pi}{4}3\cdot 0}\\&=3-2\mathrm{j}\end{aligned}$$

$$\begin{aligned}X(1)&=\sum_{n=0}^{3}x(n)\mathrm{e}^{-\mathrm{j}\frac{2\pi}{4}n\cdot 1}\\&=(1+\mathrm{j})\cdot\mathrm{e}^{-\mathrm{j}\frac{2\pi}{4}0\cdot 1}+(1-2\mathrm{j})\cdot\mathrm{e}^{-\mathrm{j}\frac{2\pi}{4}1\cdot 1}+1\cdot\mathrm{e}^{-\mathrm{j}\frac{2\pi}{4}2\cdot 1}+(-\mathrm{j})\cdot\mathrm{e}^{-\mathrm{j}\frac{2\pi}{4}3\cdot 1}\\&=-1\end{aligned}$$

$$\begin{aligned}X(2)&=\sum_{n=0}^{3}x(n)\mathrm{e}^{-\mathrm{j}\frac{2\pi}{4}n\cdot 2}\\&=(1+\mathrm{j})\cdot\mathrm{e}^{-\mathrm{j}\frac{2\pi}{4}0\cdot 2}+(1-2\mathrm{j})\cdot\mathrm{e}^{-\mathrm{j}\frac{2\pi}{4}1\cdot 2}+1\cdot\mathrm{e}^{-\mathrm{j}\frac{2\pi}{4}2\cdot 2}+(-\mathrm{j})\cdot\mathrm{e}^{-\mathrm{j}\frac{2\pi}{4}3\cdot 2}\\&=1+4\mathrm{j}\end{aligned}$$

$$\begin{aligned}X(3)&=\sum_{n=0}^{3}x(n)\mathrm{e}^{-\mathrm{j}\frac{2\pi}{4}n\cdot 3}\\&=(1+\mathrm{j})\cdot\mathrm{e}^{-\mathrm{j}\frac{2\pi}{4}0\cdot 3}+(1-2\mathrm{j})\cdot\mathrm{e}^{-\mathrm{j}\frac{2\pi}{4}1\cdot 3}+1\cdot\mathrm{e}^{-\mathrm{j}\frac{2\pi}{4}2\cdot 3}+(-\mathrm{j})\cdot\mathrm{e}^{-\mathrm{j}\frac{2\pi}{4}3\cdot 3}\\&=1+2\mathrm{j}\end{aligned}$$

从以上计算过程可以看出，计算一个 $X(k)$，需要 N 个时域点参与计算，需要 N 次复数乘法，每个复数乘法的结果也是一个复数，需要最终累加到一起，因此需要 $N-1$ 次复数加法。完成全部 DFT 计算需要 N 次这样的计算，因此**共需要 N^2 次复数乘法和 $N(N-1)$ 次复数加法**。复数运算在计算机中实际由实数计算完成，对于任意一个点的复数乘法可以写成

$$\begin{aligned}X(k)&=\sum_{n=0}^{N-1}x(n)W_N^{nk}=\sum_{n=0}^{N-1}\{\mathrm{Re}[x(n)]+\mathrm{jIm}[x(n)]\}\{\mathrm{Re}[W_N^{nk}]+\mathrm{jIm}[W_N^{nk}]\}\\&=\sum_{n=0}^{N-1}\{(\mathrm{Re}[x(n)]\mathrm{Re}[W_N^{nk}]-\mathrm{Im}[x(n)]\mathrm{Im}[W_N^{nk}])+\\&\qquad\mathrm{j}(\mathrm{Re}[x(n)]\mathrm{Im}[W_N^{nk}]+\mathrm{Im}[x(n)]\mathrm{Re}[W_N^{nk}])\}\end{aligned}$$

由此可见，一次复数乘法需用 4 次实数乘法和 2 次实数加法；一次复数加法需二次实数加法。因而每运算一个 $X(k)$ 需 $4N$ 次实数乘法和 $2N+2(N-1)=2(2N-1)$ 次实数加法。所以，**整个 DFT 运算总共需要 $4N^2$ 次实数乘法和 $2N(2N-1)$ 次实数加法**。

能否减少运算量，从而缩短计算时间呢？观察 DFT 的运算就可看出，利用系数 W_N^{nk} 的以下固有特性，可以减少运算量：

(1) W_N^{nk} 的对称性

$$(W_N^{nk})^*=W_N^{-nk}$$

(2) W_N^{nk} 的周期性

$$W_N^{nk}=W_N^{(n+N)k}=W_N^{n(k+N)}$$

(3) W_N^{nk} 的可约性

$$W_N^{nk}=W_{mN}^{mnk},\quad W_N^{nk}=W_{N/m}^{nk/m}$$

除此之外,

$$W_N^{n(N-k)}=W_N^{(N-n)k}=W_N^{-nk},\quad W_N^0=1,\quad W_N^{N/2}=-1,\quad W_N^{(k+N/2)}=-W_N^k$$

例如

$$W_4^9=W_4^{(4+5)}=W_4^5=W_4^1,\quad W_8^{25}=W_8^{17}=W_8^9=W_8^1$$

利用这些特性,可以合并 DFT 运算的一些项,并能使 DFT 分解为较少点数的 DFT 运算。因为 DFT 运算量是与 N^2 呈正比的,分解后较小的计算单元有利于减少计算次数。

实际上,在计算 $X(0)$时,W_N^{nk} 均为 1;在计算其他 $X(k)$时,$x(0)W_N^{0k}$ 的结果就是 $x(0)$,所以也不必计算复数乘法,还有一些其他特殊点如 $W_N^{N/2}=-1$ 能够减少计算量。但是这些情况在 N 越大时影响越小,如考虑计算 $X(0)$的减少计算量占总计算量的比例为 $1/N$,这个比例随 N 增加越来越小;另外一个问题是,现在处理器采用流水线取指令执行,当一条指令正在执行的时候,后面已经连续取出多条待执行指令,为了兼顾这些特殊点,势必程序中要有判断跳转语句,导致程序跳转执行,这样也将浪费流水线预取指时间。综合以上两点,一般不考虑这些特殊情况。

当 N 取 1024^2 时,实数乘法达到了 4×1024^4 次,以现在代表性的计算机处理器运行频率 3×10^9Hz 为例,假定每个时钟周期能完成一次乘法运算,也需要 1446s,约为 24min。如果考虑实际乘法指令是占用多个时钟周期,以及处理器并不能满负荷作乘法计算,实际占用时间更多。这对实时信号处理来说,需要提高计算速度,但是已经达到了速度的极限,因此,只能通过改进 DFT 算法减少计算次数。

基于这样的思想,快速傅里叶变换算法得以发展起来,它的算法形式有多种,**基本上分为两大类,即按时间抽取(Decimation-in-Time, DIT)法和按频域抽取(Decimation-in-Frequency, DIF)算法**。值得注意的是,FFT 变换的结果不是 DFT 的结果的近似,而是精确等于 DFT 的结果,引入的只是计算过程中的方式方法。

4.2 基 2-FFT 算法

视频讲解

4.2.1 时域抽取法基 2- FFT(DIT-FFT)基本原理

DIT 算法通过逐次分解调整时间序列 $x(n)$形成计算结构,这种算法称为按时间抽取算法。设序列 $x(n)$的长度为 N,且满足 $N=2^M$,M 为正整数。在计算之前,顺序序列 $x(n)$在存储空间也是按顺序存储的,按 n 的奇偶把 $x(n)$分成长度 $N/2$ 的子序列 $x_1(r)$和 $x_2(r)$:

$$\begin{cases}x(2r)=x_1(r)\\x(2r+1)=x_2(r)\end{cases},\quad r=0,1,2,\cdots,\frac{N}{2}-1 \tag{4-3}$$

注意,这里只是将序列按下标进行了分组,并没有改变序列的顺序性。DFT 可表示为

$$X(k)=\sum_{n=0}^{N-1}x(n)W_N^{nk}=\sum_{n=0}^{N-1}x(n)W_N^{nk}\Big|_{n=\text{偶数}}+\sum_{n=0}^{N-1}x(n)W_N^{nk}\Big|_{n=\text{奇数}}$$

$$
=\sum_{r=0}^{\frac{N}{2}-1}x(2r)W_N^{2rk}+\sum_{r=0}^{\frac{N}{2}-1}x(2r+1)W_N^{(2r+1)k}
$$

$$
=\sum_{r=0}^{\frac{N}{2}-1}x_1(r)(W_N^2)^{rk}+W_N^k\sum_{r=0}^{\frac{N}{2}-1}x_2(r)(W_N^2)^{rk} \tag{4-4}
$$

由于

$$
W_N^2=\mathrm{e}^{-\mathrm{j}\frac{2\pi}{N}2}=\mathrm{e}^{-\mathrm{j}2\pi/\left(\frac{N}{2}\right)}=W_{N/2}
$$

故上式可表示成

$$
X(k)=\sum_{r=0}^{\frac{N}{2}-1}x_1(r)W_{N/2}^{rk}+W_N^k\sum_{r=0}^{\frac{N}{2}-1}x_2(r)W_{N/2}^{rk}
$$

$$
=X_1(k)+W_N^kX_2(k),\quad k=0,1,2,\cdots,\frac{N}{2}-1 \tag{4-5}
$$

式中，$X_1(k)$与$X_2(k)$分别是$x_1(r)$及$x_2(r)$的$N/2$点DFT：

$$
\begin{cases}
X_1(k)=\sum\limits_{r=0}^{\frac{N}{2}-1}x_1(r)W_{N/2}^{rk}=\sum\limits_{r=0}^{\frac{N}{2}-1}x(2r)W_{N/2}^{rk} \\
X_2(k)=\sum\limits_{r=0}^{\frac{N}{2}-1}x_2(r)W_{N/2}^{rk}=\sum\limits_{r=0}^{\frac{N}{2}-1}x(2r+1)W_{N/2}^{rk}
\end{cases},\quad k=0,1,2,\cdots,\frac{N}{2}-1 \tag{4-6}
$$

由式(4-5)可以看到，一个N点DFT已经分解成两个$N/2$点DFT。$X_1(k)$和$X_2(k)$的长度只有$N/2$个点，而$X(k)$却有N个点，即$k=0,1,2,\cdots,N-1$，故用式(4-5)计算得到的只是$X(k)$的前一半的结果，要用$X_1(k)$和$X_2(k)$表达全部的$X(k)$值，还必须应用系数的周期性，即

$$
W_{N/2}^{r\left(k+\frac{N}{2}\right)}=W_{N/2}^{rk}
$$

由此可以得到

$$
X_1\left(\frac{N}{2}+k\right)=\sum_{r=0}^{\frac{N}{2}-1}x_1(r)W_{N/2}^{r\left(k+\frac{N}{2}\right)}
$$

$$
=\sum_{r=0}^{\frac{N}{2}-1}x_1(r)W_{N/2}^{rk}=X_1(k),\quad k=0,1,2,\cdots,\frac{N}{2}-1 \tag{4-7}
$$

同理有

$$
X_2\left(\frac{N}{2}+k\right)=X_2(k) \tag{4-8}
$$

式(4-7)、式(4-8)说明了后半部分k值($N/2\leqslant k\leqslant N-1$)对应的$X_1(k)$和$X_2(k)$分别等于前半部分$k$值($0\leqslant k\leqslant N/2-1$)所对应的$X_1(k)$、$X_2(k)$。

对于W_N^k，有以下性质：

$$
W_N^{\left(\frac{N}{2}+k\right)}=W_N^{\frac{N}{2}}W_N^k=-W_N^k,\quad k=0,1,2,\cdots,\frac{N}{2}-1 \tag{4-9}
$$

这样，把式(4-7)～式(4-9)代入式(4-5)，就**可将 $X(k)$ 表达为前后两部分**：

$$\underline{X(k)}=\underline{X_1(k)+W_N^kX_2(k)},\quad k=0,1,2,\cdots,\frac{N}{2}-1 \tag{4-10}$$

$$\begin{aligned}\underline{X\left(k+\frac{N}{2}\right)}&=X_1\left(k+\frac{N}{2}\right)+W_N^{k+\frac{N}{2}}X_2\left(k+\frac{N}{2}\right)\\&=\underline{X_1(k)-W_N^kX_2(k)},\quad k=0,1,2,\cdots,\frac{N}{2}-1\end{aligned} \tag{4-11}$$

以 $N=8$ 举例，有

$$X(4)=X_1(4+0)+W_8^{4+0}X_2(4+0)=X_1(0)-W_8^0X_2(0)$$

$$X(5)=X_1(4+1)-W_8^{4+1}X_2(4+1)=X_1(1)-W_8^1X_2(1)$$

$$X(6)=X_1(4+2)-W_8^{4+2}X_2(4+2)=X_1(2)-W_8^2X_2(2)$$

$$X(7)=X_1(4+3)-W_8^{4+3}X_2(4+3)=X_1(3)-W_8^3X_2(3)$$

式(4-10)、式(4-11)分别计算出 $X(k)$ 前一半及后一半的结果，计算时，只需要求出 $0\sim\frac{N}{2}-1$ 范围内的 $X_1(k)$ 和 $X_2(k)$，就可以计算出所有 $X(k)$ 值，由此减少了计算量。式(4-10)、式(4-11)的计算可以用图 4-1 的蝶形信号流图表示，这种流图也称为**蝶形运算单元**。

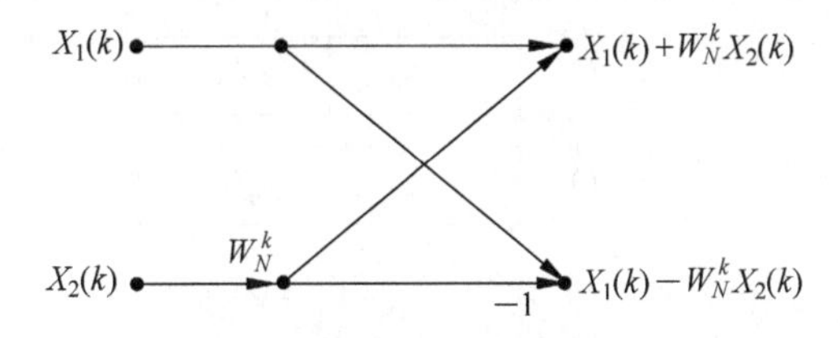

图 4-1 按时间抽取算法蝶形信号流图

图 4-1 中，左侧 $X_1(k)$ 和 $X_2(k)$ 为输入，右侧为输出。每个蝶形运算单元需要一次复数乘法 $X_2(k)W_N^k$ 和两次复数加(减)法。采用这种表示方法，以 $N=8$ 为例，可将上面讨论的分解过程表示在图 4-2 中。

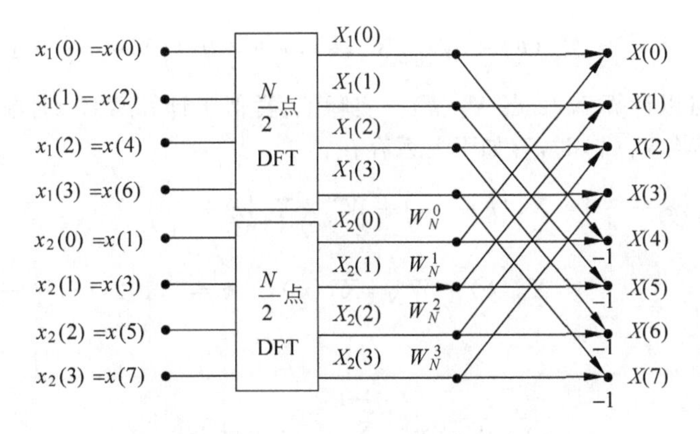

图 4-2 按时间抽取 N 点 DFT 分解成两个 $N/2$ 点 DFT($N=8$)

图 4-2 展示了计算结构。$X(0)\sim X(3)$ 是由式(4-10)计算出的，$X(4)\sim X(7)$ 是由式(4-11)计算出的。以占计算时间最多的复数乘法为例，一个 N 点 DFT 分解成两个 $N/2$

点 DFT，每一个 $N/2$ 点 DFT 只需要 $(N/2)^2=N^2/4$ 次复数乘法，两个 $N/2$ 点 DFT 共需要 $2(N/2)^2=N^2/2$ 次复数乘法。将两个 $N/2$ 点 DFT 合成最终结果时，有 $N/2$ 个蝶形乘法（$X_2(0)W_N^0$ 等），还需要 $N/2$ 次复乘。因此，通过一次分解后复数乘法次数为 $\frac{N^2}{2}+\frac{N}{2}\approx\frac{N^2}{2}$ 次。相比直接计算需要 N^2 次复数乘法而言，**通过一次分解后复数乘法差不多降低了 1/2**。

在这个分解中，只是将输入序列进行了重排序工作，如果不继续分解，直接计算 $X_1(k)$ 和 $X_2(k)$ 是可行的。仔细观察 $x_1(n)$ 和 $x_2(n)$，点数 $N/2$ 仍然是偶数，可以看成一个独立的 DFT，因此可以进一步将 $N/2$ 点子序列再按其所排序奇偶进一步分成两个 $N/4$ 点子序列。

$$\begin{cases}x_1(2l)=x_3(l)\\x_1(2l+1)=x_4(l)\end{cases},\quad l=0,1,2,\cdots,\frac{N}{4}-1 \tag{4-12}$$

以 $N=8$ 为例，重排序之前为

$x_1(r)$	$x(0)$	$x(2)$	$x(4)$	$x(6)$
排序/存储下标：	0	1	2	3

$x_1(r)$ 排序/存储的下标是 0,1,2,3，处于偶数下标所存储的数是 $x(0)$ 和 $x(4)$，奇数下标的是 $x(2)$ 和 $x(6)$，按此顺序重分奇偶后生成新的子序列 $x_3(l)$ 及 $x_4(l)$：

$x_3(l)$	$x(0)$	$x(4)$
$x_4(l)$	$x(2)$	$x(6)$

这样

$$\begin{aligned}X_1(k)&=\sum_{l=0}^{\frac{N}{4}-1}x_1(2l)W_{N/2}^{2lk}+\sum_{l=0}^{\frac{N}{4}-1}x_1(2l+1)W_{N/2}^{(2l+1)k}\\&=\sum_{l=0}^{\frac{N}{4}-1}x_3(l)W_{N/4}^{lk}+W_{N/2}^{k}\sum_{l=0}^{\frac{N}{4}-1}x_4(l)W_{N/4}^{lk}\\&=X_3(k)+W_{N/2}^{k}X_4(k),\quad k=0,1,2,\cdots,\frac{N}{4}-1\end{aligned} \tag{4-13}$$

利用该公式可以计算 $N/2$ 点 $X_1(k)$。实际上，类似于计算 $X(k)$ 时前一半和后一半的关系，在计算后一半 $X_1(k)$ 时，有如下关系存在：

$$\begin{aligned}X_1\left(k+\frac{N}{4}\right)&=X_3\left(k+\frac{N}{4}\right)+W_{N/2}^{k+\frac{N}{4}}X_4\left(k+\frac{N}{4}\right)\\&=X_3(k)-W_{N/2}^{k}X_4(k),\quad k=0,1,2,\cdots,\frac{N}{4}-1\end{aligned} \tag{4-14}$$

其中，

$$\begin{cases}X_3(k)=\sum_{l=0}^{\frac{N}{4}-1}x_3(l)W_{N/4}^{lk}\\X_4(k)=\sum_{l=0}^{\frac{N}{4}-1}x_4(l)W_{N/4}^{lk}\end{cases}$$

以 $N=8$ 为例，将 4 点 $X_1(k)$ 计算分解成 $X_3(k)$ 和 $X_4(k)$ 的计算，$X_3(k)$ 和 $X_4(k)$ 的点数降为 2 点。可以得到如图 4-3 所示的 DFT 信号流图。

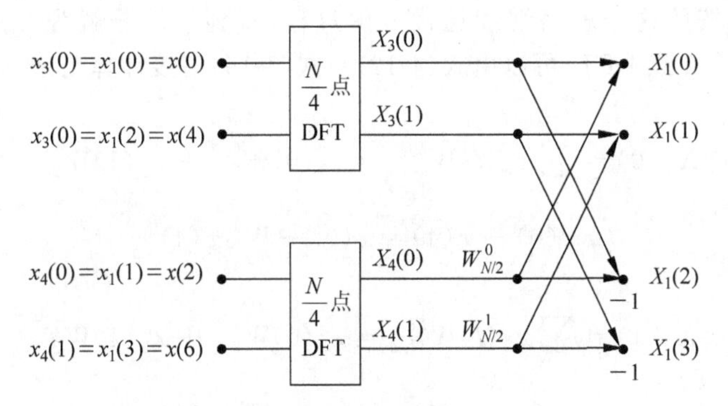

图 4-3　$N/2$ 点 DFT 分解成两个 $N/4$ 点 DFT

同样，$x_2(r)$ 也可以类似上述分组。

$$X_2(k)=X_5(k)+W_{N/2}^k X_6(k),\quad k=0,1,2,\cdots,N/4-1 \tag{4-15}$$

$$X_2\left(k+\frac{N}{4}\right)=X_5(k)-W_{N/2}^k X_6(k),\quad k=0,1,2,\cdots,N/4-1 \tag{4-16}$$

其中，

$$\begin{cases} X_5(k)=\sum\limits_{l=0}^{\frac{N}{4}-1} x_5(l)W_{N/4}^{lk}=\sum\limits_{l=0}^{\frac{N}{4}-1} x_2(2l)W_{N/4}^{lk} \\ X_6(k)=\sum\limits_{l=0}^{\frac{N}{4}-1} x_6(l)W_{N/4}^{lk}=\sum\limits_{l=0}^{\frac{N}{4}-1} x_2(2l+1)W_{N/4}^{lk} \end{cases}$$

这样，可以得到如图 4-4 所示的 DFT 信号流图。

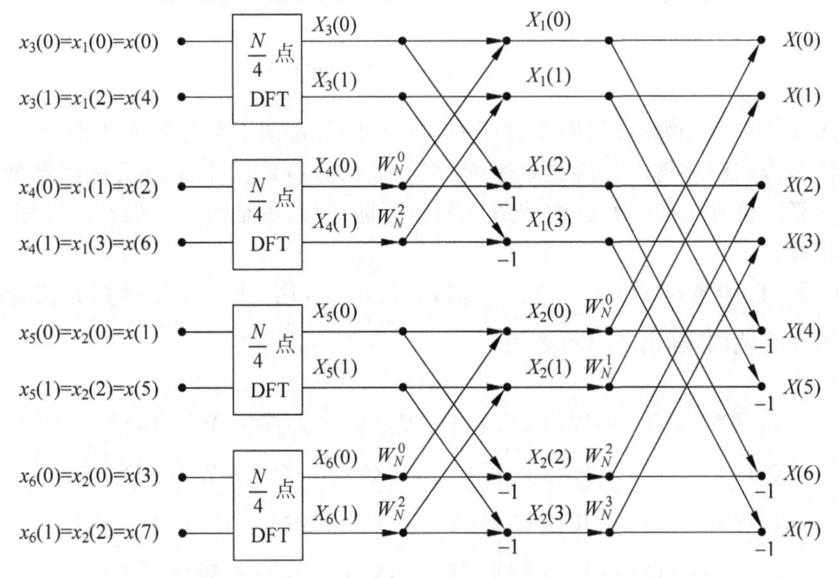

图 4-4　一个 $N=8$ 点 DFT 分解为 4 个 $N/4$ 点 DFT

利用4个$N/4$点DFT及两级蝶形运算计算N点DFT，比只用一次蝶形计算的计算量又减少了1/2。观察$N/4$点DFT，序列中$x(n)$的值发生了变化，但本质上还是点数为偶数的时域序列，可以按照这个思路继续迭代分解过程，直到最后分解为2点DFT为止。当$N=8$时，就是4个2点DFT，可以由式(4-12)～式(4-15)直接计算出来。

$$X_3(0)=\sum_{l=0}^{\frac{N}{4}-1}x_3(l)W_{N/4}^{l0}=x_3(0)W_2^{0\cdot 0}+x_3(1)W_2^{1\cdot 0}$$

$$=x(0)+x(4)=x(0)+W_N^0x(4)$$

$$X_3(1)=\sum_{l=0}^{\frac{N}{4}-1}x_3(l)W_{N/4}^{l1}=x_3(0)W_2^{0\cdot 1}+x_3(1)W_2^{1\cdot 1}$$

$$=x(0)-x(4)=x(0)-W_N^0x(4)$$

上边两式的计算是按照离散傅里叶变换进行的，类似地，可求出$X_4(k)$，$X_5(k)$，$X_6(k)$。考虑到$W_{N/4}^0=1$，添加上这个加权项，使得这个表达式和之前各级推导过程一致，也符合蝶形运算规律。在逐级分解过程中，有$W_{N/2}^1$，$W_{N/4}^1$等加权因子，满足$W_{N/2}^1=W_N^2$，$W_{N/4}^1=W_N^4$，因此可以统一加权因子。按时间抽取的信号流图如图4-5所示。

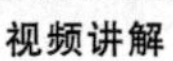
视频讲解

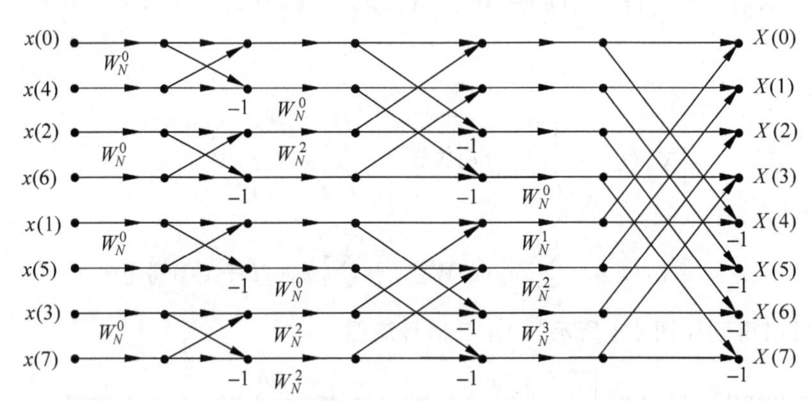

图4-5　$N=8$时按时间抽取的DFT运算流图

本方法在每一级分解时，按照此时序列排列顺序的奇偶下标分解成两个短序列，分解后的短序列依然排列顺序再次分解成短序列，直到最后分解成两个序列后按离散傅里叶变换直接进行计算。该算法最开始分解按照序列的下标进行，也是时间上的奇偶顺序，因此称为“按时间抽取法”。

【例4-2】 已知序列$x(n)=\{\underline{0},1,0,1,1,1,0,0\}$，用FFT蝶形运算方法计算其8点DFT。画出计算流图，标出各节点数值。

【解】

$$X_3(0)=x(0)+W_8^0x(4)=1\quad X_3(1)=x(0)-W_8^0x(4)=-1$$

$$X_4(0)=x(2)+W_8^0x(6)=0\quad X_4(1)=x(2)-W_8^0x(6)=0$$

$$X_5(0)=x(1)+W_8^0x(5)=2\quad X_5(1)=x(1)-W_8^0x(5)=0$$

$$X_6(0)=x(3)+W_8^0x(7)=1\quad X_6(1)=x(3)-W_8^0x(7)=1$$

用$\frac{N}{4}$点 DFT 计算$\frac{N}{2}$点 DFT：

$$X_1(0)=X_3(0)+W_8^0X_4(0)=1 \quad X_1(1)=X_3(1)+W_8^2X_4(1)=-1$$

$$X_1(2)=X_3(0)-W_8^0X_4(1)=1 \quad X_1(3)=X_3(1)-W_8^2X_4(1)=-1$$

$$X_2(0)=X_5(0)+W_8^0X_6(0)=3 \quad X_2(1)=X_5(1)+W_8^2X_6(1)=-\mathrm{j}$$

$$X_2(2)=X_5(0)-W_8^0X_6(0)=-1 \quad X_2(3)=X_5(1)-W_8^2X_6(1)=\mathrm{j}$$

计算 8 点的 DFT：

$$X(0)=X_1(0)+W_8^0X_2(0)=4 \quad X(1)=X_1(1)+W_8^1X_2(1)=-\frac{\sqrt{2}}{2}-1-\mathrm{j}\frac{\sqrt{2}}{2}$$

$$X(2)=X_1(2)+W_8^2X_2(2)=1-\mathrm{j} \quad X(3)=X_1(3)+W_8^3X_2(3)=1-\frac{\sqrt{2}}{2}-\mathrm{j}\frac{\sqrt{2}}{2}$$

$$X(4)=X_1(4)-W_8^0X_2(4)=-2 \quad X(5)=X_1(5)-W_8^1X_2(5)=1-\frac{\sqrt{2}}{2}+\mathrm{j}\frac{\sqrt{2}}{2}$$

$$X(6)=X_1(5)-W_8^1X_2(6)=1+\mathrm{j} \quad X(7)=X_1(7)-W_8^3X_2(7)=\frac{\sqrt{2}}{2}-1+\mathrm{j}\frac{\sqrt{2}}{2}$$

所以其运算流图如图 4-6 所示。

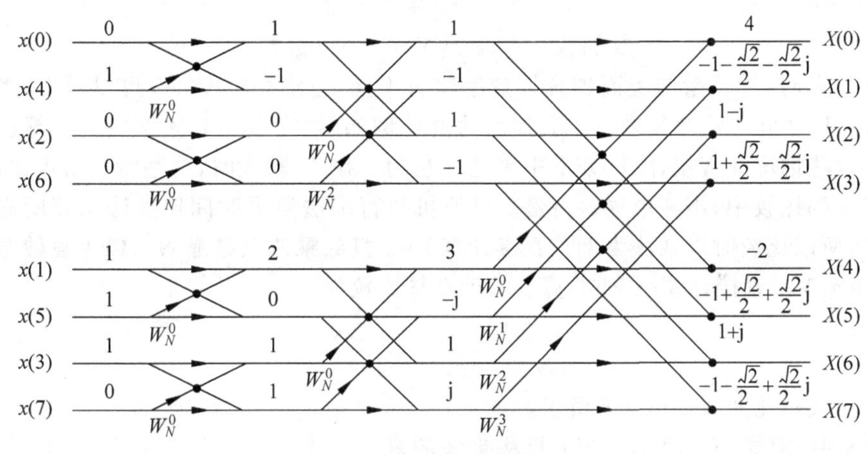

图 4-6 FFT 蝶形运算流图(例 4-2 图)

【例 4-3】 试利用 $N=4$ 基 2 时间抽取的 FFT 流图计算 8 点序列 $x[n]=\{1,-1,1,-1,2,1,1,2\}$的 DFT。

【解】 根据基 2 时间抽取 FFT 算法原理，8 点序列的 DFT $X[m]$可由两个 4 点序列的 DFT $X_1[k]$和 $X_2[k]$表达。如果按照序列 $x[n]$序号的奇偶分解为 $x_1[n]$和 $x_2[n]$，则存在

$$\begin{cases}X(k)=X_1(k)+W_8^k\cdot X_2(k)\\X(k+4)=X_1(k)-W_8^k\cdot X_2(k)\end{cases},\quad k=0,1,2,3$$

其中，$x_1(n)=\{1,1,2,1\}$，$x_2(n)=\{-1,-1,1,2\}$，$X_1(k)$和 $X_2(k)$可通过 4 点 FFT 计算。

FFT 蝶形运算流图如图 4-7 所示。

$$X_1(k)=\{5,-1,1,-1\},\quad X_2(k)=\{1,-2+3\mathrm{j},1,-2-3\mathrm{j}\}$$

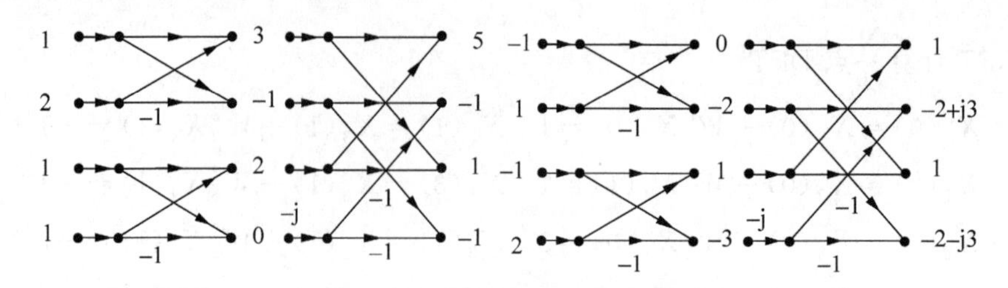

图 4-7　FFT 蝶形运算流图(例 4-3 图)

利用上述公式,可得序列 $x[n]$的 DFT $X[k]$为

$$X[k]=\{6,-0.293+3.535j,1+j,-1.707+3.535j,4,-1.707-3.535j,\\ 1-j,-0.293-3.535j\}$$

4.2.2 DIT-FFT 算法与直接计算 DFT 运算量的比较

由按时间抽取算法 FFT 的流图可以看出,当 $N=2^M$ 时,共有 M 级蝶形,每级都由 $N/2$ 个蝶形运算组成,每个蝶形需要一次复乘、两次复加,因此每级运算都需要 $N/2$ 次复乘和 N 次复加。M 级运算总共需要

$$\text{复乘数:}\quad m_F=\frac{N}{2}M=\frac{N}{2}\log_2 N \tag{4-17}$$

$$\text{复加数:}\quad a_F=NM=N\log_2 N \tag{4-18}$$

实际计算时,计算量与上面的统计数字略有不同,仔细观察图 4-5 可以看出,第一级计算时 $W_N^0=1$,实际不需要复乘计算;其他的例外例如 $W_N^{N/2}=-1,W_N^{N/4}=-j$ 等也不用复乘计算。这些情况在直接计算 DFT 中也是存在的。在 N 较大时,这些特例所占比例较小。所以在以后的比较中,不考虑这些特例。计算机执行乘法所需时间比加法运算所需要的时间多得多,所以比较时以乘法为例。**直接计算 DFT 复数乘法次数是 N^2,FFT 复数乘法次数是$(N/2)\log_2 N$**。直接计算与 FFT 算法的计算量比较为

$$\frac{N^2}{(N/2)\log_2 N}=\frac{2N}{\log_2 N} \tag{4-19}$$

两者计算量及对比曲线如图 4-8 所示。

图 4-8 中,随着 N 的增加,FFT 算法带来的复数算法效率急剧提升,例如当 $N=1024$ 时,效率为 204.8 倍,当 $N=65\,536$ 时,效率为 8192 倍。随着 N 的增大,FFT 的优势更为明显。当 $N=1024^2$ 时,FFT 算法复数乘法次数为$(N/2)\log_2 N$,换算成实数乘法次数则为 $2N\log_2 N$,同样以现在代表性的计算机处理器运行频率 3×10^9 Hz 为例,此时只需要 13.98ms,这让实时计算成为可能。

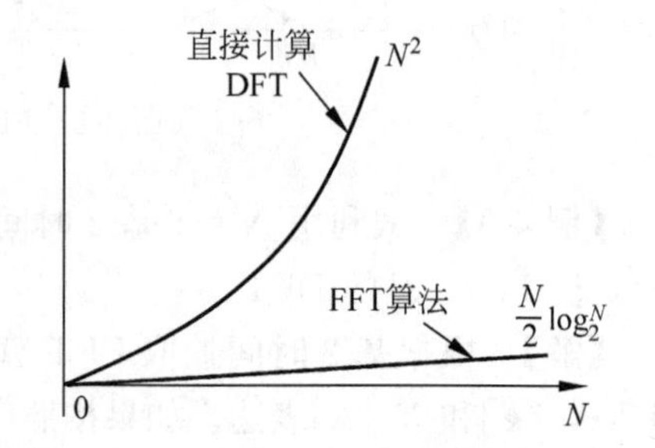

图 4-8　DFT 和 FFT 算法复数乘法对比图

4.2.3 DIT-FFT 的运算规律及编程思想

前面主要以描述了 $N=8$ 时的推导过程,为了得出任意 $N=2^M$ 时按时间抽取的基 2-FFT 信号流图,进行如下研究,同时也逐步阐明编程实现思路。

1. 原位计算(同址运算)

从图 4-5 可以看出,每级蝶形计算都是由 $N/2$ 个蝶形计算构成,每个蝶形结构完成如下的基本迭代运算:

$$X_m(k)=X_{m-1}(k)+W_N^r X_{m-1}(j) \tag{4-20}$$

$$X_m(j)=X_{m-1}(k)-W_N^r X_{m-1}(j) \tag{4-21}$$

上面两式中,m 表示第 m 列/级迭代,k,j 为数据所在行数。式(4-19)和式(4-20)表示的蝶形运算如图 4-9 所示。

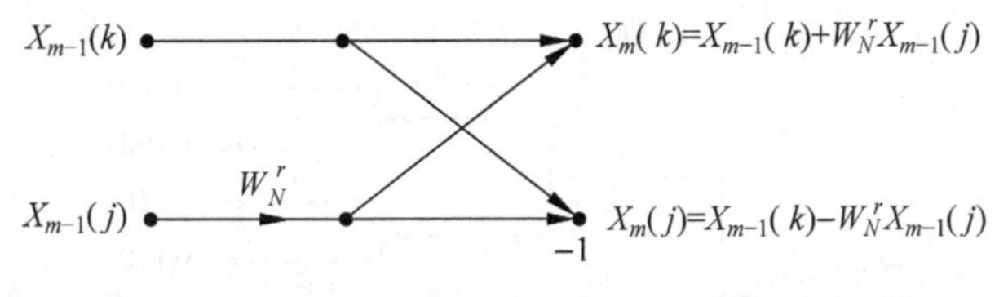

图 4-9 基本蝶形运算单元

从图 4-9 可以看出,蝶形运算之前的两个存储临时数据的节点在运算后,数据依然存放在同一个节点,一个蝶形运算只涉及两个数据,而与其他节点变量无关。用程序表达该计算单元可以写成:

```
temp = X(j) * exp( - i * 2 * pi * r/N);
X(j) = X(k) - temp;
X(k) = X(k) + temp;
```

以上为使用 MATLAB 编写程序计算的过程,这里直接使用 $X(j)$,$X(k)$代表蝶形计算的两个节点。MATLAB 内置有复数计算模式,所以可以直接进行复数乘法及加减。如果考虑到自己编程实现时,需要实现这里的复数乘法改成 4 个乘法及加法。从这些语句可以看出,只需要一个附加的存储器 temp(命名随意,只要符合 MATLAB 命名规则),输入输出序列都可以看成一个复数,所以这里变量也只考虑为一个复数,如果自己用 C 语言等实现,需要定义两个变量分别存放实部和虚部。

采用原位计算时,即某一列的 N 个数据送到存储器后,经过蝶形计算,结果为下一列数据,仍然存储在同一个存储器中,直到最后输出,除了一个上面提到的临时变量外,中间无须其他存储器。这样,存储器只需要 N 个单元。下一级计算仍然使用这个计算模式,只是蝶形计算时蝶形单元结合的顺序不同而已。

考虑直接计算 DFT 时,当 $X(0)$被计算出来时,并不能直接放回原来时域序列 $x(0)$所处的单元上,这是因为计算后续 $X(K)$时,原始的时域点 $x(0)$还需要使用。同理,存储其他时域点的存储器也不能被占用,这就需要预先划定另外一块存储器存放计算完的 $X(K)$,这个存储器的大小和原序列 $x(n)$的大小一样。采用 FFT 算法时,仅需要一个存储器,由此可见本方法可以节省大量存储文件。以 $N=1024$ 为例,每个数采用 4B 浮点数表示,则 $x(n)$的实部虚部共需要 8KB 存储器,直接 DFT 计算时需要另外的 8KB 存储器存放计算结果,采用 FFT 方法时,只需要 8B 来存储临时的实部虚部。在嵌入式系统中,存储器容量有限,采用 FFT 方法可以大量的节省存储器。

2. 倒位序规律

观察图 4-5 可以发现,输出 $X(k)$是按正常顺序的,此时输入 $x(n)$不是按自然顺序排列存储的，输入这种重排存储单元的过程称为**倒位序**。

造成这种重排列的原因是输入 $x(n)$ 按其标号的奇偶不断地分组。将 n 用二进制表示，当 $N=8$ 时，二进制数表示为 $n_2n_1n_0$。第一次分组时，由图 4-10 看出，n 为偶数(相当于 n 的二进制数的最低位 $n_0=0$)在上半部分，n 为奇数(相当于 n 的二进制数的最低位 $n_0=1$)在下半部分。下一次分组根据次最低位 n_1 为 0 或是 1 分奇偶，这个分组是在原序列的一半长度的子序列上进行。如此持续分组，直到最后长度是 2 的子序列，这两个点刚好构成一个蝶形单元，图 4-10 展示了奇数下标序列和偶数下标序列分组直至形成最终排列顺序的过程。

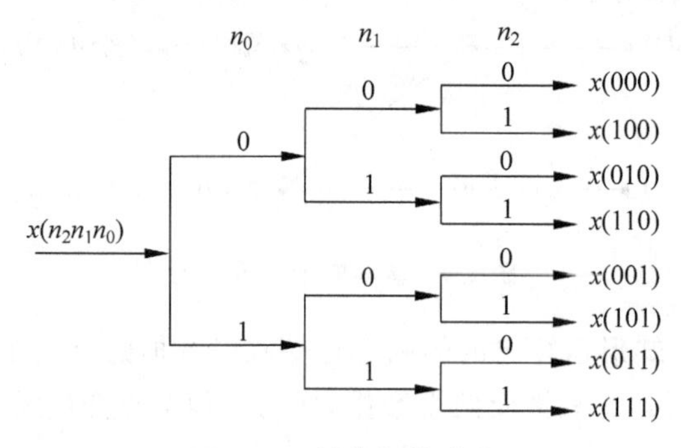

图 4-10 倒位序的形成

在实际运算中，数据先按顺序填入存储单元中，为了得到输入的倒位序排列，并完成和其倒位序数之间数据交换，需要变址运算。如果输入序列的自然顺序号 I 用二进制数(例如 $n_2n_1n_0$)表示，则其倒位序 j 对应的二进制数就是($n_0n_1n_2$)，这样就可以完成两个数的交换。例如，$N=8$ 时，$x(3)$的标号是 3，它的二进制数是 011，倒位序后二进制数是 110，即 j=6，所以原来存储在 $x(3)$的数据应该与 $x(6)$的数据进行交换。

现在流行的 DSP 器件经常要做 FFT 处理，指令集包含了倒位序寻址指令，即通过一个地址可以直接找到倒位序的数，这样方便了输入的倒位序工作。这也是 DSP 器件区别于通用处理器的一个方面。对于通用处理器可以采用如下的方法计算对应的倒位序。先通过表 4-1 给出了 $N=8$ 时自然顺序二进制数和相应的倒位序二进制数。

表 4-1 $N=8$ 时自然顺序二进制数和相应的倒位序二进制数

自然顺序(I)	二进制数	倒位序二进制数	倒位序(J)
0	000	000	0
1	001	100	4
2	010	010	2
3	011	110	6
4	100	001	1
5	101	101	5
6	110	011	3
7	111	111	7

从表 4-1 可以看出，从表的第 2 列可以总结出规律，自然顺序数 I 增加 1，二进制最低位加 1，向左进位。从表的第 3 列可以总结出规律，在第三列数的最高位加 1，逢 2 向右进位。例如在(000)的最高位加 1，得到(100)，在(100)的最高位加 1，向右进位得到(010)。用这种

办法,可以依次由当前一个倒序值得到下一个倒位序值。

用 J 表示当前倒序数的十进制数值,对于 $N=2^M$,M 位二进制数从左到右二进制位的权值依次为 $N/2,N/4,N/8,\cdots,2,1$。因此,最高位加 1 相当于十进制运算 $J+N/2$。如果最高位是 $0(J<N/2)$,则所加的 1 直接放在左侧最高位,构成倒位序结果;如果最高位是 $1(J\geqslant N/2)$,则要将最高位变成 $0(J=J-N/2)$,次高位加 $1(J=J+N/4)$。但次高位加 1 时,同样需要判断次高位的 0,1 值,如果为 $0(J<N/4)$,则直接加 $1(J=J+N/4)$;否则,将次高位变 $0(J=J-N/4)$。再判断下一位,依此类推,直到完成最高位加 1,逢 2 向右进位的运算。

倒位序的流程图如图 4-11 所示。当 $I=J$ 时不用调换,当 $I\neq J$ 时需要将 I 单元的数据和 J 单元的数据进行调换。对于 $N=8$ 而言,当 I 循环到 2 时,查找到其应该和 $J=4$ 进行调换,当 I 循环到 4 时,得到对应的 $J=2$,但此时不能再次调换了,否则又回到序列的初始状态。解决这个问题有一个简单的判定法则,只需要查看得到的 J 是否比 I 小,如果 J 比 I 小,则意味着 $x(I)$和 $x(J)$已经调换过,不需要再次调换了。只有 J 比 I 大时,才需要调换。

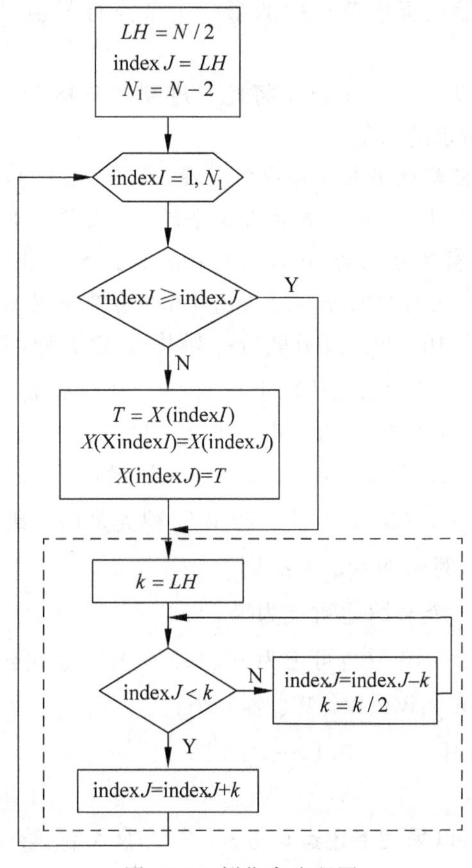

图 4-11 倒位序流程图

3. 蝶形运算两节点的"距离"

在编写程序时,蝶形单元节点将要定位与它进行计算的另外一个节点,也就是两节点的

“距离”问题。图 4-5 中,输入倒位序排列,输出是自然顺序的。

第一级(图 4-5 从左往右看第一列)每个蝶形的两节点“距离”为 1,蝶形系数均为 W_N^0;

第二级每个蝶形的两节点“距离”为 2,蝶形系数为 W_N^0,$W_N^{N/4}$;

第三级每个蝶形得两节点“距离”为 4,蝶形系数为 W_N^0,$W_N^{N/8}$,$W_N^{2N/8}$,$W_N^{3N/8}$。

对于 $N=2^M$ 点 FFT,当输入为倒位序,输出为正常顺序时,第 m 级时运算时,蝶形的两节点“距离”为 2^{m-1},蝶形系数为 W_N^0,W_N^1,…,$W_N^{(\frac{N}{2}-1)}$。

4. W_N^r 的确定

对第 m 级运算时,一个 DFT 蝶形运算单元的两节点“距离”为 2^{m-1},因此,式(4-20)和式(4-21)可以改写为

$$X_m(k)=X_{m-1}(k)+W_N^r X_{m-1}(k+2^{m-1}) \tag{4-22}$$

$$X_m(k+2^{m-1})=X_{m-1}(k)-W_N^r X_{m-1}(k+2^{m-1}) \tag{4-23}$$

为了完成运算,还需要知道系数 W_N^r 的变化规律。仔细观察图 4-5 的 FFT 运算流图可以发现 r **的变换规律为**:

(1) 把式(4-19)中蝶形运算两节点中的第一个节点标号值,即 k 值表示成 M 位二进制数;

(2) 将此二进制数乘以 2^{M-m},也就是将此二进制数左移 $M-m$ 位(m 表示第 m 级运算),右边空位补零,即为所求的 r 值。

注意:标号值理解为当前数据在内存中的下标,而不是 $x(0)$,$x(4)$,$x(2)$,$x(6)$,$x(1)$,$x(5)$,$x(3)$,$x(7)$的值,举例来说,第 2 级共有 4 个蝶形,从上到下,第一个节点标号值分别为 0,1,4,5。对应的二进制数分别为 000,001,100,101,按照上面规则左移 1 位($M=3$,$m=2$)后,结果是 000,010,000,010,分别对应图 4-5 中分别 r 为 0,2,0,2。

从图 4-5 可以看出,不同的 W_N^r 因子最后一列共有 $N/2$ 种,每一级不同的旋转因子只有 2^{m-1} 个。实际应用时,可以考虑先计算出来 $N/2$ 个正余弦表,供使用时查询。

简单来说,旋转因子的变化规律为:若 $N=2^L$,则共有 L 级蝶形运算,每级都有 $N/2$ 个蝶形,每个蝶形都要乘以旋转因子 W_N^r。最后一级(最后一列)W_N^r 种类最多,共有 $N/2$ 个旋转因子,即 W_N^0,W_N^1,…,$W_N^{N/2-1}$。前一级 W_N^r 种类是后一级旋转因子中偶数的一半,即 W_N^0,W_N^2,…,$W_N^{N/2-2}$。例如 $N=2^3=8$,则

第一级:旋转因子为 4 个 W_2^0(也可记为 W_8^0);

第二级:旋转因子为 2 个 W_4^0(也可记为 W_8^0),2 个 W_4^1(也可记为 W_8^2);

第三级:旋转因子为 W_8^0、W_8^1、W_8^2、W_8^3 各一个;

第 m 级:旋转因子为 $W_{2^m}^r$,$r=0,1,\cdots,2^{m-1}-1$。

5. DIT-FFT 程序框图

总结上述运算规律,可以采用下述运算方法,先从输入端(第一级)开始,逐级进行一共 M 级运算。在进行 m 级运算时,依次求出 2^{m-1} 个不同的 W_N^r,每求出一个系数,优先计算完所对应的 2^{M-m} 个蝶形。这样可以利用三重循环实现 DIT-FFT 运算,程序框图如图 4-12 所示。

可以通过编写 C 程序、MATLAB 程序甚至 FPGA 程序等实现 FFT 快速算法。采用

MATLAB 语言实现时，需要注意到 MATLAB 数组下标从 1 开始，因此所有涉及下标索引的地方需要加 1，例如 $X(\text{index}J)$ 应该写成 $X(\text{index}J+1)$。图 4-12 采用的是 W_N^r 优先的算法，每到确定一个 W_N^r 后，将本级所有使用相同 W_N^r 的蝶形计算全部计算完毕再切换到下一个 W_N^r。

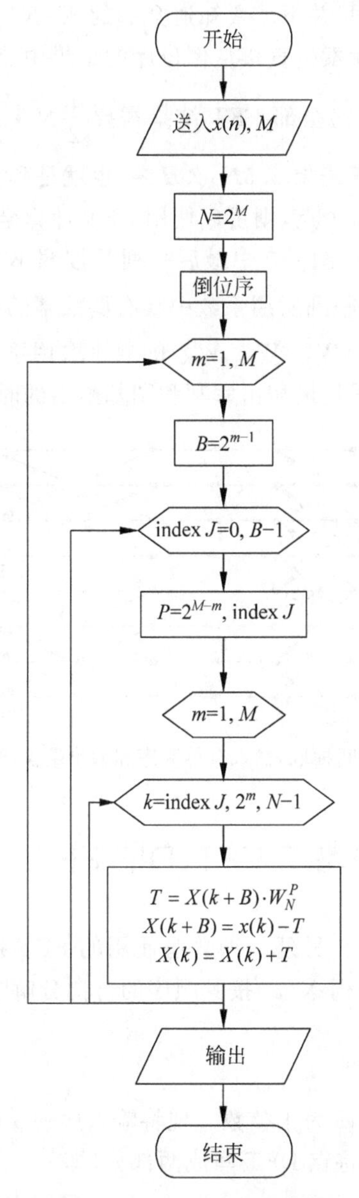

图 4-12 DIT-FFT 运行程序框图

4.2.4 按时间抽取的 FFT 算法的其他形式流图

对于图 4-5 所示的信号流图，只要保持各节点所连的支路及其传输系数不变，则不论节点位置怎么排列，所得的流图总是有效的，所得最后结果都是 $x(n)$ 的 DFT 正确结果，只是数据的提取和存放次序不同而已。这样可以有多种按时间抽取 FFT 算法的流图形式。例如，将图 4-5 中与 $x(4)$水平相连的节点和 $x(1)$水平相连的所有节点位置对调，再将与 $x(6)$水平相连的所有节点和 $x(3)$水平相连的所有节点对调，其他节点保持不变，可以得到图 4-13 的 FFT 流图。这两种蝶形数量相同，运算量也一样。**不同点是：**

(1) 数据存放方式不同。图 4-5 是输入倒位序，输出自然顺序，图 4-13 是输入自然顺序，输出倒位序。对于一些应用，并不需要知道全部的 $X(K)$，只需要从结果中提取若干个点即可，这样的应用可以用下标索引直接从倒位序的结果中获取需要的点。对于 DFT 计算 1 个结果需要 N 次复乘，计算完全部 FFT 结果需要$\frac{1}{2}N \cdot \log_2 N$ 次复乘。举例来说，当 $N=128$ 时，全部 FFT 结果计算需要 $3.5N$ 次复乘，也就是和直接计算的 4 个点的计算量相当，如果需要的结果大于等于 4 个点，则可以使用 FFT 计算全部结果后挑选需要的值。

(2) 取用系数的顺序不同。图 4-5 中最后一列是按照 $W_N^0, W_N^1, W_N^2, W_N^3$ 的顺序取用系数，且其前一列所用系数是后一列所用系数中具有偶数幂的那些系数(例如 $W_N^0, W_N^2, \cdots$)；图 4-13 中最后一列是按照 $W_N^0, W_N^2, W_N^1, W_N^3$ 的顺序取用系数，且前一列所用系数是后一列所用系数的前一半，这种流图是最初由库利和图基给出的时间抽取法。

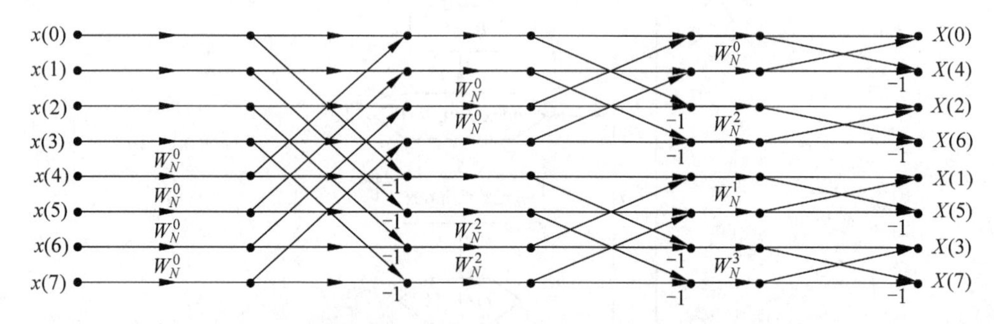

图 4-13 按时间抽取，输入自然顺序和输出倒位序的 FFT 流图

视频讲解

4.3 频域抽取法基 2-FFT(DIF-FFT)基本原理

对于点数为 $N=2^M$ 的序列，另外一种普遍使用的 FFT 结构是按照频率抽取(DIF)的 FFT 算法。这种运算把输出序列 $X(k)$按其顺序的奇偶分解为越来越短的序列。

4.3.1 算法原理

仍设序列点数为 $N=2^M$，M 为正整数。现将输入序列 $x(n)$按前一半、后一半分开(注意不是按照下标的奇偶分开)，将点 DFT 写成两部分，即

$$X(k)=\sum_{n=0}^{N-1} x(n) W_N^{nk}=\sum_{n=0}^{\frac{N}{2}-1} x(n) W_N^{nk}+\sum_{n=\frac{N}{2}}^{N-1} x(n) W_N^{nk}$$

$$=\sum_{n=0}^{\frac{N}{2}-1} x(n) W_N^{nk}+\sum_{n=0}^{\frac{N}{2}-1} x\left(n+\frac{N}{2}\right) W_N^{\left(n+\frac{N}{2}\right) k}$$

$$=\sum_{n=0}^{\frac{N}{2}-1}\left[x(n)+x\left(n+\frac{N}{2}\right)W_N^{Nk/2}\right]W_N^{nk},\quad k=0,1,2,\cdots,N-1$$

注意,此时用的是W_N^{nk},而不是$W_{N/2}^{nk}$,因为此时并不是$N/2$点的DFT。由于$W_N^{N/2}=-1$,故$W_N^{Nk/2}=(-1)^k$,可得

$$X(k)=\sum_{n=0}^{\frac{N}{2}-1}\left[x(n)+(-1)^k x\left(n+\frac{N}{2}\right)\right]W_N^{nk},\quad k=0,1,2,\cdots,N-1 \tag{4-24}$$

当k为偶数时,$(-1)^k=1$;当k为奇数时,$(-1)^k=-1$。因此,按照k的奇偶可将$X(k)$分成两个部分,即

$$\begin{aligned}X(2r)&=\sum_{n=0}^{\frac{N}{2}-1}\left[x(n)+x\left(n+\frac{N}{2}\right)\right]W_N^{2nr}\\&=\sum_{n=0}^{\frac{N}{2}-1}\left[x(n)+x\left(n+\frac{N}{2}\right)\right]W_{N/2}^{nr},\quad r=0,1,2,\cdots,\frac{N}{2}-1\end{aligned} \tag{4-25}$$

$$\begin{aligned}X(2r+1)&=\sum_{n=0}^{\frac{N}{2}-1}\left[x(n)-x\left(n+\frac{N}{2}\right)\right]W_N^{n(2r+1)}\\&=\sum_{n=0}^{\frac{N}{2}-1}\left\{\left[x(n)-x\left(n+\frac{N}{2}\right)\right]W_N^{n}\right\}W_{N/2}^{nr},\quad r=0,1,2,\cdots,\frac{N}{2}-1\end{aligned} \tag{4-26}$$

式(4-25)为前一半输入和后一半输入之和的$N/2$点DFT,式(4-26)为前一半输入和后一半输入之差再与W_N^n之积的$N/2$点DFT。令

$$\begin{cases}x_1(n)=x(n)+x\left(n+\frac{N}{2}\right)\\x_2(n)=\left[x(n)-x\left(n+\frac{N}{2}\right)\right]W_N^n\end{cases},\quad n=0,1,2,\cdots,\frac{N}{2}-1 \tag{4-27}$$

则有

$$\begin{cases}X(2r)=\sum_{n=0}^{\frac{N}{2}-1}x_1(n)W_{N/2}^{nr}\\X(2r+1)=\sum_{n=0}^{\frac{N}{2}-1}x_2(n)W_{N/2}^{nr}\end{cases},\quad r=0,1,2,\cdots,\frac{N}{2}-1 \tag{4-28}$$

式(4-27)所表示的运算关系可以用图4-14所示的蝶形运算表示。

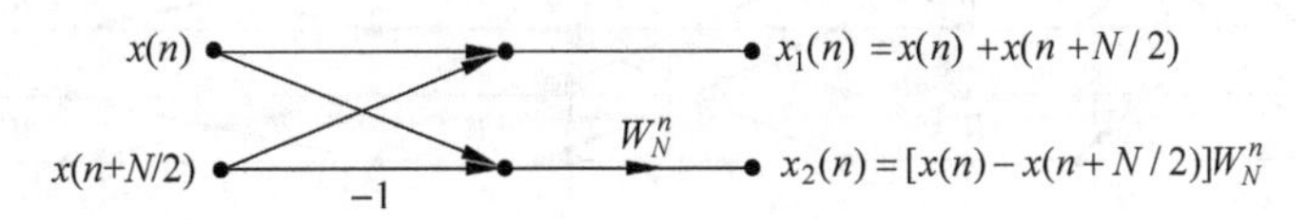

图4-14 频率抽取法蝶形运算单元

由此,将一个点的DFT按照k的奇偶分解为两个$N/2$点的DFT。当$N=8$时,分解过程可以参考图4-15。

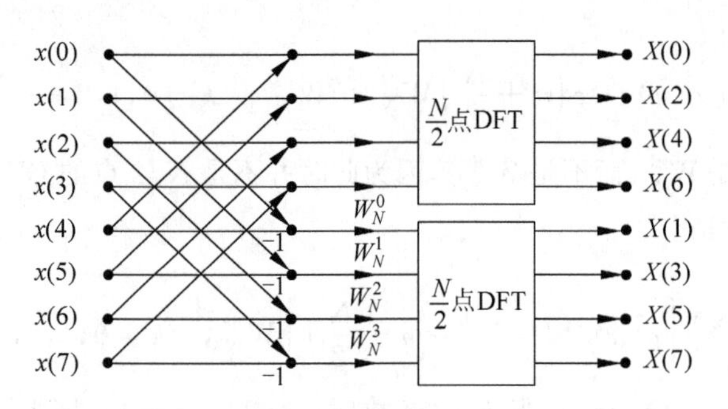

图 4-15 按频率抽取的第一次分解($N=8$)

和时间抽取算法一样,由于 $N=2^M$,$N/2$ 仍然是一个偶数,因此可以将每个 $N/2$ 点 DFT 的输出再次分解成偶数组和奇数组,这就将 $N/2$ 点 DFT 进一步分解成两个 $N/4$ 点 DFT。这两个 $N/4$ 点 DFT 的输入也是先将 $N/2$ 点 DFT 的输入上下对半分开后通过蝶形运算而形成的,图 4-16 展示出了进一步分解过程。

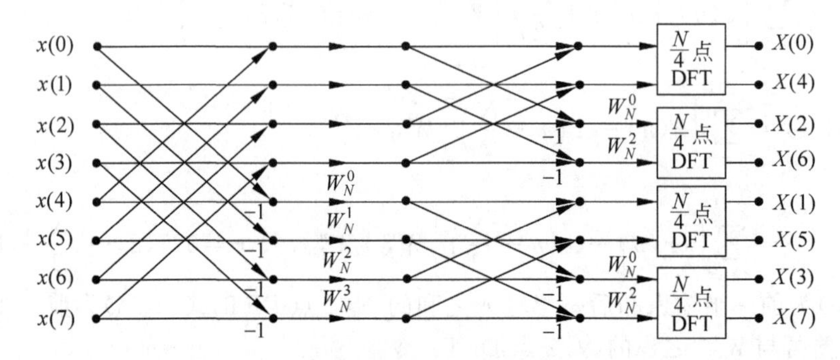

图 4-16 按频率抽取的第二次分解($N=8$)

同按时域分解一样,这样的分解一共可以进行 M 次,第 M 次实际上是两点的 DFT,两个点的 DFT 可以表示成 $X(0)=x(0)W_2^{0\cdot 0}+x(1)W_2^{0\cdot 1}=x(0)+x(1)$,$X(1)=x(0)W_2^{0\cdot 1}+x(1)W_2^{1\cdot 1}=x(0)-x(1)$形式。为了有统一的运算结构,仍然采用系数为 W_N^0 的蝶形运算表示,这 $N/2$ 个两点 DFT 的 N 个输出就是 $x(n)$的 N 点 DFT 的结果 $X(k)$。图 4-17 展示当 $N=8$ 时完整的按频率抽取的基 2-FFT 运算结构。

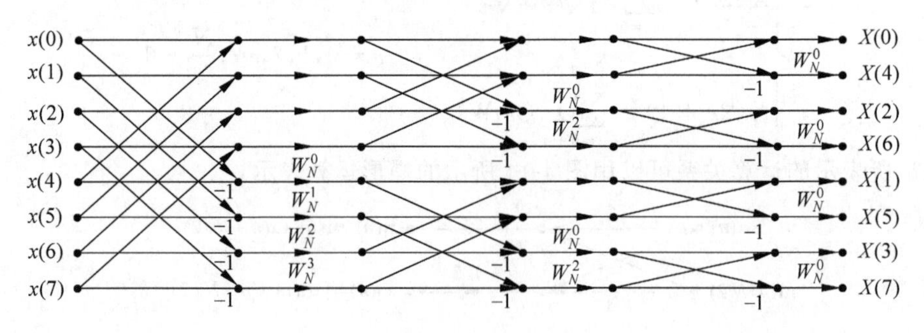

图 4-17 按频率抽取的 FFT($N=8$)

从图 4-17 可以看出,按频率抽取算法也是通过 M 级蝶形运算组成,每一级也有 $N/2$ 个蝶形。每一个碟形完成基本迭代运算,即

$$\begin{cases} X_m(k)=X_{m-1}(k)+X_{m-1}(j) \\ X_m(j)=[X_{m-1}(k)-X_{m-1}(j)]W_N^r \end{cases}$$

式中，m 表示第 m 级运算，k，j 表示所在的行数，公式的蝶形运算如图 4-18 所示。完成这个蝶形也要两次复加和一次复乘。

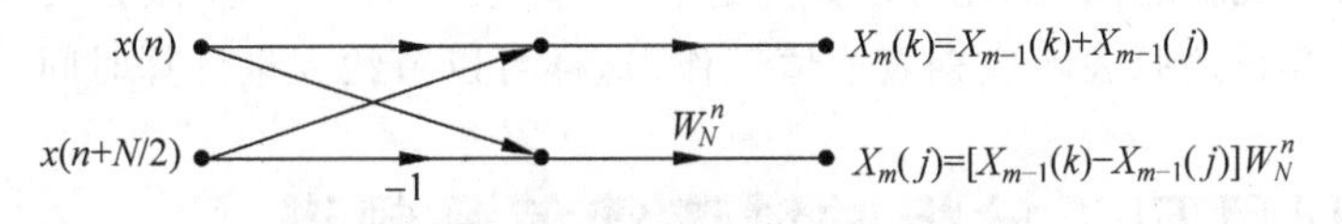

图 4-18 按频率抽取蝶形算法运算单元

4.3.2 DIT-FFT 与 DIF-FFT 的异同

直观比较图 4-17 和图 4-5 可以得到：图 4-17 采用的输入是自然顺序的，输出是倒位序的；图 4-5 的 DIT 算法输入是倒位序的，输出是自然顺序的。这是实质性的区别，DIF 和 DIT 一样，都可以重排输入和输出，使二者的输入或者输出顺序变成自然顺序或者倒位序顺序，例如图 4-13 实现了 DIT 的输入顺序，输出倒位序。仔细查看图 4-9 和图 4-18 两个基本蝶形，**基本蝶形的不同才是本质性的区别**，DIF 基本蝶形的复乘体现在减法之后，DIT 的则是先作复乘再作加减法。

DIT 和 DIF 算法的运算量是相同的，都有 M 级运算，每一级都有 $N/2$ 个蝶形，总共需要 $m_F=(N/2)\log_2 N$ 次复数乘法和 $a_F=N\log_2 N$ 次复数加法运算。

由按时间抽取和按频率抽取得基本蝶形(图 4-9 和图 4-18)运算可以看出，如果将 DIT 的基本蝶形加以转置，就得到 DIF 的基本蝶形，反之亦然。因此，**DIT 和 DIF 的基本蝶形是互为转置的**。按频率抽取算法和按时间抽取算法是两种等价的 FFT 运算。

4.3.3 IDFT 的高效算法及编程考虑

在讨论 DIT-FFT 和 DIF-FFT 算法时，主要考虑正变换过程，然而，有些时候快速反变换也是需要的。离散傅里叶变换正反变换公式为

$$\begin{cases} X(k)=\sum_{n=0}^{N-1}x(n)W_N^{nk}=\sum_{n=0}^{N-1}x(n)\mathrm{e}^{-\mathrm{j}\frac{2\pi nk}{N}} \\ x(n)=\frac{1}{N}\sum_{k=0}^{N-1}X(k)W_N^{-nk}=\frac{1}{N}\sum_{k=0}^{N-1}X(k)\mathrm{e}^{\mathrm{j}\frac{2\pi nk}{N}} \end{cases}$$

观察傅里叶正反变换公式可以看出，正反变换都是序列加权相乘然后相加的结构；不同的是正变换用的是 $\mathrm{e}^{-\mathrm{j}\frac{2\pi nk}{N}}$，反变换用的是 $\mathrm{e}^{\mathrm{j}\frac{2\pi nk}{N}}$，除此之外，反变换需要有一个系数 $1/N$。知道这些相同点和不同点后，正反变换实际上可以采用同样的流程图结构，例如 DIT 变换时，输入的是 $x(n)$，反变换时输入的是 $X(k)$，从数据上说，两者是一致的。正变换时相乘复数为 $W_N^r=\mathrm{e}^{-\mathrm{j}\frac{2\pi r}{N}}$，反变换时则为 $W_N^{-r}=\mathrm{e}^{\mathrm{j}\frac{2\pi r}{N}}$。在整个变换完成后，在程序的最后乘以 $1/N$。可以设计一个变量，标明正逆变换，程序中基于这个变量作判断时应该用 W_N^r 还是 W_N^{-r}，用程序实现正反变换。考虑到效率原因，正变换和反变换应该分开编写，例如 MATLAB 就使用了 FFT()和 IFFT()函数。

如果使用 MATLAB 做验证，因为 MATLAB 提供了复数计算功能，可以直接写复数乘法。在嵌入式系统中或 C 语言环境实现 FFT 时，就需要考虑将复数乘法计算转化成实数乘加计算了。在编写程序时，$W_N^{-r}=\mathrm{e}^{\mathrm{j}\frac{2\pi r}{N}}=\cos\left(\frac{2\pi r}{N}\right)+\mathrm{j}\sin\left(\frac{2\pi r}{N}\right)$，计算中涉及大量的正余弦项，计算这些值很耗费时间，因此可以预先进行计算，获得 $N/2$ 个正余弦表并存放在存储器中，将以后的计算正余弦表转成查表取值工作，这样可以节约大量计算时间。

视频讲解

4.4 利用 FFT 分析时域连续信号频谱

DFT 的重要应用是对连续时域信号的频谱进行分析，计算信号各个频率分量的幅值、相位和功率。经典的频谱分析就是利用 FFT 实现的。

4.4.1 基本步骤

时域连续信号离散傅里叶分析的基本步骤如图 4-19 所示。

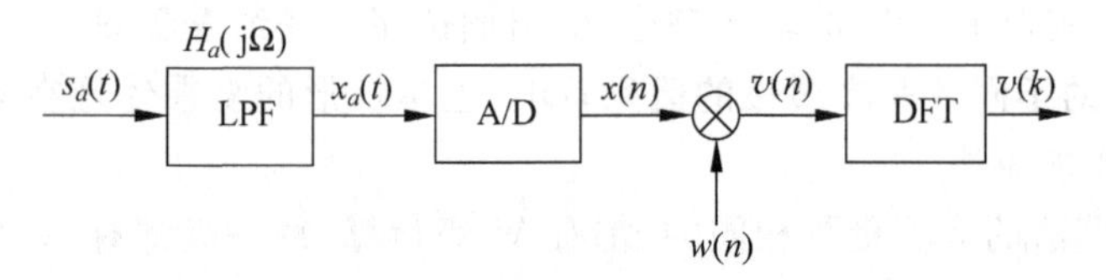

图 4-19 时域连续信号离散傅里叶分析的处理步骤

在图 4-19 中，**低通滤波器的作用**是消除或减少时域连续信号转换成序列时可能出现的频谱混叠影响。在处理之前不知道信号中混杂的高频信号成分，信号源、传输线路、电源等都有可能造成影响。低通滤波器通常由电阻电容组成。

在实际处理中，时域离散信号 $x(n)$ 的长度很长，甚至是无限长的，但在实际处理时只能取有限点进行分析，必须把 $x(n)$ 限制在一定时间区间内，即进行**数据截断**。数据截断相当于从理论上应该无限长的序列中加窗。因此，在观察频谱时，必须考虑加窗带来的影响。$x_a(t)$ 通过 A/D 变换转换成采样序列 $x(n)$，其频谱用 $X(\mathrm{e}^{\mathrm{j}\omega})$ 表示，是频率的周期函数，即

$$X(\mathrm{e}^{\mathrm{j}\omega})=\frac{1}{T}\sum_{m=-\infty}^{\infty}X_a\left(\mathrm{j}\frac{\omega}{T}-\mathrm{j}\frac{2\pi m}{T}\right) \tag{4-29}$$

式中，$X_a\left(\mathrm{j}\frac{\omega}{T}\right)=X_a(\mathrm{j}\Omega)$ 为 $x_a(t)$ 的频谱。由于 DFT/FFT 的需要，必须对序列 $x(n)$ 进行加窗处理，即 $v(n)=x(n)w(n)$，加窗对频域的影响用卷积可以表示为

$$V(\mathrm{e}^{\mathrm{j}\omega})=\frac{1}{2\pi}\int_{-\pi}^{\pi}X(\mathrm{e}^{\mathrm{j}\theta})W(\mathrm{e}^{\mathrm{j}(\omega-\theta)})\mathrm{d}\theta \tag{4-30}$$

假设信号的频谱为

$$X(\mathrm{e}^{\mathrm{j}\omega})=\begin{cases}8\cdot\mathrm{e}^{-\mathrm{j}\left(\frac{N-1}{2}\right)\omega}, & |\omega|\leqslant\frac{\pi}{2}\\ 0, & \frac{\pi}{2}<|\omega|\leqslant\pi\end{cases}$$

矩形窗($N=32$)信号的谱为

$$W(e^{j\omega})=\sum_{n=0}^{N-1}e^{-j\omega n}=\frac{\sin(\omega N/2)}{\sin(\omega/2)}e^{-j\left(\frac{N-1}{2}\right)\omega}$$

由式(4-30),得

$$V(e^{j\omega})=\frac{1}{2\pi}\int_{-\pi}^{\pi}X(e^{j\theta})W(e^{j(\omega-\theta)})d\theta$$

$$=e^{-j\left(\frac{N-1}{2}\right)\omega}\ \frac{1}{2\pi}\int_{-\pi}^{\pi}8\cdot\frac{\sin((\omega-\theta)N/2)}{\sin((\omega-\theta)/2)}d\theta$$

图 4-20 展示了这样信号和矩形窗卷积的效果。

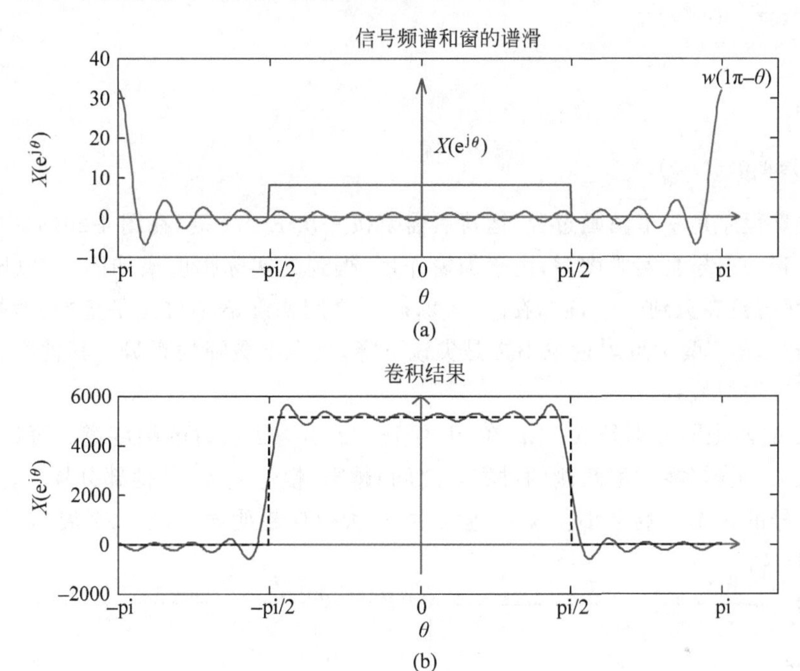

图 4-20　幅度谱卷积效果

MATLAB 代码如下：

```
clear;clc;clf;len = 640;hd = zeros(1,len);hd(len/4:3 * len/4) = 8;
a = 15.5;N = 2 * a + 1;Wc = pi/2;
n = 0:N - 1;hdn = sin(Wc * (n - a))./(pi * (n - a));
hdn(16) = (pi/2)/pi; % 解决该点分母为 0,出现 NAN 的结果
w = - pi:2 * pi/len:pi - 2 * pi/len;wrsita = sin(w * N/2)./sin(w/2);
wrsita(len/2 + 1) = N;temp = zeros(1,len);
temp(1:len/2) = wrsita(len/2 + 1:len);
temp(len/2 + 1:len) = wrsita(1:len/2);t_value = 0;hd1 = hd';
x = 1:len;answ = zeros(1,len);figure(1);
for index = 1:640
t_value = temp(len);temp(2:len) = temp(1:len - 1);temp(1) = t_value;
answ(index) = temp * hd1;subplot(211);
plot(x(1:index),temp(1:index),'r','linewidth',2);
hold on;plot(x(index + 1:len),temp(index + 1:len),'b','linewidth',2);
str1 = (index - 320)/320;
str = strcat({'w('},{num2str(str1)},{'\pi - \theta)'});
text(index,33,str);plot(hd);text(321,11,'X(e^{j\theta})')
```

```
set(gca,'xtick',[1;len/4+1;len/2+1;3*len/4+1;len],'xticklabel',{'-pi';'-pi/2';'0';'pi/
2';'pi'});line([0 len/2+1;len+20 len/2+1],[0 -10;0 N+3],'color','r','linewidth',2);line
([len+10 len+10;len+20 len+20],[1 -1;0 0],'color','r','linewidth',2);line([len/2+1-5
len/2+1+5;len/2+1 len/2+1],[N-1 N-1;N+3 N+3],'color','r','linewidth',2);
title('信号频谱和窗的谱滑');hold off;subplot(212);
plot(answ,'linewidth',3);line([0 len/2;len+20 len/2],[0 -1200;0 6000],'color','r',
'linewidth',2);line([len+9 len+9;len+20 len+20],[+200 -200;0 0],'color','r','linewidth',
2);line([len/2-9 len/2+9;len/2 len/2],[6000-350 6000-350;6000 6000],'color','r',
'linewidth',2);hold on;plot(hd*640,'--g');set(gca,'xtick',[1;len/4;len/2;3*len/4;len],
'xticklabel',{'-pi';'-pi/2';'0';'pi/2';'pi'});title('卷积结果');
hold off;pause(0.01);
    if index==1
    pause
    end
end
hold on;subplot(212);
```

上面仿真程序是一个动画过程，运行后需要按一次 Enter 键，在图 4-20(a)中，$X(e^{j\omega})$是我们期望得到的信号真实幅度谱，由于加窗作用，得到的实际幅度谱如图 4-20(b)所示。可以看出，幅度谱被展宽到$[-\pi,\pi]$，在$[-\pi/2,\pi/2]$之间幅度谱不再是平直的，而是呈现出波纹状，在$-\pi/2,\pi/2$两个点附近也不再是尖锐下降，呈现出缓降的态势。其他类信号和窗的频谱卷积也有类似效果。

图 4-21 的四张图分别是$R_N(n)$在N为 16,32,48,64 点时的幅度谱。可以看出，随着矩形窗的增加，主瓣(零频率两侧的过零点之间)越窄，幅值越大，其他部分越小，这样在卷积过程中对信号的频率影响越小。N值越大时，这种效应越明显。图 4-22 展示了N为 1024 时的幅度谱。

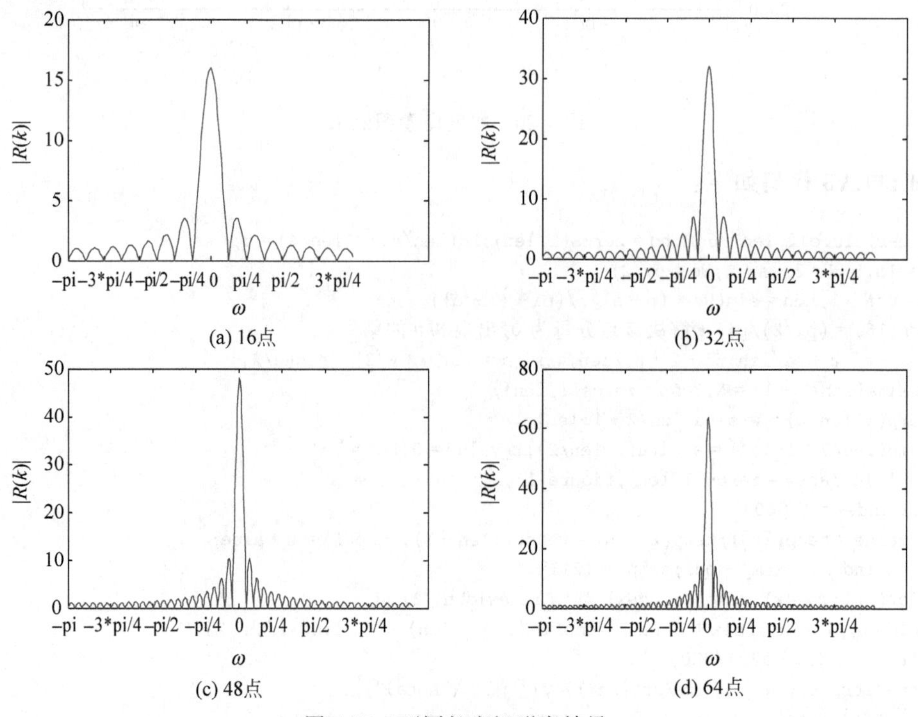

图 4-21 不同长度矩形窗效果

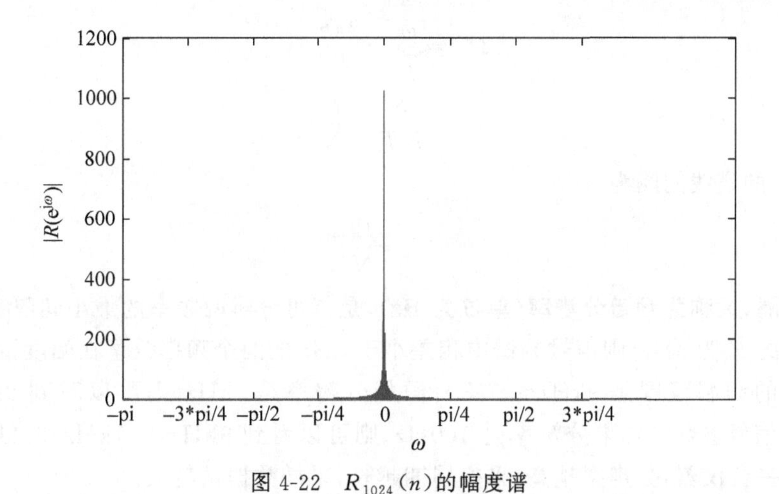

图 4-22 $R_{1024}(n)$的幅度谱

因此，在截断信号进行分析时，尽可能用更多的采样点数，以减少加窗效应的影响。

MATLAB 代码如下：

```
clc;clear;clf;N = 16;
for di = 1:4
subplot(2,2,di);RN = zeros(1,di * 10 * N); % 始终保持 10 倍的点数,减小栅栏效应
RN(1:di * N) = 1; % 有效点数增多
mag1 = fft(RN);app = abs(mag1);
chuankou = zeros(1,di * 10 * N); % 把谱搬移到中心,对称容易观察
chuankou(1:5 * di * N) = app(5 * di * N + 1:10 * di * N);
chuankou(5 * di * N + 1:10 * N * di) = app(1:5 * N * di);
plot([0:di * 10 * N - 1],chuankou);set(gca,'Xtick',[0:2 * di * 10:di * 10 * N - 1]);
set(gca,'XtickLabel',{'- pi','- 3 * pi/4','- pi/2','- pi/4','0','pi/4','pi/2','3 * pi/4'});
end
subplot(221);title('16 点矩形窗幅度谱');xlabel('(a)');
subplot(222);title('32 点矩形窗幅度谱');xlabel('(b)')
subplot(223);title('48 点矩形窗幅度谱');xlabel('(c)')
subplot(224);title('64 点矩形窗幅度谱');xlabel('(d)')
figure(2);
RN = zeros(1,10 * 1024); % 始终保持 10 倍的点数,减小栅栏效应
RN(1:1024) = 1; % 有效点数增多
mag1 = fft(RN);app = abs(mag1);
chuankou = zeros(1,10 * 1024); % 把谱搬移到中心,对称容易观察
chuankou(1:5 * 1024) = app(5 * 1024 + 1:10 * 1024);
chuankou(5 * 1024 + 1:10 * 1024) = app(1:5 * 1024);
plot([0:10 * 1024 - 1],chuankou);set(gca,'Xtick',[0:128 * 10:10 * 1024 - 1]);
set(gca,'XtickLabel',{'- pi','- 3 * pi/4','- pi/2','- pi/4','0','pi/4','pi/2','3 * pi/4'});
```

有限长序列 $v(n)=x(n)w(n)$的 DFT 相当于 $v(n)$傅里叶变换的等间隔采样。

$$V(k)=V(\mathrm{e}^{\mathrm{j}\omega})\Big|_{\omega=\frac{2\pi k}{N}} \tag{4-31}$$

通过 $V(k)$观察 $s_a(t)$频谱。因为 DFT 对应的数字域频率间隔为 $\Delta w=2\pi/N$，且模拟频率 Ω 与数字频率 ω 之间的关系为 $\omega=\Omega T$，其中 $\Omega=2\pi f$，所以，离散的频率函数第 k 点对应的模拟频率为

$$\Omega_k = \frac{\omega}{T} = \frac{2\pi k}{NT} \tag{4-32}$$

$$f_k = \frac{k}{NT} = \frac{k}{N} f_s \tag{4-33}$$

显然,两相邻的谱线间隔为

$$F = \frac{f_s}{N} \tag{4-34}$$

谱线间隔,又称为频谱分辨率(单位为 Hz),是指可分辨两频率的最小间隔。例如,如果某频谱分析的 F 为 5Hz,则信号频谱中相差小于 5Hz 的两个频率分量在幅度谱中分辨不出来。频谱仪的频率范围是 9kHz～8GHz,假如分辨率是 1kHz,则可以看到 9kHz,10kHz,11kHz,…的信号参数。如果分辨率是 100Hz,则可以看到 9kHz,9.1kHz,9.2kHz,…的信号参数。同一台仪器,分辨率越高,采样周期越长,采样数据量越大。

采样长度 t_p 可表示为

$$t_p = NT \tag{4-35}$$

$$F = \frac{f_s}{N} = \frac{1}{NT} = \frac{1}{t_p} \tag{4-36}$$

长度 $N=16$ 的时间信号 $v(n)=(1.1)^n R_{16}(n)$ 的图形如图 4-23(a)所示,其 16 点的 DFT $V(k)$的示例如图 4-23(b)所示。其中,$\boldsymbol{T}$ **为采样时间间隔**(单位：s);$\boldsymbol{f_s}$ **为采样频率**(单位：Hz);$\boldsymbol{t_p}$ **为截取连续时间信号的样本长度**又称记录长度(单位：s);$\boldsymbol{F}$ **为谱线间距,又称频谱分辨率**(单位：Hz)。注意：$V(k)$示例图给出的频率间距 F 及 N 个频率点之间的频率 f_s 为对应的模拟域频率(单位：Hz)。

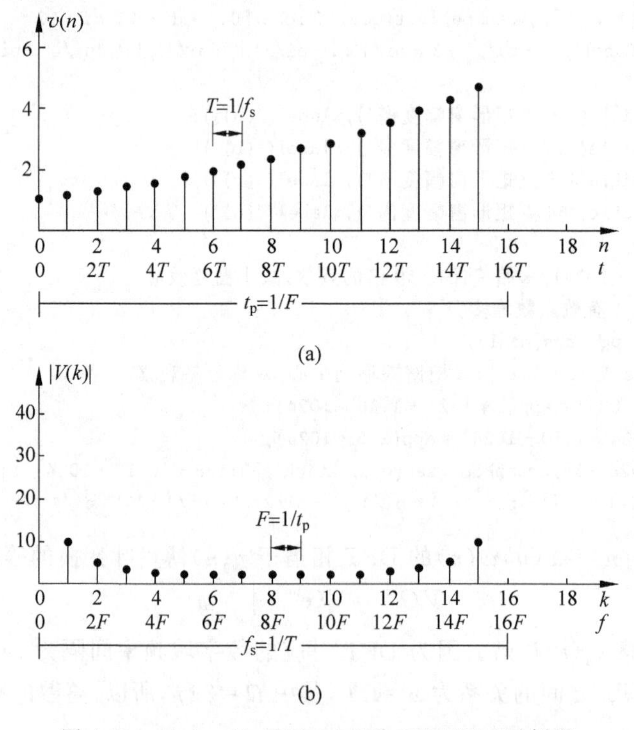

图 4-23　$v(n)=(1.1)^n R_{16}(n)$及 DFT $V(k)$示例图

在实际应用中，应根据信号最高频率 f_h 和频率分辨率 F 的要求确定 T、t_p 和 N。

(1) 由采样定理，为保证采样信号不失真，需要 $f_s \geqslant 2f_h$，f_h 为信号频率的最高频率分量，也就是前置低通滤波器阻带的截止频率，即应使采样周期 T 满足

$$T \leqslant \frac{1}{2f_h}$$

(2) 由频谱分辨率 F 和 T 确定 N

$$N = \frac{f_s}{F} = \frac{1}{FT}$$

为了使用 FFT 运算，一般选择 N 为 2 的幂即 $N=2^M$，由式(4-33)可知，当 N 增大时，分辨率变好，但是增加了记录长度 t_p。

(3) 由 N，T 确定最小的记录长度 $t_p = NT$。

【例 4-4】 有一频谱分析用的 FFT 处理器，采样点数必须是 2 的整数次幂，假定没有采用任何特殊的数据处理措施(没有补零)，要求频率分辨率小于等于 10Hz。如果采样间隔为 0.1ms，试确定：(1)最小记录长度；(2)所允许处理的信号的最高频率；(3)在一个记录中的最少点数。

【解】 (1) 由分辨率的要求确定最小长度 t_p：

$$t_p = \frac{1}{F} = \frac{1}{10} = 0.1\text{s}$$

所以记录长度最小需要 0.1s。

(2) 根据采样定理不发生混叠时要求 $f_s \geqslant 2f_h$，现在

$$f_s = 1/T = 10\,000\text{Hz}$$

所以信号最高频率 $f_s \leqslant 5000\text{Hz}$。

(3) 由频谱分辨率 F 和 T 确定 N：

$$N = \frac{f_s}{F} = \frac{10\,000}{10} = 1000$$

取最临近的 2 的次幂：

$$N = 2^M = 1024 > 1000$$

这样获得的点数可以满足分辨率及 FFT 处理要求。

【例 4-5】 用某台 FFT 分析仪进行谱分析。使用该仪器时，选用的抽样点数 N 必须是 2 的整数次幂。已知待分析的信号中，上限频率小于或等于 1.25kHz。要求谱分辨率≤5Hz。试确定下列参数：(1)一个记录中的最少抽样点数；(2)相邻样点间的最大时间间隔；(3)信号的最小记录时间。

【解】 (1)因为待分析的信号中上限频率 $f_h \leqslant 1.25\text{kHz}$，所以抽样频率应满足 $f_s \geqslant 2f_h = 2.5\text{kHz}$，因为要求谱分辨率 $\frac{f_s}{N} \leqslant 5\text{kHz}$，所以 $N \geqslant \frac{2.5\times 1000}{5} = 500$，因为选用的抽样点数 N 必须是 2 的整数次幂，所以一个记录中的最少抽样点数 $N=512$。

(2) 相邻样点间的最大时间间隔 $T = \frac{1}{f_{s\min}} = \frac{1}{2f_h} = \frac{1}{2.5}\text{ms} = 0.4\text{ms}$。

(3) 信号的最小记录时间 $t_{p\min} = N \cdot T = 512 \times 0.4\text{ms} = 204.8\text{ms}$。

4.4.2 可能出现的误差

视频讲解

利用 FFT 对连续信号进行傅里叶分析可能造成的误差，分析如下。

1. 频谱混叠失真

在图 4-19 中，A/D 变换前采用前置低通滤波器进行滤波，使频谱中 $x_a(t)$最高频率分量不超过 f_h，假设采样频率为 f_s，按照奈奎斯特采样定理，为了不产生混叠，必须满足 $f_s \geqslant 2f_h$，一般取 $f_s=(2.5\sim3.0)f_h$。如果不满足采样定理，就会发生混叠。

举例来说，现在播放器中对声音信号采样频率通常采用 44.1kHz，这是因为人耳可感知的最高频率为 20kHz，考虑到模拟滤波器的过渡带，这里采用了稍高于 40kHz 的采样频率；还有一些高保真的音乐，采样频率采用了 48kHz，确保模拟滤波器在 20kHz 附近有平直的表现，当然高采样率在数模转换时也有好处；在固定电话中，由于要在同一条电缆中传输更多信号，所以用了 8kHz 采样频率，前端模拟低通滤波器的转折频率稍低于 4kHz，因为滤除了高频信号，对声音造成一定程度的损伤，导致接听电话的人可能辨别不出来说话人的声音。

值得说明的是，前端滤波电路通常由模拟电路来实现。所用元器件通常为电阻、电容、电感和集成运放，一阶滤波器衰减速度只有 20dB，模拟高阶滤波器需要的阻容运放网络更复杂，成本高，调试烦琐，不同的频段会让阻容网络特性发生变化，所以模拟滤波器不容易达到高性能，造成滤波过渡带较宽，阻带波动大。如果阻带衰减不够大的话，高频部分还是能串入低频部分(参考采样定理部分)，造成频谱混叠失真。

除此之外，为了避免混叠失真，需要采用更高的 f_s，这将恶化 F，但如果为了确保分辨率 F 不变差，只能提高采样点数 N，这样又会使得运算量加大。

2. 栅栏效应

利用 FFT 计算频谱，只能给出离散点 $\omega_k=2\pi k/N$ 或 $f_k=\dfrac{kf_s}{N}$上的频谱采样值，而不可能看到连续的频谱函数，这就像通过一个“栅栏”观察信号频谱，只能在离散点处看到信号频谱，称为“栅栏效应”。如果在两个离散谱线之间有一个特别大的频谱分量，则无法直接检测出来。另外，准确的频率点也有可能观察不到，只能看到临近的次高点。

减少栅栏效应的一种方法是使频谱采样更密，即在频域内增加采样点数 N，在不增加时域采样点数的情况下，需要在序列的末端增加一些零点，使得一个周期内的点数增加。由于 N 的增加，谱线更密，谱线变密后，原来看不到的谱分量就有可能看到了。

图 4-24～图 4-27 展示了这个过程，所用序列为 $R_8(n)$。

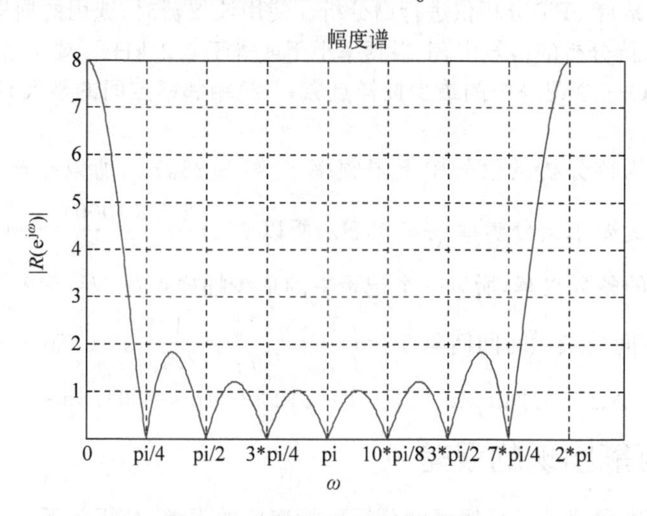

图 4-24　序列 $R_8(n)$的幅度谱

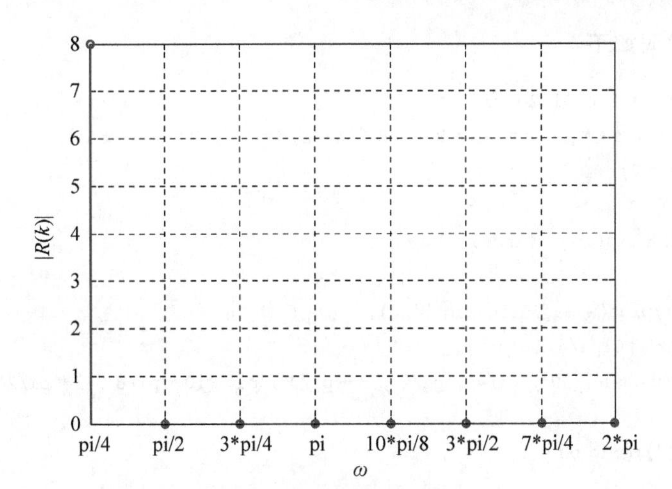

图 4-25　直接进行 FFT 的结果

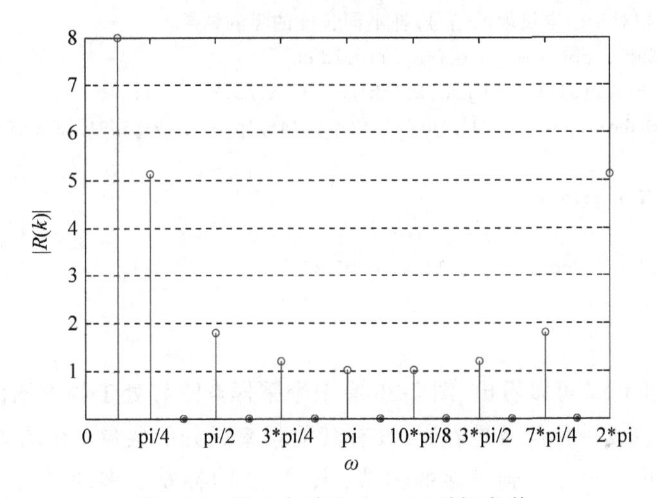

图 4-26　补 8 个零后，$N=16$ 时幅度谱

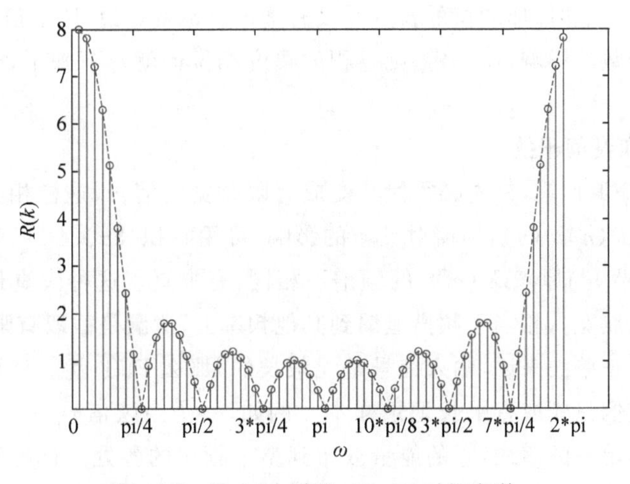

图 4-27　补 64 个零后，$N=72$ 时幅度谱

MATLAB 代码如下：

```
clc;clear;clf;w = 0:0.01:2 * pi;
N = 8;M = [N,2 * N,8 * N];str = {'N = 8,n = 8','N = 8,n = 16','N = 8,n = 64'};
figure(1);hjw = 0;
for index = 1:8
  hjw = hjw + 1 * exp( - j * (index - 1) * w);
end
mag = abs(hjw);plot(w,mag,'linewidth',2);
set(gca,'Xtick',[0:pi/4:2 * pi]);
set(gca,'XtickLabel',{'0','pi/4','pi/2','3 * pi/4','pi','10 * pi/8','3 * pi/2','7 * pi/4','2 * pi'
});
title('幅度谱');grid on
for di = 1: 3
figure(di + 1);xn = zeros(1,M(di));
xn(1:N) = 1; % 相对于固定长度的信号,补不同长度的零的结果
xew = fft(xn);mag1 = abs(xew);stem(mag1);hold on
text(M(di)/2,15,str(di));set(gca,'Xtick',[0:M(di)/8:M(di)]);
set(gca,'XtickLabel',{'0','pi/4','pi/2','3 * pi/4','pi','10 * pi/8','3 * pi/2','7 * pi/4','2 *
pi'});
% title('幅度谱');grid on
if(di == 3)
    plot(mag1,'-- ','color','r','linewidth',2);
end
end
```

从图 4-24～图 4-27 可以看出,图 4-25 有 7 个采样点刚好处于幅度谱的零点位置,导致采出全零的结果,造成一种信号是直流、没有其他频率成分的假象；在图 4-26 中,当序列增补一倍的零后,幅度谱可以看到更多的细节；图 4-27 中补充更多的零后,幅度谱显示出的包络更接近图 4-24 的真实情况。

在补零增加采样点时,加的窗的长度并没有增加。也就是说,原来信号和窗函数卷积的结果并不受补零个数的影响,窗一定,则卷积的幅度相位谱就定下来了,时域补零只是增加了采样点数而已。

3. 频谱泄漏和谱间干扰

对信号进行 FFT 计算,首先必须使其变成有限时宽的信号,这样相当于在时域中乘以矩形窗,即 $v(n)=x(n)w(n)$,加窗对频域的影响,可用卷积公式(4-29)表示。卷积的结果造成所得到的 $V(\mathrm{e}^{\mathrm{j}w})$与原来 $X(\mathrm{e}^{\mathrm{j}w})$的频谱不相同,有失真。这种失真最主要的是造成频谱的“扩散”(拖尾、展宽),相当于频谱泄漏到其他频率上,**泄漏是截取有限长信号所造成的**。对具有单一谱线的正弦波来说,输入信号是无限长的,那么 FFT 就能计算出完全正确的单一线频谱。可是我们只能取有限长记录样本。例如,一个余弦信号 $x(n)=\cos(\omega_0 n)$截断后信号频谱不再是单一的谱线,它的能量散布到整个频谱的各处。这种能量散布到其他谱线位置的现象称为“**频谱泄漏**”。频谱泄漏也会造成混叠,因为泄漏会造成频谱扩展,从而使最高频率有可能超过折叠频率($f_s/2$),造成频率的混叠失真。

图 4-28(a)为无限长余弦信号频谱,实际中我们只能取有限长信号,需要截断,图 4-28(b)为加窗截断后的频谱,窗信号的谱在主瓣两侧形成很多旁瓣,造成强信号遮蔽弱信号。将信号的每个频率成分单独看待(例如余弦信号),窗的频谱卷积结果是复制了窗的谱,复制的中心就是原信号单独的频率成分,最终总的频谱是每个信号加窗后的叠加。这样,强信号的谱的旁瓣(由窗函数引起)有可能淹没弱信号的主谱线,或者把强信号的旁瓣误认为另一信号的谱线,从而造成假信号,这样就会使频谱分析出现较大偏差。

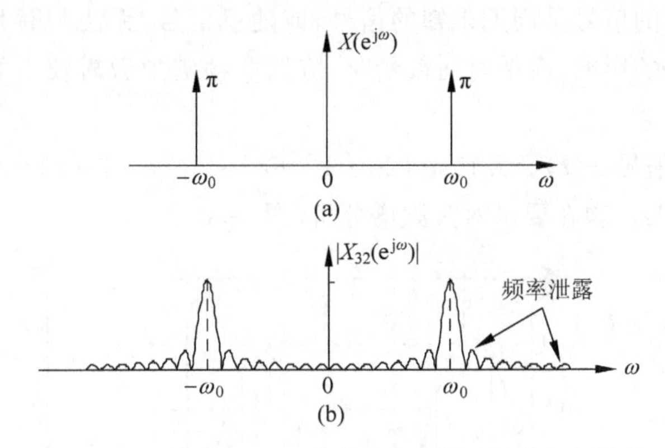

图 4-28　$x(n)=\cos(\omega_0 n)$加矩形窗前及后的幅频特性

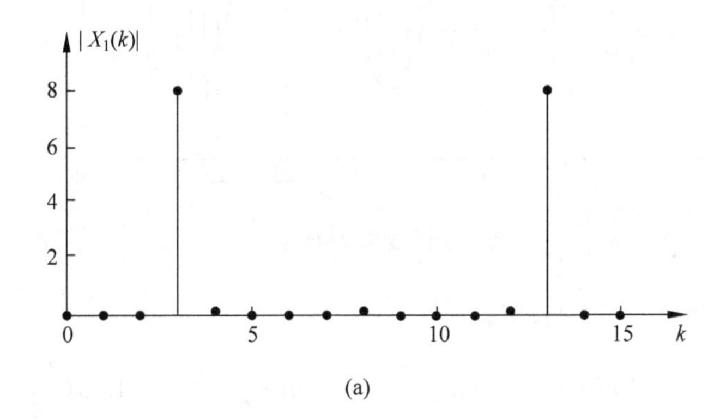

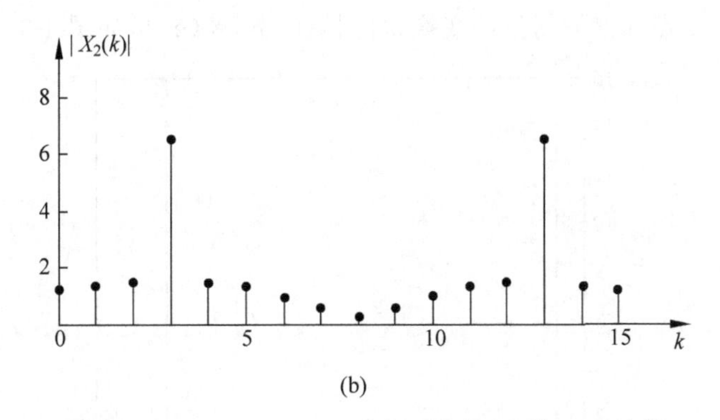

图 4-29　$x(n)=\cos(\omega_0 n)$加矩形窗前、后的 DFT 比较

对时间序列作 FFT 时,实际上要作周期延拓(如果取长序列的一段进行计算还要先作截断)。周期序列是无限长时间序列,如果截断区间刚好是该序列周期的整数倍,那么在进

行周期延拓后,将还原出原来的周期序列,由此可以较精确地计算出该周期序列的频谱。反之,如果截断区间并不是该序列周期的整数倍,那么在进行周期延拓后,不可能还原出原来的周期序列,由此计算出的频谱与该周期序列的频谱就会存在误差,而且误差的大小与截断区间的选取直接相关。图 4-29(a)为窗的宽度与信号周期相同时的 DFT 频谱图,图 4-29(b)为窗的宽度与信号周期不相同时的 DFT 频谱图。如果对已知周期的信号作频谱分析,在进行时域截断时,完全可以选取其周期的整数倍裁取,从而避免这种频率泄漏的发生。不过,通常需要进行频谱分析的信号是周期未知的信号,或随机信号,无法判断其周期值,为了尽量避免频率泄漏对结果的影响,在做时间截断时,应选取频谱中旁瓣较小的截断函数,以减轻泄漏问题。

【例 4-6】 已知信号 $x(t)=0.15\sin(2\pi\cdot 1\cdot t)+\sin(2\pi\cdot 2\cdot t)-0.1\sin(2\pi\cdot 3\cdot t)$,采样频率为 $f_s=32\text{Hz}$。现在要求对其频谱分析(图 4-30)。

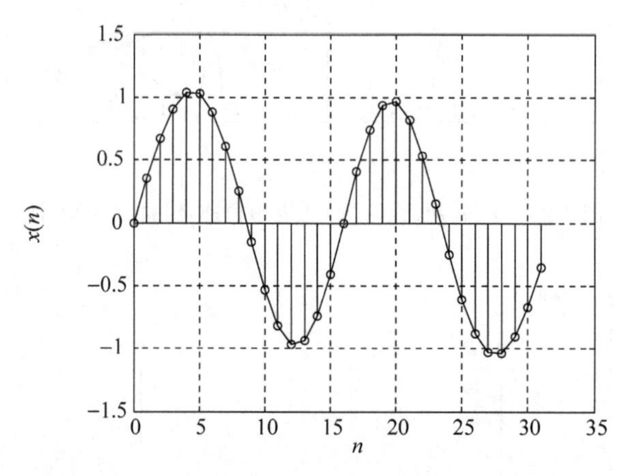

图 4-30 采样序列 $x(n)$

【解】 现有条件 $f_s=32\text{Hz}$,所以

$$x(n)=x(nT)=0.15\sin\left(\frac{2\pi}{32}n\right)+\sin\left(\frac{2\pi}{32}2n\right)-0.1\sin\left(\frac{2\pi}{32}3n\right)$$

先对 $x(n)$ 做 32 点的离散傅里叶变换,得到幅度谱 $|X(k)|$,如图 4-31 所示。

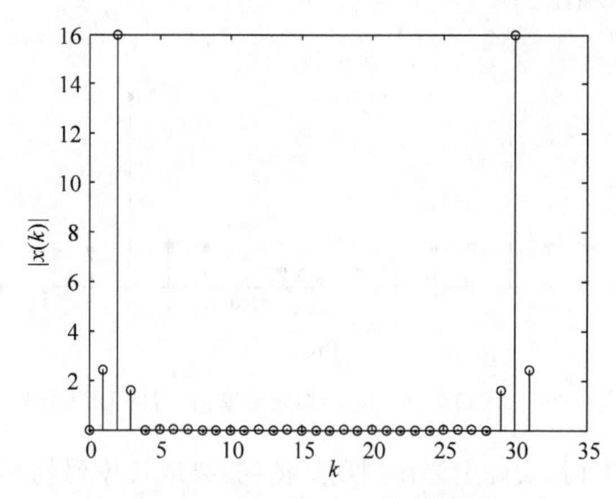

图 4-31 32 点采样序列的幅度谱

从图 4-31 可以看出，使用点数为 32 点时，分析可以得到准确的幅度谱，甚至可以从图上分析出 3 个频率成分的大小。

现在采用 38 点采样。从图 4-32 上看，有了很多非零的幅度谱。给 38 个采样点补一倍的零点，DFT 后得到图 4-33 的幅度谱图。从这两幅图上看到，有很多个频率成分，1Hz 和 3Hz 的信号不容易反映出来。

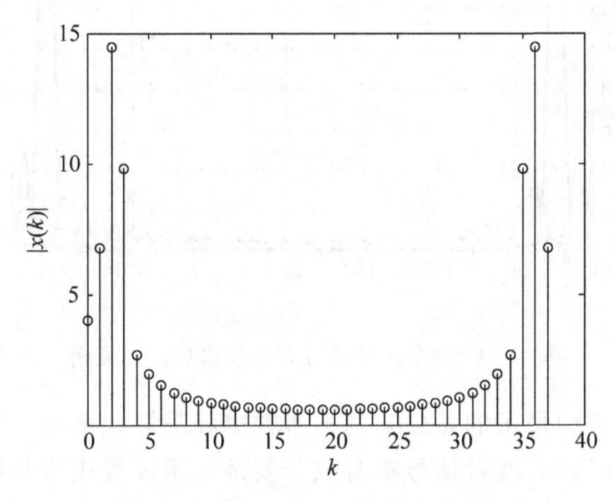

图 4-32 采样点数 38 点序列的幅度谱

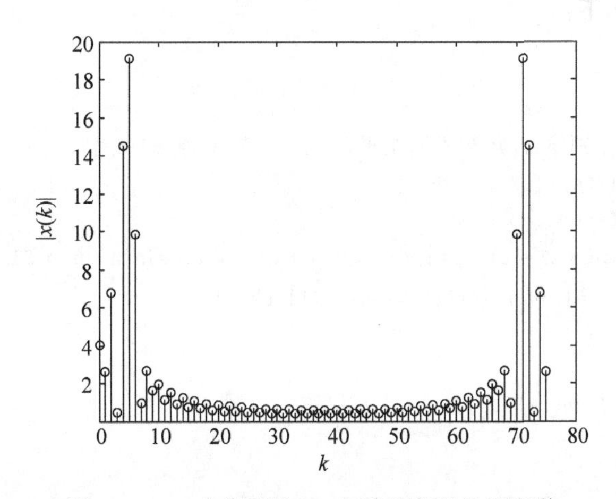

图 4-33 38 点序列补 38 个零后序列的幅度谱

产生这样问题的原因是采样点位置发生了变化。对图 4-31 来说，32 点矩形窗的幅度谱过零点位置为 $2\pi k/32$，共有 31 个过零点，这样的连续谱分别和 3 个余弦信号卷积后，与 1Hz 信号卷积后的频谱在 2Hz 信号中心处过零点，在 3Hz 信号中心同样经过零点，这样对 2Hz 信号中心和 3Hz 信号中心不造成影响。除此之外，3 个加窗后的频谱都在 $2\pi k/32$ 过零，而 DFT 后 $F=f_s/N=1\text{Hz}$，采到了 3 个信号中心点及过零点，所以表现出单纯的 3 个信号。

图 4-34 中采用 MATLAB 的 Plot 函数绘图，为了有较好的平滑显示效果，在 32 点基础上补充了 9 倍的零点，实际点数是 320 点。这样形成了频域较为平滑的幅度谱。从 3 条曲线上可以看出窗信号谱过零的情况。如果有一个信号不是整数频率或者分辨率 F 不是整

数或者采样率 f_s 的改变,都有可能导致没有幅度谱图 4-31 的效果。

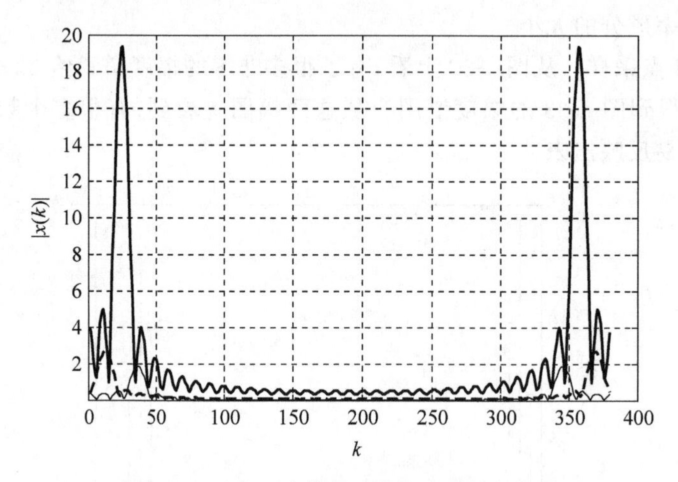

图 4-34　3 个正弦信号时域加窗后的幅度谱

值得指出的是,本例中采用的是已知的信号频率和采样频率等。在实际应用中,信号的频率一般是难以提前知道的,或者信号本身成分复杂。所以直接研判幅度谱容易出错,需要考虑窗的影响。

MATLAB 代码如下:

```
clc;clear;clf;
f1 = 1;f2 = 2;f3 = 3;fs = 32;
%用下面两个语句分别执行,得到不同结果,一个 32 点,一个 38 点
%t = 0:1/fs:31 * 1/fs;
t = 0:1/fs:37 * 1/fs;
xn = 0.15 * sin(2 * pi * f1 * t) + sin(2 * pi * f2 * t) - 0.1 * sin(2 * pi * f3 * t);
plot([0:length(t) - 1],xn);line([0;length(t)],[0;0]);
grid on;hold on
for di = 0:31
   line([di;di],[0;xn(di + 1)]);
end
xlabel('n');
figure(2);mag = abs(fft(xn));stem([0:length(t) - 1],mag);xlabel('k');
figure(3);xn1 = zeros(1,2 * length(xn));xn1(1:length(xn)) = xn;
mag3 = abs(fft(xn1));stem([0:2 * length(xn) - 1],mag3);xlabel('k');
figure(4);xn1 = 0.15 * sin(2 * pi * f1 * t);xn11 = zeros(1,5 * length(xn1));
xn11(1:length(xn1)) = xn1;xn2 = sin(2 * pi * f2 * t);xn12 = zeros(1,5 * length(xn2));
xn12(1:length(xn1)) = xn2;xn3 = - 0.1 * sin(2 * pi * f3 * t);xn13 = zeros(1,5 * length(xn3));
xn13(1:length(xn1)) = xn3;xnjw1 = abs(fft(xn11));xnjw2 = abs(fft(xn12));xnjw3 = abs(fft
(xn13));
subplot(411);plot(xnjw1,'color','r');hold on ;
subplot(412);plot(xnjw2,'color','g');
subplot(413);plot(xnjw3,'color','b');
subplot(414);plot(xnjw1,'color','r');
hold on ;plot(xnjw2,'color','g');hold on;plot(xnjw3,'color','b');
```

```
figure(5);
xn_1 = 0.15 * sin(2 * pi * f1 * t);xn_1e = zeros(1,10 * length(xn_1));
xn_1e(1:length(xn_1)) = xn_1; % 前 N 点仍然是有效数据
mag_1e = abs(fft(xn_1e));plot(mag_1e,'linewidth',2,'color','r')
hold on;xn_2 = sin(2 * pi * f2 * t);xn_2e = zeros(1,10 * length(xn_2));
xn_2e(1:length(xn_2)) = xn_2; % 前 N 点仍然是有效数据
mag_2e = abs(fft(xn_2e));plot(mag_2e,'color','g');hold on;
xn_3 = - 0.1 * sin(2 * pi * f3 * t);xn_3e = zeros(1,10 * length(xn_3));
xn_3e(1:length(xn_3)) = xn_3; % 前 N 点仍然是有效数据
mag_3e = abs(fft(xn_3e));plot(mag_3e,'color','b');grid on;xlabel('k');
```

4.5 MATLAB 应用实例

视频讲解

【例 4-7】 画高密度谱和高分辨率谱。

【解】 减小栅栏效应的一个方法是要使频域采样更密，即增加频域采样点数 N，在不改变时域数据的情况下，必然是在数据末端添加一些零值点，使一个周期内的点数增加，但并不改变原有记录数据。补零不能提高频率分辨率，这是因为数据的实际长度仍为补零前的数据长度。高密度谱是在原有的序列后插零，而高分辨率谱是增大采样点，高密度谱呈许多谱线型，而且当补充零越多，谱线越密集，如图 4-35 所示。

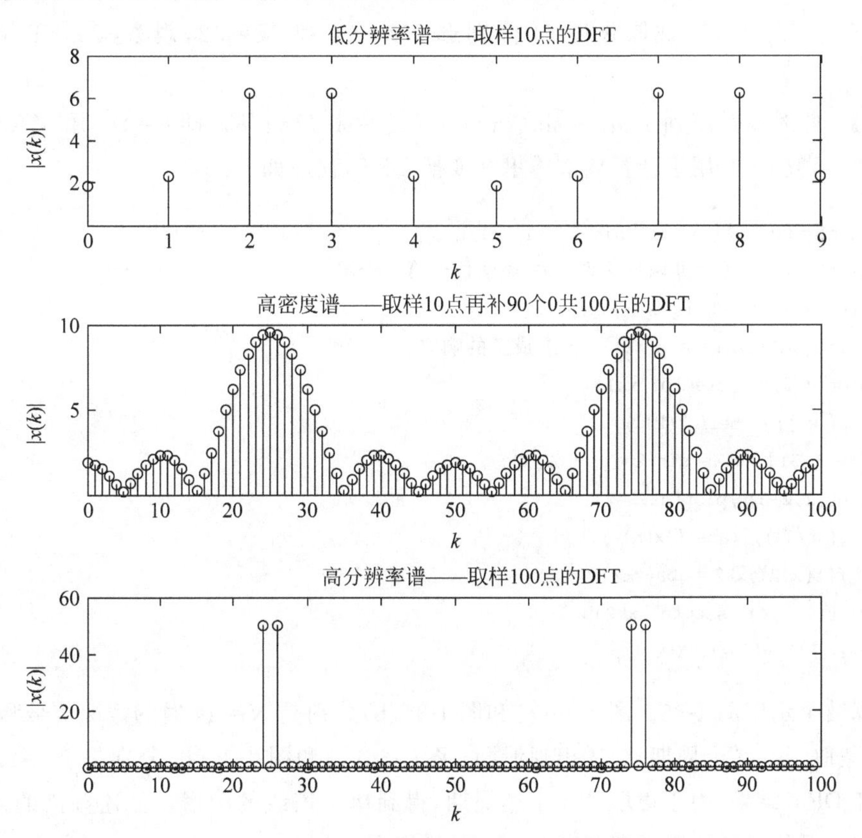

图 4-35　高密度谱和高分辨率谱

MATLAB 代码如下：

```
% Low Density DFT -- 取样 10 点的 DFT
n1 = 0:9;x = cos(0.48 * pi * n1) + cos(0.52 * pi * n1);
X1 = abs(fft(x)); % High Density DFT 1 -- 取样 10 点再补 90 个 0 共 100 点的 DFT
n2 = 0:99;xz = [x,zeros(1,90)];X2 = abs(fft(xz));
% High Resolution DFT
n3 = 0:99;xc = cos(0.48 * pi * n3) + cos(0.52 * pi * n3);
X3 = abs(fft(xc));figure(1);subplot(3,1,1);
stem(n1,X1);title('低分辨率谱 - 取样 10 点的 DFT')
subplot(3,1,2);stem(n2,X2)
title('高密度谱 - 取样 10 点再补 90 个 0 共 100 点的 DFT')
subplot(3,1,3);stem(n3,X3)
title('高分辨率谱 - 取样 100 点的 DFT')
hold on
```

本题说明高密度谱和高分辨率谱之间的区别，高密度谱是信号补零后得到的，虽然谱线相当密，但是因为信号有效长度不变，其分辨率也不变，因此还是很难看出信号的频谱成分。高分辨率谱是将信号有效长度加长，因此分辨率提高，可以看出信号的成分。

【例 4-8】 分析周期序列截断导致频谱泄漏问题，对连续的单一频率周期信号按采样频率 $f_s=8f_a$ 采样，截取长度 N 分别选 $N=44$ 和 $N=32$，观察其 DFT 结果的幅度谱。

【解】 此时离散序列 $x(n)=\sin(2\pi n f_a/f_s)=\sin(2\pi n/8)$，即 $k=8$。用 MATLAB 计算并作图，函数 FFT 用于计算离散傅里叶变换 DFT，程序如下：

```
k = 8; n1 = [0:1:43]; xa1 = sin(2 * pi * n1/k);
subplot(2,2,1) % 总共两行两列个图 该图位于第一个图
plot(n1,xa1) ;xlabel('t/T');ylabel('x(n)');
xk1 = fft(xa1);xk1 = abs(xk1); % 变成正的响应
subplot(2,2,2) ;stem(n1,xk1)
xlabel('k');ylabel('X(k)');
n2 = [0:1:31]; xa2 = sin(2 * pi * n2/k);
subplot(2,2,3) ;plot(n2,xa2)
xlabel('t/T');ylabel('x(n)');
xk2 = fft(xa2);xk2 = abs(xk2);
subplot(2,2,4) ;stem(n2,xk2)
xlabel('k');ylabel('X(k)');
```

计算结果示于图 4-36。图 4-36(a)和图 4-36(b)分别是 $N=44$ 时的截取信号和 DFT 结果，由于截取了 5.5 个周期，频谱出现泄漏；图 4-36(c)和图 4-36(d)分别是 $N=32$ 时的截取信号和 DFT 结果，由于截取了 4 个整周期，得到单一谱线的频谱。上述频谱的误差主要由于时域中对信号的非整周期截断产生了频谱泄漏。

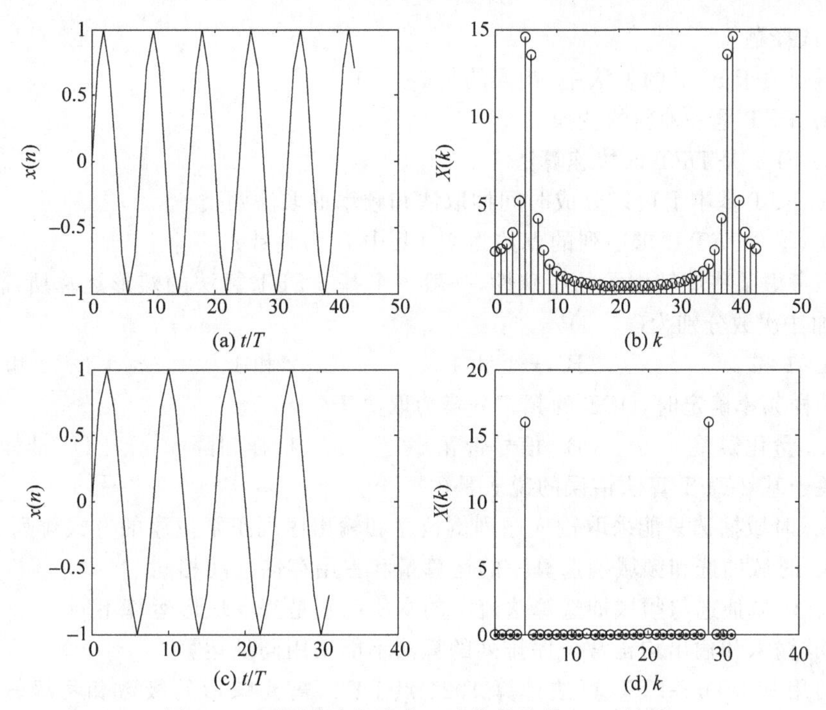

图 4-36 不同截取长度的正弦信号及其 DFT 结果

【本章习题】

4.1 填空题

(1) 直接计算一个序列 N 点的 DFT 所需的复数乘法次数为________，复数加法次数为________；用 FFT 算法计算 DFT 所需的复数乘法次数为________，复数加法次数为________。

(2) 快速傅里叶变换是基于对离散傅里叶变换________和利用旋转因子 $e^{-j\frac{2\pi}{N}k}$ 的________减少计算量，其特点是________、________和________。

(3) 用 DFT 近似分析连续信号频谱时，________效应是指 DFT 只能计算一些离散点上的频谱。

(4) 对按时间抽取的基 2-FFT 流图进行转置，并________即可得到按频率抽取的基 2-FFT 流图。

(5) FFT 的基本运算单元称为________运算。

(6) 对时间序列 $x(n)$后补若干个零后，其频域分辨率________，采样间隔________。

(7) 基 2-FFT 算法计算 $N=2^L$(L 为整数)点 DFT 需________级蝶形，每级由________个蝶形运算组成。

(8) 使用 DFT 分析模拟信号的频谱时，可能出现的问题有________、________和频谱泄漏。

(9) 直接计算 $N=2^L$(L 为整数)点 DFT 与相应的基 2-FFT 算法所需要的复数乘法次数分别为________和________。

4.2 选择题

(1) 下列关于 FFT 的说法中,错误的是( )。

A. FFT 是一种新的变换

B. FFT 是 DFT 的快速算法

C. FFT 基本上可以分成时间抽取法和频率抽取法两类

D. 基 2-FFT 要求序列的点数为 2^L(其中 L 为整数)

(2) 不考虑某些旋转因子的特殊性,一般一个基 2-FFT 算法的蝶形运算所需的复数乘法及复数加法次数分别为( )。

A. 1 和 2 B. −1 和 1 C. 2 和 1 D. 2 和 2

(3) 抽样频率确定时,DFT 的频率分辨力取决于( )。

A. 量化误差 B. 信号带宽 C. 抽样间隔 D. 抽样点数

(4) 关于基 2-FFT 算法错误的说法是( )。

A. 时域抽选只能采取输入序列倒位序和输出序列正常位序的方式排列

B. 时域抽选和频域抽选算法的运算量和占用存储空间相同

C. 时域抽选与频域抽选算法流图的本质区别是基本蝶形运算不同

D. 输入和输出均正常位序排列的算法不能采用同址运算

(5) 利用基 2 DIT-FFT 算法计算 1024 点 DFT,需要蝶形的级数和每级蝶形数分别为( )。

A. 11 和 1024 B. 11 和 512

C. 10 和 512 D. 1024 和 10

4.3 一台通用计算机的速度为平均每次复乘 100μs,每次复加 20μs,现在用来计算 $N=1024$ 点的 DFT$[x(n)]$,直接计算需要多少时间?用 FFT 计算需要多少时间?

4.4 在基-2FFT 中,第一级或者最后一级运算的系数 $W_N^p=W_N^0=1$,即可以不做运算。对一个确定点数($N=1024$),可以节约多少次复数乘法?占总的复数算法的百分比多少?

4.5 假设输入序列 $x(n)$的长度为 $N=16$,计算按 DIT-FFT 计算时输入倒位序的结果,并观前一半序列($n\in[0,7]$)中是否有彼此倒位序情况。

4.6 对于一个 $N=16$ 点的 FFT,按照 DIT-FFT 算法共有多少级蝶形运算?不相同的 W_N^r 共有多少个?

4.7 以 20kHz 的采样频率对最高频率 10kHz 的实信号 $x_a(t)$进行采样,得到 1000 点的 $x(n)$,然后进行 DFT,即 $X(k)=\sum_{n=0}^{1000-1}x(n)e^{-j\frac{2\pi}{1000}nk}$,$N=1024$。试求:

(1) 数字频谱两采样点之间对应的模拟频率间隔 Δf 是多少?

(2) 在 $X(k)$中,$k=100$,$k=700$ 对应的模拟信号频率是多少?哪个对应的信号频率成分高?

4.8 对一个连续信号 $x_a(t)$连续采样 1s,得到 4096 个采样点的序列。试问:

(1) 如果采样后频谱没有混叠,信号的最高频率是多少?

(2) 若计算采样信号的 4096 点 FFT,频率抽样间隔 F 是多少?

(3) 如果对 $200\leqslant f\leqslant 300$Hz 频率范围所对应的 DFT 结果感兴趣,若直接采用 DFT,计算这些值需要多少次复乘?若采用 DIT-FFT,需要多少次复乘?

4.9　下面为3个不同信号 $x(n)$，每个信号均为两个正弦信号之和：

$$x_1(n)=\cos\frac{\pi n}{4}+\cos\frac{17\pi n}{64}$$

$$x_2(n)=\cos\frac{\pi n}{4}+\cos\frac{21\pi n}{64}$$

$$x_3(n)=\cos\frac{\pi n}{4}+0.001\cos\frac{21\pi n}{64}$$

现在采用一个矩形窗 $R_{64}(n)$ 对3个序列均取样64个点，估计每个信号的谱，试指出哪一个信号的64点幅度谱图上有两个可区分的谱峰？

4.10　现在有采样频率10MHz($10\cdot 10^6$)的A/D转换器，对一个信号最高频率为1000Hz的 $x_a(t)$ 进行采样，采样点数为1024点进行频谱分析，要求幅度谱中两条相邻谱线对应的分辨率 $F\leqslant 10\text{Hz}$，则

(1) 该方案是否合理？

(2) 假定采样频率可以下调，或者采样点数可以改变，试设计一个满足频率分辨率的合理方案。

4.11　若给定两个等长的实数序列 $x_1(n)$，$x_2(n)$ 令 $g(n)=x_1(n)+\mathrm{j}\cdot x_2(n)$，$G(k)$ 为 $g(n)$ 傅里叶变换，可以利用快速傅里叶变换一次得到两个频域结果。试利用傅里叶变化的性质求出用 $G(k)$ 表示的 $x_1(n)$，$x_2(n)$ 对应的傅里叶变换 $X_1(k)$，$X_2(k)$。

4.12　已知 $X(k)$，$k=0,1,2,\cdots,2N-1$ 是一个 $2N$ 点实序列的DFT，试由 $X(k)$ 反变换求 $x(n)$，为提高运算效率，试用一个 N 点IDFT完成。

4.13　在编写FFT正反变换程序时，都需要计算 W_N^r 的值，即涉及正余弦计算。可以提前计算出正余弦表存放在存储器中，将后续的计算正余弦的动作改为查表。假定 $N=1024$。试问：

(1) 共需要多少个存储器存放正弦表和余弦表？

(2) 假定计算结果的实部虚部都用浮点数(4B)表示，正余弦表也都用浮点数表示(4B)，则至少需要多少字节的存储器才能计算？

(3) 结合DIT-FFT算法，编写出不用计算 W_N^r 而采用查表模式的程序。

4.14　有一频谱分析用FFT处理器，采样点数必须是2的整数次幂，假定没有采用任何特殊的数据处理措施(没有补零)，已给条件为：①频率分辨率小于等于10Hz；②信号最高频率小于4kHz。试确定：

(1) 最小记录长度 t_p；

(2) 最大采样间隔 T；

(3) 在一个记录中的最少点数 N。

4.15　设 $x(n)=\{\underline{1-2\mathrm{j}},3,1+2\mathrm{j},1\}$，试画出时域基2-FFT流图，并根据流图计算每个碟形运算的结果，最后写出 $X(k)=\mathrm{DFT}[x(n)]$ 的序列值。

4.16　设序列 $x(n)$ 的长度为200，对其用时域基2-FFT计算DFT，请写出第3级蝶形中不同的旋转因子。

4.17　用微处理机对实数序列做谱分析，要求谱分辨率 $F\leqslant 50\text{Hz}$，信号最高频率为1kHz，试确定以下各参数：(1)最小记录时间 $T_{p,\min}$；(2)最大取样间隔 $T_{\max}$；(3)最少采样点数 $N_{\min}$；(4)在频带宽度不变的情况下，将频率分辨率提高一倍的 N 值。

第5章 CHAPTER 5

数字滤波器基本结构及状态变量分析法

数字信号处理的目的之一,是设计某种设备或建立某种算法分析处理序列,使序列具有某些确定的性质,这种设备或是算法结构就是数字滤波器。与 FFT 一样,网络结构是数字滤波器设计中的一个非常重要的内容,也是数字信号处理的重要内容,因为数字滤波器的稳定性、运算速度以及系统的成本和体积等许多重要性能都取决于其网络结构。本章的主要内容就是理解数字滤波器结构的表示方法;无限长脉冲响应(IIR)基本网络结构,掌握 IIR 滤波器的直接型、级联型和并联型结构;有限长脉冲响应(FIR)基本网络结构,掌握 FIR 滤波器的直接型、级联型、频率采样型结构;滤波器网络结构的状态变量分析方法。

视频讲解

5.1 引言

1. 描述数字滤波器的方法

一般,数字滤波器可以采用下面 4 种方法描述。

(1) 系统单位脉冲响应 $h(n)$(系统的时域特性)。

(2) 系统频率响应(变换域特性):

$$H(\mathrm{e}^{\mathrm{j}\omega})=\sum_{n=-\infty}^{\infty}h(n)\cdot\mathrm{e}^{-\mathrm{j}\omega n},\quad Y(\mathrm{e}^{\mathrm{j}\omega})=X(\mathrm{e}^{\mathrm{j}\omega})\cdot H(\mathrm{e}^{\mathrm{j}\omega}) \tag{5-1}$$

(3) 系统函数 $H(z)$(变换域特性):

$$H(z)=\sum_{n=-\infty}^{\infty}h(n)\cdot z^{-n} \tag{5-2}$$

(4) 差分方程(输入输出序列间的关系):

$$y(n)=\sum_{i=0}^{M}b_i x(n-i)+\sum_{i=1}^{N}a_i y(n-i) \tag{5-3}$$

2. 实现方法

硬件实现:根据描述数字滤波器的数学模型或信号流图,用数字硬件设计成一台专门的设备,构成专用的信号处理机。

软件实现:直接利用通用计算机,将所需要的运算编成程序让计算机执行。

为了用计算机或专用硬件完成对输入信号的处理(运算),必须把式(5-2)或者式(5-3)变换成一种算法,按照这种算法对输入信号进行运算。其实,式(5-3)就是对输入信号的一种直接算法，如果已知输入信号 $x(n)$ 以及 a_i、b_i 和 n 时刻以前的 $y(n-i)$，则可以递推出 $y(n)$ 值。但给定一个差分方程，不同的算法有多种，例如：

$$H(z)=\frac{1}{1-3z^{-1}+2z^{-2}}=\frac{2}{1-2z^{-1}}-\frac{1}{1-z^{-1}}=\frac{1}{1-2z^{-1}}\cdot\frac{1}{1-z^{-1}} \tag{5-4}$$

不同的算法将直接影响系统运算误差、运算速度以及系统的复杂程度和成本等，因此研究实现信号处理的算法是一个很重要的问题。我们用网络结构表示具体的算法，因此网络结构实际表示的是一种运算结构。本章是第6、7章数字滤波器设计的必要基础。在介绍数字系统的基本网络结构之前，先介绍网络结构的表示方法。

5.2　用信号流图表示网络结构

观察式(5-3)可知，数字信号处理中有**三种基本算法，即乘法、加法和单位延迟**。三种基本运算框图及其流图如图5-1所示。

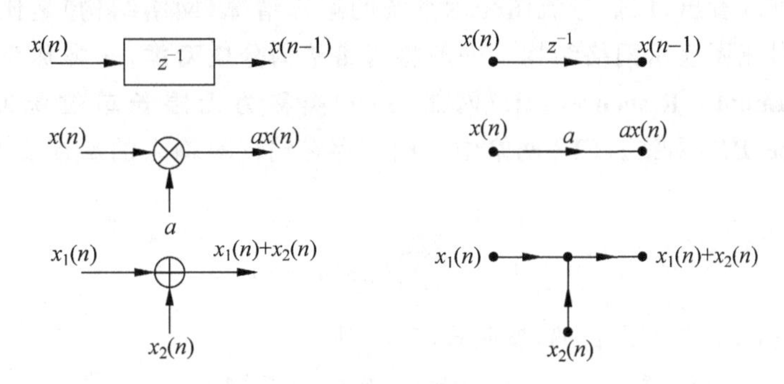

图5-1　三种基本运算的流图表示

例如，二阶数字滤波器为

$$y(n)=a_1y(n-1)+a_2y(n-2)+b_0x(n)$$

其方框图及信号流图结构如图5-2所示。

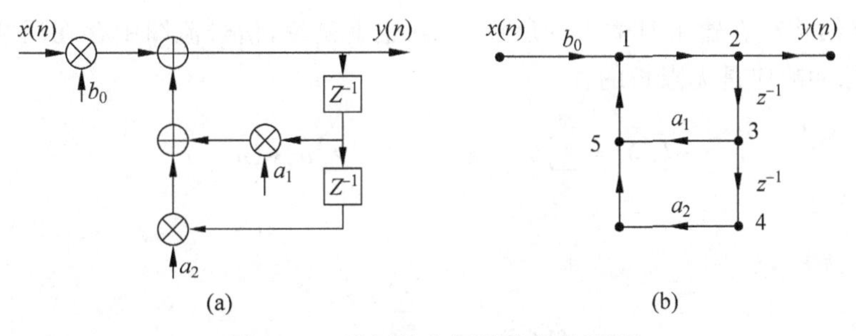

图5-2　二阶网络方框图及信号流图

图5-2(b)中，1、2、3、4、5为网络节点。$x(n)$：**输入节点或源节点**（没有输入支路），$y(n)$：**输出节点或阱节点**（没有输出支路）。节点之间用有向支路连接，每个节点可以有几条输入支路和几条输出支路，**任意节点的节点值等于它所有输入支路的信号和**。而输入支路的信号值等于这一支路起点处节点信号值乘以支路上的传输系数。如果支路上不标传输系数值，则认为其传输系数为1。节点2处的节点值可以用 $w_2(n)$ 表示，其他节点类似，则

有如下方程组：

$$\begin{cases} w_2(n)=y(n)=w_1(n) \\ w_3(n)=w_2(n-1)=y(n-1) \\ w_4(n)=w_3(n-1)=y(n-2) \\ w_5(n)=a_1w_3+a_2w_4=a_1y(n-1)+a_2y(n-2) \\ w_1(n)=b_0x(n)+w_5(n)=b_0x(n)+a_1y(n-1)+a_2y(n-2) \end{cases}$$

不同的信号流图代表不同的运算方法，而对于同一个系统函数，可以有很多种信号流图与其对应。从基本运算考虑，满足以下三个条件，称为**基本信号流图**(Primitive Signal Flow Graghs)。

(1) 信号流图中所有支路都是基本的，即支路增益是常数或者是 z^{-1}。

(2) 流图环路中必须存在延时支路。

(3) 节点和支路的数目是有限的。

从该例中可以看出，用信号流图表示系统的运算情况(网络结构)是比较简明的。以下我们均用信号流图表示网络结构。**一般将网络结构分成两类，一类称为有限长单位脉冲响应(Finite Impulse Response，FIR)网络，另一类称为无限长单位脉冲响应(Infinite Impulse Response，IIR)网络**。FIR网络中一般不存在输出对输入的反馈支路，因此差分方程为

$$y(n)=\sum_{i=0}^{M}b_ix(n-i) \tag{5-5}$$

其单位脉冲响应 $h(n)$ 是有限长的，按照式(5-5)，则

$$h(n)=\begin{cases} b_n, & 0\leqslant n\leqslant M \\ 0, & \text{其他} \end{cases}$$

系统函数为

$$H(z)=\sum_{n=0}^{M}b_nz^{-n}$$

IIR网络结构存在输出对输入的反馈支路，也就是说，信号流图中存在反馈环路。这类网络的单位脉冲响应是无限长的：

$$y(n)=\sum_{i=0}^{M}b_ix(n-i)+\sum_{i=1}^{N}a_iy(n-i)$$

系统函数为

$$H(z)=\frac{\sum_{i=0}^{M}b_iz^{-i}}{1-\sum_{i=1}^{N}a_iz^{-i}} \tag{5-6}$$

例如，一个简单的一阶IIR网络的差分方程为

$$y(n)=ay(n-1)+x(n)$$

其单位脉冲响应 $h(n)=a^nu(n)$。

综上所述，这两类不同的网络结构各有不同的特点，下面分类叙述其网络结构。

5.3 无限长单位冲激响应滤波器的基本结构

无限长单位冲激响应(IIR)数字滤波器的结构特点：①系统的单位冲激响应 $h(n)$ 是无限长的；②系统函数 $H(z)$ 在有限 Z 平面上有极点存在；③结构上存在输出到输入的反馈，即结构是递归的。**其基本结构有直接Ⅰ型、直接Ⅱ型、级联型和并联型。**

5.3.1 直接型

1. 直接Ⅰ型

系统输入输出关系的 N 阶差分方程为

$$y(n)=\sum_{i=0}^{M}b_i x(n-i)+\sum_{i=1}^{N}a_i y(n-i)$$

对应的系统函数为

$$H(z)=N(z)\cdot\frac{1}{D(z)}=\sum_{i=0}^{M}b_i z^{-i}\cdot\frac{1}{1-\sum_{i=1}^{N}a_i z^{-i}}=H_1(z)\cdot H_2(z) \tag{5-7}$$

直接Ⅰ型 IIR 滤波器结构如图 5-3 所示。

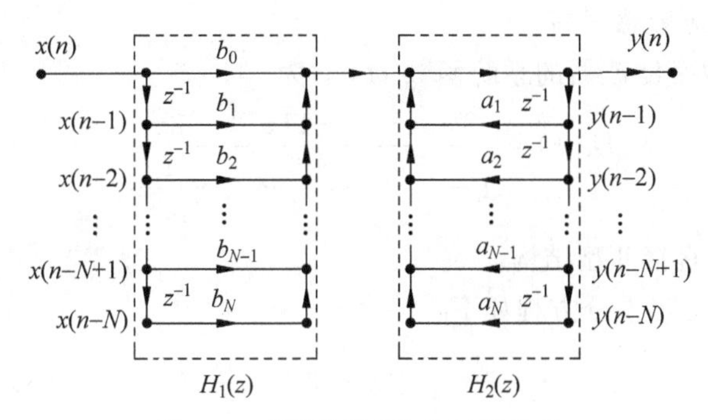

图 5-3　直接Ⅰ型 IIR 滤波器结构

直接Ⅰ型网络结构的特点：

(1) $\sum_{i=0}^{M}b_i x(n-i)$ 表示将输入及延时后的输入组成 M 阶的延时网络，即横向延时网络，实现零点。

(2) $\sum_{i=1}^{N}a_i y(n-i)$ 表示输出及其延时组成 N 阶延时网络，实现极点。

(3) 总的网络由上面两个网络级联而成。

(4) 直接Ⅰ型需要 $N+M$ 级延时单元。

2. 直接Ⅱ型

按照差分方程可以直接画出网络结构如图 5-3 所示。图中第一部分系统函数用 $H_1(z)$ 表示，第二部分用 $H_2(z)$ 表示，那么 $H(z)=H_1(z)\cdot H_z(z)$，当然也可以写成 $H(z)=H_2(z)\cdot H_1(z)$，相当于将图 5-3 中两部分流图交换位置，如图 5-4(a)所示。该图中节点变

量 $w_1=w_2$,因此前后两部分的延时支路可以合并,形成如图 5-4(b)所示的网络结构流图,图 5-4(b)所示的这类流图称为 IIR 直接Ⅱ型网络结构。

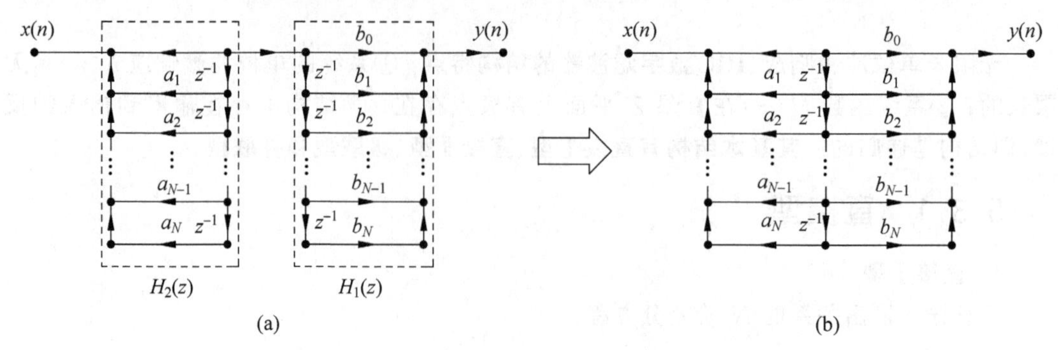

图 5-4 直接Ⅰ型向直接Ⅱ型 IIR 滤波器结构的转变

直接Ⅱ型网络结构的优点:

结构简单、清晰,延时支路比直接Ⅰ型减少 1/2。

直接Ⅱ型网络结构的缺点:

(1) a_i、b_i 常数对滤波器的性能控制作用不明显;

(2) 零、极点关系不明显,调整困难;

(3) 系数量化效应敏感度高。

【例 5-1】 IIR 数字滤波器的系统函数 $H(z)$为

$$H(z)=\frac{8-4z^{-1}+11z^{-2}-2z^{-3}}{1-\frac{5}{4}z^{-1}+\frac{3}{4}z^{-2}-\frac{1}{8}z^{-3}}$$

画出该滤波器的直接Ⅱ型结构。

【解】 由 $H(z)$写出差分方程如下:

$$y(n)=\frac{5}{4}y(n-1)-\frac{3}{4}y(n-2)+\frac{1}{8}y(n-3)+8x(n)$$
$$-4x(n-1)+11x(n-2)-2x(n-3)$$

该滤波器的直接Ⅱ型结构如图 5-5 所示。

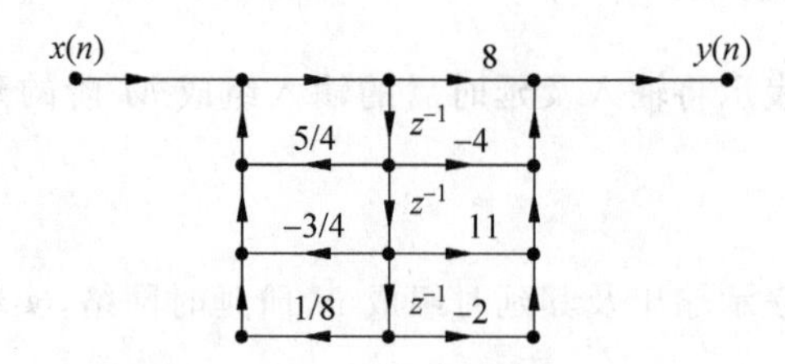

图 5-5 例 5-1 直接Ⅱ型结构

【例 5-2】 一个 LTI 系统单位脉冲响应为 $h(n)=\delta(n)+2\left(\frac{1}{2}\right)^n u(n)-\left(\frac{1}{4}\right)^n u(n)$,求解如下问题:

(1) 确定系统函数(包括收敛域)、系统频率响应。

(2) 给出系统零极点并确定系统的稳定性。

(3) 求解系统的差分方程。

(4) 绘制出在使用最少存储单元及单位延时数情况下的系统结构图。

【解】 (1)根据 $Z(a^n u(n))=\frac{1}{1-az^{-1}}$可以直接给出系统函数

$$H(z)=1+\frac{2}{1-\frac{1}{2}z^{-1}}-\frac{1}{1-\frac{1}{4}z^{-1}}=\frac{2-\frac{3}{4}z^{-1}+\frac{1}{8}z^{-2}}{1-\frac{3}{4}z^{-1}+\frac{1}{8}z^{-2}},\quad |z|>\frac{1}{2}$$

频率响应为

$$H(\mathrm{j}\omega)=H(z)\big|_{z=\mathrm{e}^{\mathrm{j}\omega}}=\frac{2-\frac{3}{4}\mathrm{e}^{-\mathrm{j}\omega}+\frac{1}{8}\mathrm{e}^{-\mathrm{j}2\omega}}{1-\frac{3}{4}\mathrm{e}^{-\mathrm{j}\omega}+\frac{1}{8}\mathrm{e}^{-\mathrm{j}2\omega}}$$

(2) 系统函数可以写成

$$H(z)=\frac{2-\frac{3}{4}z^{-1}+\frac{1}{8}z^{-2}}{1-\frac{3}{4}z^{-1}+\frac{1}{8}z^{-2}}=\frac{2z^2-\frac{3}{4}z+\frac{1}{8}}{z^2-\frac{3}{4}z+\frac{1}{8}}$$

系统零点为

$$z_{1,2}=\frac{3\pm\sqrt{7}\mathrm{j}}{16}$$

系统极点为

$$p_1=\frac{1}{2},\quad p_2=\frac{1}{4}$$

由于两个极点都在单位圆中,所以系统是稳定的。

(3) 由于

$$H(z)=\frac{2-\frac{3}{4}z^{-1}+\frac{1}{8}z^{-2}}{1-\frac{3}{4}z^{-1}+\frac{1}{8}z^{-2}}$$

因此

$$Y(z)\left(1-\frac{3}{4}z^{-1}+\frac{1}{8}z^{-2}\right)=X(z)\left(2-\frac{3}{4}z^{-1}+\frac{1}{8}z^{-2}\right)$$

这里,$X(z)$和$Y(z)$分别是输入输出信号的Z变换。

因此,差分方程可表示成

$$y(n)-\frac{3}{4}y(n-1)+\frac{1}{8}y(n-2)$$
$$=2x(n)-\frac{3}{4}x(n-1)+\frac{1}{8}x(n-2)$$

(4) 题目要求最少存储单元及单位延时数,系统结构应该是直接Ⅱ型结构(图5-6)。

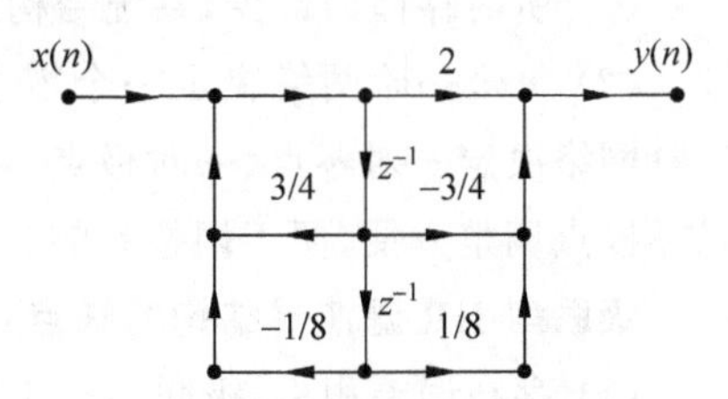

图5-6　例5-2直接Ⅱ型结构

5.3.2 级联型

对于系统函数,有

$$H(z)=\frac{Y(z)}{X(z)}=\frac{\sum_{i=0}^{M}b_iz^{-i}}{1-\sum_{i=1}^{N}a_iz^{-i}}$$

分子分母均为多项式,且多项式的系数一般为实数,现将分子分母多项式分别进行因式分解,得到

$$H(z)=A\frac{\prod_{r=1}^{M}(1-c_rz^{-1})}{\prod_{r=1}^{N}(1-d_rz^{-1})}\tag{5-8}$$

式中,A 为常数;c_r,d_r 分别表示系统的零点、极点,为实数或共轭成对的复数。将共轭成对的零点(极点)放在一起,形成一个二阶多项式,系数仍为实数,将分子、分母均为实数的二阶多项式放在一起,形成一个二阶网络。二阶网络系统函数为

$$H_i(z)=\frac{\beta_{0i}+\beta_{1i}z^{-1}+\beta_{2i}z^{-2}}{1-\alpha_{1i}z^{-1}-\alpha_{2i}z^{-2}}\tag{5-9}$$

式中,β_{0i}、β_{1i}、β_{2i}、α_{1i} 和 α_{2i} 均为实数。这样,$H(z)$就分解成一阶或二阶数字网络的级联形式,如

$$H(z)=H_1(z)H_2(z)\cdots H_k(z)$$

级联型示意图见图 5-7。

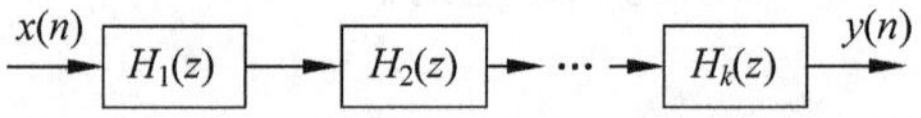

图 5-7 级联型 IIR 滤波器结构示意图

级联型结构不是唯一的,式中 $H_i(z)$表示一个一阶或二阶的数字网络的系统函数,每个 $H_i(z)$的网络结构均采用前面介绍的直接型网络结构表示,式(5-9)对应的直接Ⅱ型结构见图 5-8。

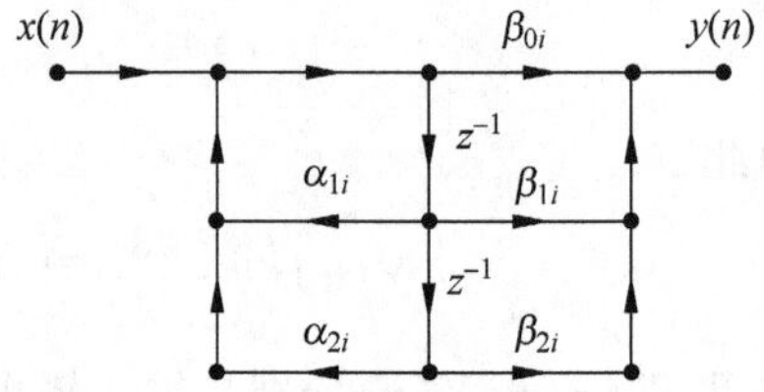

图 5-8 式(5-9)对应的直接Ⅱ型结构

级联型 IIR 滤波器结构的优点:

(1) 所需存储器最少,系统结构组成灵活。

(2) 每个一阶网络决定一个零点、一个极点,每个二阶网络决定一对零点、一对极点。调整一阶网络和二阶网络系数可以改变零极点位置,所以零极点调整方便,便于调整频响。

级联型 IIR 滤波器结构的缺点:

(1) 存在误差积累,级联结构中前面网络误差会输出到后面的网络。

(2) 零、极点配合关系着网络最优化的问题,而最佳配合关系不易确定。

【例 5-3】 已知 IIR 数字滤波器的系统函数,画出该滤波器的级联型结构。

$$H(z)=\frac{8-4z^{-1}+11z^{-2}-2z^{-3}}{1-1.25z^{-1}+0.75z^{-2}-0.125z^{-3}}$$

【解】 为了减少单位延迟的数量,将一阶的分子、分母多项式组成一个一阶网络,二阶的分子、分母多项式组成一个二阶网络。将 $H(z)$的分子、分母进行因式分解,得

$$H(z)=\frac{(2-0.379z^{-1})(4-1.24z^{-1}+5.264z^{-2})}{(1-0.25z^{-1})(1-z^{-1}+0.5z^{-2})}$$

则 $H(z)$的级联型结构见图 5-9。

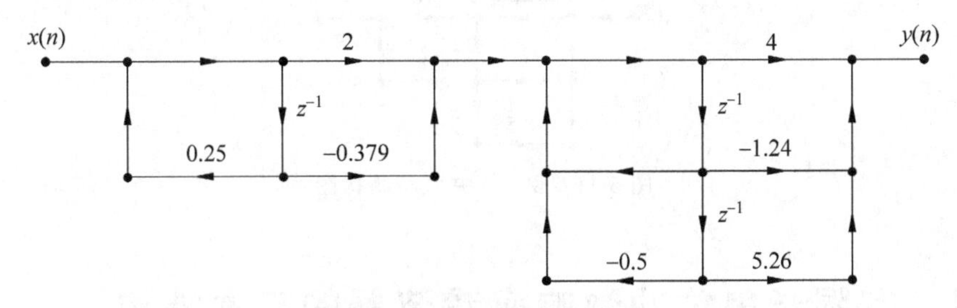

图 5-9　例 5-3 级联型结构图

5.3.3 并联型

将 $H(z)$展成部分分式形式得到 IIR 并联型结构,如图 5-10 所示,即

$$H(z)=H_1(z)+H_2(z)+\cdots+H_k(z)$$

式中,$H_i(z)$通常为一阶网络或二阶网络。二阶网络的系统函数一般为

$$H_i(z)=\frac{\beta_{0i}+\beta_{1i}z^{-1}}{1-\alpha_{1i}z^{-1}-\alpha_{2i}z^{-2}} \tag{5-10}$$

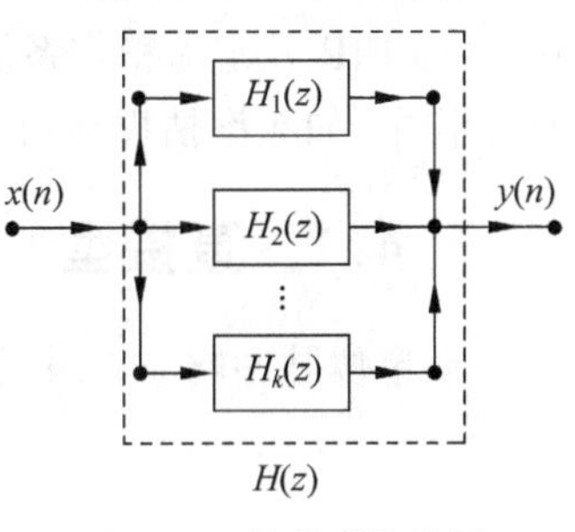

图 5-10　并联型结构图

式中,$\beta_{0i},\beta_{1i},\alpha_{1i},\alpha_{2i}$ 都是实数。如果 $\alpha_{2i}=0$,则构成一阶网络。

其输出 $Y(z)$表示为

$$Y(z)=H_1(z)X(z)+H_2(z)X(z)+\cdots+H_k(z)X(z)$$

表明:将 $x(n)$送入每个二阶(或一阶)网络后,将所有输出相加得到输出 $y(n)$。

并联型 IIR 滤波器结构的优点:

(1) 所需存储器最小。

(2) 无误差积累,各级误差互不影响,仅极点调整方便。所以,在要求准确传输极点的场合,宜采用这种结构。

并联型 IIR 滤波器结构的缺点:

零点调整不方便,当 $H(z)$有多阶极点时,部分分式不易展开。

【例 5-4】 若系统函数

$$H(z)=\frac{8-4z^{-1}+11z^{-2}-2z^{-3}}{1-1.25z^{-1}+0.75z^{-2}-0.125z^{-3}}$$

求 $H(z)$的并联型结构。

【解】 对 $H(z)$展开成部分分式

$$H(z)=16+\frac{8}{1-0.25z^{-1}}+\frac{-16+20z^{-1}}{1-z^{-1}+0.5z^{-2}}$$

将每一部分用直接型结构实现,其并联型网络结构如图 5-11 所示。

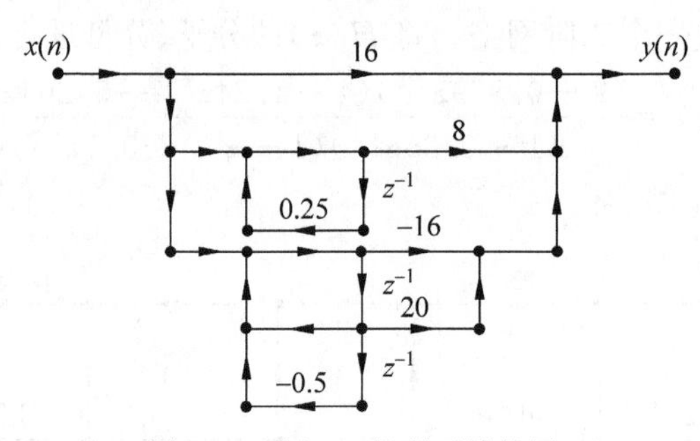

图 5-11 例 5-4 并联型结构图

视频讲解

5.4 有限长单位冲激响应滤波器的基本结构

有限长单位冲激响应(FIR)数字滤波器的结构特点:①系统的单位冲激响应 $h(n)$是有限长序列;②系统函数$|H(z)|$在$|z|>0$ 处收敛,有限 Z 平面上只有零点,极点全部在 $z=0$ 处(即 FIR 一定为稳定系统);③结构上主要是非递归结构,没有输出到输入反馈。但有些结构中(如频率抽样结构)也包含有反馈的递归部分。

5.4.1 直接型

设单位脉冲响应 $h(n)$长度为 N,其系统函数 $H(z)$为

$$H(z)=\sum_{n=0}^{N-1}h(n)z^{-n}$$

差分方程表示为

$$y(n)=\sum_{m=0}^{N-1}h(m)x(n-m)=h(0)x(n)+h(1)x(n-1)+\cdots \tag{5-11}$$

式(5-11)是线性移不变系统的卷积和公式,是 $x(n)$延时链的横向结构,称为**横截型结构或卷积型结构**,也可称为**直接型结构**。直接按 $H(z)$或者差分方程画出没有反馈支路的结构图(图 5-12)。

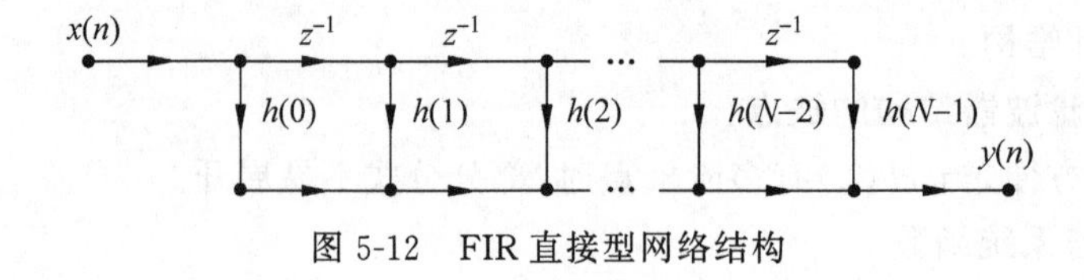

图 5-12 FIR 直接型网络结构

5.4.2 级联型

将 $H(z)$进行因式分解,并将共轭成对的零点放在一起,形成一个系数为实数的二阶网

络，形式如下：

$$H(z)=\sum_{n=0}^{N-1}h(n)z^{-n}=\prod_{i=1}^{M}(a_{0i}+a_{1i}z^{-1}+a_{2i}z^{-2}) \tag{5-12}$$

这样级联型网络结构就是由一阶或二阶因子构成的级联结构，如图 5-13 所示，其中每一个因式都用直接型实现。

$$H(z)=H_1(z)H_2(z)\cdots H_M(z)$$

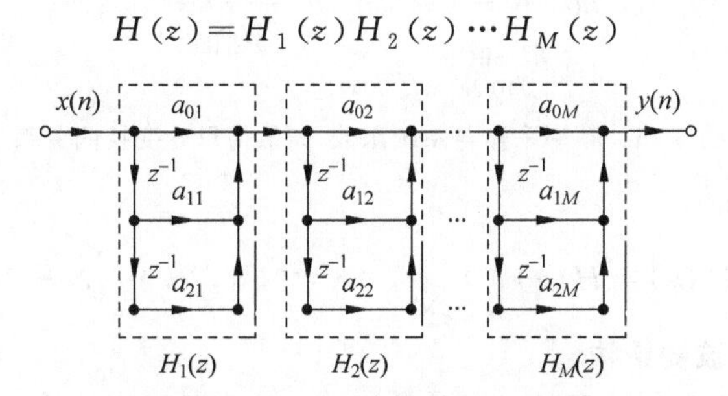

图 5-13　级联型 FIR 滤波器结构

级联型 FIR 滤波器结构的特点：

(1) 由于这种结构所需的系数比直接型多，所需乘法运算也比直接型多，很少用。

(2) 由于这种结构的每一节控制一对零点，因而只能在需要控制传输零点时用。

【例 5-5】 设 FIR 网络系统函数 $H(z)$如下：

$$H(z)=0.96+2.0z^{-1}+2.8z^{-2}+1.5z^{-3}$$

画出 $H(z)$的直接型结构和级联型结构。

【解】 将 $H(z)$进行因式分解，得到

$$H(z)=(0.6+0.5z^{-1})(1.6+2z^{-1}+3z^{-2})$$

其级联型结构和直接型结构如图 5-14 所示。

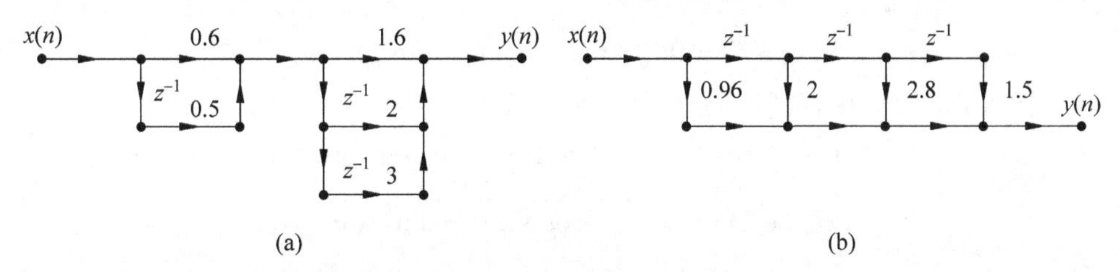

图 5-14　例 5-5 级联型和直接型结构

5.4.3　频率采样型

由频域采样定理可知，对有限长序列 $h(n)$的 Z 变换 $H(z)$在单位圆上做 N 点的等间隔采样，N 个频率采样值的离散傅里叶反变换所对应的时域信号 $h_N(n)$是原序列 $h(n)$以采样点数 N 为周期进行周期延拓的结果，当 N 大于或等于原序列 $h(n)$长度 M 时，$h_N(n)=h(n)$，不会发生信号失真，此时 $H(z)$可以用频域采样序列 $H(k)$内插得到，各个过程间关系如图 5-15 所示，$H(k)$、$H(z)$关系用**内插公式**(5-13)表示。

$$H(z)=(1-z^{-N})\frac{1}{N}\sum_{k=0}^{N-1}\frac{H(k)}{1-W_N^{-k}z^{-1}} \tag{5-13}$$

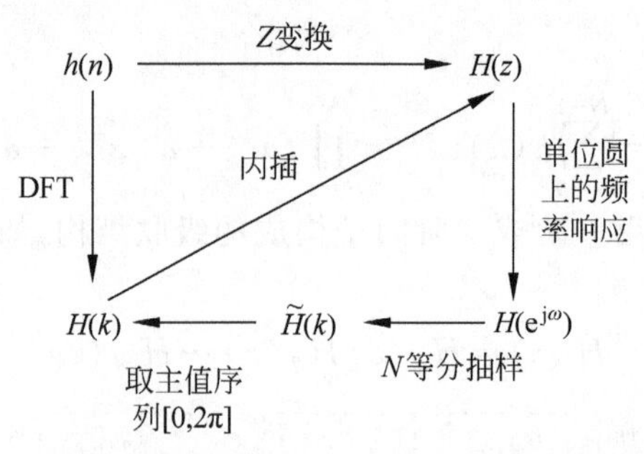

图 5-15　频率采样与系统函数、离散傅里叶变换间关系

式中

$$H(k)=H(z)\Big|_{z=\mathrm{e}^{\mathrm{j}\frac{2\pi}{N}k}},\quad k=0,1,2,\cdots,N-1$$

1. 频率采样型滤波器结构

由式(5-13)得到 FIR 滤波器的另一种结构——频率采样型结构，它由两部分级联而成。$H(z)$也可以重写为

$$H(z)=\frac{1}{N}H_c(z)\sum_{k=0}^{N-1}H_k(z) \tag{5-14}$$

式中

$$H_c(z)=1-z^{-N} \tag{5-15}$$

$$H_k(z)=\frac{H(k)}{1-W_N^{-k}z^{-1}} \tag{5-16}$$

2. 梳状滤波器

$H_c(z)$是一个由 N 阶延时单元组成的**梳状滤波器**，信号流图及幅频特性如图 5-16 所示。它在单位圆上有 N 个等间隔的零点：

$$z_i=\mathrm{e}^{\mathrm{j}\frac{2\pi}{N}i}=W_N^{-i},\quad i=0,1,2,\cdots,N-1$$

将 $z=\mathrm{e}^{\mathrm{j}\omega}$ 代入式(5-15)中，可得到幅频特性表达式为

$$H_c(\mathrm{e}^{\mathrm{j}\omega})=1-\mathrm{e}^{-\mathrm{j}N\omega}=1-\cos N\omega+\mathrm{j}\sin N\omega$$

$$|H_c(\mathrm{e}^{\mathrm{j}\omega})|=\sqrt{(1-\cos N\omega)^2+\sin^2 N\omega}$$

$$=\sqrt{2(1-\cos N\omega)}=2\left|\sin\frac{N\omega}{2}\right|$$

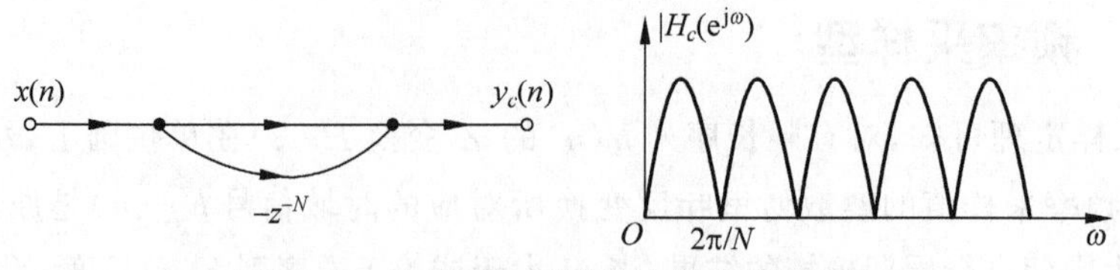

图 5-16　梳状滤波器信号流图及幅频特性

3. 谐振器

式(5-16)表示的网络称为**谐振器**，谐振器的极点为

$$z=W_N^{-k}=\mathrm{e}^{\mathrm{j}\frac{2\pi}{N}k}=\mathrm{e}^{\mathrm{j}\omega}$$

谐振器信号流图(IIR)如图 5-17 所示。

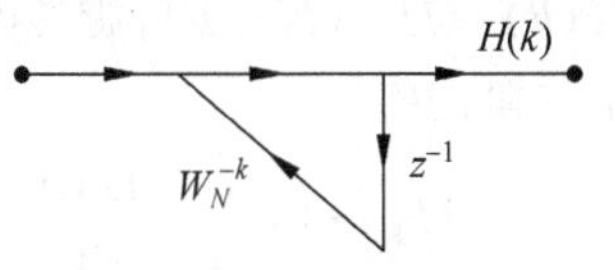

图 5-17 谐振器信号流图

此一阶网络在频率 $\omega=\frac{2\pi}{N}k$ 处响应为无穷大,即 $H_k(z)\to\infty$。故等效为谐振频率为 $\frac{2\pi}{N}k$ 的无损耗谐振器。

4. 谐振矩

$$\sum_{k=0}^{N-1}H_k(z)=\sum_{k=0}^{N-1}\frac{H(k)}{1-W_N^{-k}z^{-1}} \tag{5-17}$$

它是由 N 个谐振器并联而成的。这个**谐振矩**的极点正好与梳状滤波器的一个零点($i=k$)相抵消,从而使这个频率($\omega=2\pi k/N$)上的频率响应等于 $H(k)$

$$H_c(z)\cdot H_k(z)=(z_k-\mathrm{e}^{\mathrm{j}\frac{2\pi k}{N}})\frac{H(k)}{(z_k-\mathrm{e}^{\mathrm{j}\frac{2\pi k}{N}})}=H(k) \tag{5-18}$$

把这两部分级联起来就可以构成 FIR 滤波器的频率采样型结构,如图 5-18 所示。

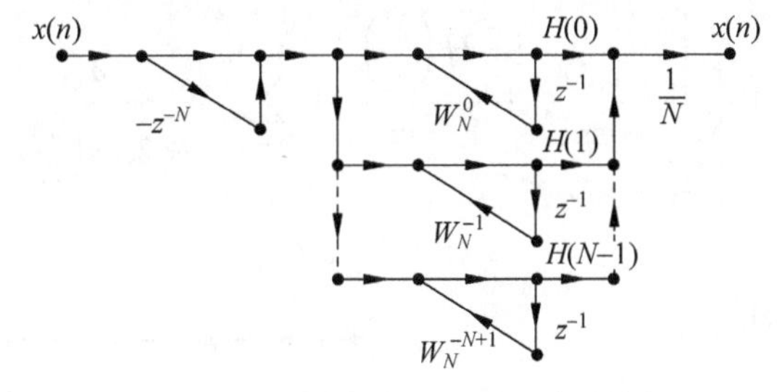

图 5-18 频率采样型 FIR 滤波器结构

频率采样型 FIR 滤波器结构的优点:

(1) 频响特性调整方便,在频率采样点 ω_k,$H(\mathrm{e}^{\mathrm{j}\omega k})=H(k)$,只要调整 $H(k)$(即一阶网络 $H_k(z)$中乘法器的系数 $H(k)$),可有效地调整频响特性。

(2) 易于标准化、模块化:只要 $h(n)$长度 N 相同,对于任何频响形状,其梳状滤波器的部分完全相同,N 个一阶网络部分的结构也完全相同,只是各支路增益 $H(k)$不同。这样,相同部分便于标准化、模块化。

频率采样型 FIR 滤波器结构的缺点:

(1) 系统稳定是靠位于单位圆上的 N 个零极点对消来保证的,由于寄存器的长度有限,有限字长效应可能使零极点不能完全抵消,影响系统的稳定性。

(2) 由于 $H(k)$和 W_N^{-k} 一般为复数,要求乘法器完成复数乘法运算,这对硬件实现是不方便的。

为了克服以上缺点,采取下面修正措施。

将单位圆上的零极点向单位圆内收缩一点,收缩到半径 $r<1$ 且 $r\approx1$,这样,以 z/r 代替式(5-13)$H(z)$表示式中 z,得

$$H(z)=(1-r^Nz^{-N})\frac{1}{N}\sum_{k=0}^{N-1}\frac{H_r(k)}{1-rW_N^{-k}z^{-1}} \tag{5-19}$$

此时,$H_r(k)\approx H(k)$,零极点均为 $r\mathrm{e}^{\mathrm{j}\frac{2\pi}{N}k}$,如果由于量化原因零、极点不能相互抵消时,极点也都在单位圆内,系统仍然是稳定的。若 $h(n)$是实序列,根据其 DFT 变换对称性,

$H(k)=H^*(N-k)$，旋转因子$(W_N^{-k})^*=W_N^{-(N-k)}$，将$H_k(z)$和$H_{(N-k)}(z)$合并为一个二阶网络：

$$H_k(z)=\frac{H(k)}{1-rW_N^{-k}z^{-1}}+\frac{H(N-k)}{1-rW_N^{-(N-k)}z^{-1}}=\frac{H(k)}{1-rW_N^{-k}z^{-1}}+\frac{H^*(k)}{1-rW_N^{k}z^{-1}}$$

$$=\frac{a_{0k}+a_{1k}z^{-1}}{1-2r\cos\left(\frac{2\pi}{N}k\right)z^{-1}+r^2z^{-2}} \tag{5-20}$$

其中

$$\begin{cases}a_{0k}=2\mathrm{Re}[H(k)]\\ a_{1k}=-2\mathrm{Re}[rH(k)W_N^k]\end{cases},\quad k=1,2,\cdots,\frac{N}{2}-1 \tag{5-21}$$

当 N 为偶数时，$H(0)$和$H(N/2)$为实数，$H(z)$可用式(5-22)表示，此时，修正的Z平面采样点如图5-19所示，FIR频率采样修正型子网络结构如图5-20所示，修正的频率采样结构如图5-21所示。

$$H(z)=(1-r^Nz^{-N})\frac{1}{N}\left[\frac{H(0)}{1-rz^{-1}}+\frac{H\left(\frac{N}{2}\right)}{1+rz^{-1}}+\sum_{k=1}^{\frac{N}{2}-1}\frac{a_{0k}+a_{1k}z^{-1}}{1-2\cos\left(\frac{2\pi}{N}k\right)z^{-1}+r^2z^{-2}}\right] \tag{5-22}$$

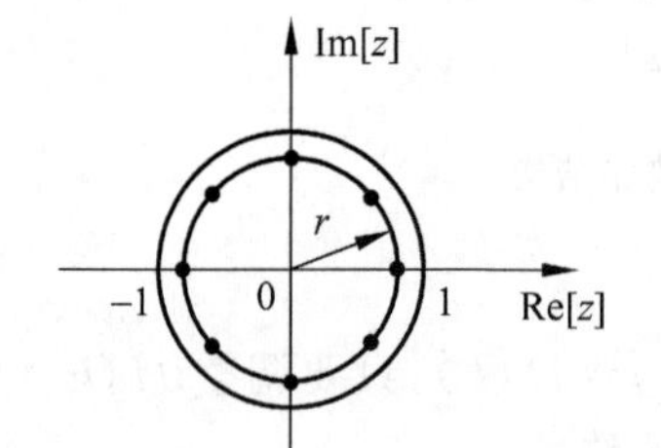

图5-19 修正的Z平面采样点图

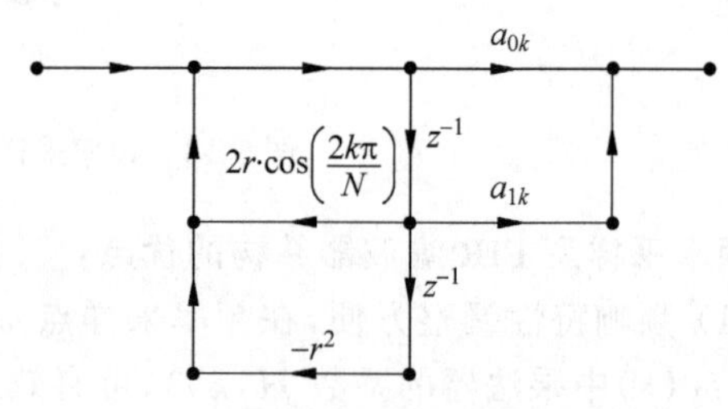

图5-20 FIR频率采样修正型子网络结构

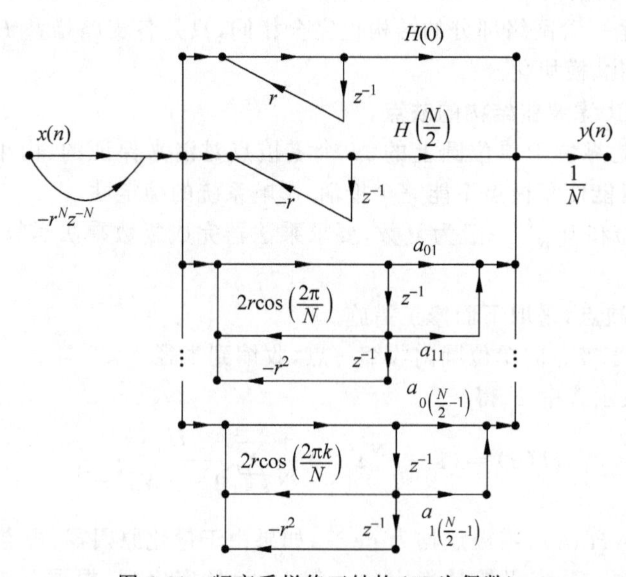

图5-21 频率采样修正结构(N为偶数)

当 N 为奇数时，只有 $H(0)$为实数，$H(z)$可用式(5-23)表示，此时，修正的频率采样结构如图 5-22 所示。

$$H(z)=\frac{(1-r^N z^{-N})}{N}\left[\frac{H(0)}{1-rz^{-1}}+\sum_{k=1}^{\frac{N-1}{2}}\frac{a_{0k}+a_{1k}z^{-1}}{1-2r\cos\left(\frac{2\pi k}{N}\right)z^{-1}+r^2z^{-2}}\right] \tag{5-23}$$

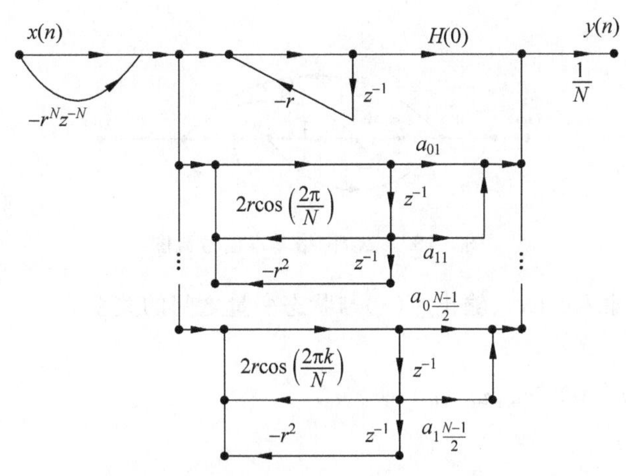

图 5-22　频率采样修正结构(N 为奇数)

可见，当采样点数 N 很大时，网络结构很复杂，需要的乘法器和延时单元很多，对于窄带滤波器，大部分采样值为零，使二级网络个数大大减少，所以**频率采样结构适合窄带滤波器的设计**。

5.5　状态变量分析法

本书其他章节都把离散时间系统看作一个具有输入—输出两个端口的黑盒，而不关心系统内部状态。这种两端口系统的时域特性用冲激响应或差分方程来表征，而频域特性则用频率响应或系统函数来表征。当然，这些特性存在着一定的数学关系。随着系统理论的发展，人们不再满足只对系统输出变化的了解，对系统内部某些变量的变化规律也感兴趣。此外，实际应用中还会遇到多输入多输出的情况，而且将系统看成是时不变系统也往往不符合客观实际。这样，仅仅用两端口分析法就不够了，所以要引入另一种系统分析方法，即**状态变量分析法**。利用矩阵线性代数等数学工具对系统进行分析研究。

“状态”指系统内一组变量，它包含了系统全部过去的信息，由这一组变量和现在与将来的输入，可求出系统现在和将来的全部输出；一般来说，**描述一个系统有输入输出法(差分方程、系统函数、单位脉冲响应)和状态变量法**。状态变量分析法具有如下优越性：

(1) 更好地了解系统的内部结构。

(2) 既能处理线性系统，又能处理非线性系统。

(3) 既能处理单输入输出变量的系统，又能处理多输入输出的系统。

5.5.1　由信号流图建立状态方程

状态变量分析法有两个基本方程：状态方程和输出方程。状态方程把系统内部一些称

为状态变量的节点变量和输入联系起来；输出方程则把输出信号和那些状态变量联系起来。具体规则为

(1) 状态变量选在基本信号流图中单位延迟时支路输出节点处。

(2) 围绕加法器写出状态方程和输出方程。

图 5-23 是二阶网络基本信号流图，信号流图有两个延时支路，因此，建立两个状态变量 $w_1(n)$ 和 $w_2(n)$。

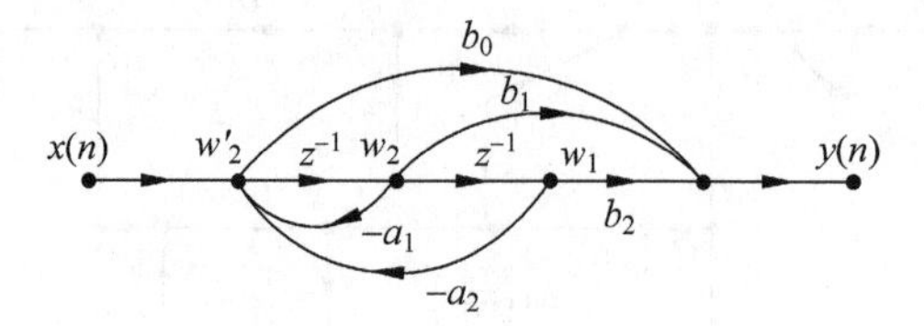

图 5-23 二阶网络基本信号流图

图 5-23 流图中输入 $x(n)$、输出 $y(n)$ 与状态变量之间的关系为

$$\begin{cases} w'_2 = w_2(n+1) \\ w_2(n+1) = -a_2 w_1(n) - a_1 w_2(n) + x(n) \\ w_1(n+1) = w_2(n) \\ y(n) = b_2 w_1(n) + b_1 w_2(n) + b_0 w'_2 = (b_2 - a_2 b_0) w_1(n) + (b_1 - a_1 b_0) w_2(n) + b_0 x(n) \end{cases}$$

将以上 $w_1(n+1)$、$w_2(n+1)$ 和 $y(n)$ 写成矩阵形式：

$$\begin{bmatrix} w_1(n+1) \\ w_2(n+1) \end{bmatrix} = \begin{bmatrix} 0, & 1 \\ -a_2, & -a_1 \end{bmatrix} \begin{bmatrix} w_1(n) \\ w_2(n) \end{bmatrix} + \begin{bmatrix} 0 \\ 1 \end{bmatrix} x(n)$$

$$y(n) = [b_2 - a_2 b_0 \quad b_1 - a_1 b_0][w_1(n) \quad w_2(n)]^{\mathrm{T}} + b_0 x(n)$$

再分析一个信号流图，信号流图中两个延时支路输出节点定为状态变量 $w_1(n)$ 和 $w_2(n)$，如图 5-24 所示。

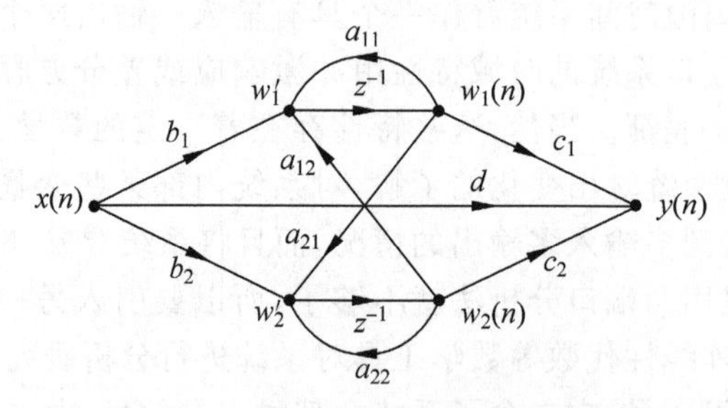

图 5-24 一般二阶网络基本信号流图

这个一般的二阶网络基本信号流图，按照信号流图写出以下方程组，即

$$\begin{cases} w'_1(n) = w_1(n+1) \\ w_1(n+1) = a_{11} w_1(n) + a_{12} w_2(n) + b_1 x(n) \\ w'_2(n) = w_2(n+1) \\ w_2(n+1) = a_{21} w_1(n) + a_{22} w_2(n) + b_2 x(n) \\ y(n) = c_1 w_1(n) + c_2 w_2(n) + d x(n) \end{cases}$$

将以上写成矩阵形式,即

$$\begin{bmatrix} w_1(n+1) \\ w_2(n+1) \end{bmatrix} = \begin{bmatrix} a_{11}, & a_{12} \\ a_{21}, & a_{22} \end{bmatrix} \begin{bmatrix} w_1(n) \\ w_2(n) \end{bmatrix} + \begin{bmatrix} b_1 \\ b_2 \end{bmatrix} x(n)$$

$$y(n)=[c_1\ c_2][\omega_1(n)\ \omega_2(n)]^{\mathrm{T}}+dx(n)$$

用矩阵符号表示为

状态方程: $\boldsymbol{W}(n+1)=\boldsymbol{AW}(n)+\boldsymbol{B}x(n)$

输出方程: $\boldsymbol{Y}(n)=\boldsymbol{CW}(n)+\boldsymbol{D}x(n)$

其中

$$\boldsymbol{A}=\begin{bmatrix} a_{11} & a_{12} \\ a_{21} & a_{22} \end{bmatrix}, \quad \boldsymbol{B}=[b_1 \quad b_2]^{\mathrm{T}}$$

$$\boldsymbol{C}=[c_1 \quad c_2], \quad \boldsymbol{D}=[d]$$

若系统中有 N 个单位延时支路,M 个输入信号: $x_1(n),x_2(n),\cdots,x_M(n)$,$L$ 个输出信号 $y_1(n),y_2(n),\cdots,y_L(n)$,状态变量分析法信号流图如图 5-25 所示,用矩阵符号表示为

状态方程: $\boldsymbol{W}(n+1)=\boldsymbol{AW}(n)+\boldsymbol{B}x(n)$ (5-24)

输出方程: $\boldsymbol{Y}(n)=\boldsymbol{CW}(n)+\boldsymbol{D}x(n)$ (5-25)

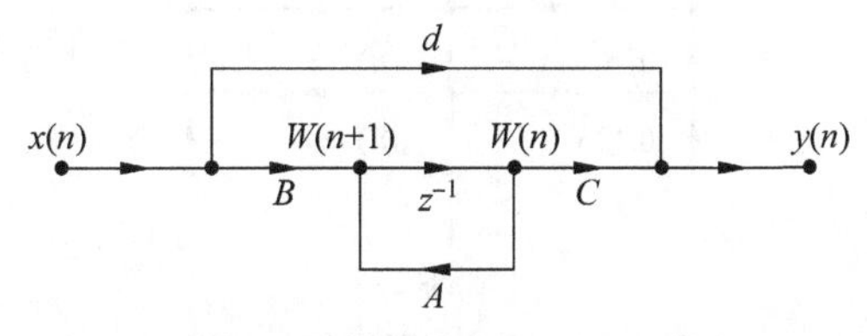

图 5-25　状态变量分析法

其中

$$\boldsymbol{A}=\begin{bmatrix} a_{11} & a_{12} \\ a_{21} & a_{22} \end{bmatrix}, \quad \boldsymbol{B}=[b_1 \quad b_2], \quad \boldsymbol{C}=[c_1 \quad c_2], \quad \boldsymbol{D}=[d] \tag{5-26}$$

【例 5-6】 建立图 5-26 的状态方程和输出方程。

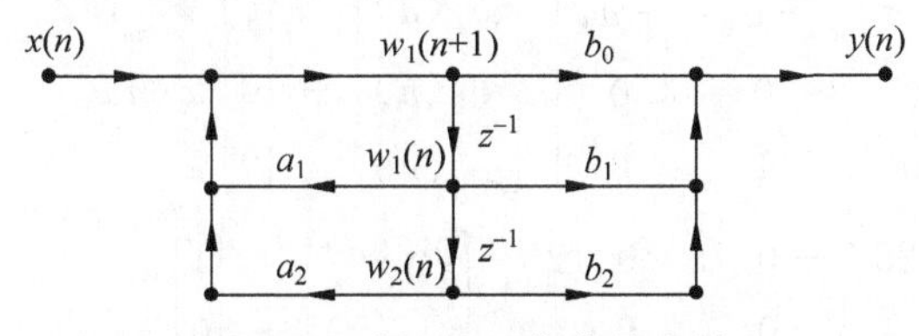

图 5-26　例 5-6 网络信号流图

【解】 (1) 按顺序在 z^{-1} 支路输出端建立状态变量 $w_i(n)$,z^{-1} 支路的输入端为 $w_i(n+1)$。

(2) 列出所有节点变量方程,找出状态变量 $w_i(n+1)$ 与 $w_i(n)$ 和输入 $x(n)$ 之间的关系,用矩阵方程表示。

(3) 找出输出信号和状态变量 $w_i(n)$ 以及输入信号关系用矩阵方程表示。

$$\begin{cases} w_1(n+1)=a_1w_1(n)+a_2w_2(n)+x(n) \\ w_2(n+1)=w_1(n) \end{cases}$$

将上式写成矩阵方程,即

$$\begin{bmatrix} w_1(n+1) \\ w_2(n+1) \end{bmatrix} = \begin{bmatrix} a_1 & a_2 \\ 1 & 0 \end{bmatrix} \begin{bmatrix} w_1(n) \\ w_2(n) \end{bmatrix} + \begin{bmatrix} 1 \\ 0 \end{bmatrix} x(n)$$

输出信号 $y(n)$的方程推导如下:

$$y(n)=b_0w_1(n+1)+b_1w_1(n)+b_2w_2(n)$$

将 $w_1(n+1)$代入上式,则

$$\begin{aligned} y(n) &= a_1b_0w_1(n)+b_0a_2w_2(n)+b_0x(n)+b_1w_1(n)+b_2w_2(n) \\ &= (a_1b_0+b_1)w_1(n)+(b_0a_2+b_2)w_2(n)+b_0x(n) \end{aligned}$$

$$y(n)=[a_1b_0+b_1, a_2b_0+b_2]\begin{bmatrix} w_1(n) \\ w_2(n) \end{bmatrix}+b_0x(n)$$

【例 5-7】 IIR 直接型系统流图及其参数如图 5-27 所示。给出系统函数,并写出状态方程和输出方程。

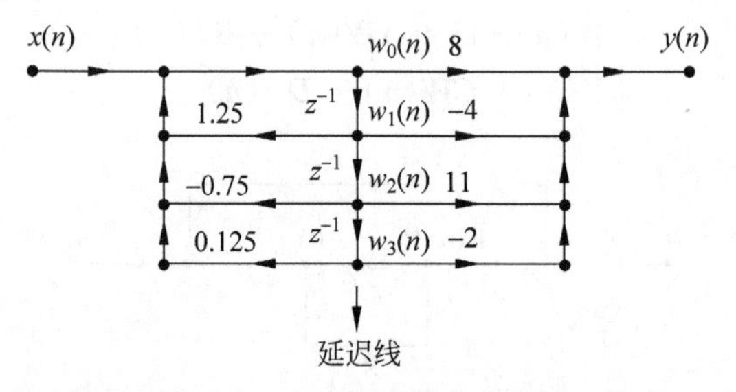

图 5-27 例 5-7 网络信号流图

【解】 根据图 5-27 得系统函数为

$$H(z)=\frac{8-4z^{-1}+11z^{-2}-2z^{-3}}{1-1.25z^{-1}+0.75z^{-2}-0.125z^{-3}}$$

本题与例 5-6 相似,只是阶数不同,参考例 5-6 可用直接写出状态方程和输出方程

$$\begin{aligned} \begin{bmatrix} w_1(n+1) \\ w_2(n+1) \\ w_3(n+1) \end{bmatrix} &= \begin{bmatrix} -a_1 & -a_2 & -a_3 \\ 1 & 0 & 0 \\ 0 & 1 & 0 \end{bmatrix} \begin{bmatrix} w_1(n) \\ w_2(n) \\ w_3(n) \end{bmatrix} + \begin{bmatrix} 1 \\ 0 \\ 0 \end{bmatrix} x(n) \\ &= \begin{bmatrix} 1.25 & -0.75 & 0.125 \\ 1 & 0 & 0 \\ 0 & 1 & 0 \end{bmatrix} \begin{bmatrix} w_1(n) \\ w_2(n) \\ w_3(n) \end{bmatrix} + \begin{bmatrix} 1 \\ 0 \\ 0 \end{bmatrix} x(n) \end{aligned}$$

$$\begin{aligned} y(n) &= [b_1+a_1b_0 \quad b_2+a_2b_0 \quad b_3+a_3b_0][w_1(n) \quad w_2(n) \quad w_3(n)]^{\mathrm{T}}+b_0x(n) \\ &= [6 \quad 5 \quad -1][w_1(n) \quad w_2(n) \quad w_3(n)]^{\mathrm{T}}+8x(n) \end{aligned}$$

5.5.2 由系统函数建立状态方程

由系统函数建立状态方程的步骤为

(1) 画出系统网络结构。

(2) 根据信号流图写出其状态方程和输出方程。

【例 5-8】 系统函数

$$H(z)=\frac{30z^2-10z+90}{z^3-6z^2+11z-6}$$

写出其状态方程和输出方程。

【解】 根据部分分式展开法,得到

$$H(z)=\frac{5}{z-1}+\frac{10}{z-2}+\frac{15}{z-3}$$

$$\begin{aligned}Y(z)&=\frac{5}{z-1}X(z)+\frac{10}{z-2}X(z)+\frac{15}{z-3}X(z)\\&=\frac{5z^{-1}}{1-z^{-1}}X(z)+\frac{10z^{-1}}{1-2z^{-1}}X(z)+\frac{15z^{-1}}{1-3z^{-1}}X(z)\end{aligned}$$

并联型结构图如图 5-28 所示。

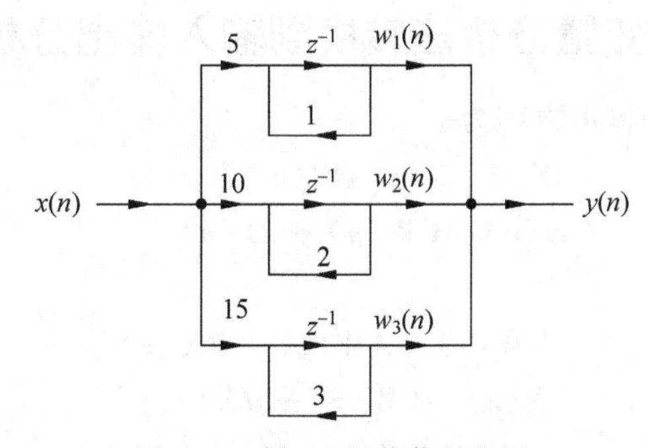

图 5-28　例 5-8 网络信号流图

状态方程和输出方程为

$$\begin{cases}w_1(n+1)=w_1(n)+5x(n)\\w_2(n+1)=2w_2(n)+10x(n)\\w_3(n+1)=3w_3(n)+15x(n)\end{cases}$$

$$y(n)=w_1(n)+w_2(n)+w_3(n)$$

写成矩阵形式为

$$\begin{bmatrix}w_1(n+1)\\w_2(n+1)\\w_3(n+1)\end{bmatrix}=\begin{bmatrix}1&0&0\\0&2&0\\0&0&3\end{bmatrix}\begin{bmatrix}w_1(n)\\w_2(n)\\w_3(n)\end{bmatrix}+\begin{bmatrix}5\\10\\15\end{bmatrix}[x(n)]$$

$$y(n)=[1\quad 1\quad 1]\begin{bmatrix}w_1(n)\\w_2(n)\\w_3(n)\end{bmatrix}$$

【例 5-9】 已知 FIR 滤波网络系统函数 $H(z)$ 为

$$H(z)=\sum_{i=0}^{3}a_iz^{-i}$$

写出其状态方程和输出方程。

【解】 画出直接型结构如图 5-29 所示。

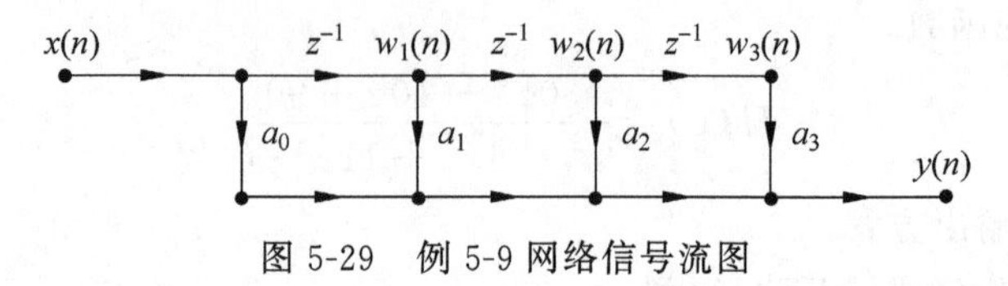

图 5-29 例 5-9 网络信号流图

则状态方程为

$$\begin{pmatrix} w_1(n+1) \\ w_2(n+1) \\ w_3(n+1) \end{pmatrix} = \begin{pmatrix} 0 & 0 & 0 \\ 1 & 0 & 0 \\ 0 & 1 & 0 \end{pmatrix} \begin{pmatrix} w_1(n) \\ w_2(n) \\ w_3(n) \end{pmatrix} + \begin{pmatrix} 1 \\ 1 \\ 0 \end{pmatrix} x(n)$$

输出方程为

$$y(n) = [a_1 \quad a_2 \quad a_3][w_1(n) \quad w_2(n) \quad w_3(n)]^{\mathrm{T}} + a_0 x(n)$$

5.5.3 由状态变量分析法转换到输入输出分析法

设系统的状态方程和输出方程为

$$\boldsymbol{W}(n+1) = \boldsymbol{A}\boldsymbol{W}(n) + \boldsymbol{B}x(n) \tag{5-27}$$

$$y(n) = \boldsymbol{C}\boldsymbol{W}(n) + dx(n) \tag{5-28}$$

将上面两式进行 Z 变换：

$$z\boldsymbol{W}(z) = \boldsymbol{A}\boldsymbol{W}(z) + \boldsymbol{B}X(z) \tag{5-29}$$

$$Y(z) = \boldsymbol{C}\boldsymbol{W}(z) + dX(z) \tag{5-30}$$

式中

$$W(z) = [W_1(z), W_2(z), \cdots, W_m(z)]^{\mathrm{T}}$$

$$W_i(z) = ZT[w_i(n)]$$

$$X(z) = ZT[x(n)]$$

$$Y(z) = ZT[y(n)]$$

由式(5-29)得

$$\begin{cases} [z\boldsymbol{I} - \boldsymbol{A}]\boldsymbol{W}(z) = \boldsymbol{B}X(z) \\ \boldsymbol{W}(z) = [z\boldsymbol{I} - \boldsymbol{A}]^{-1}\boldsymbol{B}X(z) \end{cases} \tag{5-31}$$

由式(5-30)和式(5-31)得

$$\begin{cases} Y(z) = \boldsymbol{C}[z\boldsymbol{I} - \boldsymbol{A}]^{-1}\boldsymbol{B}X(z) + dX(z) \\ H(z) = \dfrac{Y(z)}{X(z)} = \boldsymbol{C}[z\boldsymbol{I} - \boldsymbol{A}]^{-1}\boldsymbol{B} + d \end{cases} \tag{5-32}$$

【例 5-10】 已知二阶网络的 4 个参数矩阵如下：

$$\boldsymbol{A} = \begin{pmatrix} 0 & 1 \\ -a_2 & -a_1 \end{pmatrix}, \quad \boldsymbol{B} = \begin{pmatrix} 0 \\ 1 \end{pmatrix}$$

$$\boldsymbol{C} = [b_2 - a_2 b_0 \quad b_1 - a_1 b_0], \quad d = b_0$$

求该网络的系统函数。

【解】

$$[z\boldsymbol{I}-\boldsymbol{A}]=\begin{pmatrix} z & -1 \\ a_2 & z+a_1 \end{pmatrix}$$

$$[z\boldsymbol{I}-\boldsymbol{A}]^{-1}\boldsymbol{B}=\frac{1}{z(z+a_1)+a_2}\begin{pmatrix} z+a_1 & 1 \\ -a_2 & z \end{pmatrix}\begin{pmatrix} 0 \\ 1 \end{pmatrix}$$

$$=\frac{1}{z^2+a_1z+a_2}\begin{pmatrix} 1 \\ z \end{pmatrix}$$

由式(5-33)可得

$$H(z)=\boldsymbol{C}[z\boldsymbol{I}-\boldsymbol{A}]^{-1}\boldsymbol{B}+d$$

$$=\frac{b_0z^2+b_1z+b_2}{z^2+a_1z+a_2}=\frac{b_0+b_1z^{-1}+b_2z^{-2}}{1+a_1z^{-1}+a_2z^{-2}}$$

5.6　MATLAB 应用实例

【例 5-11】 求下列直接型系统函数的零、极点，并将它转换成二阶节形式。

$$H(z)=\frac{1-0.1z^{-1}-0.3z^{-2}-0.3z^{-3}-0.2z^{-4}}{1+0.1z^{-1}+0.2z^{-2}+0.2z^{-3}+0.5z^{-4}}$$

MATLAB 代码如下：

```
num = [1 -0.1 -0.3 -0.3 -0.2];den = [1 0.1 0.2 0.2 0.5];
[z,p,k] = tf2zp(num,den);m = abs(p);
disp('零点');disp(z);disp('极点');disp(p);disp('增益系数');disp(k);
sos = zp2sos(z,p,k);
disp('二阶节');disp(real(sos));
zplane(num,den)
```

输入到“num”和“den”的分别为分子和分母多项式的系数。计算求得零、极点增益系数和二阶节的系数。

零点：0.9615　　－0.5730　　－0.1443＋0.5850i　－0.1443－0.5850i

极点：0.5276＋0.6997i　0.5276－0.6997i　－0.5776＋0.5635i　－0.5776－0.5635i

增益系数：1

二阶节：　1.0000　－0.3885　－0.5509　1.0000　1.1552　0.6511

　　　　　1.0000　0.2885　0.3630　1.0000　－1.0552　0.7679

系统函数的二阶节形式为

$$H(z)=\frac{1-0.3885z^{-1}-0.5509z^{-2}}{1+0.2885z^{-1}+0.3630z^{-2}}\cdot\frac{1+1.1552z^{-1}+0.6511z^{-2}}{1+1.0552z^{-1}+0.7679z^{-2}}$$

系统零极点如图 5-30 所示。

【例 5-12】 周期序列发生器。

在用状态变量法分析数字系统时，N 阶系统被视为具有 N 个抽头的延迟线结构。这种结构既可以用来构建梳状滤波器，也可以用作周期序列发生器。在作为周期序列发生器时，应周期地刷新延迟线各抽头状态，并且必须有反馈支路才能实现自激振荡。例如，若要产生

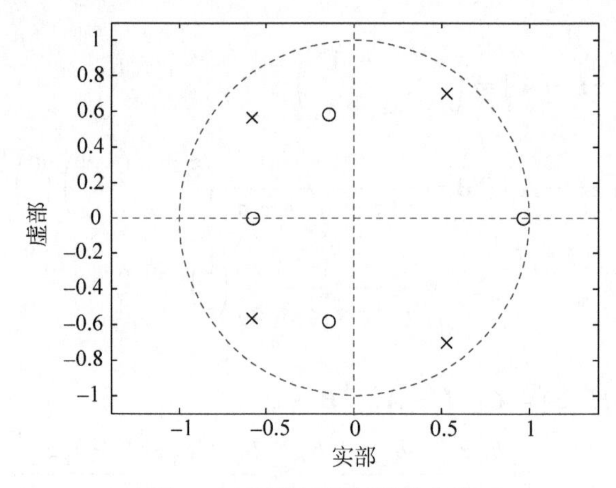

图 5-30　系统函数的零极点图

图 5-31 所示的 6 点周期序列,则需要具备图 5-31 所示的延迟线。图中延迟线的 6 个状态变量,即 $w_1(n), w_2(n), \cdots, w_6(n)$。由图 5-31 知 $x(i)=w(1), y(i)=x(i)$。$x(i)$是系统内部的输入点,而系统外部并无信号加到这一点。状态变量 $w(1)\sim w(6)$被初始化如图 5-31 所示。每次得到一个输出点 $y(i)$后,都要将延迟线按图中所示方向刷新,即先使临时变量 $\text{temp}=w(1)$,然后依次使 $w(1)=w(2)$,$w(2)=w(3), \cdots, w(5)=w(6)$,$w(6)=\text{temp}$。运行下面代码,得到如图 5-32 所示的序列发生器输出波形。

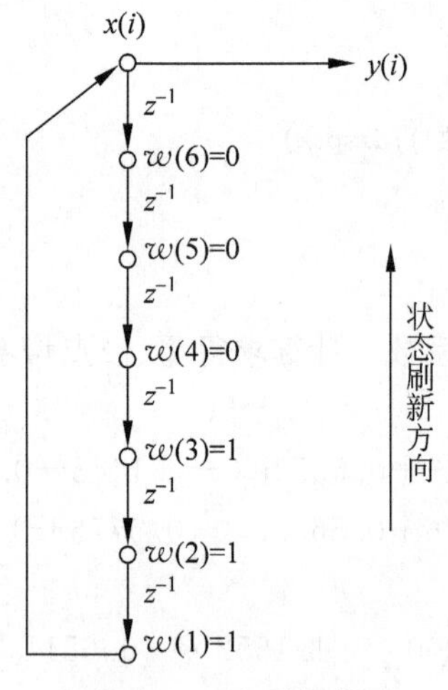

图 5-31　6 点周期序列

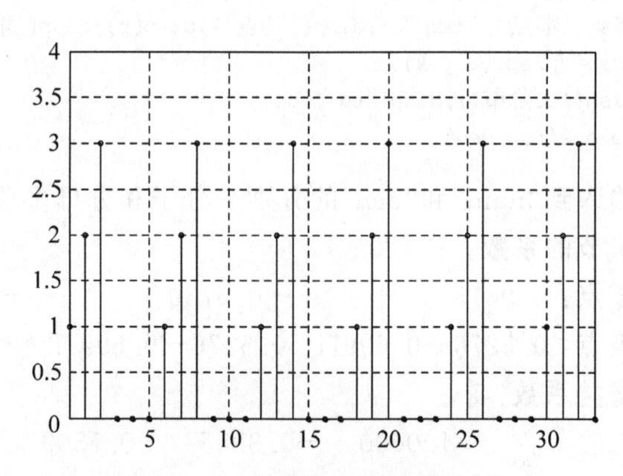

图 5-32　序列发生器输出波形

MATLAB 代码如下:

```
set(gcf, 'color', 'w')             %设定图面背景色是白色
N = 34;                            %序列总点数
w = [1,2,3,zeros(1,3)];            %初始化延迟线的状态 [1,2,3,0,0,0,0]
x = [zeros(1,N)];                  %初始化输入序列
x(1) = w(1);                       %初始化第一个输入样点
for i = 1 : N
    y(i) = x(i);                   %得到第 i 个输出样点
```

```
    temp = w(1);              % 暂存
for j = 1 : 5
    w(j) = w(j + 1);          % 延迟线状态刷新
    end
    w(6) = temp               % 反馈
    x(i + 1) = w(1);          % 下一个输入样点
end
H = stem(0:N - 1,y(1:N));set(H, 'markersize', 3);
grid; axis([0,N - 1,0,4]);
```

【例 5-13】 从例题 5-7 中可以看出，对下列系统函数用状态分析法求出了的状态方程和输出方程，从而得到参数矩阵。这个过程是烦琐的。

$$H(z)=\frac{8-4z^{-1}+11z^{-2}-2z^{-3}}{1-1.25z^{-1}+0.75z^{-2}-0.125z^{-3}}$$

现在，根据系统函数可以利用转换函数 tf2ss 从系统函数的分子分母多项式系数组容易求出系统的状态方程和输出方程的参数矩阵。

MATLAB 代码如下：

```
b = [8 -4 11 -2];                 % 系统函数的分子多项式系数组
a = [1 -1.25 0.75 -0.125];        % 系统函数的分母多项式系数组
[A B C D] = tf2ss(b, a)           % 求出状态方程和输出方程的参数矩阵
```

程序运行结果为：

```
A =      1.2500   -0.7500    1.2500
         1.0000         0         0
              0    1.0000         0
B =   1   0    0
C =   6   5   -1
D =   8
```

答案与例 5-7 结果是一致的。

【本章习题】

5.1　填空题

(1) 无限长单位冲激响应滤波器的基本结构有直接Ⅰ型、直接Ⅱ型、________和________4 种。

(2) 数字信号处理中有 3 种基本算法，即乘法、加法和________。

(3) 状态变量分析法有 2 个基本方程：________和输出方程。

5.2　选择题

(1) 下面信号流图(题 5.2(1)图)表示的系统函数为(　　)。

A. $H(z)=\dfrac{1+\frac{1}{2}z^{-1}}{1-\frac{2}{3}z^{-1}+\frac{1}{4}z^{-2}}$　　　B. $H(z)=\dfrac{1-\frac{2}{3}z^{-1}+\frac{1}{4}z^{-2}}{1+\frac{1}{2}z^{-1}}$

C. $H(z)=\dfrac{1+\frac{1}{2}z^{-1}}{1+\frac{2}{3}z^{-1}-\frac{1}{4}z^{-2}}$　　　　D. $H(z)=\dfrac{1+\frac{2}{3}z^{-1}-\frac{1}{4}z^{-2}}{1+\frac{1}{2}z^{-1}}$

题 5.2(1)图

(2) 下列各种滤波器的结构中(　　)不是 IIR 滤波器的基本结构。

A. 直接型　　B. 级联型　　C. 并联型　　D. 频率抽样型

(3) 下列结构中不属于 FIR 滤波器基本结构的是(　　)。

A. 横截型　　B. 级联型　　C. 并联型　　D. 频率抽样型

5.3　画出 $H(z)=\dfrac{(2-0.379z^{-1})(4-1.24z^{-1}+5.264z^{-2})}{(1-0.25z^{-1})(1-z^{-1}+0.5z^{-2})}$级联型网络结构。

5.4　已知某三阶数字滤波器的系统函数为 $H(z)=\dfrac{3+\frac{5}{3}z^{-1}+\frac{2}{3}z^{-2}}{\left(1-\frac{1}{3}z^{-1}\right)\left(1+\frac{1}{2}z^{-1}+\frac{1}{2}z^{-2}\right)}$，试画出其并联型网络结构。

5.5　已知系统函数 $H(z)$为

$$H(z)=\frac{2(1-z^{-1})(1-1.414z^{-1}+0.7z^{-2})}{(1+0.5z^{-1})(1-0.9z^{-1}+0.81z^{-2})}$$

(1) 画出 $H(z)$的级联型网络结构；

(2) 根据已画出的流图写出其状态方程和输出方程。

5.6　已知某数字系统的系统函数为

$$H(z)=\frac{z^3}{(z-0.4)(z^2-0.6z+0.25)}$$

试分别画出直接型、级联型、并联型结构框图。

5.7　一线性时不变系统用题 5.7 图的流图实现。

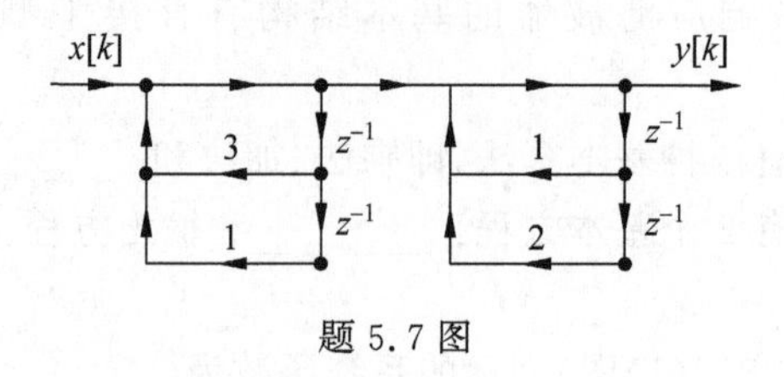

题 5.7 图

(1) 写出该系统的差分方程和系统函数；

(2) 计算每个输出样本需要多少次实数乘法和实数加法。

5.8　求题 5.8 图各系统的单位脉冲响应。

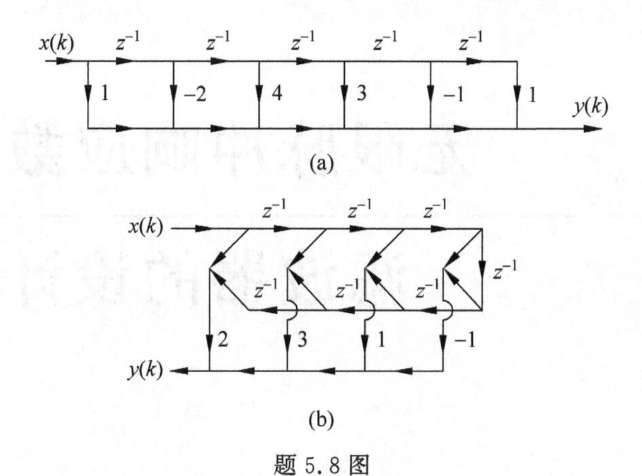

题 5.8 图

5.9　一线性时不变系统的单位脉冲响应

$$h(k)=\begin{cases}a^k, & 0\leqslant k\leqslant 7\\ 0, & \text{其他}\end{cases}$$

(1) 画出该系统的直接型 FIR 结构流图。

(2) 证明该系统的系统函数为

$$H(z)=\frac{1-a^8z^{-8}}{1-az^{-1}}$$

并由该系统函数画出由 FIR 系统和 IIR 系统级联而成的结构流图。

第 6 章 无限脉冲响应数字滤波器的设计

CHAPTER 6

滤波是信号处理的一种基本且重要的技术,利用滤波可从复杂的信号中提取所需要的信号,抑制不需要的部分。无限脉冲响应(Infinite Impulse Response,IIR)滤波器是指单位脉冲响应长度为无限长的滤波器。这种滤波器一般通过递归方式实现,在满足同样技术指标的前提下,所需的滤波器系数较 FIR 滤波器少得多,运算效率高。这种滤波器最大的缺点在于系统受有限字长影响比较大,稳定性不好。本章首先介绍模拟滤波器原理,给出几种常见原型滤波器设计。从 IIR 滤波器的特性出发,介绍 IIR 滤波器的理论及实现等方面的问题。重点阐述模拟到数字 IIR 滤波器转换方法：脉冲响应不变、双线性变换方法设计 IIR 滤波器。

视频讲解

6.1 滤波器基本概念

数字滤波器与模拟滤波器具有不同的滤波方法,数字滤波器是通过对输入信号进行数值运算实现滤波处理的,模拟滤波器则利用电阻、电容、电感以及有源器件构成的滤波器对信号进行滤波。对于数字滤波器,要求输入、输出信号均为数字信号,要想应用数字滤波器实现对模拟信号的滤波,在数字滤波器的输入端和输出端分别加上 A/D 转换器和 D/A 转换器就可以实现。

1. 滤波器分类

滤波器的分类方法有很多。**按信号处理方式分类,可分为模拟滤波器和数字滤波器；按元件分类,可分为无源滤波器和有源滤波器；按滤波功能分类可分为低通滤波器、高通滤波器、带通滤波器、带阻滤波器及全通滤波器等**。图 6-1 给出了按滤波功能分类的 4 种滤波器。

2. 模拟滤波器的性能指标

数字滤波器的频响 $H(e^{j\omega})$一般为复函数,表示为

$$H(e^{j\omega}) = |H(e^{j\omega})| e^{\varphi(\omega)} \tag{6-1}$$

其中,$|H(e^{j\omega})|$为**幅频响应**,$\varphi(\omega)$为**相频响应**。幅频响应表示信号通过该滤波器后频率成分衰减情况,而相频特性反映各频率分量通过滤波器后在时间上的延时情况。滤波器的指标通常在频域给出,实际低通滤波器技术指标如图 6-2 所示,包括**通带截止频率、阻带截止频率、通带最大衰减、阻带最小衰减**。

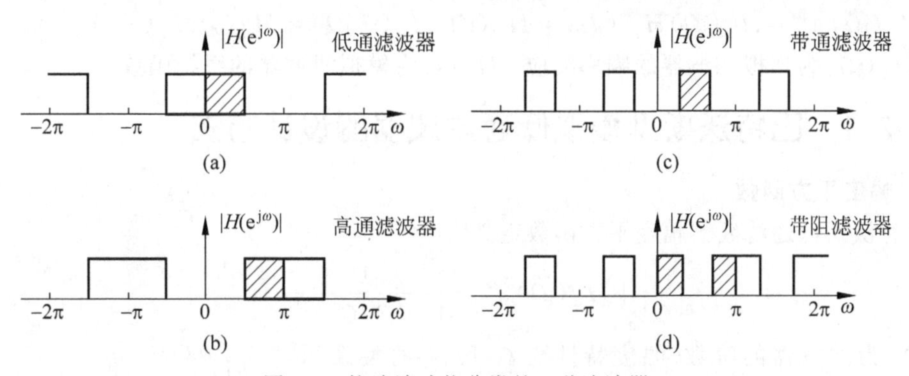

图 6-1　按滤波功能分类的 4 种滤波器

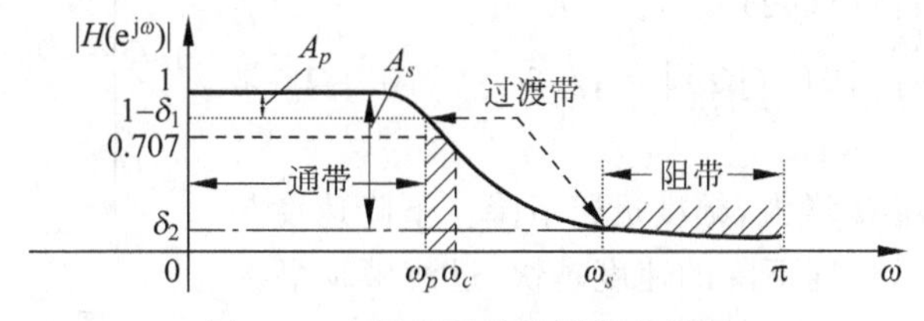

图 6-2　实际低通滤波器技术指标

图 6-2 中：ω_p 为通带截止频率，通带频率范围为 $0\leqslant\omega\leqslant\omega_p$；$\omega_s$ 为阻带截止频率，阻带频率范围为 $\omega_s\leqslant\omega\leqslant\pi$；$\omega_c$ 为 3dB 截止频率；A_p 为通带最大衰减；A_s 为阻带最小衰减；δ_1 为通带的容限；δ_2 为阻带的容限。

$$A_p=20\lg\frac{|H(\mathrm{e}^{\mathrm{j}0})|}{|H(\mathrm{e}^{\mathrm{j}\omega_p})|},\quad A_s=20\lg\frac{|H(\mathrm{e}^{\mathrm{j}0})|}{|H(\mathrm{e}^{\mathrm{j}\omega_s})|} \tag{6-2}$$

如将 $H(\mathrm{e}^{\mathrm{j}0})$ 归一化为 1，则上式表示成

$$A_p=-20\lg|H(\mathrm{e}^{\mathrm{j}\omega_p})|=-20\lg(1-\delta_1),\quad A_s=-20\lg|H(\mathrm{e}^{\mathrm{j}\omega_s})|=-20\lg\delta_2 \tag{6-3}$$

6.2　模拟滤波器设计

视频讲解

在模拟滤波器设计中，模拟低通滤波器占据相当重要的位置，因为其他类型(高通、带通和带阻等)滤波器设计的一般方法是首先设计一个模拟低通滤波器，通过一定的频率变换将其转换为所要求类型的滤波器。为此，**模拟低通滤波器也常称为原型滤波器**。

模拟滤波器的设计过程：①根据信号处理要求确定设计指标；②选择滤波器类型；③计算滤波器阶数；④通过查表或计算确定滤波器系统函数 $H(s)$。

常用的模拟原型滤波器有巴特沃斯(Butterworth)滤波器、切比雪夫(Chebyshev)滤波器、椭圆(Ellipse)滤波器、贝塞尔(Bessel)滤波器等。这些滤波器都有严格的设计公式，现成的曲线和图表供设计人员使用。这些典型的滤波器各有特点：巴特沃斯滤波器具有单调下降的幅频特性；切比雪夫滤波器的幅频特性在通带或者在阻带有波动，可以提高选择性；贝塞尔滤波器通带内有较好的线性相位特性；椭圆滤波器的选择性相对前三种是最好的，但在通带和阻带内均为等波纹幅频特性。这样，根据具体要求可以选用不同类型的滤波器。

模拟滤波器幅度响应常用幅度平方函数 $|H_a(\mathrm{j}\Omega)|^2$ 表示，即

$$|H_a(\mathrm{j}\Omega)|^2=H_a(\mathrm{j}\Omega)H_a^*(\mathrm{j}\Omega)=H_a(\mathrm{j}\Omega)H_a(-\mathrm{j}\Omega)=H_a(s)H_a(-s)|_{s=\mathrm{j}\Omega} \tag{6-4}$$

式中,$H_a(\mathrm{j}\Omega)$为模拟滤波器的频率响应;$H_a(s)$为模拟滤波器的系统函数。

6.2.1 巴特沃斯型模拟低通滤波器的设计方法

1. 幅度平方函数

巴特沃斯低通滤波器幅度平方函数定义为

$$|H_a(\mathrm{j}\Omega)|^2=\frac{1}{1+(\Omega/\Omega_c)^{2N}} \tag{6-5}$$

式中,N 为滤波器的阶数,幅度特性与 Ω 和 N 的关系如图 6-3 所示。

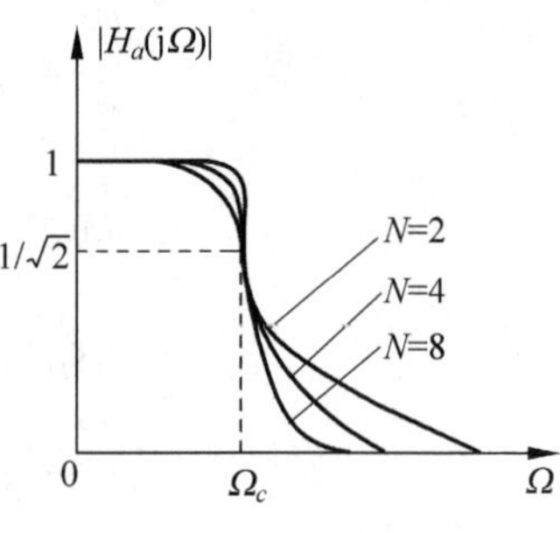

图 6-3 幅度特性与 Ω 和 N 的关系

(1) 当 $\Omega=0$ 时,$|H_a(\mathrm{j}\Omega)|=1$。

(2) 当 $\Omega=\Omega_c$ 时,$|H_a(\mathrm{j}\Omega)|=1/\sqrt{2}=0.707$,$\Omega_c$ 是 3dB 截止频率。

(3) 当 $\Omega>\Omega_c$,随 Ω 增大,幅度迅速下降。下降速度与阶数 N 有关,N 越大,幅度下降的速度越快,过渡带越窄。

2. 系统函数与极点

令 $\Omega=s/\mathrm{j}$,代入式(6-5),得

$$|H_a(\mathrm{j}\Omega)|^2=H_a(s)H_a(-s)=\frac{1}{1+\left(\frac{s}{\mathrm{j}\Omega_c}\right)^{2N}} \tag{6-6}$$

由于 $(s/\mathrm{j}\Omega_c)^{2N}=-1=\mathrm{e}^{\mathrm{j}(2k-1)\pi}$,令分母为零,得出 $s_k=(-1)^{\frac{1}{2N}}(\mathrm{j}\Omega_c)$,而 $\mathrm{j}=\mathrm{e}^{\mathrm{j}\frac{\pi}{2}}$,$(-1)^{\frac{1}{2N}}=\mathrm{e}^{\mathrm{j}\frac{(2k-1)\pi}{2N}}$,$H_a(s)H_a(-s)$的极点为

$$s_k=\Omega_c\mathrm{e}^{\mathrm{j}\left[\frac{1}{2}+\frac{2k-1}{2N}\right]\pi},\quad k=1,2,\cdots,2N \tag{6-7}$$

为形成稳定的滤波器,$H_a(s)H_a(-s)$的 $2N$ 个极点中只取 S 左半平面的 N 个极点为 $H_a(s)$的极点,而右半平面的 N 个极点构成 $H_a(-s)$的极点。$H_a(s)$的表达式为

$$H_a(s)=\frac{\Omega_c^N}{\prod_{k=1}^{N}(s-s_k)} \tag{6-8}$$

以 $N=3$ 阶极点分布为例,$H_a(s)$极点为 $s_1=\Omega_c\mathrm{e}^{\mathrm{j}\frac{2}{3}\pi}$,$s_2=-\Omega_c$,$s_3=\Omega_c\mathrm{e}^{\mathrm{j}\frac{4}{3}\pi}$,极点分布如图 6-4 所示,需要说明的是,图 6-4 中共有 6 个极点,其中 $H_a(s)$3 个极点,$H_a(-s)$3 个极点。

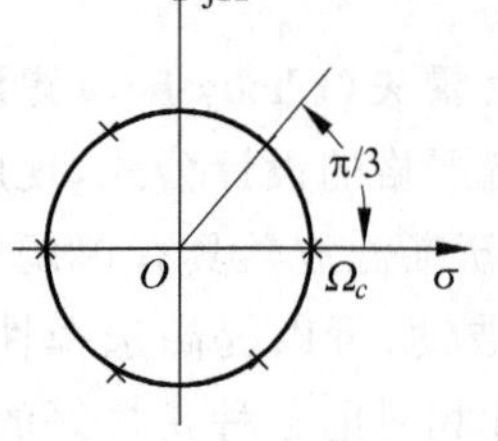

图 6-4 $H_a(s)$极点分布图($N=3$)

$$H_a(s)=\frac{\Omega_c^3}{(s-s_1)(s-s_2)(s-s_3)}$$

$$=\frac{\Omega_c^3}{(s+\Omega_c)(s-\Omega_c\mathrm{e}^{\mathrm{j}\frac{2}{3}\pi})(s-\Omega_c\mathrm{e}^{\mathrm{j}\frac{4}{3}\pi})} \tag{6-9}$$

从图 6-4 可以看出,无论 N 为奇数还是偶数,这些极点都均匀等间隔地分布在平面中以 Ω_c 为半径、以原点为中心的圆周上,极

点间的角度间隔为 π/N rad，而且都是以原点为对称中心成对出现的。即对任一极点 $s=s_k$，必有另一极点 $s=-s_k$。

由于各滤波器的幅频特性不同，为使设计统一，应将所有频率归一化。这里采用对 3dB 截止频率 Ω_c 归一化，$p_k=\frac{s_k}{\Omega_c}=e^{j\pi\left(\frac{1}{2}+\frac{2k+1}{2N}\right)}$，$k=0,1,2,\cdots,N-1$，则

$$G_a(p)=\frac{1}{(p-p_1)(p-p_2)\cdots(p-p_N)} \tag{6-10}$$

归一化原型系统函数的分母多项式可以通过查表 6-1 得到。

表 6-1 巴特沃斯归一化低通滤波器参数表

阶数 N	分母多项式 $B(p)=p^N+b_{N-1}p^{N-1}+b_{N-2}p^{N-2}+\cdots+b_1p+b_0$								
	b_0	b_1	b_2	b_3	b_4	b_5	b_6	b_7	b_8
1	1.0000								
2	1.0000	1.4142							
3	1.0000	2.0000	2.0000						
4	1.0000	2.6131	3.4142	2.6131					
5	1.0000	3.2361	5.2361	5.2361	3.2361				
6	1.0000	3.8637	7.4641	9.1416	7.4641	3.8637			
7	1.0000	4.4940	10.0978	14.5918	14.5918	10.0978	4.4940		
8	1.0000	5.1258	13.1371	21.8462	25.6884	21.8462	13.1371	5.1258	
9	1.0000	5.7588	16.5817	31.1634	41.9864	41.9864	31.1634	16.5817	5.7588

3. 滤波器阶次和截止频率

一般模拟低通滤波器的设计指标由参数 Ω_p，A_p，Ω_s 和 A_s 给出，因此对于巴特沃斯滤波器，设计的实质就是求得由这些参数所决定的滤波器阶次 N 和截止频率 Ω_c。

(1) 当 $\Omega=\Omega_p$，$-10\lg|H_a(j\Omega)|^2=A_p$，再根据公式 $|H_a(j\Omega)|^2=\frac{1}{1+(\Omega/\Omega_c)^{2N}}$，可求得

$$A_p=-10\lg\left[\frac{1}{1+(\Omega_p/\Omega_c)^{2N}}\right] \tag{6-11}$$

(2) 当 $\Omega=\Omega_s$，$-10\lg|H_a(j\Omega)|^2=A_s$，再根据公式 $|H_a(j\Omega)|^2=\frac{1}{1+(\Omega/\Omega_c)^{2N}}$，可求得

$$A_s=-10\lg\left[\frac{1}{1+(\Omega_s/\Omega_c)^{2N}}\right] \tag{6-12}$$

阶数 N 可根据式(6-11)和式(6-12)求得

$$N=\frac{\lg[(10^{A_p/10}-1)/(10^{A_s/10}-1)]}{2\lg(\Omega_p/\Omega_s)} \tag{6-13}$$

要求 N 是一个整数且满足指标要求，就必须取

$$N=\left\lceil \frac{\lg[(10^{A_p/10}-1)/(10^{A_s/10}-1)]}{2\lg(\Omega_p/\Omega_s)} \right\rceil \tag{6-14}$$

这里,运算符$\lceil x \rceil$为“选大于或等于 x 的最小整数”。

根据式(6-11)和式(6-12)求得**截止频率 $\boldsymbol{\Omega_c}$**:

$$\frac{\Omega_p}{(10^{0.1A_p}-1)^{\frac{1}{2N}}} \leqslant \Omega_c \leqslant \frac{\Omega_s}{(10^{0.1A_s}-1)^{\frac{1}{2N}}} \tag{6-15}$$

4. 巴特沃斯型模拟低通滤波器的设计步骤

(1) 根据式(6-14)确定滤波器的阶数 N;

(2) 根据式(6-15)确定滤波器的 3dB 截止频率 Ω_c;

(3) 根据式(6-7)确定滤波器的极点;

(4) 根据式(6-8)确定模拟低通滤波器的系统函数 $H_a(s)$。

【例 6-1】 设计一个巴特沃斯低通滤波器,具体**性能指标**如下:

通带截止频率:$\Omega_p=10\ 000\text{rad/s}$

通带最大衰减:$A_p=3\text{dB}$

阻带截止频率:$\Omega_s=40\ 000\text{rad/s}$

阻带最小衰减:$A_s=35\text{dB}$

【解】 巴特沃斯低通滤波器频率响应为

$$|H_a(\mathrm{j}\Omega)|=\frac{1}{\sqrt{1+(\Omega/\Omega_c)^{2N}}}$$

由此,可以得出**滤波器阶数 $\boldsymbol{N}$** 为

$$N \geqslant \frac{\lg\left(\frac{10^{0.1A_p-1}}{10^{0.1A_s-1}}\right)}{2\lg\left(\frac{\Omega_p}{\Omega_s}\right)}$$

将题目中 4 个性能指标代入上式,可得 $N\geqslant 2.9083$,取 $N=3$。根据 $\Omega_c=\Omega_s(10^{0.1A_s}-1)^{-\frac{1}{2N}}$,求得 $\Omega_c=10\ 441\text{rad/s}$。

根据式(6-7)可以求出 $H_a(s)$的极点为

$$s_1=\Omega_c\left(-\frac{1}{2}+\mathrm{j}\frac{\sqrt{3}}{2}\right),\quad s_2=-\Omega_c,\quad s_3=\Omega_c\left(-\frac{1}{2}-\mathrm{j}\frac{\sqrt{3}}{2}\right)$$

所以,巴特沃斯低通滤波器系统函数为

$$H_a(s)=\frac{\Omega_c^3}{(s-s_1)(s-s_2)(s-s_3)}$$

当然,也可以查表 6-1,由于 $N=3$,得到归一化系统函数为

$$G_a(p)=\frac{1}{p^3+b_2p^2+b_1p^1+b_0}=\frac{1}{p^3+2p^2+2p^1+1}$$

再根据 $p_k=\dfrac{s_k}{\Omega_c}$,去归一化得

$$H_a(s)=\frac{1}{\left(\frac{s}{\Omega_c}\right)^3+2\left(\frac{s}{\Omega_c}\right)^2+2\left(\frac{s}{\Omega_c}\right)+1}$$

$$=\frac{1}{1.138\times10^{-12}s^3+2.18\times10^{-8}s^2+2.09\times10^{-4}s+1}$$

MATLAB 代码如下：

```
clear;Close all;                               %清屏幕、清内存
fp = 10000; fs = 40000; Rp = 3; As = 35;       %滤波器性能指标赋值
[N,fc] = buttord(fp,fs,Rp,As,'s')              %求滤波器最小阶数和截止频率
[B,A] = butter(N,fc,'s');                      %设计巴特沃斯模拟低通滤波器
[hf,f] = freqs(B,A,1024);                      %求滤波器的复数频率特性
Subplot(1,1,1);                                %一行一列绘制下面图形
plot(f,20 * log10(abs(hf)/abs(hf(1))))         %绘制滤波器幅频特性
Grid;xlabel('f/Hz');ylabel('幅度(dB)');        %显示网格线,给出横纵坐标标识
axis([0,50000, - 40,5])                        %控制坐标范围
```

程序运行结果：

```
N = 3; fc = 1.0441e + 004
```

巴特沃斯模拟低通滤波器频率特性曲线如图 6-5 所示。

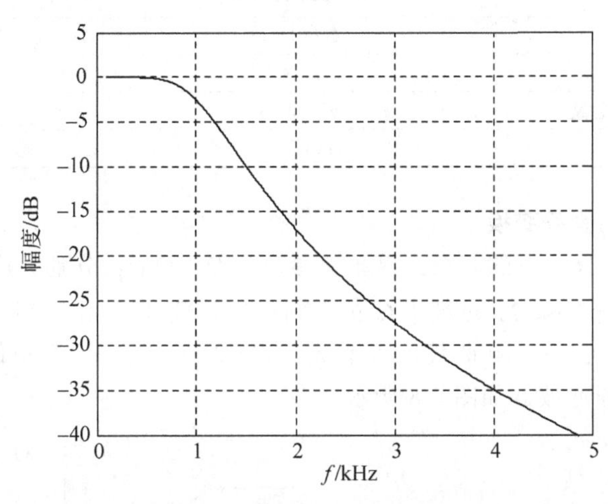

图 6-5 巴特沃斯模拟低通滤波器频率特性曲线

利用模拟滤波器设计数字滤波器，就是从已知 $H_a(s)$设计数字 $H(z)$。因此，归根结底是一个由 S 平面映射到 Z 平面的变换，**变换必须满足以下两条基本要求：**

(1) $H(z)$的频率响应应能模仿 $H_a(s)$的频率响应，也即 S 平面虚轴 $\mathrm{j}\Omega$ 必须映射到 Z 平面的单位圆 $z=\mathrm{e}^{\mathrm{j}\omega}$ 上。

(2) 因果稳定的 $H_a(s)$应能映射成因果稳定的 $H(z)$，也即 S 平面的左半平面 $\mathrm{Re}[s]<0$ 必须映射到 Z 平面单位圆的内部 $|z|<1$。

6.2.2 模拟高通、带通和带阻滤波器设计

前面已经讨论了模拟低通滤波器(LP)的设计方法，模拟高通、带通和带阻滤波器可以

由原型模拟低通滤波器经频率变换得到。由于实际滤波器的频率范围直接取决于应用,因此必然千差万别,为了使设计规范化,通常将滤波器的频率参数进行归一化处理。以模拟低通滤波器为例,若其频率为Ω,通带、阻带截止频率分别为Ω_p和Ω_s,则用通带截止频率Ω_p作为基准,对频率Ω进行归一化处理,得归一化频率$\lambda=\Omega/\Omega_p$,显然,归一化通带截止频率$\lambda_p=1$,归一化阻带截止频率$\lambda_s=\Omega_s/\Omega_p$。令归一化复变量为$p$,则有

$$p=\mathrm{j}\lambda=\mathrm{j}\Omega/\Omega_p=s/\Omega_p \tag{6-16}$$

设所要设计的模拟高通(HP)、带通(BP)或带阻(BS)滤波器的系统函数为$H_a(s)$,频率响应为$H_a(\mathrm{j}\Omega)$,则复变量s与频率Ω的关系为$s=\mathrm{j}\Omega$。设其归一化之后的系统函数和频率响应分别为$H_a(q)$和$H_a(\mathrm{j}\eta)$,则归一化复变且q与归一化频率η的关系为$q=\mathrm{j}\eta$。各类模拟滤波器的设计过程如图6-6所示,低通与各类模拟滤波器的函数关系如表6-2所列。

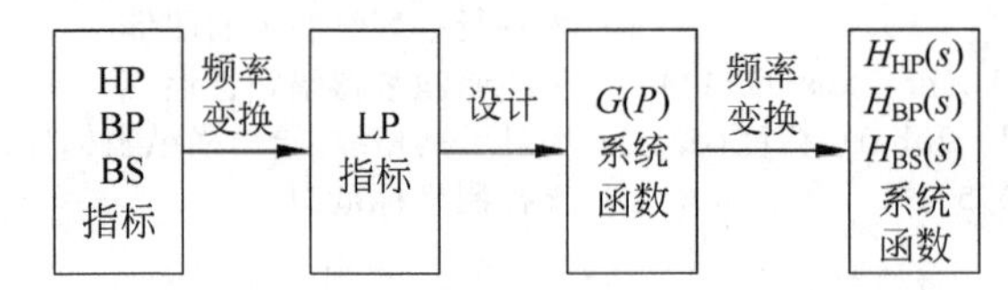

图6-6 各类模拟滤波器的设计过程图

表6-2 低通与各类模拟滤波器的函数关系

函　数	LP滤波器	其他AF滤波器HP,BP,BS
系统函数	$G(s)$	$H(s)$
归一化频率	λ	η
归一化拉普拉斯变量	$p=\mathrm{j}\lambda$	$q=\mathrm{j}\eta$
归一化系统函数	$G(p)$	$H(q)$

1. 低通到高通的频率变换

模拟高通滤波器$H_a(s)$的两个边界频率参数为Ω_p和Ω_s,分别为通带截止频率和阻带截止频率,用通带截止频率Ω_p对频率Ω进行归一化处理,归一化频率$\eta=\Omega/\Omega_p$,则归一化通带截止频率$\eta_p=1$,归一化阻带截止频率$\eta_s=\Omega_s/\Omega_p$。归一化模拟低通滤波器如图6-7所示,归一化模拟高通滤波器如图6-8所示。

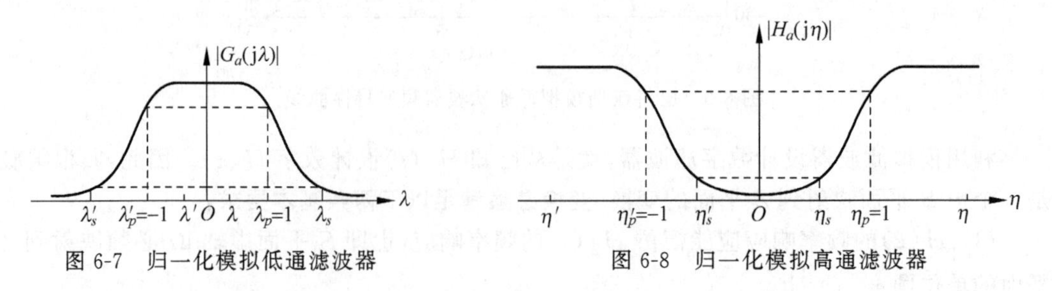

图6-7 归一化模拟低通滤波器　　图6-8 归一化模拟高通滤波器

由于滤波器的幅频响应是频率的偶函数,所以只要将$|G_a(\mathrm{j}\lambda)|$右(或左)半边曲线对应于$|H_a(\mathrm{j}\eta)|$的左(或右)半边曲线,就可以实现低通到高通的变换,其归一化频率λ与η关系用式(6-17)表示为

$$\lambda=\frac{1}{\eta} \tag{6-17}$$

则低通到高通的频率变换公式 $H_a(\mathrm{j}\eta)=G_a(\mathrm{j}\lambda)\Big|_{\lambda=\frac{1}{\eta}}$,低通到高通的频率变换具体步骤如下:

(1) 确定高通滤波器的技术指标。包括通带下限频率 Ω'_p、阻带上限频率 Ω'_s、通带最大衰减 A_p 和阻带最小衰减 A_s。

(2) 确定相应低通滤波器的设计指标。将高通滤波器的边界频率转换成低通滤波器的边界频率,各项设计指标如下:①低通滤波器通带截止频率 $\Omega_p=1/\Omega'_p$;②低通滤波器阻带截止频率 $\Omega_s=1/\Omega'_s$;③通带最大衰减仍为 A_p,阻带最小衰减仍为 A_s。

(3) 设计归一化低通滤波器 $G_a(p)$。

(4) 求模拟高通的 $H_a(s)$。将 $G_a(p)$ 按照 $\lambda=1/\eta$,转换成归一化高通 $H_a(q)$,为去归一化,将 $q=s/\Omega_c$ 代入 $H_a(q)$ 中,得归一化低通直接转化为模拟高通的转换公式

$$H_a(s)=G_a(p)\Big|_{p=\frac{\Omega_c}{s}} \tag{6-18}$$

【例 6-2】 设计高通滤波器,$f_p=200\text{Hz}$,$f_s=100\text{Hz}$,幅度特性单调下降,f_p 处最大衰减为 3dB,阻带最小衰减 $A_s=15\text{dB}$。

【解】 高通滤波器技术指标为

$$f_p=200\text{Hz},\quad A_p=3\text{dB};\quad f_s=100\text{Hz},\quad A_s=15\text{dB}$$

由于 f_p 处最大衰减为 3dB ,所以 $f_p=f_c$,归一化频率为

$$\eta_p=\frac{f_p}{f_c}=1,\quad \eta_s=\frac{f_s}{f_c}=0.5$$

低通滤波器技术指标为

$$\lambda_p=1,\quad A_p=3\text{dB};\quad \lambda_s=\frac{1}{\eta_s}=2,\quad A_s=15\text{dB}$$

设计归一化低通 $G_a(p)$。采用巴特沃斯滤波器,故

$$k_{sp}=\sqrt{\frac{10^{0.1A_p}-1}{10^{0.1A_s}-1}}=0.18,\quad \lambda_{sp}=\frac{\lambda_s}{\lambda_p}=2$$

$$N=-\frac{\lg k_{sp}}{\lg\lambda_{sp}}=2.47,\quad N=3$$

$$G_a(p)=\frac{1}{p^3+2p^2+2p+1}$$

模拟高通 $H_a(s)$为

$$H_a(s)=G_a(p)\Big|_{p=\frac{\Omega_c}{s}}=\frac{s^3}{s^3+2\Omega_c s^2+2\Omega_c^2 s+\Omega_c^3},\quad \Omega_c=2\pi f_p$$

2. 低通到带通的频率变换

模拟带通滤波器 $H_a(s)$的 4 个边界频率参数为 Ω_{ph},Ω_{pl},Ω_{sh} 和 Ω_{sl},分别为通带的上限、下限截止频率和阻带的上限、下限截止频率。将 $\Omega_{BW}=\Omega_{ph}-\Omega_{pl}$ 称为模拟带通滤波器的通带带宽,而将 $\Omega_0=\sqrt{\Omega_{pl}\Omega_{ph}}$ 称为通带的中心频率(中心频率 Ω_0 与通带的中间频率点 $(\Omega_{pl}+\Omega_{ph})/2$ 不同),用 Ω_{BW} 对频率 Ω 进行归一化处理,其归一化频率 η 为

$$\eta = \Omega / \Omega_{BW} = \Omega / (\Omega_{ph} - \Omega_{pl}) \tag{6-19}$$

则归一化边界频率为 $\eta_{ph} = \dfrac{\Omega_{ph}}{\Omega_{BW}}$，$\eta_{ph} = \dfrac{\Omega_{pl}}{\Omega_{BW}}$，$\eta_{ph} = \dfrac{\Omega_{sh}}{\Omega_{BW}}$ 和 $\eta_{ph} = \dfrac{\Omega_{sl}}{\Omega_{BW}}$，且 $\eta_0^2 = \eta_{ph}\eta_{pl}$。图 6-9 为归一化模拟低通滤波器，图 6-10 为归一化模拟带通滤波器。

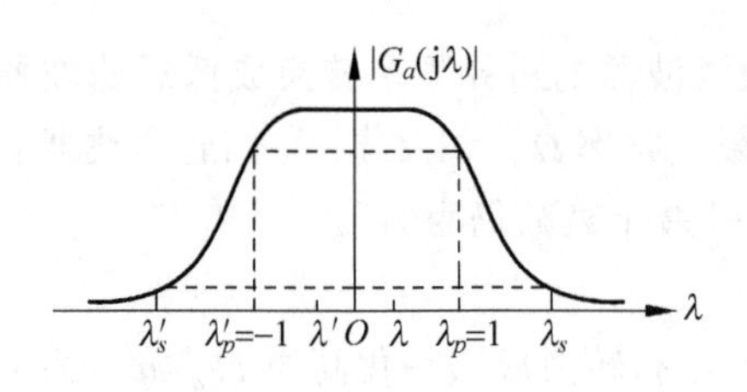

图 6-9 归一化模拟低通滤波器

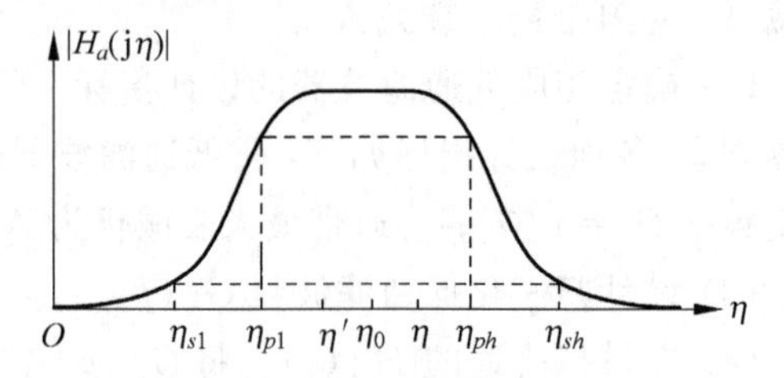

图 6-10 归一化模拟带通滤波器

只要将 $|G_a(j\lambda)|$ 整个曲线对应于 $|H_a(j\eta)|$ 的右半边曲线，就可以实现低通到带通的变换，其归一化频率 λ 与 η 关系为

$$\lambda = \frac{\eta^2 - \eta_0^2}{\eta} \tag{6-20}$$

由归一化低通直接转换成带通的计算公式为

$$H_a(s) = G_a(p)\Big|_{p = \frac{s^2 \Omega_{pl}\Omega_{ph}}{s(\Omega_{ph} - \Omega_{pl})}} \tag{6-21}$$

3. 低通到带阻的频率变换

与模拟带通滤波器一样，模拟带阻滤波器 $H_a(s)$ 也有 Ω_{ph}，Ω_{pl}，Ω_{sh} 和 Ω_{sl} 4 个边界频率参数，也将通带带宽定义为 $\Omega_{BW} = \Omega_{ph} - \Omega_{pl}$，阻带的中心频率 $\Omega_0 = \sqrt{\Omega_{pl}\Omega_{ph}}$，并用 Ω_{BW} 对频率 Ω 进行归一化处理，归一化低通滤波器与归一化带阻滤波器的幅频特性如图 6-11 和图 6-12 所示。

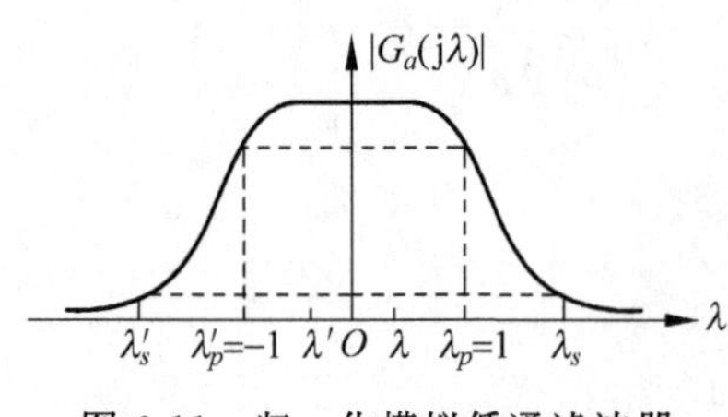

图 6-11 归一化模拟低通滤波器

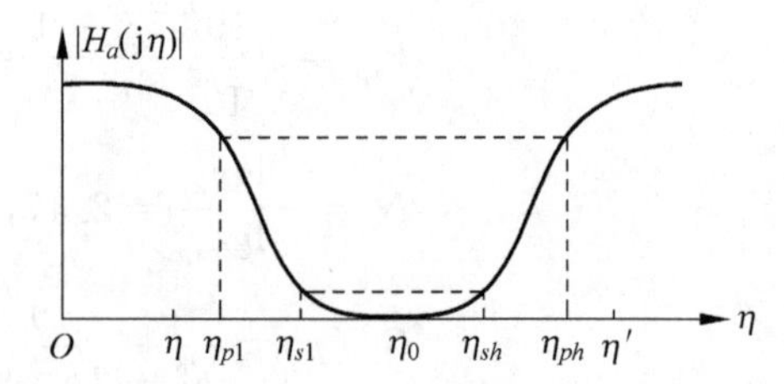

图 6-12 归一化模拟带阻滤波器

归一化频率 λ 与 η 关系为

$$\lambda = \frac{\eta}{\eta^2 - \eta_0^2} \tag{6-22}$$

由归一化低通直接转换成带阻的计算公式为

$$H_a(s) = G_a(p)\Big|_{p = \frac{s(\Omega_{pl} - \Omega_{ph})}{s^2 + \Omega_{ph}\Omega_{pl}}} \tag{6-23}$$

以上讨论的是模拟低通、高通、带通及带阻滤波器的设计，然而这并不是我们的目的。我

们的目的是设计数字滤波器。首要的问题是如何将数字滤波器的技术指标转换为模拟滤波器的技术指标，最后再实现模拟滤波器到数字滤波器的转换，下面讨论数字滤波器的设计方法。

6.3　脉冲响应不变法设计IIR数字滤波器

视频讲解

利用模拟滤波器成熟的理论及其设计方法来设计IIR数字低通滤波器是常用的方法。设计过程是：按照数字滤波器技术指标要求设计一个过渡模拟低通滤波器 $H_a(s)$，再按照一定的转换关系将 $H_a(s)$ 转换成数字低通滤波器的系统函数 $H(z)$。由此可见，设计的关键问题就是找到这种转换关系，将 S 平面上的 $H_a(s)$ 转换成 Z 平面上的 $H(z)$。为了保证转换后的 $H(z)$ 稳定且满足技术指标要求，对转换关系提出两点要求：

(1) 因果稳定的模拟滤波器转换成数字滤波器，仍是因果稳定的。

(2) 数字滤波器的频率响应模仿模拟滤波器的频响，S 平面的虚轴映射到 Z 平面的单位圆上。

满足上述转换关系的映射方法有**脉冲响应不变法**和**双线性变换法**。

6.3.1　变换原理

利用数字滤波器的单位脉冲响应序列 $h(n)$ 模仿模拟滤波器的冲激响应 $h_a(t)$，即将 $h_a(t)$ 进行等间隔采样，使 $h(n)$ 正好等于 $h_a(t)$ 的采样值，满足

$$h(n)=h_a(nT)$$

根据采样序列的 Z 变换与模拟信号拉普拉斯变换的关系式(2-64)，即

$$X(z)\Big|_{z=e^{sT}}=\frac{1}{T}\sum_{k=-\infty}^{\infty}X_a(s-jk\Omega_s)=\frac{1}{T}\sum_{k=-\infty}^{\infty}X_a\left(s-j\frac{2\pi}{T}k\right)$$

可看出，脉冲响应不变法将模拟滤波器的 S 平面变换成数字滤波器的 Z 平面，这个从 s 到 z 的变换 $z=e^{sT}$ 正是2.3节中从 S 平面变换到 Z 平面的标准变换关系式。$z=e^{sT}$ 是周期函数，所以有

$$e^{sT}=e^{\sigma T}e^{j\Omega T}=e^{\sigma T}e^{j\left(\Omega+\frac{2\pi}{T}M\right)T} \tag{6-24}$$

从式(6-24)可以看出，当 σ 不变，模拟角频率 Ω 变化 $2\pi/T$ 整数倍时，映射值不变，S 平面上每一条宽度为 $2\pi/T$ 的水平横带都重叠地映射到 Z 平面的整个全平面上，如图6-13所示。

(1) 每条水平横带的左半部分映射到 Z 平面单位圆内。

(2) 水平横带右半部分映射到 Z 平面的单位圆外。

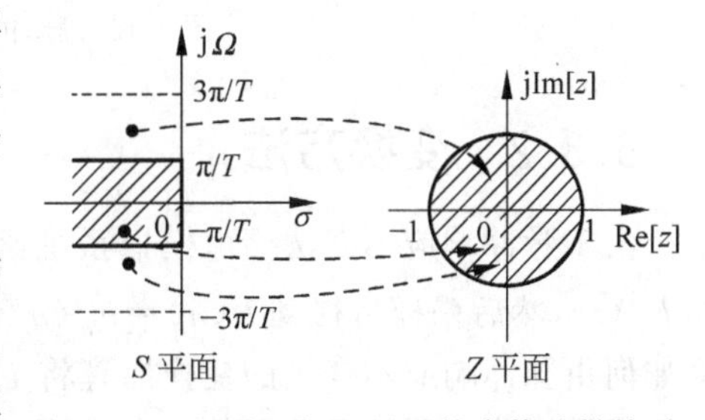

图6-13　S 平面与 Z 平面的多值映射关系

(3) jΩ 虚轴上每 $2\pi/T$ 段都对应着单位圆一周。

数字滤波器的频率响应和模拟滤波器的频率响应间的关系为

$$H(e^{j\omega})=\frac{1}{T}\sum_{k=-\infty}^{\infty}H_a\left(j\frac{\omega-2\pi k}{T}\right) \tag{6-25}$$

由上面分析可以看出，S 平面与 Z 平面的映射关系满足转换条件，但存在着多值到单

值映射关系。这就是说,**数字滤波器的频率响应是模拟滤波器频率响应的周期延拓**。模拟滤波器频率响应与数字滤波器的频率响应图形如图 6-14 所示,可以看出,只有当模拟滤波器的频率响应是限带的,且带限于折叠频率($\pm\pi/T$)以内时,才能使数字滤波器的频率响应在折叠频率($\pm\pi$)以内重现模拟滤波器的频率响应,而不产生混叠失真,即

$$H(\mathrm{e}^{\mathrm{j}\omega})=\frac{1}{T}H_a\left(\mathrm{j}\,\frac{\omega}{T}\right),\quad |\omega|<\pi \tag{6-26}$$

一个实际的模拟滤波器频率响应都不是严格限带的,产生频率响应的混叠失真,当模拟滤波器的频率响应在折叠频率以上处衰减越大、越快时,变换后频率响应混叠失真就越小。这时,采用脉冲响应不变法设计的数字滤波器才能得到良好效果。

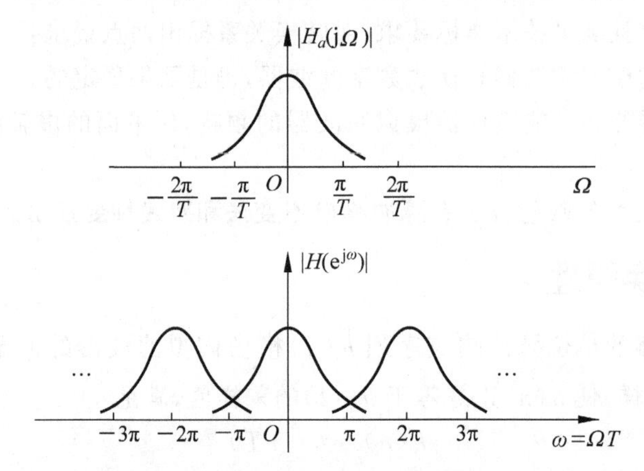

图 6-14　模拟滤波器频率响应与数字滤波器的频率响应图形

脉冲响应不变法设计过程如图 6-15 所示,具体由 $H(s)$获得 $H(z)$步骤如下:

(1) 对 $H(s)$进行拉普拉斯反变换获得 $h(t)$。

(2) 对 $h(t)$等间隔抽样得到 $h(k)$。

(3) 计算 $h(k)$的 Z 变换得到 $H(z)$。

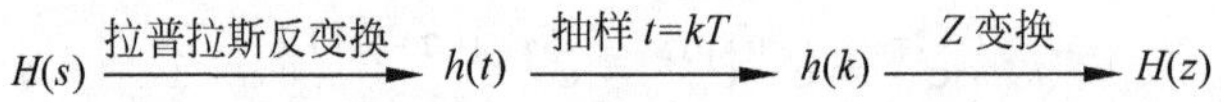

$$H(s)\xrightarrow{\text{拉普拉斯反变换}}h(t)\xrightarrow{\text{抽样 }t=kT}h(k)\xrightarrow{Z\text{ 变换}}H(z)$$

图 6-15　脉冲响应不变法过程示意图

6.3.2 变换方法

由于脉冲响应不变法要由模拟系统函数 $H_a(s)$求拉普拉斯反变换得到模拟的冲激响应 $h_a(t)$,然后采样后得到 $h(n)=h_a(nT)$,再取 Z 变换得 $H(z)$,过程比较复杂。下面讨论如何由脉冲响应不变法的变换原理将 $H_a(s)$直接转换为数字滤波器 $H(z)$。

设模拟滤波器的系统函数 $H_a(s)$只有单阶极点,且分母的阶次大于分子的阶次,因此

$$H_a(s)=\sum_{k=1}^{N}\frac{A_k}{s-s_k} \tag{6-27}$$

其相应的冲激响应 $h_a(t)$是 $H_a(s)$的拉普拉斯反变换,即

$$h_a(t)=F^{-1}[H_a(s)]=\sum_{k=1}^{N}A_k\mathrm{e}^{s_kt}u(t) \tag{6-28}$$

在脉冲响应不变法中，要求数字滤波器的单位脉冲响应等于对 $h_a(t)$ 的采样，即

$$h(n)=h_a(nT)=\sum_{k=1}^{N}A_k e^{s_k nT}u(n)=\sum_{k=1}^{N}A_k(e^{s_k T})^n u(n) \tag{6-29}$$

对 $h(n)$ 求 Z 变换，即得数字滤波器的系统函数：

$$\begin{aligned}H(z)&=\sum_{n=-\infty}^{\infty}h(n)z^{-n}=\sum_{n=0}^{\infty}\sum_{k=1}^{N}A_k(e^{s_k T}z^{-1})^n=\sum_{k=1}^{N}A_k\sum_{n=0}^{\infty}(e^{s_k T}z^{-1})^n\\&=\sum_{k=1}^{N}\frac{A_k}{1-e^{s_k T}z^{-1}}\end{aligned} \tag{6-30}$$

比较式(6-27)与式(6-30)可以看出：

(1) S 平面的每一个单极点 $s=s_k$ 变换到 Z 平面上 $z=e^{s_k T}$ 处的单极点；

(2) $H_a(s)$ 与 $H(z)$ 的部分分式的系数是相同的，都为 A_k；

(3) 如果模拟滤波器是因果稳定的，则所有极点 s_k 位于 S 平面的左半平面，即 $\mathrm{Re}[s_k]<0$，则变换后的数字滤波器的全部极点在单位圆内，即 $|e^{s_k T}|=e^{\mathrm{Re}[s_k]T}<1$，因此数字滤波器也是因果稳定的。

设 $s=\sigma+j\Omega$，$z=re^{j\omega}$ 脉冲响应不变法标准映射关系为 $z=e^{sT}$，所以

$$re^{j\omega}=e^{(\sigma+j\Omega)T}=e^{\sigma T}\cdot e^{j\Omega T}$$

得到

$$r=e^{\sigma T},\quad \omega=\Omega T$$

因果稳定的分析：①$\sigma<0$ 时，S 平面的左半平面映射到 Z 平面的单位圆内($r=|z|<1$)；②$\sigma=0$ 时，S 平面的虚轴映射到 Z 平面的单位圆周上($r=|z|=1$)；③$\sigma>0$ 时，S 平面的右半平面映射到 Z 平面的单位圆外($r=|z|>1$)。

所以，若 $H_a(s)$ 是因果稳定的，则转换后的 $H(z)$ 也是因果稳定的。

(4) 虽然脉冲响应不变法能保证 S 平面极点与 Z 平面极点有这种代数对应关系，但是并不等于整个 S 平面与 Z 平面有这种代数对应关系，特别是数字滤波器的零点位置就与模拟滤波器零点位置没有这种代数对应关系，而是随 $H_a(s)$ 的极点 s_k 以及系数 A_k 两者而变化。

从式(6-26)可以看出，数字滤波器频率响应幅度还与采样间隔 T 呈反比，则

$$H(e^{j\omega})=\frac{1}{T}H_a\left(j\frac{\omega}{T}\right),\quad |\omega|<\pi$$

如果采样频率很高，即 T 很小，数字滤波器可能具有太高的增益，这是不希望的。为了使数字滤波器增益不随采样频率而变化，可以作以下简单修正。令

$$h(n)=Th_a(nT) \tag{6-31}$$

则有

$$H(z)=\sum_{k=1}^{N}\frac{TA_k}{1-e^{s_k T}z^{-1}} \tag{6-32}$$

$$H(e^{j\omega})=\sum_{k=-\infty}^{\infty}H_a\left(j\frac{\omega}{T}-j\frac{2\pi}{T}k\right)\approx H_a\left(j\frac{\omega}{T}\right) \tag{6-33}$$

由脉冲响应不变法的变换原理，将 $H_a(s)$ 直接转换为数字滤波器 $H(z)$，如图 6-16 所示。

正常求解流程	简化求解流程
$H_a(s)=\sum_{k=1}^{N}\frac{A_k}{s-s_k}$ ⇓ $h_a(t)=\sum_{k=1}^{N}A_k e^{s_k t}u(t)$ ⇓ $h(n)=h_a(nT)=\sum_{k=1}^{N}A_k e^{s_k nT}u(n)$ ⇓ $H(z)=\sum_{n=-\infty}^{\infty}h(n)z^{-n}=\sum_{n=0}^{\infty}\sum_{n=k}^{N}A_k e^{s_k nT}z^{-n}=\sum_{k=1}^{N}\frac{A_k}{1-e^{s_k T}z^{-1}}$	$H_a(s)=\sum_{k=1}^{N}\frac{A_k}{s-s_k}$ ⇓ $H(z)=\sum_{k=1}^{N}\frac{A_k}{1-e^{s_k T}z^{-1}}$

图 6-16　$H_a(s)$直接转换为数字滤波器 $H(z)$

6.3.3 脉冲响应不变法的优缺点

脉冲响应不变法优点如下：

(1) 频率变换是线性关系，$w=\Omega T$，模数字滤波器可以很好重现模拟滤波器的频响特性。

(2) 数字滤波器的单位脉冲响应完全模仿模拟滤波器的单位冲激响应，时域特性逼近好。

脉冲响应不变法缺点如下：

(1) 有频谱混叠失真现象(S 平面↔Z 平面有多值映射关系)。

(2) 由于频谱混迭，使应用受到限制(T 下降得到失真下降，但运算量上升，实现困难)。

【例 6-3】 设模拟滤波器的系统函数为

$$H_a(s)=\frac{3}{s^2+4s+3}$$

试利用脉冲响应不变法将 $H_a(s)$转换成 IIR 数字滤波器系统函数 $H(z)$。

【解】 首先将 $H_a(s)$展为部分分式的形式

$$H_a(s)=\frac{3}{2}\left(\frac{1}{s+1}-\frac{1}{s+3}\right)$$

直接利用式(6-32)，得

$$H(z)=\sum_{k=1}^{N}\frac{TA_k}{1-e^{s_k T}z^{-1}}$$

数字滤波器的系统函数为

$$H(z)=\frac{3}{2}\left(\frac{1}{1-z^{-1}e^{-T}}-\frac{1}{1-z^{-1}e^{-3T}}\right)=\frac{\frac{3}{2}z^{-1}(e^{-T}-e^{-3T})}{1-z^{-1}(e^{-T}+e^{-3T})+z^{-2}e^{-4T}}$$

设 $T=1$s，得

$$H_1(z)=\frac{0.477\,14z^{-1}}{1-0.417\,67z^{-1}+0.018\,316z^{-2}}$$

设 $T=0.1$s，得

$$H_2(z)=\frac{0.24603z^{-1}}{1-1.64566z^{-1}+0.67032z^{-2}}$$

将 $H_a(s)$、$H_1(e^{j\omega})$和 $H_2(e^{j\omega})$三者的幅度特性用它们的最大值归一化后的幅度特性如图 6-17 所示，由于 $H_a(s)$不是充分限带的，所以 $H(e^{j\omega})$产生了严重的频谱混叠失真，而且 T 越大失真也越大。

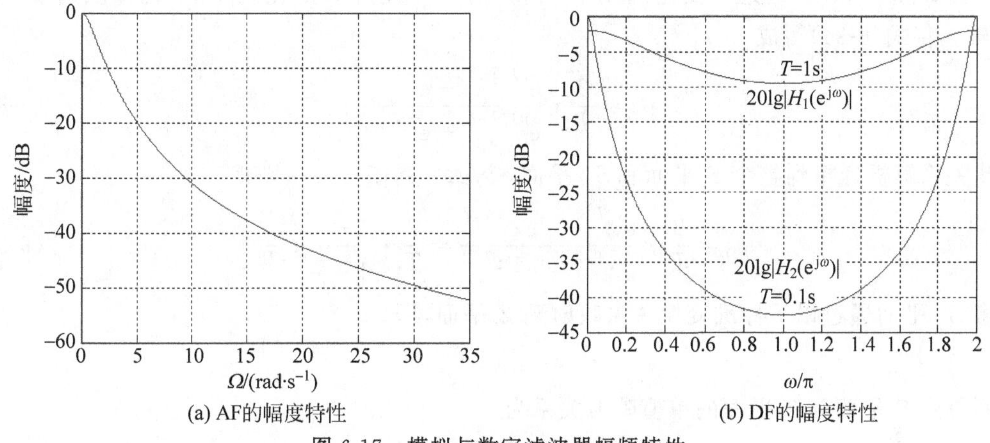

(a) AF的幅度特性　(b) DF的幅度特性

图 6-17　模拟与数字滤波器幅频特性

6.4　用双线性变换法设计 IIR 数字滤波器

视频讲解

6.4.1　变换原理

脉冲响应不变法的主要缺点是产生频率响应的混叠失真。这是因为从 S 平面到 Z 平面是多值的映射关系所造成的。为了克服这一缺点，可以采用非线性频率压缩方法，将整个频率轴上的频率范围压缩到$\frac{-\pi}{T}\sim\frac{\pi}{T}$之间，再用 $z=e^{sT}$ 转换到 Z 平面上。也就是说，第一步先将整个 S 平面压缩映射到 S_1 平面的$\frac{-\pi}{T}\sim\frac{\pi}{T}$一条横带里；第二步再通过标准变换关系$z=e^{s_1T}$ 将此横带变换到整个 Z 平面上去。这样就使 S 平面与 Z 平面建立了一一对应的单值关系，消除了多值变换性，也就消除了频谱混叠现象，映射关系如图 6-18 所示。

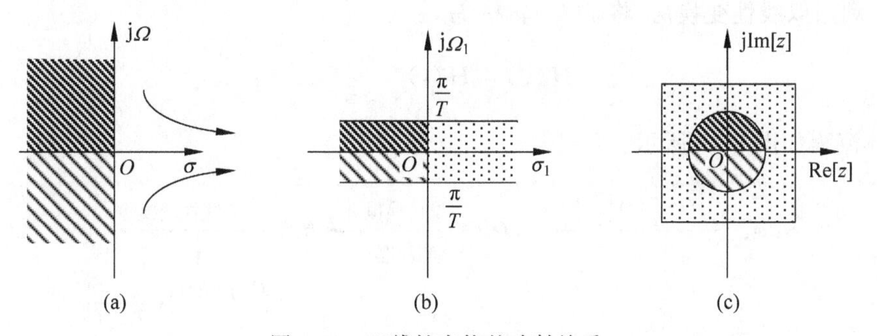

图 6-18　双线性变换的映射关系

为了将 S 平面的整个虚轴 $\mathrm{j}\Omega$ 压缩到 S_1 平面 $\mathrm{j}\Omega_1$ 轴上的 $-\pi/T$ 到 π/T 段上，可以通过以下的正切变换实现，则

$$\Omega=\frac{2}{T}\tan\left(\frac{\Omega_1 T}{2}\right) \tag{6-34}$$

式中，T 为采样间隔。

当 Ω_1 由 $-\pi/T$ 经过 0 变化到 π/T 时，Ω 由 $-\infty$ 经过 0 变化到 $+\infty$，也即映射了整个 $\mathrm{j}\Omega$ 轴。将式(6-34)写成

$$\mathrm{j}\Omega=\frac{2}{T}\cdot\frac{\mathrm{e}^{\mathrm{j}\Omega_1 T/2}-\mathrm{e}^{-\mathrm{j}\Omega_1 T/2}}{\mathrm{e}^{\mathrm{j}\Omega_1 T/2}+\mathrm{e}^{-\mathrm{j}\Omega_1 T/2}} \tag{6-35}$$

将此关系解析延拓到整个 S 平面和 S_1 平面，令 $\mathrm{j}\Omega=s$，$\mathrm{j}\Omega_1=s_1$，则得

$$s=\frac{2}{T}\cdot\frac{\mathrm{e}^{s_1 T/2}-\mathrm{e}^{-s_1 T/2}}{\mathrm{e}^{s_1 T/2}+\mathrm{e}^{-s_1 T/2}}=\frac{2}{T}\cdot\frac{1-\mathrm{e}^{-s_1 T}}{1+\mathrm{e}^{-s_1 T}} \tag{6-36}$$

再将 S_1 平面通过以下标准变换关系映射到 Z 平面，即

$$z=\mathrm{e}^{s_1 T}$$

从而得到 S 平面和 Z 平面的单值映射关系为

$$s=\frac{2}{T}\,\frac{1-z^{-1}}{1+z^{-1}} \tag{6-37}$$

$$z=\frac{1+\frac{T}{2}s}{1-\frac{T}{2}s}=\frac{\frac{2}{T}+s}{\frac{2}{T}-s} \tag{6-38}$$

式(6-37)与式(6-38)是 S 平面与 Z 平面之间的单值映射关系，这种变换都是两个线性函数之比，因此称为**双线性变换**。

6.4.2 双线性变换法设计数字滤波器的步骤

(1) 将数字滤波器的频率指标 ω 转换为模拟滤波器的频率指标 Ω，即

$$\Omega=\frac{2}{T}\tan\left(\frac{\omega}{2}\right) \tag{6-39}$$

(2) 由模拟滤波器的指标设计模拟滤波器的 $H(s)$。

(3) 利用双线性变换法，将 $H(s)$ 转换 $H(z)$。

$$H(z)=H(s)\Big|_{s=\frac{2}{T}\frac{1-z^{-1}}{1+z^{-1}}} \tag{6-40}$$

具体流程如图 6-19 所示。

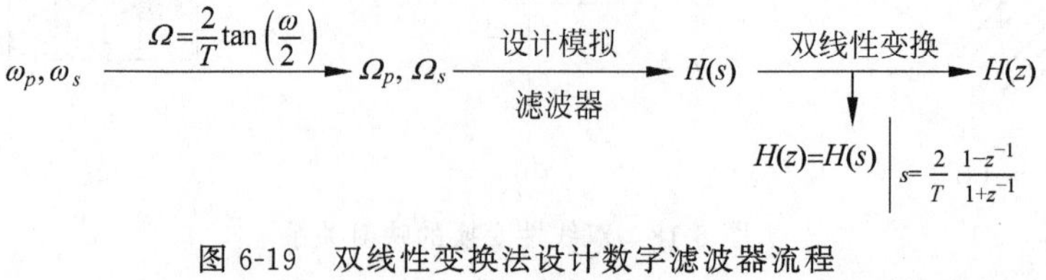

图 6-19 双线性变换法设计数字滤波器流程

6.4.3 数字角频率和模拟角频率之间的关系

数字角频率与模拟角频率关系如图 6-20 所示。

(1) 当 Ω 为 $0\to+\infty$时,ω 为 $0\to\pi$。

(2) 当 Ω 为 $0\to-\infty$时,ω 为 $0\to-\pi$。

从图 6-20 可以看出,双线性变换可以消除频率混叠现象,避免混叠失真,但是却带来了非线性的频率失真。在零频附近,Ω 与 ω 之间的变换关系近似于线性,随着 Ω 的增加,表现出严重的非线性。

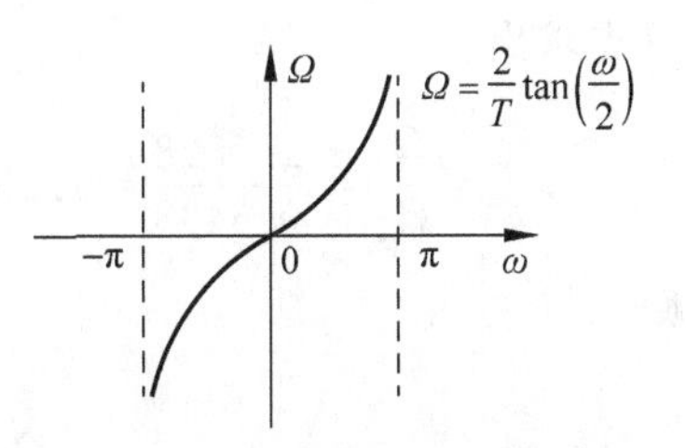

图 6-20 数字角频率与模拟角频率关系

6.4.4 双线性变换法特点

(1) 双线性变换优点。

S 平面与 Z 平面是一一对应的单值映射关系,消除了脉冲响应不变法的多值映射关系,消除了频谱混叠现象。只要模拟滤波器 $H_a(s)$因果稳定,其极点应位于 S 左半平面,转换成的 $H(z)$也是因果稳定的,位于单位圆内。

(2) 双线性变换缺点。

双线性变换是由频率的严重非线性关系而得到的。使数字滤波器频响曲线不能保真地模仿模拟滤波器频响的曲线形状。首先,一个线性相位的模拟滤波器经双线性变换后得到非线性相位的数字滤波器,不再保持原有的线性相位;其次,这种非线性关系要求模拟滤波器的幅频响应必须是分段常数型的,即某一频率段的幅频响应近似等于某一常数,不然变换所产生的数字滤波器幅频响应相对于原模拟滤波器的幅频响应会有畸变。其瞬时响应不如脉冲响应不变法好。

【例 6-4】 用双线性变换法设计数字低通滤波器,要求在频率小于等于 100Hz 的通带内,幅度的衰减特性不大于 2dB;在频率大于或等于 300Hz 的阻带内,衰减不小于 15dB,采样频率为 1000Hz,采用巴特沃斯滤波器。

【解】

(1) 确定待设计的数字低通滤波器的技术指标。

采样频率为 1000Hz,所以 $T=0.001\text{s}$,待设计的数字低通滤波器的技术指标为

$$\omega_p=2\pi f_p T=2\pi\times 100\times 0.001=0.2\pi\text{rad},\quad A_p=2\text{dB}$$

$$\omega_s=2\pi f_s T=2\pi\times 300\times 0.001=0.6\pi\text{rad},\quad A_s=15\text{dB}$$

(2) 确定模拟低通滤波器的技术指标。

设 $T=1\text{s}$,由式(6-39)得

$$\Omega_p=\frac{2}{T}\tan\left(\frac{\omega_p}{2}\right)=2\tan\left(\frac{0.2\pi}{2}\right)=0.6498\text{rad/s},\quad A_p=2\text{dB}$$

$$\Omega_s=\frac{2}{T}\tan\left(\frac{\omega_s}{2}\right)=2\tan\left(\frac{0.6\pi}{2}\right)=2.7528\text{rad/s},\quad A_s=15\text{dB}$$

(3) 设计模拟巴特沃斯低通滤波器。

根据式(6-13)得

$$N=\frac{\lg[(10^{A_p/10}-1)/(10^{A_s/10}-1)]}{2\lg(\Omega_p/\Omega_s)}$$

首先求出

$$\lambda_{sp}=\frac{\Omega_s}{\Omega_p}=\frac{2.7528}{0.6498}=4.2364,\quad k_{sp}=\sqrt{\frac{10^{0.1A_s}-1}{10^{0.1A_p}-1}}=\sqrt{\frac{10^{0.1\times15}-1}{10^{0.1\times2}-1}}=7.2358$$

则

$$N=\frac{\lg k_{sp}}{\lg\lambda_{sp}}=\frac{\lg7.2358}{\lg4.2364}=1.3708$$

取 $N=2$,再由下式求出 Ω_c,即

$$\Omega_c=\frac{\Omega_p}{(10^{0.1A_p}-1)^{\frac{1}{2N}}}=\frac{0.6498}{(10^{0.1\times2}-1)^{\frac{1}{4}}}=0.7430\text{rad/s}$$

查表 6-1,由于 $N-2$,所以归一化系统函数为

$$H_a(p)=\frac{1}{p^2+\sqrt{2}p+1}$$

去归一化的滤波器的系统函数为

$$H_a(s)=H_a(p)\Big|_{p=\frac{s}{\Omega_c}}=\frac{\Omega_c^2}{s^2+\sqrt{2}\Omega_c s+\Omega_c^2}=\frac{0.7430^2}{s^2+1.0508s+0.7430^2}$$

(4) 求其相应数字滤波器的系统函数。

$$H(z)=H_a(s)\Big|_{s=\frac{2}{T}\frac{1-z^{-1}}{1+z^{-1}}}=H_a(s)\Big|_{s=2\frac{1-z^{-1}}{1+z^{-1}}}=\frac{0.08296+0.16592z^{-1}+0.08296z^{-2}}{1-1.03642z^{-1}+0.36830z^{-2}}$$

(5) 校核所设计的数字滤波器是否满足给定的指标要求。

$$H(e^{j\omega_p})=H(e^{j0.2\pi})=H(z)\big|_{z=e^{j0.2\pi}}=\frac{0.08296+0.16592e^{-j0.2\pi}+0.08296e^{-j0.4\pi}}{1-1.03642e^{-j0.2\pi}+0.36830e^{-j0.4\pi}}$$

$$=\frac{0.24283-j0.17643}{0.27533+j0.25892}$$

$$A_p=-10\lg|H(e^{j0.2\pi})|^2=-10\lg\left|\frac{0.24283-j0.17643}{0.27533+j0.25892}\right|^2\approx2.0016\text{dB}$$

$$H(e^{j\omega_s})=H(e^{j0.6\pi})=H(z)\big|_{z=e^{j0.6\pi}}=\frac{0.08296+0.16592e^{-j0.6\pi}+0.08296e^{-j1.2\pi}}{1-1.03642e^{-j0.6\pi}+0.36830e^{-j1.2\pi}}$$

$$=\frac{-0.03543-j0.10904}{1.02231+j1.20218}$$

$$A_s=-10\lg|H(e^{j0.6\pi})|^2=-10\lg\left|\frac{-0.03543-j0.10904}{1.02231+j1.20218}\right|^2=22.7750\text{dB}$$

所设计的数字滤波器满足给定的指标要求。

【例 6-5】 试分别用脉冲响应不变法和双线性不变法将图 6-21 所示的 RC 低通滤波器转换成数字滤波器,并给出系统网络结构信号流图。

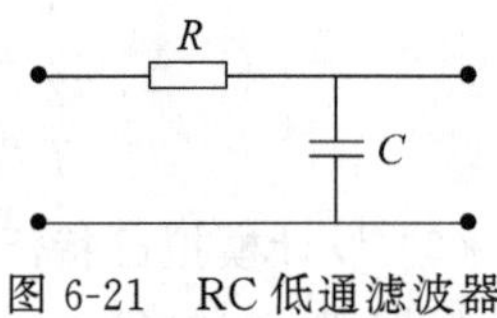

图 6-21 RC 低通滤波器原理图

【解】 首先写出该滤波器的传输函数 $H_a(s)$为

$$\frac{\frac{1}{\mathrm{j}\omega C}}{\frac{1}{\mathrm{j}\omega C}+R}=\frac{1}{1+\mathrm{j}\omega CR}=\frac{\frac{1}{RC}}{\frac{1}{RC}+\mathrm{j}\omega}$$

$$H_a(s)=\frac{\alpha}{\alpha+s},\quad \alpha=\frac{1}{RC}$$

利用脉冲响应不变法转换，数字滤波器的系统函数 $H_1(z)$为

$$H_1(z)=\frac{\alpha}{1-\mathrm{e}^{-\alpha T}z^{-1}}$$

利用双线性变换法转换，数字滤波器的系统函数 $H_2(z)$为

$$H_2(z)=H_a(s)\Big|_{s=\frac{2}{T}\frac{1-z^{-1}}{1+z^{-1}}}=\frac{\alpha_1(1+z^{-1})}{1+a_2z^{-1}}$$

$$\alpha_1=\frac{\alpha T}{\alpha T+2},\quad \alpha_2=\frac{\alpha T-2}{\alpha T+2}$$

$H_1(z)$和 $H_2(z)$的网络结构分别如图 6-22(a)和(b)所示。

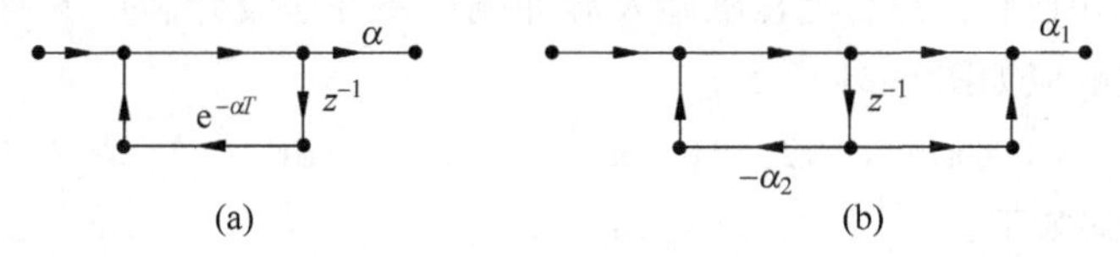

图 6-22　脉冲响应不变法和双线性变换法设计的 RC 低通滤波器信号流图

6.5　MATLAB 应用实例

【例 6-6】　设采样周期 $T=250\mu s$(采样频率 $f_s=4\mathrm{kHz}$)，用脉冲响应不变法和双线性变换法设计一个三阶巴特沃斯滤波器，其 3dB 边界频率为 $f_c=1\mathrm{kHz}$。

MATLAB 代码如下：

```
[B,A] = butter(3,2 * pi * 1000,'s');
[num1,den1] = impinvar(B,A,4000);
[h1,w] = freqz(num1,den1); [B,A] = butter(3,2/0.00025,'s');
[num2,den2] = bilinear(B,A,4000);
[h2,w] = freqz(num2,den2); f = w/pi * 2000;
plot(f,abs(h1),'-.',f,abs(h2),'-');
grid; xlabel('频率/Hz ');ylabel('幅值/dB')
```

程序运行结果如图 6-23 所示。

程序中第一个 butter 的边界频率 2π×1000，为脉冲响应不变法原型低通滤波器的边界频率；第二个 butter 的边界频率 $2/T=2/0.000\,25$，为双线性变换法原型低通滤波器的边界频率。图 6-23 给出了这两种设计方法所得到的频响，虚线为脉冲响应不变法的结果；实线为双线性变换法的结果。脉冲响应不变法由于混叠效应，使得过渡带和阻带的衰减特性变差，并且不存在传输零点。同时，也看到双线性变换法，在 $z=-1$ 即 $\omega=\pi$ 或 $f=2000\mathrm{Hz}$ 处有一个三阶传输零点，这个三阶零点正是模拟滤波器在 $\Omega=\infty$处的三阶传输零点通过映

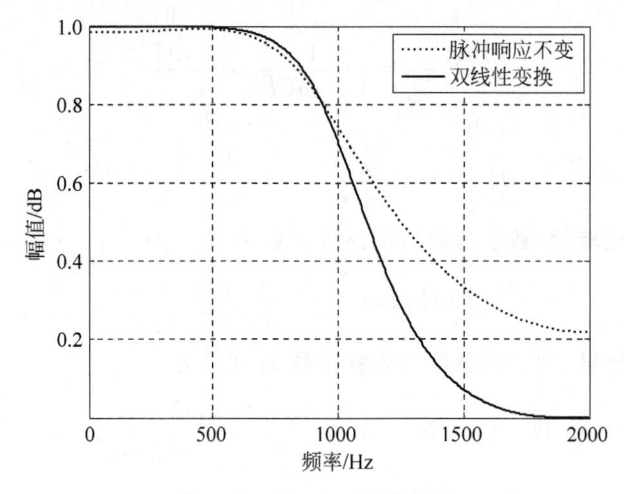

图 6-23　例 6-6 运行结果图

射形成的。

【例 6-7】 利用巴特沃思低通滤波器及脉冲响应不变法设计满足下列指标的数字滤波器,滤波器的增益响应如图 6-24 所示。

$$\Omega_p = 0.1\pi\text{rad},\quad \Omega_s = 0.4\pi\text{rad},\quad A_p \leqslant 1\text{dB},\quad A_s \geqslant 25\text{dB}$$

MATLAB 代码如下:

```
Wp = 0.1 * pi;Ws = 0.4 * pi;Ap = 1;As = 25;           % DF、BW、LP 指标
Fs = 1;                                               % 抽样频率(Hz)
Wp = Wp * Fs;Ws = Ws * Fs;                            % 确定模拟 BW 指标
N = buttord(Wp,Ws,Ap,As,'s');                         % 确定 AF 阶数
Wc = Wp/(10^(0.1 * Ap) - 1)^(1/2/N);                  % 由通带指标确定 3 - dB 截频
[numa,dena] = butter(N,Wc,'s');                       % 确定 BW AF
[numd,dend] = impinvar(numa,dena,Fs);                 % 确定 DF
w = linspace(0,pi,512);h = freqz(numd,dend,w);
norm = max(abs(h));                                   % 幅度归一化 DF 的幅度响应
numd = numd/norm;plot(w/pi,20 * log10(abs(h)/norm));grid;
xlabel('Normalized frequency');ylabel('Gain,dB');
disp('Numerator polynomial');fprintf('%.4e\n',numd);
disp('Denominator polynomial');fprintf('%.4e\n',dend);
%计算 Ap 和 As
w = [Wp Ws];h = freqz(numd,dend,w);fprintf('Ap = %.4f\n', - 20 * log10(abs(h(1))));
fprintf('As = %.4f\n', - 20 * log10(abs(h(2))));
```

程序运行结果为

```
Numerator polynomial
0.0000e + 00  2.3231e - 02  1.7880e - 02  0.0000e + 00
Denominator polynomial
1.0000e + 00  - 2.2230e + 00  1.7193e + 00  - 4.5520e - 01
Ap = 0.9985  As = 30.3240
```

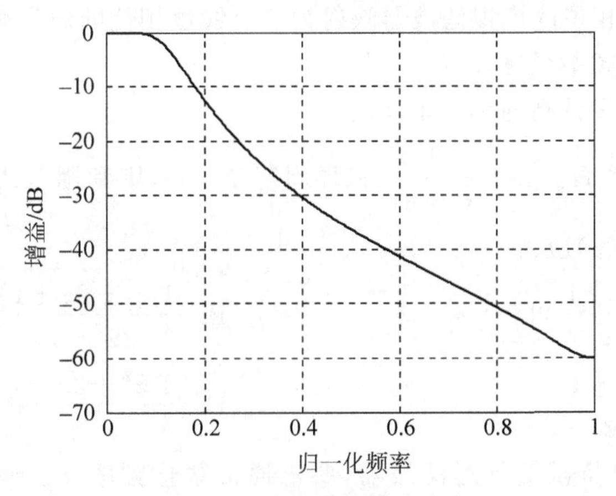

图 6-24　滤波器的增益响应

【本章习题】

6.1　填空题

(1) 用脉冲响应不变法进行 IIR 数字滤波器设计,它的主要缺点是频谱的________现象。

(2) 用冲激响应不变法将一模拟滤波器映射为数字滤波器时,模拟频率 Ω 与数字频率 ω 之间的映射变换关系为________。用双线性变换法将一模拟滤波器映射为数字滤波器时,模拟频率 Ω 与数字频率 ω 之间的映射变换关系为________。

(3) 将模拟滤波器映射成数字滤波器主要有________及双线性变换法等。

(4) 巴特沃斯低通滤波器的幅频特性与阶次 N 有关,当 N 越大时,通带内越________,过渡带和阻带内________。

(5) 如果一个系统的幅频响应是常数,那么这个系统称为________。

6.2　选择题

(1) 用双线性变法进行 IIR 数字滤波器的设计,从 S 平面向 Z 平面转换的关系为 $s=$(　　)。

A. $s=\dfrac{1+z^{-1}}{1-z^{-1}}$　　　　B. $s=\dfrac{1-z^{-1}}{1+z^{-1}}$

C. $s=\dfrac{2}{T}\dfrac{1-z^{-1}}{1+z^{-1}}$　　　　D. $s=\dfrac{2}{T}\dfrac{1+z^{-1}}{1-z^{-1}}$

(2) 以下对双线性变换的描述中不正确的是(　　)。

A. 双线性变换是一种非线性变换

B. 双线性变换可以用来进行数字频率与模拟频率间的变换

C. 双线性变换把 S 平面的左半平面单值映射到 Z 平面的单位圆内

D. 以上说法都不对

(3) 下列关于用冲激响应不变法设计 IIR 滤波器的说法中错误的是(　　)。

A. 数字频率与模拟频率之间呈线性关系

B. 能将线性相位的模拟滤波器映射为一个线性相位的数字滤波器

C. 容易出现频率混叠效应

D. 可以用于设计高通和带阻滤波器

(4) 若模拟滤波器 $H_a(s)=\dfrac{1}{s^2+2s}$,采样周期 $T=1\mathrm{s}$,则利用双线性变换法,将 $H_a(s)$ 转换成数字滤波器 $H(z)$ 应为( )。

A. $\dfrac{1}{4}\dfrac{z^2+2z+1}{z^2-z}$　　B. $\dfrac{1}{4}\dfrac{z^2+2z+1}{2z^2-2z}$

C. $\dfrac{1}{4}\dfrac{z^2+2z+1}{2z^2+2z}$　　D. $\dfrac{1}{4}\dfrac{z^2+2z+1}{z^2+z}$

6.3 设计一个巴特沃斯低通滤波器,要求通带截止频率 $f_p=6\mathrm{kHz}$,通带最大衰减 $A_p=3\mathrm{dB}$,阻带截止频率 $f_s=12\mathrm{kHz}$,阻带最小衰减 $A_s=25\mathrm{dB}$。求出滤波器归一化系统函数 $G_a(p)$ 及实际的 $H_a(s)$。

6.4 已知模拟滤波器的系统函数如下:

$$H_a(s)=\frac{1}{s^2+s+1}$$

试采用脉冲响应不变法和双线性变换法分别将其转换为数字滤波器。设 $T=2\mathrm{s}$。

6.5 用双线性变换法设计一个二阶巴特沃斯数字低通滤波器,采样频率为 $f_s=1.2\mathrm{kHz}$,截止频率为 $f_s=400\mathrm{Hz}$。

6.6 模拟低通滤波器的参数如下:$A_p=3\mathrm{dB}$,$A_s=25\mathrm{dB}$,$f_p=25\mathrm{Hz}$,$f_s=50\mathrm{Hz}$,用巴特沃斯近似求 $H(s)$。

6.7 已知 $H_a(s)=\dfrac{1}{1+s/\Omega_c}$,使用脉冲响应不变法和双线性方法分别设计数字低通滤波器,使得 3dB 截止频率为 $\omega_c=0.25\pi$。

6.8 设计一巴特沃斯数字低通滤波器,设计指标为:在 0.3π 通带频率范围内,通带幅度波动小于 1dB,在 $0.5\pi\sim\pi$ 阻带频率范围内,阻带衰减大于 12dB。

6.9 试设计一个数字高通滤波器,要求通带下限频率 $\omega_p=0.8\pi\mathrm{rad}$。阻带上限频率为 $\omega_s=0.44\pi$,通带衰减不大于 3dB,阻带衰减不小于 20dB。

第7章 有限脉冲响应数字滤波器的设计

CHAPTER 7

无限长冲激响应(IIR)数字滤波器的优点是可以利用模拟滤波器的设计结果,而模拟滤波器的设计可以查阅大量图表,所以设计方法较为简单,但它的缺点是相位非线性。如果需要实现相位线性,则要采用全通网络进行相位校正。FIR滤波器在保证幅度特性的同时,很容易实现严格的线性相位特性,同时又可以具有任意的幅度特性。另外,FIR数字滤波器的单位脉冲响应是有限长的,因而滤波器一定是稳定的,只要经过一定的延时,任何非因果有限长序列都能变成因果的有限长序列,因而总能用因果系统实现。最后,FIR滤波器由于单位脉冲响应是有限长的,因而可以用FFT算法实现信号滤波,大大提高运算效率。现代图像、语音、数据通信对线性相位的要求是普遍的。所以,才使得具有线性相位的FIR数字滤波器得到大力发展和广泛应用。本章将针对FIR数字滤波器的线性相位、零极点、幅度特性展开讨论,并详细介绍FIR数字滤波器设计的两种方法窗函数法和频率采样法,并就IIR和FIR数字滤波器特性进行比较。

7.1 线性相位FIR数字滤波器的性质

视频讲解

7.1.1 FIR滤波器

对于一个LTI系统来说,其系统函数为

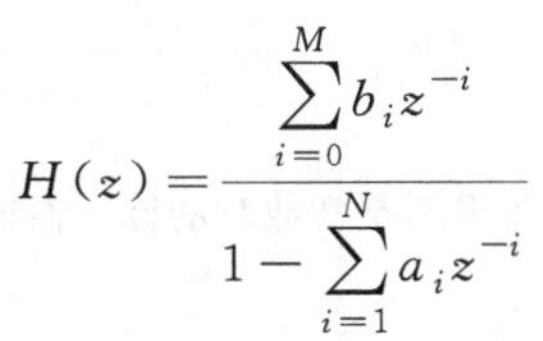

$$H(z)=\frac{\sum_{i=0}^{M}b_i z^{-i}}{1-\sum_{i=1}^{N}a_i z^{-i}}$$

若 a_i 等于零,则系统为FIR数字滤波器;若 a_i 至少有一个非零值,则系统为IIR数字滤波器。M 阶(长度 $N=M+1$) FIR数字滤波器的系统函数为

$$H(z)=\sum_{k=0}^{M}b_k z^{-k}=\sum_{k=0}^{M}h(k)z^{-k}$$

$$h(k)=\begin{cases}b_k, & k=0,1,2,\cdots,M\\ 0, & \text{其他}\end{cases}$$

FIR数字滤波器设计,就是由给定的系统频率特性,确定阶数 M 及系数 b_k 或 $h(k)$。

线性相位系统定义

$$H(\mathrm{e}^{\mathrm{j}\omega})=|H(\mathrm{e}^{\mathrm{j}\omega})|\mathrm{e}^{\mathrm{j}\varphi(\omega)}$$

线性相位 FIR 滤波器指 $\varphi(\omega)$ 是 ω 的线性函数，即

$$\varphi(\omega) = -\tau\omega \tag{7-1}$$

其中，τ 为常数，满足式(7-1)的属于第一类线性相位。

$$\varphi(\omega) = \theta_0 - \tau\omega \tag{7-2}$$

其中，θ_0 为起始相位，满足式(7-2)的属于第二类线性相位。

以上两种情况都满足群时延为常数，即

$$-\frac{\mathrm{d}\varphi(\omega)}{\mathrm{d}\omega} = \tau \tag{7-3}$$

关于群时延有以下说明：

只有相位与频率呈线性关系，即满足群时延是一个常数，方能保证各谐波有相同的延迟时间，在延迟后各次谐波叠加方能不失真。群延迟不是常数时的输入输出信号关系如图 7-1 所示，$\sin(t)$、$\sin(2t)$ 为输入信号 $\sin(t)+\sin(2t)$ 谐波，当谐波信号有延时情况，变成 $\sin(t-2)$、$\sin(2t-3)$，此时的输出信号 $\sin(t-2)+\sin(2t-3)$ 与输入信号 $\sin(t)+\sin(2t)$ 波形并不一致，原因是各谐波延时时间不呈比例关系，若 $\sin(2t-3)$ 改成 $\sin(2t-4)$ 则输入输出波形形状不会改变。

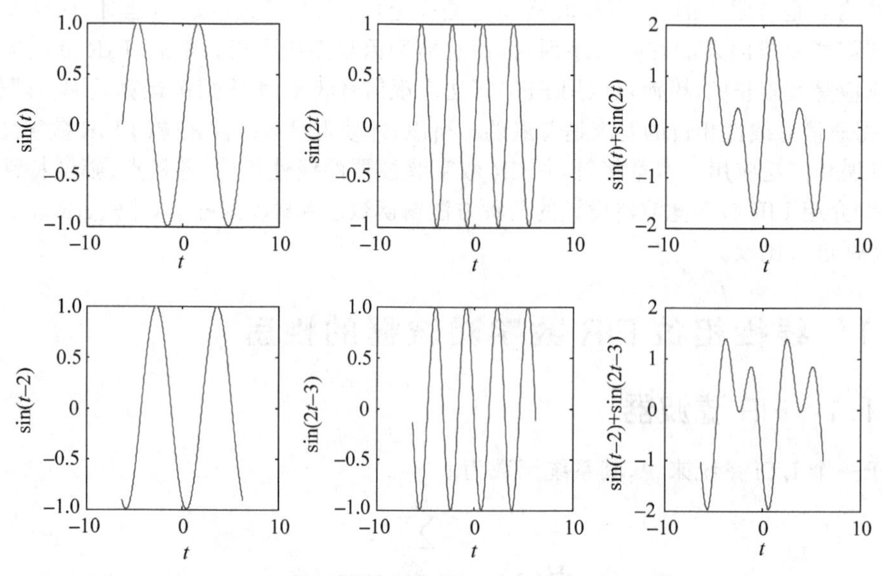

图 7-1 群延迟不是常数时的输入输出信号关系

MATLAB 代码如下：

```
t = - 2 * pi:0.05:2 * pi;
y1 = sin(t) + sin(2 * t);y2 = sin(t - 2) + sin(2 * t - 3);
subplot(2,3,1);plot(t,sin(t));xlabel('t');title('sin(t)');
subplot(2,3,2);plot(t,sin(2 * t));xlabel('t');title('sin(2t)');
subplot(2,3,3);plot(t,y1);xlabel('t');title('sin(t) + sin(2t)');
subplot(2,3,4);plot(t,sin(t - 2));xlabel('t');title('sin(t - 2)');
subplot(2,3,5);plot(t,sin(2 * t - 3));xlabel('t');title('sin(2t - 3)');
subplot(2,3,6);plot(t,y2);xlabel('t');title('sin(t - 2) + sin(2t - 3)');
```

7.1.2 线性相位 FIR 滤波器特性

如果 FIR 数字滤波器的单位脉冲响应 $h(n)$ 是实数序列，且满足偶对称或奇对称的条件，即

$$h(n)=\pm h(N-1-n) \tag{7-4}$$

则滤波器就具有严格的线性相位特点。

1. 有限长单位冲激响应 $h(n)$ 为偶对称

当 $h(n)$ 为偶对称 $h(n)=h(N-1-n)$ 时，其系统函数为

$$H(z)=\sum_{n=0}^{N-1}h(n)z^{-n}=\sum_{n=0}^{N-1}h(N-1-n)z^{-n}$$

将 $m=N-1-n$ 代入上式

$$H(z)=\sum_{m=0}^{N-1}h(m)z^{-(N-1-m)}=z^{-(N-1)}\sum_{m=0}^{N-1}h(m)z^{m}$$

即

$$H(z)=z^{-(N-1)}H(z^{-1})$$

$$H(z)=\frac{1}{2}[H(z)+z^{-(N-1)}H(z^{-1})]=\frac{1}{2}\sum_{n=0}^{N-1}h(n)[z^{-n}+z^{-(N-1)}z^{n}]$$

$$=z^{-\left(\frac{N-1}{2}\right)}\sum_{n=0}^{N-1}h(n)\left[\frac{z^{-\left(n-\frac{N-1}{2}\right)}+z^{\left(n-\frac{N-1}{2}\right)}}{2}\right]$$

滤波器的频率响应为

$$H(e^{j\omega})=H(z)\Big|_{z=e^{j\omega}}=e^{-j\omega\left(\frac{N-1}{2}\right)}\sum_{n=0}^{N-1}h(n)\cos\left[\omega\left(\frac{N-1}{2}-n\right)\right] \tag{7-5}$$

将频率响应用相位函数 $\theta(\omega)$ 及幅度函数 $H(\omega)$ 表示，则

$$\begin{cases}H(\omega)=\sum_{n=0}^{N-1}h(n)\cos\left[\omega\left(\frac{N-1}{2}-n\right)\right]\\ \theta(\omega)=-\omega\left(\frac{N-1}{2}\right)\end{cases} \tag{7-6}$$

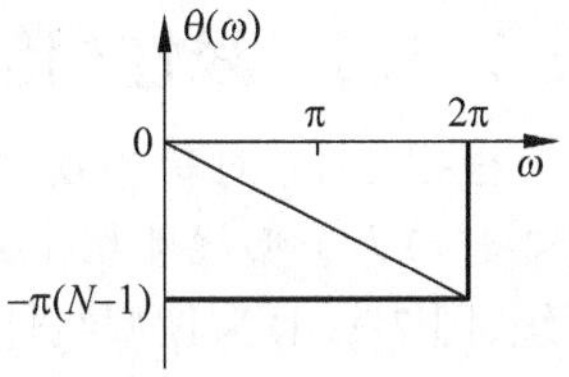

图 7-2　$h(n)$ 偶对称时的线性相位特性

满足式(7-6)中的相位函数 $\theta(\omega)$，称为具有严格的线性相位。$h(n)$ 偶对称时，线性相位特性如图 7-2 所示。

2. 有限长单位冲激响应 $h(n)$ 为奇对称

当 $h(n)$ 为奇对称 $h(n)=-h(N-1-n)$ 时，其系统函数为

$$H(z)=\sum_{n=0}^{N-1}h(n)z^{-n}=-\sum_{n=0}^{N-1}h(N-1-n)z^{-n}$$

$$=-\sum_{m=0}^{N-1}h(m)z^{-(N-1-m)}=-z^{-(N-1)}\sum_{m=0}^{N-1}h(m)z^{m}$$

因此

$$H(z)=-z^{-(N-1)}H(z^{-1})$$

同样，$H(z)$ 可改写为

$$H(z)=\frac{1}{2}[H(z)-z^{-(N-1)}H(z^{-1})]=\frac{1}{2}\sum_{n=0}^{N-1}h(n)[z^{-n}-z^{-(N-1)}z^{n}]$$

$$=z^{-\left(\frac{N-1}{2}\right)}\sum_{n=0}^{N-1}h(n)\left[\frac{z^{-\left(n-\frac{N-1}{2}\right)}-z^{\left(n-\frac{N-1}{2}\right)}}{2}\right]$$

滤波器的频率响应为

$$H(\mathrm{e}^{\mathrm{j}\omega})=H(z)\mid_{z=\mathrm{e}^{\mathrm{j}\omega}}=\mathrm{j}\mathrm{e}^{-\mathrm{j}\omega\left(\frac{N-1}{2}\right)}\sum_{n=0}^{N-1}h(n)\sin\left[\omega\left(\frac{N-1}{2}-n\right)\right]$$

$$=\mathrm{e}^{-\mathrm{j}\left(\frac{N-1}{2}\right)\omega+\mathrm{j}\pi/2}\sum_{n=0}^{N-1}h(n)\sin\left[\omega\left(\frac{N-1}{2}-n\right)\right] \tag{7-7}$$

将频率响应用相位函数 $\theta(\omega)$ 及幅度函数 $H(\omega)$ 表示,则

$$\begin{cases}H(\omega)=\sum_{n=0}^{N-1}h(n)\sin\left[\omega\left(\frac{N-1}{2}-n\right)\right]\\ \theta(\omega)=-\omega\left(\frac{N-1}{2}\right)+\frac{\pi}{2}\end{cases} \tag{7-8}$$

满足式(7-8)中的相位函数 $\theta(\omega)$,既是线性相位,又包括 $\pi/2$ 的相移,如图 7-3 所示。可以看出,当 $h(n)$ 为奇对称时,FIR 滤波器不仅有 $(N-1)/2$ 个采样的延时,还产生一个 90°相移。这种使所有频率的相移皆为 90°的网络,称为 90°移相器,或称正交变换网络。它与理想低通滤波器、理想微分器一样,有着重要的理论和实际意义。

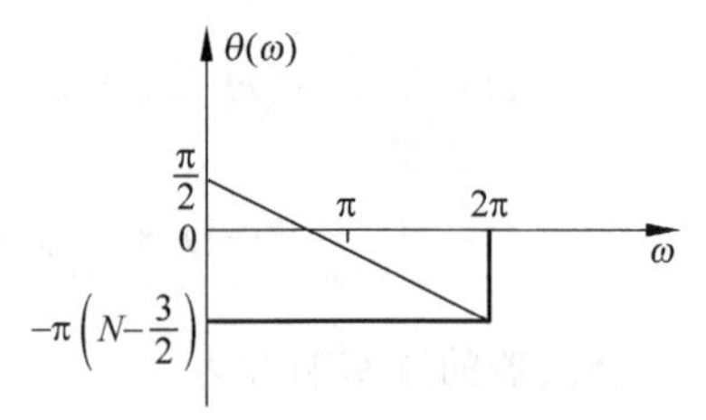

图 7-3 $h(n)$ 奇对称时的线性相位特性

结论:当 FIR 滤波器的单位冲激响应 $h(n)$ 为实序列,具有偶对称性或者奇对称性,那么该 FIR 滤波器具有线性相位特性。

7.1.3 线性相位 FIR 数字滤波器的幅度特点

根据 $h(n)$ 对称情况及 N 的奇偶性,线性相位系统可分成 4 种类型,如图 7-4 所示:图 7-4(a)为Ⅰ型线性相位系统,图 7-4(b)为Ⅱ型线性相位系统,图 7-4(c)为Ⅲ型线性相位系统,图 7-4(d)为Ⅳ型线性相位系统。

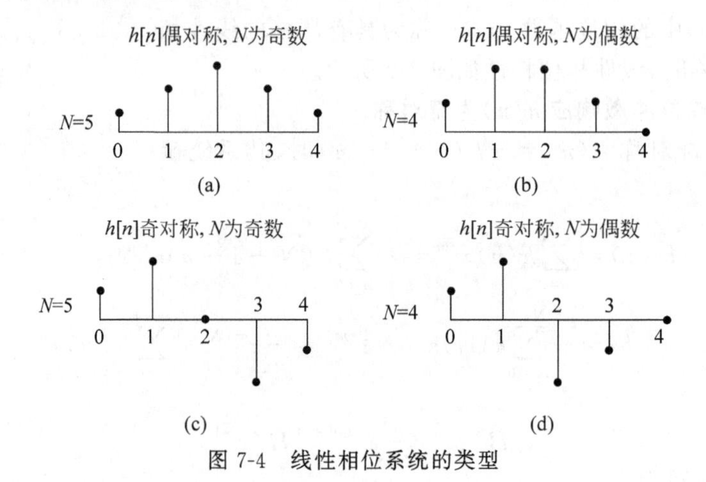

图 7-4 线性相位系统的类型

1. Ⅰ型线性相位系统

此类型 $h(n)$ 偶对称,N 为奇数,则

$$H(\omega)=\sum_{n=0}^{N-1}h(n)\cos\left[\left(n-\frac{N-1}{2}\right)\omega\right]$$

由于 N 为奇数,中间项为 $n=\frac{N-1}{2}$,$\cos\left[\left(n-\frac{N-1}{2}\right)\omega\right]=1$,其余项为偶对称。

所以

$$H(\omega)=h\left(\frac{N-1}{2}\right)+\sum_{n=0}^{\frac{N-3}{2}}2h(n)\cos\left[\left(n-\frac{N-1}{2}\right)\omega\right]$$

令 $m=\frac{N-1}{2}-n$,则

$$H(\omega)=h\left(\frac{N-1}{2}\right)+\sum_{m=1}^{\frac{N-1}{2}}2h\left(\frac{N-1}{2}-m\right)\cos m\omega$$

令 $a(0)=h\left(\frac{N-1}{2}\right)$,$a(n)=2h\left(\frac{N-1}{2}-n\right)$,$n=1,2,\cdots,\frac{N-1}{2}$,则

$$H(\omega)=\sum_{n=0}^{\frac{N-1}{2}}a(n)\cos\omega n \tag{7-9}$$

$H(\omega)$关于 $\omega=0,\pi,2\pi$ 偶对称,可实现任意形式滤波器。

2. Ⅱ型线性相位系统

此类型 $h(n)$偶对称,N 为偶数,则

$$H(\omega)=\sum_{n=1}^{N/2}b(n)\cos\left[\left(n-\frac{1}{2}\right)\omega\right] \tag{7-10}$$

其中

$$b(n)=2h\left(\frac{N}{2}-n\right),\quad n=1,2,\cdots,\frac{N}{2}$$

幅度响应具有以下特点:

(1) 当 $\omega=\pi$ 时,$H(\pi)=0$。

(2) $H(\omega)$对 $\omega=\pi$ 呈奇对称,对 $\omega=0,2\pi$ 呈偶对称。

因此,具有 $h(n)$偶对称,N 为偶数的 FIR 滤波器不能用于高通滤波器或者带阻滤波器。

3. Ⅲ型线性相位系统

此类型 $h(n)$奇对称,N 为奇数,

$$H(\omega)=\sum_{n=1}^{(N-1)/2}c(n)\sin(n\omega) \tag{7-11}$$

其中

$$c(n)=2h\left(\frac{N-1}{2}-n\right),\quad n=1,2,\cdots,\frac{N-1}{2}$$

幅度响应 $H(\omega)$具有以下特点:

(1) 当 $\omega=0,\pi,2\pi$ 时,$H(\omega)=0$。

(2) $H(\omega)$对 $\omega=0,\pi,2\pi$ 呈奇对称。

因此,具有 $h(n)$奇对称,N 为奇数的 FIR 滤波器只能实现带通滤波器。

4. Ⅳ型线性相位系统

此类型 $h(n)$奇对称,N 为偶数,则

$$H(\omega)=\sum_{n=1}^{N/2} d(n)\sin\left[\left(n-\frac{1}{2}\right)\omega\right] \tag{7-12}$$

其中

$$d(n)=2h\left(\frac{N}{2}-n\right),\quad n=1,2,\cdots,\frac{N}{2}$$

幅度响应 $\boldsymbol{H(\omega)}$ 具有以下特点：

(1) 当 $\omega=0,2\pi$ 时，$H(\omega)=0$。

(2) $H(\omega)$ 对 $\omega=\pi$ 呈偶对称，对 $\omega=0,2\pi$ 呈奇对称。

因此，具有 $h(n)$ 奇对称，N 为偶数的 FIR 滤波器不能实现低通、带阻滤波器。

上述 4 种线性相位滤波器特性见表 7-1。

表 7-1　4 种线性相位滤波器特性

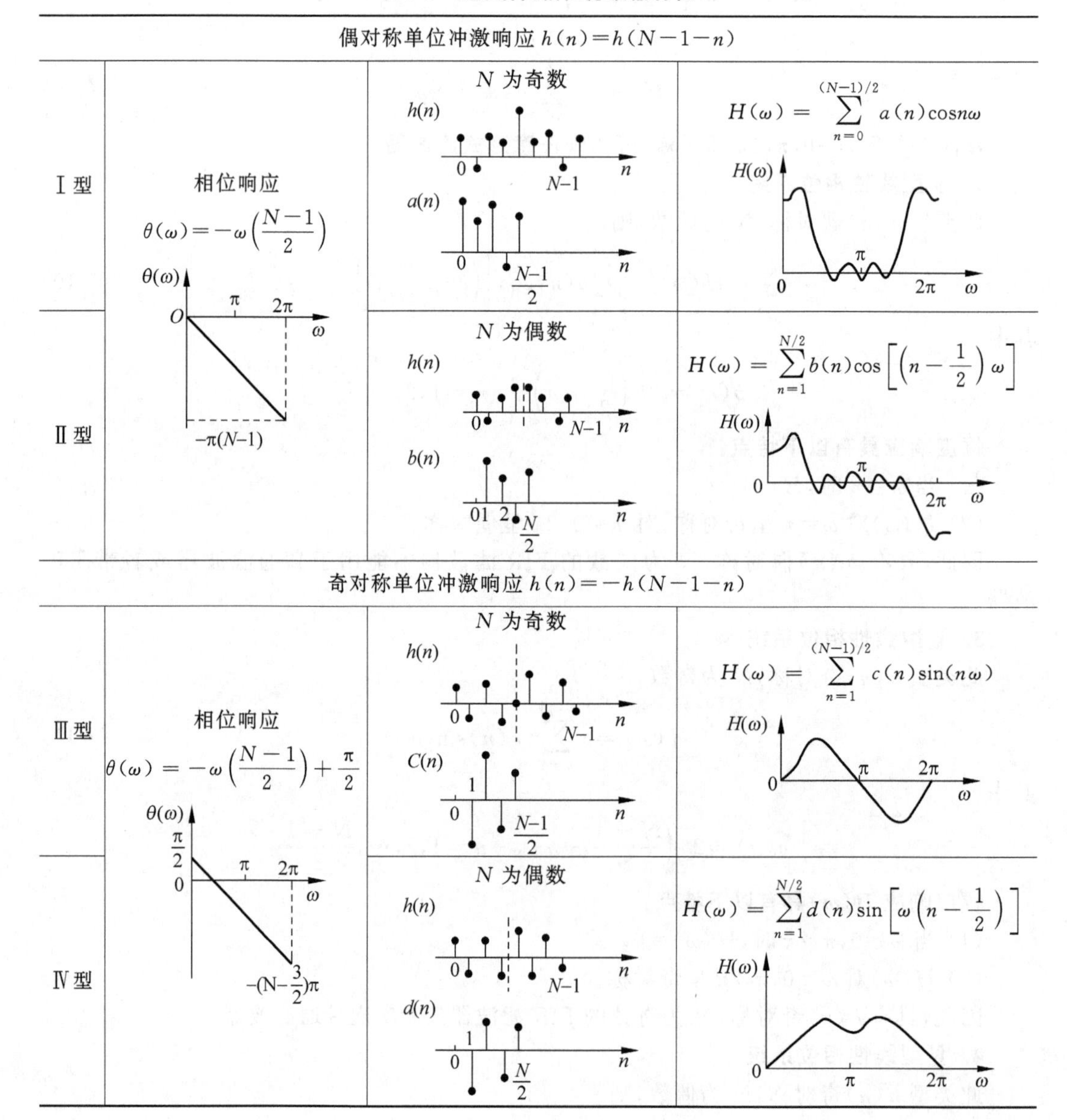

7.1.4 线性相位 FIR 数字滤波器零点分布特点

由以上分析可知，线性相位 FIR 滤波器的系统函数满足：

$$H(z)=\pm z^{-(N-1)}H(z^{-1}) \tag{7-13}$$

若 $z=z_i$ 是 $H(z)$的零点，即 $H(z_i)=0$，则它的倒数 $z=1/z_i=z_i^{-1}$ 也一定是 $H(z)$的零点。因为 $H(z_i^{-1})=\pm z_i^{(N-1)}H(z_i)=0$；而且当 $h(n)$是实数时，$H(z)$的零点必成共轭对出现，所以 $z=z_i^*$ 及 $z=(z_i^*)^{-1}$ 也一定是 $H(z)$的零点。因此，线性相位 FIR 滤波器的零点必是互为倒数的共轭对。**这种互为倒数的共轭对有 4 种可能性：**

(1) z_i 既不在实轴上，也不在单位圆上，则零点是互为倒数的两组共轭对，如图 7-5(a)所示。

(2) z_i 不在实轴上，但是在单位圆上，则共轭对的倒数是它们本身，故此时零点是一组共轭对，如图 7-5(b)所示。

(3) z_i 在实轴上但不在单位圆上，只有倒数部分，无复共轭部分。故零点对如图 7-5(c)所示。

(4) z_i 既在实轴上又在单位圆上，此时只有一个零点，有两种可能：位于 $z=1$，或位于 $z=-1$，如图 7-5(d)和(e)所示。

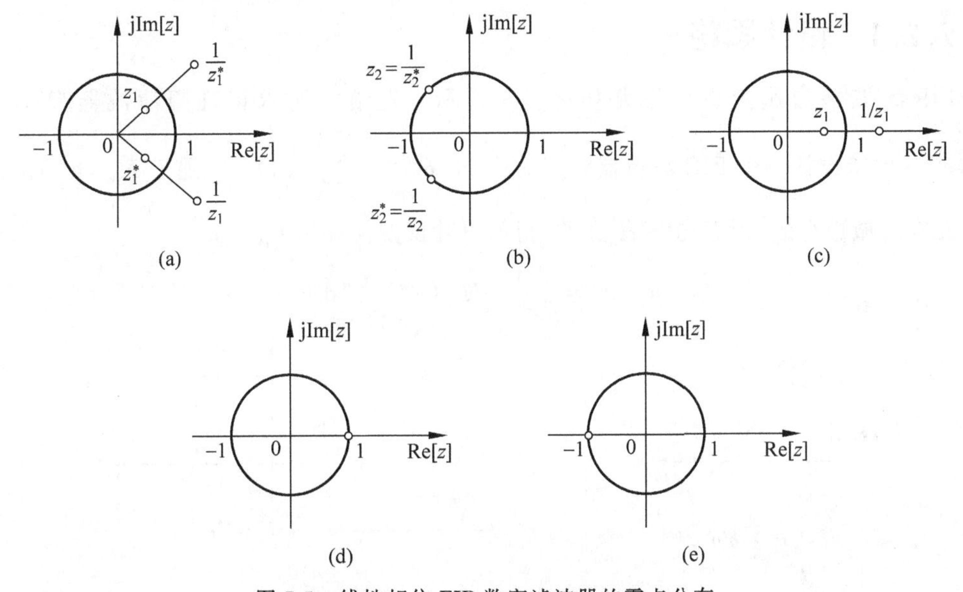

图 7-5 线性相位 FIR 数字滤波器的零点分布

【例 7-1】 一个 FIR 线性相位滤波器的单位脉冲响应是实数的，且 $n<0$ 和 $n>6$ 时 $h(n)=0$。如果 $h(0)=1$ 且系统函数在 $z=0.5\mathrm{e}^{\mathrm{j}\pi/3}$ 和 $z=3$ 各有一个零点，$H(z)$的表达式是什么？

【解】 因为 $n<0$ 和 $n>6$ 时 $h(n)=0$，且 $h(n)$是实值，所以当 $H(z)$在 $z=0.5\mathrm{e}^{\mathrm{j}\pi/3}$ 有一个复零点时，则在它的共轭位置 $z=0.5\mathrm{e}^{-\mathrm{j}\pi/3}$ 处一定有另一个零点。这个零点共轭对产生如下二阶因子

$$\begin{aligned}H_1(z)&=(1-0.5\mathrm{e}^{\mathrm{j}\pi/3}z^{-1})(1-0.5\mathrm{e}^{-\mathrm{j}\pi/3}z^{-1})\\&=1-0.5z^{-1}+0.25z^{-2}\end{aligned}$$

线性相位的约束条件需要在这两个零点的倒数位置上有零点，所以 $H(z)$ 同样必须包括如下有关因子

$$\begin{aligned}H_2(z) &= [1-(0.5\mathrm{e}^{\mathrm{j}\pi/3})^{-1}z^{-1}][1-(0.5\mathrm{e}^{-\mathrm{j}\pi/3})^{-1}z^{-1}] \\ &= 1-2z^{-1}+4z^{-2}\end{aligned}$$

系统函数还包含一个 $z=3$ 的零点，同样线性相位的约束条件需要在 $z=\frac{1}{3}$ 也有一个零点。于是，$H(z)$ 还具有如下因子

$$H_3(z)=(1-3z^{-1})\left(1-\frac{1}{3}z^{-1}\right)$$

由此

$$H(z)=A(1-0.5z^{-1}+0.25z^{-2})(1-2z^{-1}+4z^{-2})(1-3z^{-1})\left(1-\frac{1}{3}z^{-1}\right)$$

最后，多项式中零阶项的系数为 A，为使 $h(0)=1$，必定有 $A=1$。

视频讲解

7.2 用窗函数法设计 FIR 滤波器

7.2.1 设计思路

FIR 滤波器窗函数设计思路如图 7-6 所示。先给定所求得理想滤波器频率响应 $H_d(\mathrm{e}^{\mathrm{j}\omega})$，要求设计一个 FIR 滤波器频率响应 $H(\mathrm{e}^{\mathrm{j}\omega})=\sum_{n=0}^{N-1}h(n)\mathrm{e}^{-\mathrm{j}\omega}$ 逼近 $H_d(\mathrm{e}^{\mathrm{j}\omega})$。由于设计是在时域进行的，因而先由 $H_d(\mathrm{e}^{\mathrm{j}\omega})$ 得傅里叶反变换导出 $h_d(n)$

$$h_d(n)=\frac{1}{2\pi}\int_{-\pi}^{\pi}H_d(\mathrm{e}^{\mathrm{j}\omega})\mathrm{e}^{\mathrm{j}\omega n}\mathrm{d}\omega \tag{7-14}$$

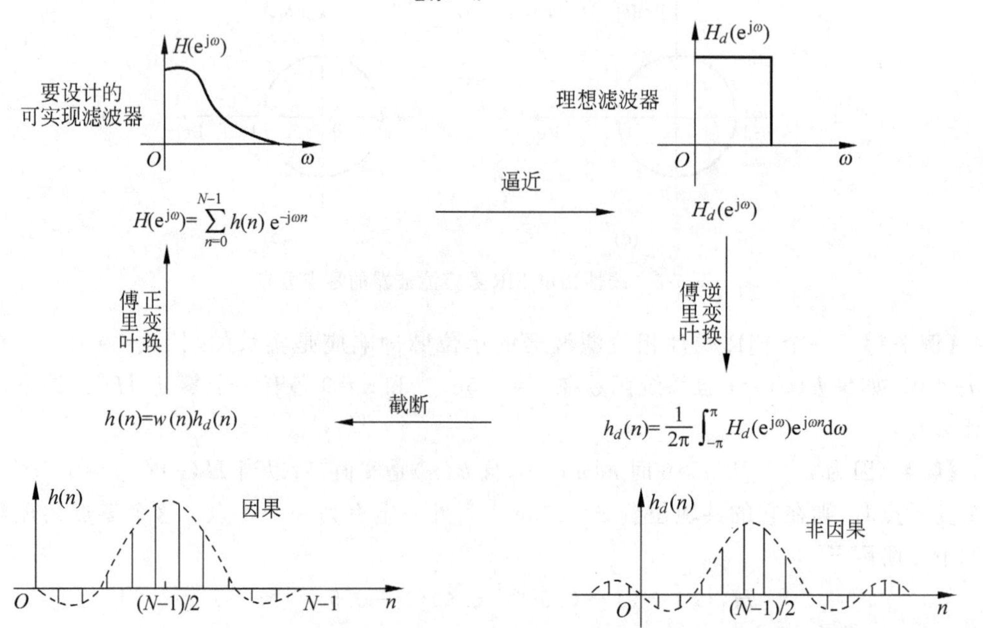

图 7-6　FIR 滤波器窗函数设计思路

由于 $H_d(e^{j\omega})$ 是矩形频率特性，故 $h_d(n)$ 一定是无限长的序列，且是非因果的，而我们要设计的是 FIR 滤波器，其 $h(n)$ 必然是有限长的，所以要用有限长的 $h(n)$ 逼近无限长的 $h_d(n)$，最有效的方法是截断 $h_d(n)$。这种截断指的是用一个有限长度的窗口函数序列 $R_N(n)$ 截取 $h_d(n)$，即

$$h(n)=w(n)h_d(n) \tag{7-15}$$

因而，窗函数序列的形状及长度的选择很关键。

7.2.2 设计原理

下面以一个 FIR 低通数字滤波器为例。假设理想低通滤波器的频率响应为

$$H_d(e^{j\omega})=\begin{cases}e^{-j\omega\alpha}, & |\omega|\leqslant\omega_c\\ 0, & \omega_c<|\omega|\leqslant\pi\end{cases} \tag{7-16}$$

对其进行逆变换得

$$\begin{aligned}h_d(n)&=\frac{1}{2\pi}\int_{-\omega_c}^{\omega_c}e^{-j\omega\alpha}e^{j\omega n}d\omega=\frac{1}{2\pi}\int_{-\omega_c}^{\omega_c}e^{j\omega(n-\alpha)}d\omega\\&=\frac{1}{2\pi j(n-\alpha)}e^{j\omega(n-\alpha)}\Big|_{-\omega_c}^{\omega_c}=\frac{e^{j\omega_c(n-\alpha)}-e^{-j\omega_c(n-\alpha)}}{2\pi j(n-\alpha)}\\&=\frac{1}{\pi(n-\alpha)}\frac{e^{j\omega_c(n-\alpha)}-e^{-j\omega_c(n-\alpha)}}{2j}=\frac{\sin[\omega_c(n-\alpha)]}{\pi(n-\alpha)}\end{aligned} \tag{7-17}$$

这是一个中心点在 α 的偶对称、无限长、非因果序列，$h_d(n)$ 的波形如图 7-7(a)所示。为了构造一个长度为 N 的线性相位滤波器，只有将 $h_d(n)$ 截取一段，并保证截取的一段对 $(N-1)/2$ 对称，故中心点 α 必须取 $\alpha=(N-1)/2$。设截取的一段用 $h(n)$ 表示，如式(7-15)所示，$h(n)$ 的波形如图 7-7(c)所示。

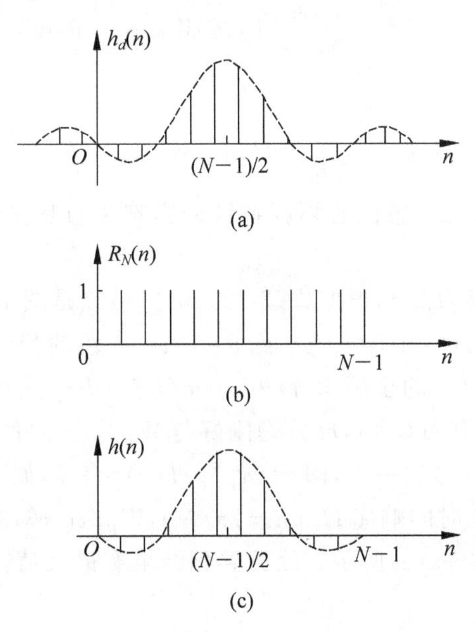

图 7-7　理想低通的单位脉冲响应及矩形窗

时域乘积对应频域的卷积,即

$$\begin{cases} h(n)=h_d(n)w(n) \\ H(\mathrm{e}^{\mathrm{j}\omega})=\dfrac{1}{2\pi}\displaystyle\int_{-\pi}^{\pi} H_d(\mathrm{e}^{\mathrm{j}\theta})W(\mathrm{e}^{\mathrm{j}(\omega-\theta)})\mathrm{d}\theta \end{cases} \tag{7-18}$$

矩形窗频率响应为

$$W_R(\mathrm{e}^{\mathrm{j}\omega})=\sum_{n=0}^{N-1} w(n)\mathrm{e}^{-\mathrm{j}\omega n}=\mathrm{e}^{-\mathrm{j}\omega\frac{N-1}{2}}\frac{\sin\dfrac{\omega N}{2}}{\sin\dfrac{\omega}{2}} \tag{7-19}$$

其幅度函数为

$$W_R(\omega)=\frac{\sin\dfrac{\omega N}{2}}{\sin\dfrac{\omega}{2}}$$

理想滤波器频率响应为

$$H_d(\mathrm{e}^{\mathrm{j}\omega})=H_d(\omega)\mathrm{e}^{-\mathrm{j}\frac{N-1}{2}\omega}$$

其幅度函数为

$$H_d(\omega)=\begin{cases} 1, & |\omega|\leqslant\omega_c \\ 0, & \omega_c\leqslant|\omega|\leqslant\pi \end{cases}$$

则实际设计的 FIR 滤波器频率响应为

$$\begin{aligned} H(\mathrm{e}^{\mathrm{j}\omega}) &= \frac{1}{2\pi}\int_{-\pi}^{\pi} H_d(\theta)\mathrm{e}^{-\mathrm{j}\frac{N-1}{2}\theta}W_R(\omega-\theta)\mathrm{e}^{-\mathrm{j}\frac{N-1}{2}(\omega-\theta)}\mathrm{d}\theta \\ &= \mathrm{e}^{-\mathrm{j}\frac{N-1}{2}\omega}\frac{1}{2\pi}\int_{-\pi}^{\pi} H_d(\theta)W_R(\omega-\theta)\mathrm{d}\theta \end{aligned}$$

其幅度函数为

$$H(\omega)=\frac{1}{2\pi}\int_{-\pi}^{\pi} H_d(\theta)W_R(\omega-\theta)\mathrm{d}\theta \tag{7-20}$$

根据式(7-20),矩形窗对理想低通幅度特性的影响实质是复卷积运算,如图 7-8 所示,**复卷积过程如下**:

(1) 当 $\omega=0$ 时的响应 $H(0)$,根据式(7-20),响应应该是图 7-8(a)和(b)中两个函数乘积的积分,即 $H(0)$等于 $W_R(\theta)$在 $\theta=-\omega_c$ 到 $\theta=+\omega_c$ 一段的积分面积。通常,$\omega_c\gg2\pi/N$,$H(0)$实际上近似等于 $W_R(\theta)$的全部积分($\theta=-\pi$ 到 $\theta=+\pi$)面积。

(2) 当 $\omega=\omega_c$ 时的响应 $H(\omega_c)$,$H_d(\theta)$刚好与 $W_R(\omega-\theta)$的一半重叠,如图 7-8(d)所示。因此卷积值刚好是 $H(0)$的一半,即 $H(\omega_c)/H(0)=1/2$,如图 7-8(f)所示。

(3) 当 $\omega=\omega_c-2\pi/N$ 时的响应 $H(\omega_c-2\pi/N)$,$W_R(\omega-\theta)$的全部主瓣都在 $H_d(\theta)$的通带($|\omega|\leqslant\omega_c$)之内,如图 6-9(c)所示。因此卷积结果有最大值,即 $H(\omega_c-2\pi/N)$为最大值,频响出现正肩峰。

(4) 当 $\omega=\omega_c+2\pi/N$ 时的响应 $H(\omega_c+2\pi/N)$,$W_R(\omega-\theta)$的全部主瓣都在 $H_d(\theta)$的通带($|\omega|\leqslant\omega_c$)之外,如图 6-9(e)所示。而通带内的旁瓣负的面积大于正的面积,因而卷积结果达到最负值,频响出现负肩峰。

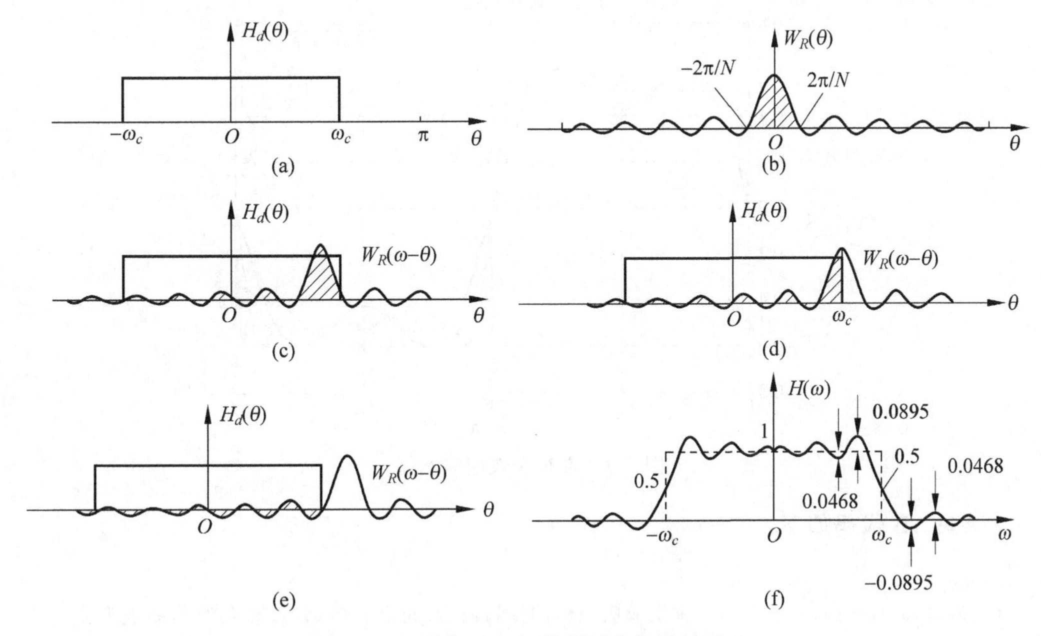

图 7-8　矩形窗对理想低通幅度特性的影响

(5) 当 $\omega > \omega_c + 2\pi/N$ 时，随着 ω 的继续增大，卷积值将随着 $W_R(\omega-\theta)$ 的旁瓣在 $H_d(\theta)$ 的通带内面积的变化而变化，$H(\omega)$ 将围绕着零值波动。

当 ω 由 $\omega_c - 2\pi/N$ 向通带内减小时，$W_R(\omega-\theta)$ 的右旁瓣进入 $H_d(\theta)$ 的通带，使得 $H(\omega)$ 值围绕 $H(0)$ 值而波动。$H(\omega)$ 值如图 7-8(f)所示。

加窗函数处理后，对理想频率响应产生以下影响：

(1) $H(\omega)$ 将 $H_d(\omega)$ 在截止频率处的间断点变成了连续曲线，使理想频率特性在不连续点处边沿加宽，形成一个过渡带，过渡带的宽度等于窗的频率响应 $W_R(\omega)$ 的主瓣宽度 $\Delta\omega = 4\pi/N$，即正肩峰与负肩峰的间隔为 $4\pi/N$。窗函数的主瓣越宽，过渡带也越宽。

(2) 在截止频率 ω_c 的两边即 $\omega = \omega_c \pm (2\pi/N)$ 的地方，$H(\omega)$ 出现最大的肩峰值，肩峰的两侧形成起伏振荡，其振荡幅度取决于旁瓣的相对幅度，而振荡的多少，则取决于旁瓣的多少。

(3) 改变 N，只能改变窗谱函数的主瓣宽度，改变 ω 的坐标比例以及改变 $W_R(\omega)$ 的绝对值。

例如，在矩形窗情况下

$$W_R(\omega) = \frac{\sin(\omega N/2)}{\sin(\omega/2)} \approx \frac{\sin(\omega N/2)}{\omega/2} = N\frac{\sin x}{x}$$

式中，$x = \omega N/2$。

由于肩峰值直接影响通带特性和阻带衰减，所以对滤波器的性能影响较大。例如，在矩形窗情况下，最大相对肩峰值为 8.95%，N 增加时，$2\pi/N$ 减小，起伏振荡变密，但最大相对肩峰值则总是 8.95%，这种现象称为**吉布斯效应**。当截取长度 N 增加时，只会减小过渡带宽度($4\pi/N$)，但不能改变主瓣与旁瓣幅值的相对比例；同样，也不会改变肩峰的相对值。这个相对比例是由窗函数形状决定的，与 N 无关。换句话说，增加截取窗函数的长度 N 只能相应的减少过渡带，而不能改变肩峰值，不同 N 值对应的吉布斯效应如图 7-9 所示。

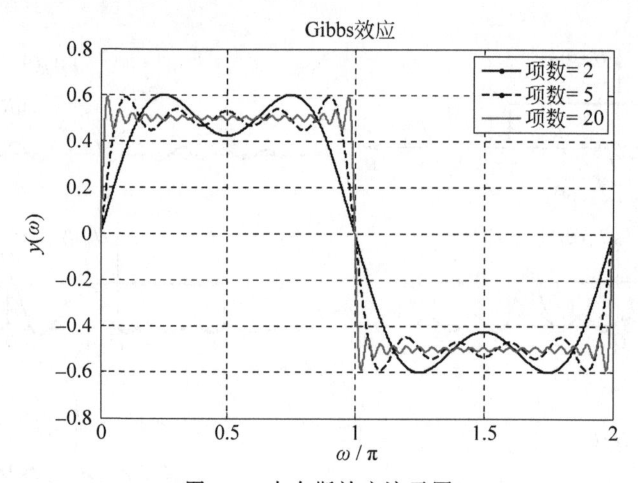

图 7-9　吉布斯效应演示图

MATLAB 代码如下：

```
clear;
t = 0:.0001:2 * pi;                    % 生成横坐标(时间)向量,间距为 0.0001,起点为 0,终点为 2 i.
y1 = 0;
for k = 1:2:3                          % 级数项数 Terms = 2
    y1 = y1 + sin(k. * t)/k;
end
y1 = y1 * (2/pi);y2 = 0;
for k = 1:2:9                          % 级数项数 Terms = 5
    y2 = y2 + sin(k. * t)/k;
end
y2 = y2 * (2/pi);y3 = 0;
for k = 1:2:39                         % 级数项数 Terms = 20
    y3 = y3 + sin(k. * t)/k;
end
y3 = y3 * (2/pi);H = plot(t/pi,y1,'-.k', t/pi,y2, t/pi,y3); grid
xlabel('\omega / \pi', 'Fontsize', 14, 'FontWeight', 'Bold');
str = strcat('y(', '\omega'); str = strcat(str, ')');
ylabel(str, 'Fontsize', 14, 'FontWeight', 'Bold');
title('Gibbs 效应','Fontsize', 14, 'FontWeight', 'Bold');
legend(H,'项数  = 2','项数 = 5','项数 = 20')
```

视频讲解

7.2.3　典型窗函数

矩形窗截断造成的肩峰值为 8.95%，则阻带最小衰减为 20lg(8.95%)＝－21dB，这个衰减量在工程上通常是不够大的。为了加大阻带衰减，只能改变窗函数的形状。只有当窗谱逼近冲激函数时，也就是绝大部分能量集中于频谱中点时，$H(\omega)$才会逼近 $H_d(\omega)$。这相当于窗的宽度为无限长，等于不加窗口截断，这没有实际意义。从以上讨论可以看出，窗函数序列的形状及长度的选择很关键，一般希望窗函数满足两项要求：

(1) 窗谱主瓣尽可能地窄，以获取较陡的过渡带；

(2) 尽量减少窗谱的最大旁瓣的相对幅度。也就是能量尽量集中于主瓣，这样使肩峰和波纹减小，就可增大阻带的衰减。

这里主要介绍几种常用窗函数的时域表达式、时域波形、幅度特性函数(衰减用 dB 计量)曲线,以及用各种窗函数设计的FIR数字滤波器的单位脉冲响应和损耗函数曲线。

1. 矩形窗(Rectangle Window)

$$\begin{cases} W_R(n)=R_N(n) \\ W_R(e^{j\omega})=W_R(\omega)e^{-j\omega\alpha}=\dfrac{\sin(\omega N/2)}{\sin(\omega/2)}e^{-j\frac{1}{2}(N-1)\omega} \end{cases} \tag{7-21}$$

矩形窗的主瓣宽度为 $4\pi/N$。

2. 三角形窗(Bartlett Window)

$$\begin{cases} w(n)=\begin{cases} \dfrac{2n}{N-1}, & 0\leqslant n\leqslant \dfrac{N-1}{2} \\ 2-\dfrac{2n}{N-1}, & \dfrac{N-1}{2}\leqslant n\leqslant N-1 \end{cases} \\ W(e^{j\omega})=\dfrac{2}{N-1}\left\{\dfrac{\sin\left[\left(\dfrac{N-1}{4}\right)\omega\right]}{\sin(\omega/2)}\right\}^2 e^{-j\left(\frac{N-1}{2}\right)\omega}\approx\dfrac{2}{N}\left(\dfrac{\sin(N\omega/4)}{\sin(\omega/2)}\right)^2 e^{-j\left(\frac{N-1}{2}\right)\omega} \end{cases} \tag{7-22}$$

三角形窗的主瓣宽度为 $8\pi/N$,比矩形窗主瓣宽度增加一倍,但旁瓣却小很多。

3. 汉宁(Hanning)窗

$$\begin{cases} w(n)=\sin^2\left(\dfrac{\pi n}{N-1}\right)R_N(n)=\dfrac{1}{2}\left[1-\cos\left(\dfrac{2\pi n}{N-1}\right)\right]R_N(n) \\ W(e^{j\omega})=\left\{0.5W_R(\omega)+0.25\left[W_R\left(\omega-\dfrac{2\pi}{N-1}\right)+W_R\left(\omega+\dfrac{2\pi}{N-1}\right)\right]\right\}e^{-j\left(\frac{N-1}{2}\right)\omega} \\ \qquad =W(\omega)e^{-j\left(\frac{N-1}{2}\right)\omega} \end{cases} \tag{7-23}$$

汉宁窗的旁瓣互相抵消,能量更集中在主瓣,它的最大旁瓣值比主瓣值约低31dB。但是代价是主瓣宽度比矩形窗的主瓣宽度增加一倍,即为 $8\pi/N$。

4. 海明(Hamming)窗

$$\begin{cases} w(n)=\left[0.54-0.46\cos\left(\dfrac{2\pi n}{N-1}\right)\right]R_N(n) \\ W(e^{j\omega})=0.54W_R(e^{j\omega})-0.23W_R(e^{j\left(\omega-\frac{2\pi}{N-1}\right)})-0.23W_R(e^{j\left(\omega+\frac{2\pi}{N-1}\right)}) \end{cases} \tag{7-24}$$

$w(n)$ 的频率响应的幅度特性为

$$\begin{aligned} W(\omega)&=0.54W_R(\omega)+0.23\left[W_R\left(\omega-\frac{2\pi}{N-1}\right)+W_R\left(\omega+\frac{2\pi}{N-1}\right)\right] \\ &\approx 0.54W_R(\omega)+0.23\left[W_R\left(\omega-\frac{2\pi}{N}\right)+W_R\left(\omega+\frac{2\pi}{N}\right)\right] \end{aligned}$$

与汉宁窗相比,主瓣宽度相同,为 $8\pi/N$,但旁瓣又被进一步压低,结果可将99.963%的能量集中在窗谱的主瓣内,它的最大旁瓣值比主瓣值约低41dB。

5. 布莱克曼(Blackman)窗

$$\begin{cases} w(n)=\left[0.42-0.5\cos\left(\dfrac{2\pi n}{N-1}\right)+0.08\cos\left(\dfrac{4\pi n}{N-1}\right)\right]R_N(n) \\ W(e^{j\omega})=0.42W_R(e^{j\omega})-0.25\left[W_R(e^{j\left(\omega-\frac{2\pi}{N-1}\right)})+W_R(e^{j\left(\omega+\frac{2\pi}{N-1}\right)})\right] \\ \qquad +0.04\left[W_R(e^{j\left(\omega-\frac{2\pi}{N-1}\right)})+W_R(e^{j\left(\omega+\frac{2\pi}{N-1}\right)})\right] \end{cases} \tag{7-25}$$

$w(n)$的频率响应的幅度特性为

$$W(\omega)=0.42W_R(\omega)+0.25\left[W_R\left(\omega-\frac{2\pi}{N-1}\right)+W_R\left(\omega+\frac{2\pi}{N-1}\right)\right]+$$
$$0.04\left[W_R\left(\omega-\frac{4\pi}{N-1}\right)+W_R\left(\omega+\frac{4\pi}{N-1}\right)\right]$$

这样其幅度函数由 5 部分组成,它们都是移位不同,使旁瓣再进一步抵消。旁瓣峰值幅度进一步增加,其幅度谱主瓣宽度是矩形窗的 3 倍,为 $12\pi/N$。

6. 凯泽(Kaiser)窗

凯泽窗是一种参数可调的窗函数,是一种最优窗函数。凯泽窗可以在主瓣宽度和旁瓣衰减之间自由选择,凯泽窗函数如图 7-10 所示。

$$w(n)=\frac{I_0\left(\beta\sqrt{1-[1-2n/(N-1)]^2}\right)}{I_0(\beta)} \tag{7-26}$$

式中,$I_0(x)$是第一类变形零阶贝塞尔函数,β是一个可自由选择的参数。

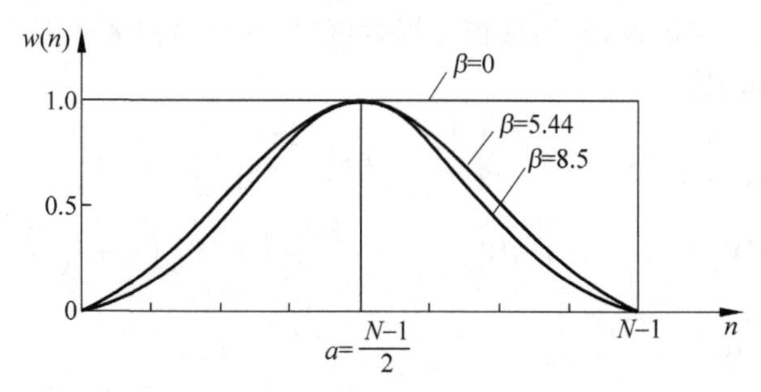

图 7-10 凯泽窗函数

六种典型窗函数的时域形状如图 7-11 所示。

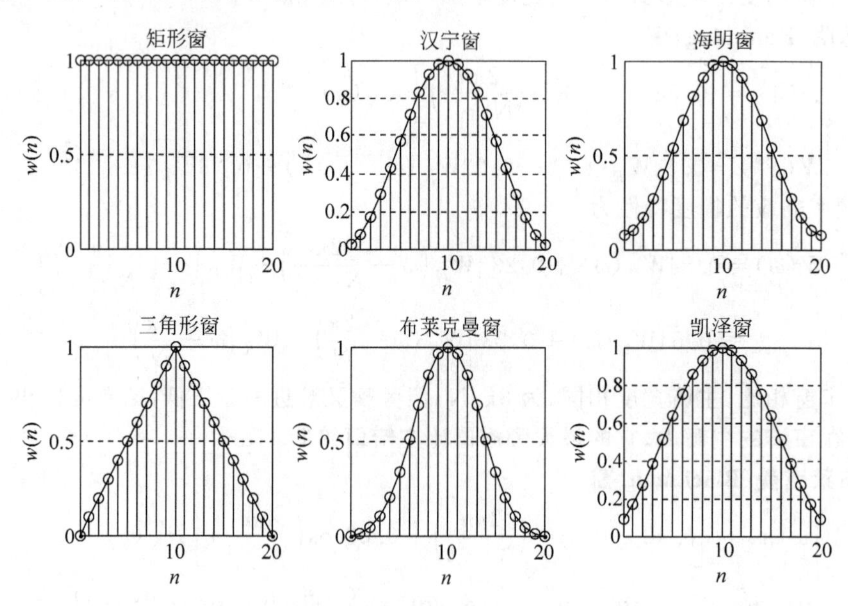

图 7-11 典型窗函数的时域形状

从表 7-2 可以看出，对于不同参数 β，凯泽窗的过渡带，通带波纹，阻带最小衰减等性能指标是不同的。虽然凯泽窗看上去没有初等函数的解析表达式。但是，在设计凯泽窗时，对零阶变形贝塞尔函数可采用无穷级数表达：

$$I_0(x)=\sum_{k=0}^{\infty}\left[\frac{1}{k!}\left(\frac{x}{2}\right)^k\right]^2$$

这个无穷级数，可用有限项级数去近似，项数多少由要求的精度确定。因而采用计算机是很容易求解的。

表 7-2 凯泽窗的性能

β	过渡带	通带波纹/dB	阻带最小衰减/dB
2.120	$3.00\pi/N$	±0.27	-30
3.384	$4.46\pi/N$	±0.0864	-40
4.538	$5.86\pi/N$	±0.0274	-50
5.658	$7.24\pi/N$	±0.00868	-60
6.764	$8.64\pi/N$	±0.00275	-70
7.865	$10.0\pi/N$	±0.000868	-80
8.960	$11.4\pi/N$	±0.000275	-90
10.056	$12.8\pi/N$	±0.000087	-100

MATLAB 代码如下：

```
clear;clc;Nwin = 21;n = 0:Nwin - 1;
for ii = 1:6
    switch ii
        case 1;  w = boxcar(Nwin);stext = '矩形窗';
        case 2;  w = hanning(Nwin);stext = '汉宁窗';
        case 3;  w = hamming(Nwin);stext = '海明窗';
        case 4;  w = Bartlett(Nwin);stext = '三角形窗';
        case 5;  w = blackman(Nwin);stext = '布莱克曼窗';
        case 6;  w = kaiser(Nwin,4);stext = '凯泽窗';
    end
posplot = ['2,3,',int2str(ii)];      % 指定绘制窗函数的图形位置
subplot(posplot); stem(n,w);        % 绘制窗函数
hold on;plot(n,w,'b');              % 绘制包络线
xlabel('n');ylabel('w(n)');title(stext);
hold off;grid on
end
```

工程实际中通常用所谓的损耗函数(也称为衰减函数)$A(\Omega)$描述滤波器的幅频响应特性，对归一化幅频响应函数，$A(\Omega)$定义如下(单位是 dB)

$$A(\Omega)=-20\lg|H_a(\mathrm{j}\Omega)|=-10\lg|H_a(\mathrm{j}\Omega)|^2\mathrm{dB}$$

损耗函数 $A(\Omega)$和幅频特性函数$|H(\mathrm{j}\Omega)|$只是滤波器幅频响应特性的两种描述方法。损耗函数的优点是对幅频响应$|H_a(\mathrm{j}\Omega)|$的取值非线性压缩，放大了幅度，从而可以同时观察通带和阻带频响特性的变化情况。需要说明的是，由于算出的 $A(\Omega)$值为正，且其图形与幅度特性曲线形状相反，所以习惯将$-A(\Omega)$作为曲线损耗函数。图 7-12 为几种典型滤波器窗函数的损耗函数，则能很清楚地显示出阻带-60dB 以下的波纹变化曲线。

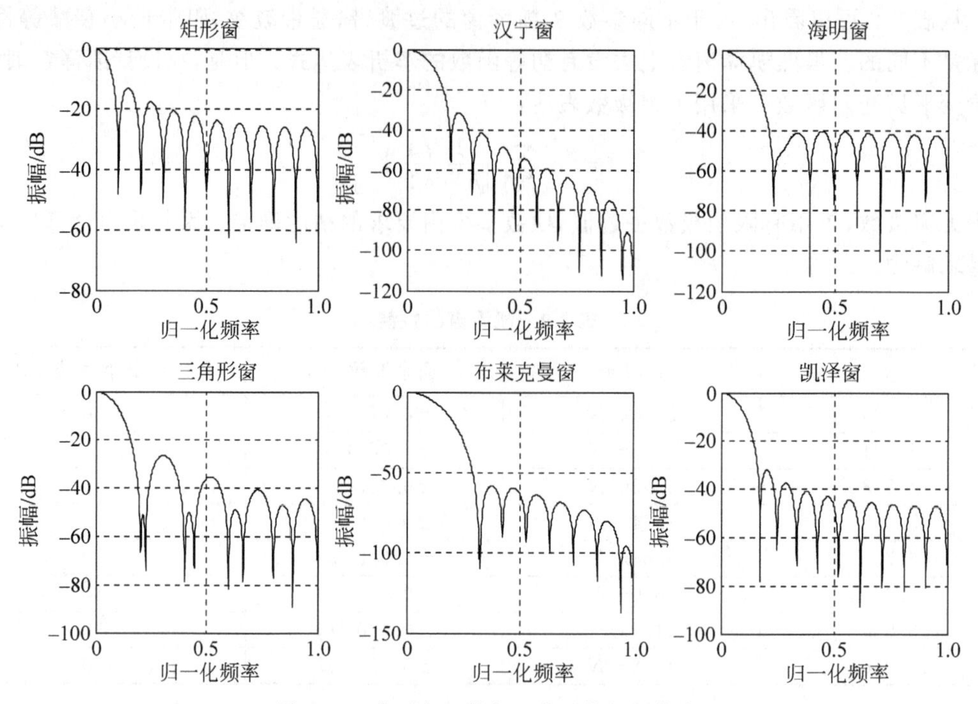

图 7-12　典型窗函数归一化对数幅频曲线

MATLAB 代码如下：

```
clear;clc;Nf = 512;Nwin = 20;
for ii = 1:6
    switch ii
        case 1;   w = boxcar(Nwin);stext = '矩形窗';
        case 2;   w = hanning(Nwin);stext = '汉宁窗';
        case 3;   w = hamming(Nwin);stext = '海明窗';
        case 4;   w = Bartlett(Nwin);stext = '三角形窗';
        case 5;   w = blackman(Nwin);stext = '布莱克曼窗';
        case 6;   w = kaiser(Nwin,4);stext = '凯泽窗';
    end
[y,f] = freqz(w,1,Nf);                  %求解窗函数的幅频特性,窗函数相当于一个数字滤波器
mag = abs(y);                           %求得窗函数幅频特性
posplot = ['2,3,',int2str(ii)];subplot(posplot);
plot(f/pi,20 * log10(mag/max(mag)));
xlabel('归一化频率');ylabel('振幅/dB');title(stext);
hold off;grid on
end
```

综上所述，六种典型窗函数基本参数归纳在表 7-3 中，可供设计时参考，表中过渡带宽和阻带最小衰减是用对应的窗函数设计的 FIR 数字滤波器的频率响应指标。随着数字信号理的不断发展，学者们提出的窗函数多达几十种。除上述六种窗函数外，比较有名的还有 Chebyshev 窗、Gauss 窗。

表 7-3　6 种窗函数基本参数的比较

窗函数	旁瓣峰值幅度/dB	主瓣宽度(理论近似过渡带宽)	准确过渡带宽	阻带最小衰减/dB
矩形窗	−13	$4\pi/N$	$1.8\pi/N$	−21
三角形窗	−25	$8\pi/N$	$6.1\pi/N$	−25
汉宁窗	−31	$8\pi/N$	$6.2\pi/N$	−44
海明窗	−41	$8\pi/N$	$6.6\pi/N$	−53
布莱克曼窗	−57	$12\pi/N$	$11\pi/N$	−74

7.2.4　用窗函数法设计 FIR 滤波器方法

视频讲解

用窗函数法设计 FIR 滤波器流程如图 7-13 所示，先给定要求的频率响应函数 $H_d(e^{j\omega})$，再对 $H_d(e^{j\omega})$求离散傅里叶反变换，得到 $h_d(n)$，由过渡带宽度及阻带最小衰减的要求，选定窗的形状和 N 的大小，求得所设计的 FIR 滤波器的单位抽样响应 $h(n)$，最后对 $h(n)$求傅里叶变换，得到 $H(e^{j\omega})$，检验是否满足要求，若不满足，则需要重新设计。

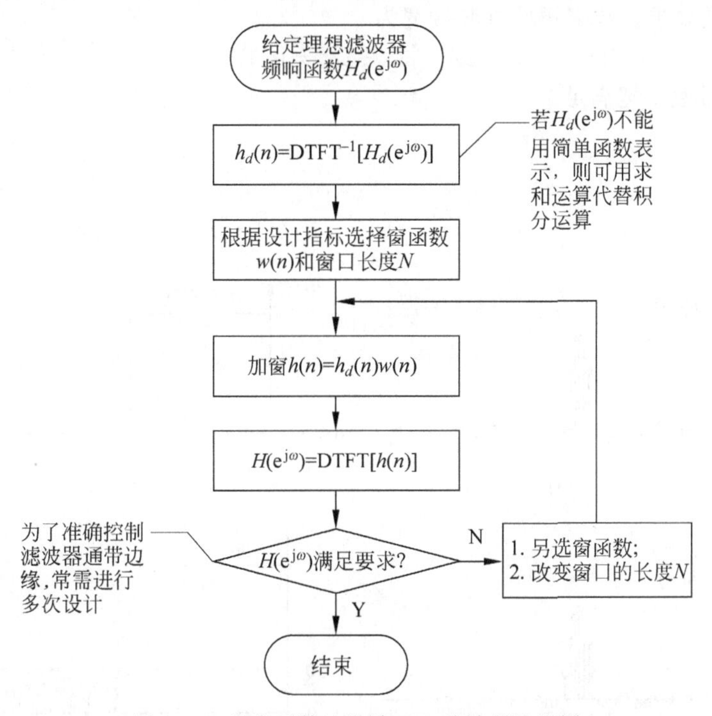

图 7-13　用窗函数法设计 FIR 滤波器流程图

【例 7-2】 设计一个线性相位 FIR 低通滤波器，给定采样频率为 $f_s=15\text{kHz}$，通带截止频率为 $f_p=1.5\text{kHz}$，阻带截止频率为 $f_{st}=2.25\text{kHz}$，阻带衰减不小于−50dB。幅度特性如图 7-14(b)所示。

【解】 (1) 先求相对应的数字频率。

通带截止频率为

$$\omega_p=\Omega_p T=\frac{2\pi f_p}{f_s}=2\pi\,\frac{1500}{15\,000}=0.2\pi$$

阻带截止频率为

$$\omega_s = \Omega_{st} T = \frac{2\pi f_{st}}{f_s} = 2\pi \frac{2250}{15\ 000} = 0.3\pi$$

阻带衰减相当于 $A_s = 50\text{dB}$。

(2) 若 $H_d(e^{j\omega})$ 为理想线性相位滤波器

$$H_d(e^{j\omega}) = \begin{cases} e^{-j\omega\alpha}, & |\omega| \leqslant \omega_c \\ 0, & \text{其他} \end{cases}$$

理想低通滤波器的数字截止频率 ω_c 近似为

$$\omega_c = \frac{1}{2}(\omega_p + \omega_s) = 0.25\pi$$

$$h_d(n) = \frac{1}{2\pi}\int_{-\pi}^{+\pi} e^{-j\omega\alpha} e^{j\omega n} d\omega = \frac{1}{2\pi}\int_{-\omega_c}^{+\omega_c} e^{j\omega(n-\alpha)} d\omega = \frac{\sin[\omega_c(n-\alpha)]}{\pi(n-\alpha)}$$

理想冲激响应 $h_d(n)$ 如图 7-14(a)所示。

(3) 根据阻带衰减 A_s 来确定窗形状,由表 7-3 可选海明窗,其阻带最小衰减 -53dB,满足 $A_s = 50\text{dB}$ 的要求。数字频域过渡带宽为

$$\Delta\omega = \omega_s - \omega_p = 0.1\pi$$

而海明窗过渡带宽满足

$$\Delta\omega = \frac{6.6\pi}{N}$$

$$N = \frac{6.6\pi}{\Delta\omega} = \frac{6.6\pi}{0.1\pi} = 66, \quad \alpha = (N-1)/2 = 32.5$$

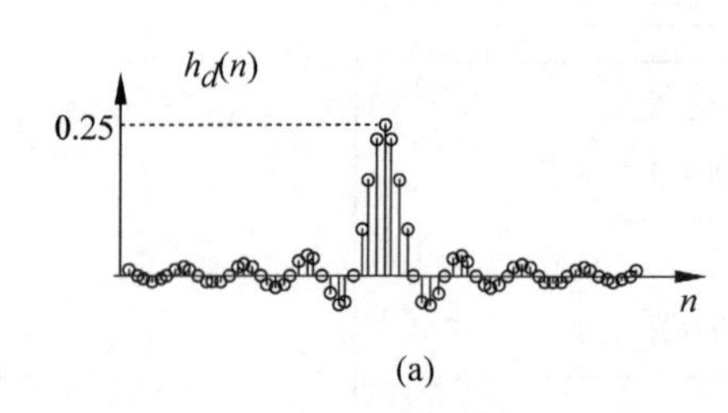

(a)

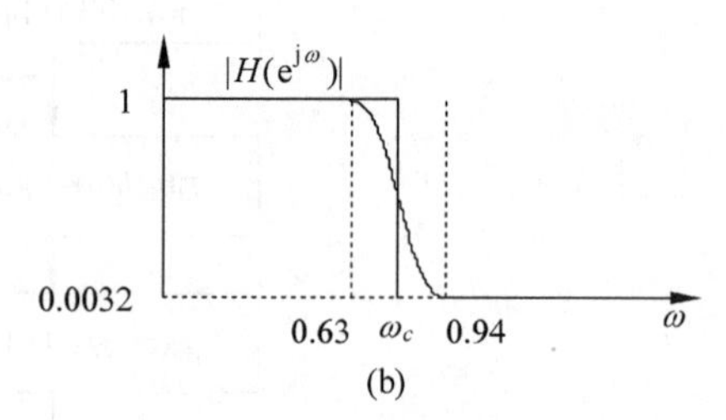

(b)

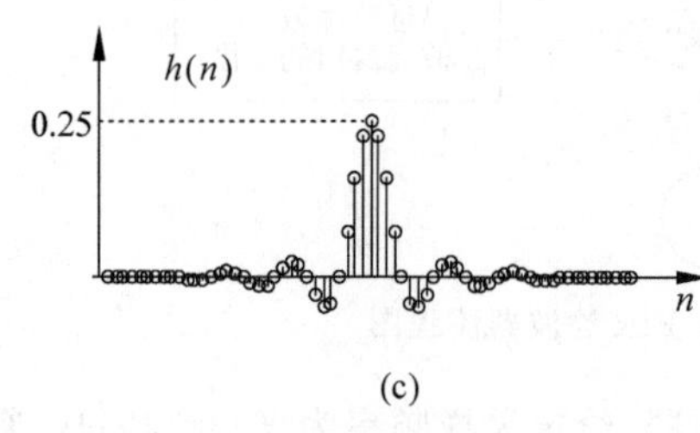

(c)

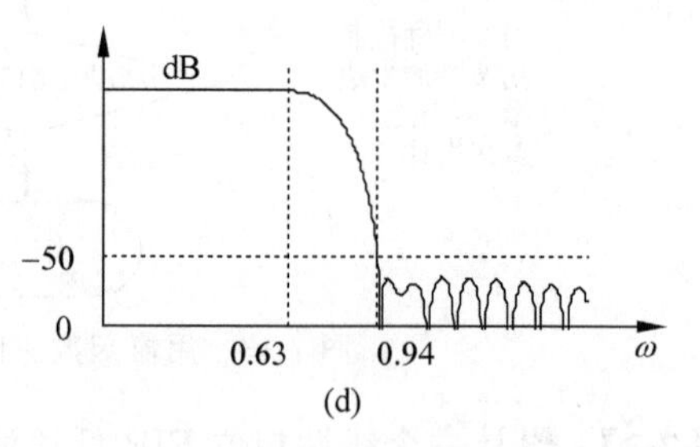

(d)

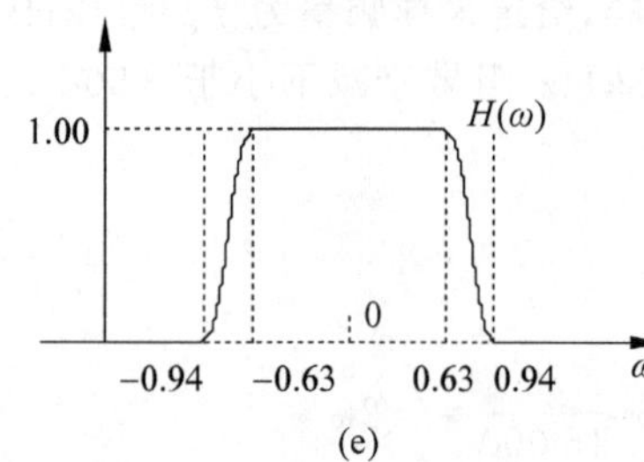

(e)

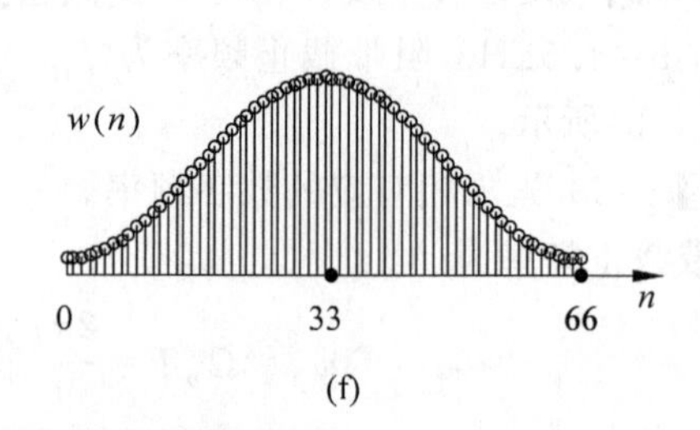

(f)

图 7-14　例 7-2 设计的线性相位低通滤波器

(4) 根据海明窗表达式 $w(n)$，确定 FIR 滤波器的 $h(n)$，汉明窗形状如图 7-14(f)所示。

$$w(n)=\left[0.54-0.46\cos\left(\frac{2\pi n}{N-1}\right)\right]R_N(n),\quad h_d(n)=\frac{\sin\omega_c(n-\alpha)}{\pi(n-\alpha)}$$

则所设计滤波器的单位脉冲响应[图 7-14(c)]为

$$h(n)=h_d(n)\cdot w(n)=\frac{\sin\omega_c(n-\alpha)}{\pi(n-\alpha)}\left[0.54-0.46\cos\left(\frac{2\pi n}{N-1}\right)\right]R_N(n)$$

设计滤波器的幅度特性如图 7-14(c)。

(5) 其结果见图 7-14，由图 7-14(d)可见，已设计出的滤波器阻带第一个旁瓣小于 50dB，满足设计要求。

【例 7-3】 用窗函数法设计线性相位高通 FIRDF，要求通带截止频率 $\omega_p=\pi/2\text{rad}$，阻带截止频率 $\omega_s=\pi/4\text{rad}$，通带最大衰减 $A_p=1\text{dB}$，阻带最小衰减 $A_s=40\text{dB}$。

【解】 (1) 选择窗函数 $w(n)$，计算窗函数长度 N。已知阻带最小衰减 $A_s=40\text{dB}$，由表 7-3 可知汉宁窗和海明窗均满足要求，本例选择汉宁窗。本例中过渡带宽度 $B_t\leqslant\omega_p-\omega_s=\pi/4$，汉宁窗的精确过渡带宽度 $B_t=6.2\pi/N$，所以要求 $B_t=6.2\pi/N\leqslant\pi/4$，解得 $N\geqslant 24.8$。对高通滤波器 N 必须取奇数，取 $N=25$。

$$w(n)=\frac{1}{2}\left[1-\cos\frac{2\pi n}{N-1}\right]R_N(n),\rightarrow w(n)=0.5\left[1-\cos\left(\frac{\pi n}{12}\right)\right]R_{25}(n)$$

(2) 构造 $H_d(\mathrm{e}^{\mathrm{j}\omega})$，则

$$H_d(\mathrm{e}^{\mathrm{j}\omega})=\begin{cases}\mathrm{e}^{-\mathrm{j}\omega\tau}, & \omega_c\leqslant|\omega|\leqslant\pi\\ 0, & 0\leqslant|\omega|<\omega_c\end{cases}$$

式中

$$\tau=\frac{N-1}{2}=12,\quad \omega_c=\frac{\omega_s+\omega_p}{2}=\frac{3\pi}{8}$$

(3) 求出 $h_d(n)$，则

$$h_d(n)=\frac{1}{2\pi}\int_{-\pi}^{\pi}H_d(\mathrm{e}^{\mathrm{j}\omega})\mathrm{e}^{\mathrm{j}\omega n}\mathrm{d}\omega=\frac{1}{2\pi}\left(\int_{-\pi}^{-\omega_c}\mathrm{e}^{-\mathrm{j}\omega\tau}\mathrm{e}^{\mathrm{j}\omega n}\mathrm{d}\omega+\int_{\omega_c}^{\pi}\mathrm{e}^{-\mathrm{j}\omega\tau}\mathrm{e}^{\mathrm{j}\omega n}\mathrm{d}\omega\right)$$

$$=\frac{\sin\pi(n-\tau)}{\pi(n-\tau)}-\frac{\sin\omega_c(n-\tau)}{\pi(n-\tau)}$$

将 $\tau=12$ 代入得

$$h_d(n)=\delta(n-12)-\frac{\sin[3\pi(n-12)/8]}{\pi(n-12)}$$

$\delta(n-12)$对应全通滤波器，$\dfrac{\sin[3\pi(n-12)/8]}{\pi(n-12)}$是截止频率为 $3\pi/8$ 的理想低通滤波器的单位脉冲响应，二者之差就是理想高通滤波器的单位脉冲响应。这是求理想高通滤波器的单位脉冲响应的另一个公式。

(4) 加窗。

$$\begin{aligned}h(n)&=h_d(n)w(n)\\&=\left\{\delta(n-12)-\frac{\sin[3\pi(n-12)/8]}{\pi(n-12)}\right\}\left[0.5-0.5\cos\left(\frac{\pi n}{12}\right)\right]R_{25}(n)\end{aligned}$$

MATLAB 代码如下：

```
clc;clear;wp = pi/2; ws = pi/4;Bt = wp - ws; % 计算过渡带宽度
N0 = ceil(6.2 * pi/Bt);
% 根据表 6-1 汉宁窗计算所需 h(n)长度 N0,ceil(x)取大于或等于 x 的最小整数
N = N0 + mod(N0 + 1, 2);                % 确保 h(n)长度 N 是奇数
wc = (wp + ws)/2/pi;                     % 计算理想高通滤波器通带截止频率(关于 π 归一化)
hn = fir1(N - 1, wc, 'high', hanning(N));
% 调用 fir1 计算高通 FIR 数字滤波器的 h(n)
M = 1024;hk = fft(hn,M);n = 0:N - 1;
subplot(1,2,1);stem(n,hn,'.');
xlabel('n');ylabel('h(n)');
k = 1:M/2;w = 2 * (0:M/2 - 1)/M;
subplot(1,2,2);plot(w,20 * log10(abs(hk(k))));
axis([0,1, - 80,5]);xlabel('ω/π');ylabel('20lg|Hg(ω)|');
grid on
```

运行程序得到 $h(n)$ 的 25 个值：

```
h(n) = [ - 0.0004   - 0.0006  0.0028  0.0071   - 0.0000   - 0.0185   - 0.0210  0.0165
         0.0624  0.0355  0.1061   - 0.2898  0.6249   - 0.2898   - 0.106  10.0355  0.0624
         0.0165   - 0.0210  0.0185   - 0.0000  0.0071  0.0028   - 0.0006   - 0.0004]
```

高通 FIR 数字滤波器的 $h(n)$及损耗函数如图 7-15 所示。

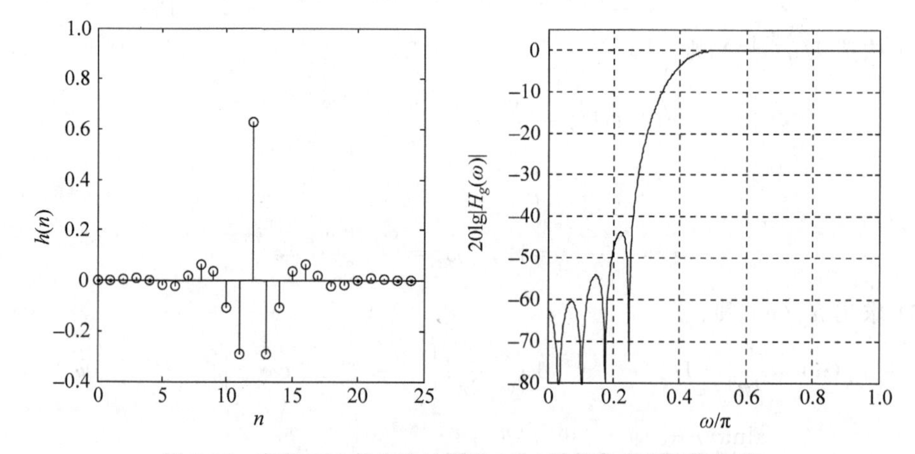

图 7-15　高通 FIR 数字滤波器的 $h(n)$波形及损耗函数曲线

7.3　频率取样设计法

7.3.1　设计思路与原理

窗函数设计法是从时域出发，把理想的 $h_d(n)$用一定形状的窗函数截取成有限长的 $h(n)$，以 $h(n)$来近似 $h_d(n)$，从而使频响 $H(e^{j\omega})$近似理想频响 $H_d(e^{j\omega})$。**而频率取样法是从频域出发**，对理想的频响 $H_d(e^{j\omega})$进行等间隔取样，以有限个频响采样去近似理想频响 $H_d(e^{j\omega})$，即

$$H_d(e^{j\omega})\Big|_{\omega=\frac{2\pi}{N}k} = H_d(k) \tag{7-27}$$

以此 $H_d(k)$作为实际 FIR 数字滤波器频率响应的采样值

$$H(k)=H_d(k),\quad k=0,1,2,\cdots,N-1 \tag{7-28}$$

由 IDFT 定义，可以用这 N 个采样值 $H(k)$ 唯一确定有限长序列 $h(n)$

$$h(n)=\frac{1}{N}\sum_{k=0}^{N-1}H(k)W_N^{-nk},\quad n=0,1,2,\cdots,N-1 \tag{7-29}$$

得到 $h(n)$ 后，与窗函数方法一样，对 $h(n)$ 进行傅里叶变换，得到 $H(e^{j\omega})$，验证 $H(e^{j\omega})$ 和 $H_d(e^{j\omega})$ 的逼近效果。频率取样设计法设计思路如图 7-16 所示。

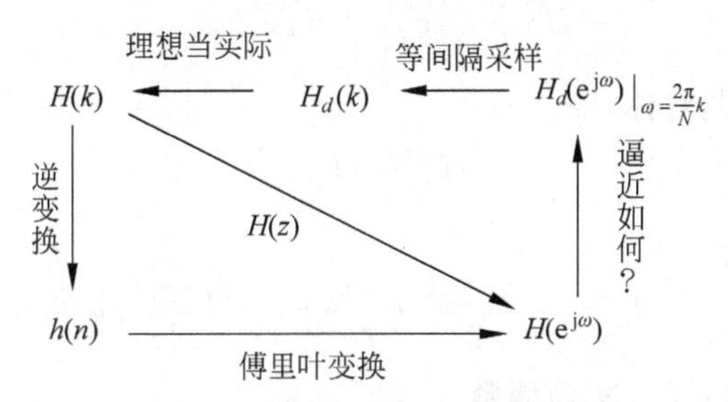

图 7-16　频率取样设计法设计思路

在第 2 章中，我们已经知道，利用 N 个频域采样值 $H(k)$ 可求得 FIR 滤波器的频率响应 $H(e^{j\omega})$，即

$$H(e^{j\omega})=\sum_{k=0}^{N-1}H(k)\Phi\left(\omega-\frac{2\pi}{N}k\right)$$

式中，$\Phi(\omega)$ 为内插函数，即

$$\Phi(\omega)=\frac{\sin(\omega N/2)}{N\sin(\omega/2)}e^{-j\omega(N-1)/2}$$

上式表明，在各频率采样点 $\omega=2\pi k/N, k=0,1,2,\cdots,N-1$ 上，$\Phi(\omega-2\pi k/N)=1$，因此，采样点上滤波器的实际频率响应是严格地和理想频率响应数值相等的。但是在采样点之间的频响则是由各采样点的加权内插函数的延伸叠加而成的，因而有一定的逼近误差，误差大小取决于理想频率响应曲线形状。理想频率响应特性变化越平缓，则内插值越接近理想值，逼近误差越小，如图 7-17(b) 梯形理想频率特性所示。在理想频率特性的不连续点附近，就会产生肩峰和波纹，如图 7-17(a) 矩形理想频率特性所示。在靠近通带边缘的逼近误差较大，而在通带内的逼近误差较小。

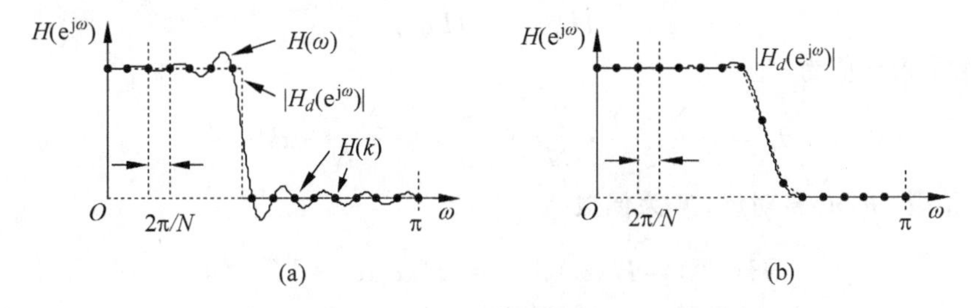

图 7-17　频率采样的响应

改进措施：

(1) 适当增加 N 的值，则误差减小，但会增加成本；

(2) 在间断点附近增加采样点，可以适当提高阻带衰减，但会加宽过渡带。

7.3.2 线性相位的约束

1. 第Ⅰ型：$h(n)$偶对称，N为奇数

$$H(e^{j\omega})=H(\omega)e^{j\theta(\omega)}=H(\omega)e^{-j\frac{N-1}{2}\omega}$$

特点：幅度函数 $H(\omega)$关于 $\omega=0,\pi,2\pi$ 偶对称，$H(\omega)=H(2\pi-\omega)$。

采样值：$H(k)=H(e^{j\frac{2\pi}{N}k})=H\left(\frac{2\pi}{N}k\right)e^{j\theta_k}=H_k e^{j\theta_k}$。

(1) H_k 关于 $N/2$ 偶对称，即

$$H_k=H_{N-k}$$

(2) 相位采样值为

$$\theta_k=-\frac{N-1}{2}\cdot\frac{2\pi}{N}k=-\frac{N-1}{N}\pi k$$

2. 第Ⅱ型：$h(n)$偶对称，N为偶数

$$H(e^{j\omega})=H(\omega)e^{j\theta(\omega)}=H(\omega)e^{-j\frac{N-1}{2}\omega}$$

特点：幅度函数 $H(\omega)$关于 $\omega=\pi$ 奇对称，$H(\omega)=-H(2\pi-\omega)$。

采样值：$H(k)=H(e^{j\frac{2\pi}{N}k})=H\left(\frac{2\pi}{N}k\right)e^{j\theta_k}=H_k e^{j\theta_k}$。

(1) H_k 关于 $N/2$ 奇对称，即

$$H_k=-H_{N-k},\quad 且\ H_{N/2}=0$$

(2) 相位采样值为

$$\theta_k=-\frac{N-1}{2}\cdot\frac{2\pi}{N}k=-\frac{N-1}{N}\pi k$$

3. 第Ⅲ型：$h(n)$奇对称，N为奇数

$$H(e^{j\omega})=H(\omega)e^{j\theta(\omega)}=H(\omega)e^{-j\left(\frac{N-1}{2}\omega-\frac{\pi}{2}\right)}$$

特点：幅度函数 $H(\omega)$关于 $\omega=0,\pi,2\pi$ 奇对称，$H(\omega)=-H(2\pi-\omega)$。

采样值：$H(k)=H(e^{j\frac{2\pi}{N}k})=H\left(\frac{2\pi}{N}k\right)e^{j\theta_k}=H_k e^{j\theta_k}$。

(1) H_k 奇对称，即

$$H_k=-H_{N-k}$$

(2) 相位采样值为

$$\theta_k=-\frac{N-1}{2}\cdot\frac{2\pi}{N}k+\frac{\pi}{2}=-\frac{N-1}{N}\pi k+\frac{\pi}{2}$$

4. 第Ⅳ型：$h(n)$奇对称，N为偶数

$$H(e^{j\omega})=H(\omega)e^{j\theta(\omega)}=H(\omega)e^{-j\left(\frac{N-1}{2}\omega-\frac{\pi}{2}\right)}$$

特点：幅度函数 $H(\omega)$关于 $\omega=\pi$ 偶对称，$H(\omega)=H(2\pi-\omega)$。

采样值：$H(k)=H(e^{j\frac{2\pi}{N}k})=H\left(\frac{2\pi}{N}k\right)e^{j\theta_k}=H_k e^{j\theta_k}$。

(1) H_k 偶对称，即

$$H_k=H_{N-k}$$

(2) 相位采样值为

$$\theta_k = -\frac{N-1}{2} \cdot \frac{2\pi}{N}k + \frac{\pi}{2} = -\frac{N-1}{N}\pi k + \frac{\pi}{2}$$

总结：

对于第Ⅰ型及第Ⅱ型，θ_k 必须满足 $\theta_k = -\frac{N-1}{2} \cdot \frac{2\pi}{N}k = -k\pi\left(1-\frac{1}{N}\right)$，即

$$\theta_k = \begin{cases} -\frac{N-1}{2} \cdot \frac{2\pi k}{N}, & k=0,1,2,\cdots,\frac{N-1}{2} \\ \frac{N-1}{2} \cdot \frac{2\pi}{N}(N-k), & k=\frac{N-1}{2}+1,\cdots,N-1 \end{cases}$$

对于第Ⅲ型及第Ⅳ型，θ_k 必须满足

$$\theta_k = \frac{\pi}{2} - \frac{N-1}{2} \cdot \frac{2\pi}{N}k = \frac{\pi}{2} - k\pi\left(1-\frac{1}{N}\right)$$

即

$$\theta_k = \begin{cases} \frac{\pi}{2} - \frac{N-1}{2} \cdot \frac{2\pi k}{N}, & k=0,1,2,\cdots,\frac{N-1}{2} \\ -\frac{\pi}{2} + \frac{N-1}{2} \cdot \frac{2\pi}{N}(N-k), & k=\frac{N-1}{2}+1,\cdots,N-1 \end{cases}$$

对于第Ⅰ型与第Ⅳ型 H_k 必须满足

$$H_k = H_{N-k}$$

对于第Ⅱ型与第Ⅲ型 H_k 必须满足

$$H_k = -H_{N-k}$$

7.3.3 设计步骤

频率采样法设计步骤如下：

(1) 根据指标要求，画出频率采样序列的图形。

(2) 依据 $|H_k|$ 的对称特点，可以使问题得以简化。

(3) 根据线性相位的约束条件，求出 θ_k。

(4) 将 $H(k)=H_k e^{j\theta_k}$ 代入 FIR 的频响表达式。

(5) 由 H_k 的表达式画出实际频响。

有两种设计途径，第一种是直接按照字面意义，利用基本思想而在近似误差上不给出任何限制条件；也就是说，根据设计无论得到误差是多少都予以接受。这种途径称为**直接设计法**。第二种途径是试图通过改变过渡带内样本的值将阻带内的误差减到最小，称为**最优设计法**。

【例 7-4】 利用频率采样法设计一个低通 FIR 数字滤波器，通带截止频率为 $\omega_p = 0.2\pi$，阻带截止频率为 $\omega_s = 0.4\pi$，阻带衰减相当于 $A_s = 50\text{dB}$，滤波器具有线性相位。

【解】 确定线性相位 FIR 滤波器的类型，Ⅰ和Ⅱ型均可采用，选用Ⅱ型线性相位系统，滤波器截止频率为 $\omega_c = 0.3\pi$，其理想频率特性为

$$|H_d(e^{j\omega})| = \begin{cases} 1, & 0 \leqslant \omega \leqslant \omega_c \\ 0, & \text{其他} \end{cases}$$

即

$$H_d(\omega)=\begin{cases}1, & 0\leqslant\omega\leqslant\omega_c\\0, & 其他\end{cases}$$

频率采样后的 $H(k)$序列,如图 7-18(a)所示。由于$|H(k)|$对称于 $\omega=\pi$,可将$[N/2]+1\leqslant k\leqslant N-1$ 的图形略去。选取 $N=10$,采样间隔 $\Delta\omega=2\pi/N$,$\Delta\omega=0.2\pi$。由于 $\omega_p=0.2\pi$,$\omega_s=0.4\pi$,所以 ω_p 和 ω_s 正好落在采样点上。通带 $0\leqslant\omega\leqslant0.2\pi$ 有 2 个样本,即 $k=0,1$;过渡带 $0.2\pi<\omega<0.4\pi$ 没有样本;阻带 $0.4\pi\leqslant\omega\leqslant\pi$ 有 4 个样本,即

$$H_k=\begin{cases}1, & 0\leqslant k\leqslant 1;\ k=9\\0, & 2\leqslant k\leqslant 7\end{cases}\quad 或\quad H_k=[1,1,\underbrace{0,0,\cdots,0}_{7个},1,1]$$

$\alpha=(N-1)/2=4.5$,相位相应为

$$\theta_k=\begin{cases}-4.5\dfrac{2\pi k}{10}=0.9\pi k, & 0\leqslant k\leqslant 4\\0.9\pi(10-k), & 5\leqslant k\leqslant 9\end{cases}$$

将这些值代入下式

$$H(k)=H(e^{j2\pi k/N})=H\left(\frac{2\pi}{N}k\right)e^{j\theta_k}=H_k e^{j\theta_k}$$

计算这些 $H(k)$值及 $20\lg_{10}|H(k)|$,对 $H(k)$进行傅里叶反变换后得到 $h(n)$,如图 7-18 所示。其中,图 7-18(a)表示理想频率响应$|H_d(e^{j\omega})|$及其采样值$|H(k)|$;图 7-18(b)表示设计出滤波器的幅频特性$|H(e^{j\omega})|$;图 7-18(c)表示设计出滤波器的冲激响应 $h(n)$;图 7-18(d)表示设计出滤波器的幅度特性 $H(\omega)$。

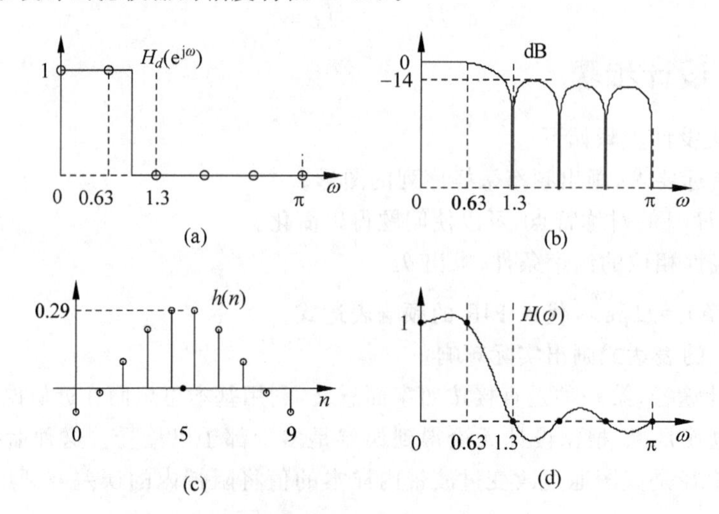

图 7-18 频率采样法设计低通 FIR 数字滤波器($N=10$)

由图 7-18(b)可知,最小阻带衰减约为-14dB,远未达到-50dB。下面用最优设计法在过渡带增加采样点,并增加 N。当 $N=20$ 时,用优化法求出 $k=3$,$|H(3)|=0.5$,$k=17$,$|H(17)|=0.5$。其他 $H(k)$为

$$H_k=[1,1,1,0.5\ \underbrace{0,0,\cdots,0}_{13个},0.5,1,1]$$

$\alpha=(N-1)/2=9.5$，相位相应为

$$\theta_k=\begin{cases}-9.5\dfrac{2\pi k}{20}=0.95\pi k, & 0\leqslant k\leqslant 9\\ 0.95\pi(20-k), & 10\leqslant k\leqslant 19\end{cases}$$

如图 7-19 所示。

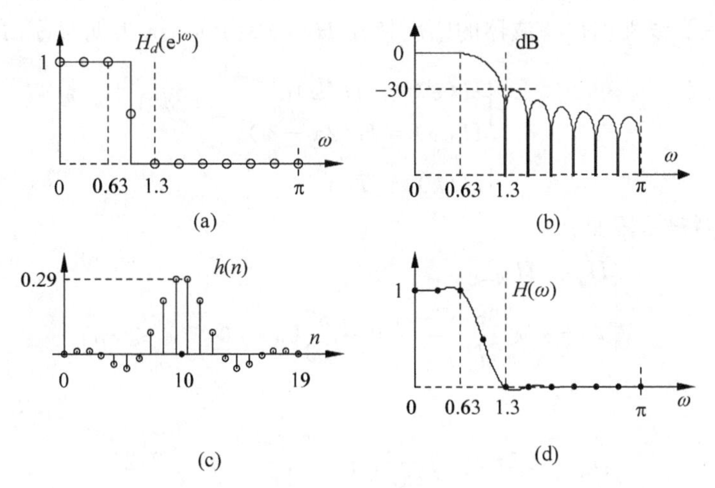

图 7-19 频率采样法来设计低通 FIR 数字滤波器($N=20$)及在过渡带加一优化点

图 7-19 与图 7-18 表示的含义类似，可以看出，最小阻带衰减约为-30dB，还是未达到-50dB。在过渡带再增加一点并经反复试验后选取 $N=36$，用优化法求出 $k=6$、7、31、32，$|H(6)|=|H(32)|=0.5925$，$|H(7)|=|H(31)|=0.1099$；用同样的方式得出图 7-20 的结果，阻带最小衰减达到-62dB。满足设计要求。

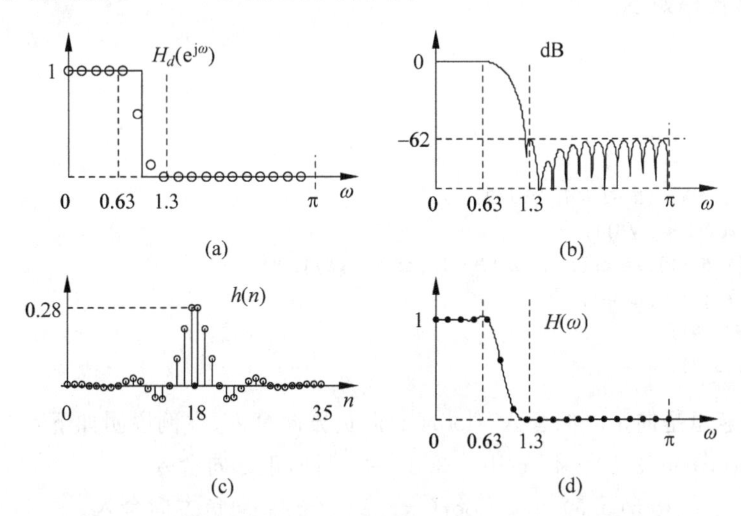

图 7-20 频率采样法来设计低通 FIR 数字滤波器($N=36$)及在过渡带加一优化点

【例 7-5】 利用频率采样法，设计一个线性相位低通 FIR 数字滤波器，其理想频率特性是矩形的。

$$|H_d(e^{j\omega})|=\begin{cases}1, & 0\leqslant\omega\leqslant\omega_c\\0, & \text{其他}\end{cases}$$

已知 $\omega_c=0.5\pi$,采样点数为奇数 $N=33$。试求各采样点的幅值 H_k 及相位 θ_k,也即求采样值 $H(k)$。

【解】 $N=33$,且低通滤波器幅度特性 $H(0)=1$。由表 7-1 可知,这属于第一类线性相位滤波器。第一类线性相位滤波器的幅度特性 $H(\omega)$关于 $\omega=\pi$ 为偶对称,有如下表达式

$$\begin{cases}H(e^{j\omega})=H(\omega)e^{-j\omega\frac{N-1}{2}}\\H(\omega)=H(2\pi-\omega)\\H(k)=H_k e^{j\theta_k}\end{cases}$$

H_k 满足偶对称特性,因而有

$$\begin{cases}H_k=H_{N-k},\\\theta_k=-k\dfrac{2\pi}{N}\dfrac{N-1}{2}=-\dfrac{32}{33}k\pi, & 0\leqslant k\leqslant 32\end{cases}$$

又

$$\omega_c=0.5\pi,\quad \frac{\omega_c}{(2\pi/N)}=\frac{0.5\pi}{2\pi}\times 33=8.25$$

故

$$H_k=\begin{cases}1, & 0\leqslant k\leqslant 8,\ 25\leqslant k\leqslant 32\\0, & 9\leqslant k\leqslant 24\end{cases}$$

$$H(k)=H_k e^{j\theta_k},\quad 0\leqslant k\leqslant 32$$

MATLAB 代码如下:

```
clear all;
N = 33;
wc = 0.5 * pi;
k = 0:N - 1;
phase = ( - pi * k * (N - 1)/N) + pi/2;
M =  floor(wc/(2 * pi/N));
HK = [ones(1,M + 1),zeros(1,N - 2 * M - 1),ones(1,M)]; %
HK1 = HK. * exp(j * phase);
hn = ifft(HK1,N);
freqz(hn,1,512);
```

ceil(n)的意思是向正方向舍入,floor(n)向负方向舍入,举例说明如下:

ceil(pi)=4; ceil(3.5)=4; ceil(−3.2)=−3;向正方向舍入。

floor(pi)=3; floor(3.5)=3; floor(−3.2)=−4; 向负方向舍入。

程序运行结果如图 7-21 所示。

此时是不设过渡点的情况。如果要加一个过渡点 $H=0.5$,那么程序只需改动一个地方,即

```
HK = [ones(1,M + 1),zeros(1,N - 2 * M - 1),ones(1,M)];
```

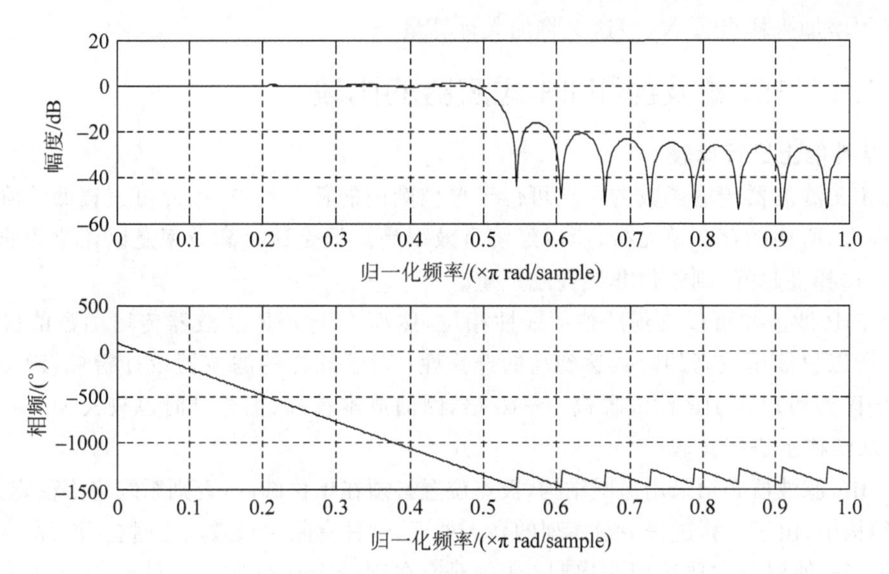

图 7-21　例 7-5 低通滤波器频率响应

改为

```
HK = [ones(1,M + 1),0.5,zeros(1,N - 2 * M - 3),0.5,ones(1,M)];
```

比较图 7-21 和图 7-22 的滤波器幅频响应，增加一个过渡点的幅频响应的阻带衰减改善很多。

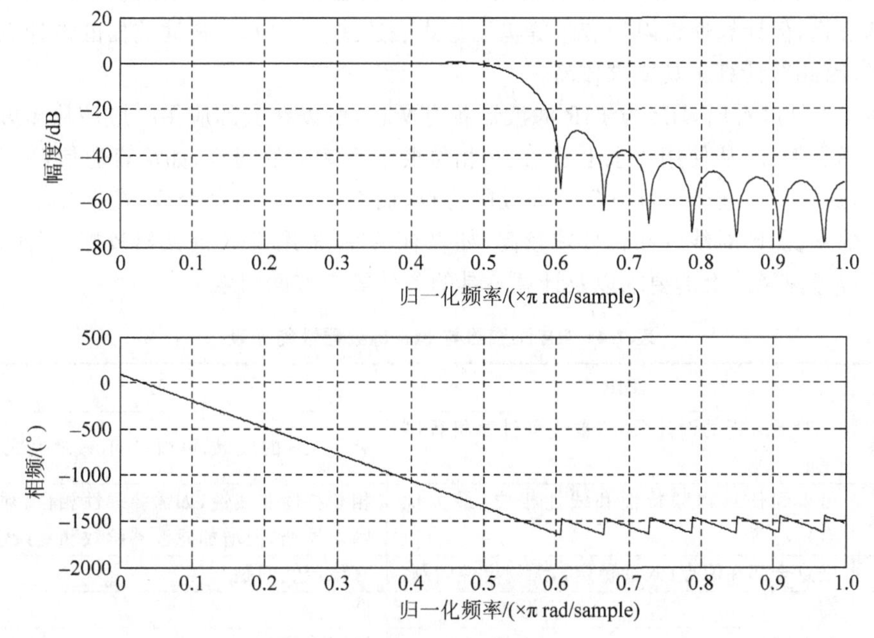

图 7-22　例 7-5 低通滤波器频率响应（增加一个过渡点）

频率采样法的优点是可以在频域直接设计，并且适合最优化设计；缺点是采样频率只能等于 $2\pi/N$ 的整数倍，因而不能确保截止频率 ω_c 的自由取值，要想实现自由地选择截止频率,必须增加采样点数 N,但这又将加大计算量。

7.3.4 FIR 滤波器和 IIR 滤波器的比较

1. 从性能上进行比较

(1) IIR 滤波器传输函数的极点可位于单位圆内的任何地方,因此可用较低的阶数获得高的选择性,所用的存储单元少,所以经济且效率高。但是这个高效率是以相位的非线性为代价的。选择性越好,则相位非线性越严重。

(2) FIR 滤波器可以得到严格的线性相位,然而由于 FIR 滤波器传输函数的极点固定在原点,所以只能用较高的阶数达到高的选择性;对于同样的滤波器设计指标,FIR 滤波器所要求的阶数可以比 IIR 滤波器高 5～10 倍,因而成本较高,信号延时也较大。

2. 从结构上进行比较

(1) IIR 滤波器必须采用递归结构,极点位置必须在单位圆内,否则系统将不稳定。另外,在这种结构中,由于运算过程中对序列的舍入处理,这种有限字长效应有时会引入寄生振荡。

(2) FIR 滤波器主要采用非递归结构,不论在理论上还是在实际的有限精度运算中都不存在稳定性问题,运算误差也较小。此外,FIR 滤波器可以采用快速傅里叶变换算法,在相同阶数的条件下,运算速度可以快得多。

3. 从设计工具进行比较

(1) IIR 滤波器可以借助于模拟滤波器的成果,因此一般都有有效的封闭形式的设计公式可供准确计算,计算工作量比较小,对计算工具的要求不高。

(2) FIR 滤波器设计则一般没有封闭形式的设计公式。窗口法虽然仅对窗口函数可以给出计算公式,但计算通带阻带衰减等仍无显式表达式。一般,FIR 滤波器的设计只有计算程序可循,因此对计算工具要求较高。

从表 7-4 可以看出,IIR 与 FIR 滤波器各有所长,所以在实际应用时应该从多方面考虑来加以选择。例如,从使用要求上看,在对相位要求不敏感的场合,如语言通信等,选用 IIR 较为合适,这样可以充分发挥其经济高效的特点,而对于图像信号处理,数据传输等以波形携带信息的系统,则对线性相位要求较高,如果有条件,采用 FIR 滤波器较好,当然,在实际应用中还应考虑经济上的要求以及计算工具的条件等多方面因素。

表 7-4 IIR 滤波器与 FIR 滤波器性能列表

性　能	FIR	IIR
设计方法	一般无解析的设计公式,要借助计算机程序完成	利用 AF 的成果,可简单、有效地完成设计
设计结果	可得到任意幅频特性和线性相位(最大优点)	相频特性非线性,如需要线性相位,须用全通网络校准,但增加滤波器阶数和复杂性
稳定性	极点全部在原点(永远稳定),无稳定性问题	有稳定性问题
阶数	高	低
结构	非递归	递归系统
运算误差	一般无反馈,运算误差小	有反馈,由于运算中的四舍五入会产生极限环
快速算法	可用 FFT 实现,减少运算量	无快速运算方法

7.4 MATLAB应用实例

【例 7-6】 用凯泽窗设计一 FIR 低通滤波器，低通边界频率 $\omega_p=0.3\pi$，阻带边界频率 $\omega_s=0.5\pi$，阻带衰减 A_s 不小于 50dB。

【解】 首先由过渡带宽和阻带衰减 α_s 求凯泽窗的 N 和 β，查表 7-2，根据阻带衰减 $A_s=50\text{dB}$，过渡带宽为 $5.86\pi/N$，对应的 $\beta=4.538$。

$$\Delta\omega=\omega_s-\omega_p=0.2\pi$$

所以

$$\frac{5.86\pi}{N}=0.2\pi,\quad N\approx 30$$

图 7-23 给出了凯泽窗设计的滤波器频率特性。

MATLAB 代码如下：

```
clc;clear;
wn = kaiser(30,4.538);
nn = [0:1:29]; alfa = (30 - 1)/2;
hd = sin(0.4 * pi * (nn - alfa))./(pi * (nn - alfa));
h = hd. * wn'; [h1,w1] = freqz(h,1);
plot(w1/pi,20 * log10(abs(h1)));
axis([0,1, - 80,10]);
grid;xlabel('归一化频率/p');ylabel('幅度/dB')
```

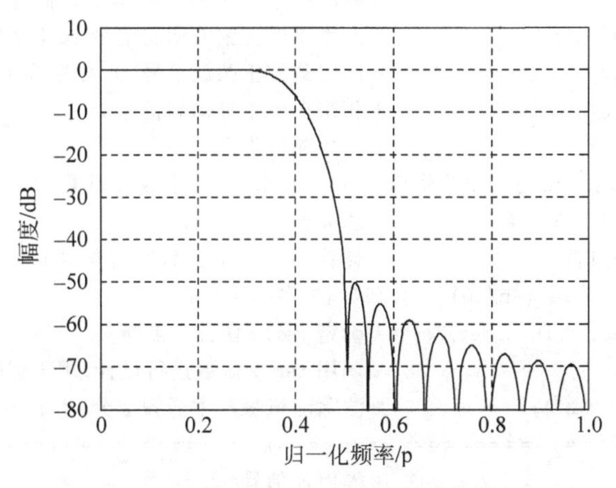

图 7-23　凯泽窗设计的滤波器频率特性

【例 7-7】 调用信号产生函数 xtg 产生具有加性噪声的信号 xt，并自动显示 xt 及其频谱，如图 7-24 所示；请设计低通滤波器，从高频噪声中提取 xt 中的单频调幅信号，要求信号幅频失真小于 0.1dB，将噪声频谱衰减 60dB，先观察 xt 的频谱，确定滤波器指标参数。根据滤波器指标选择合适的窗函数，计算窗函数的长度 N，调用 MATLAB 函数 fir1 设计一个 FIR 低通滤波器。并编写程序，调用 MATLAB 快速卷积函数 fftfilt 实现对 xt 的滤波。绘图显示滤波器的频响特性曲线、滤波器输出信号的幅频特性图和时域波形图。

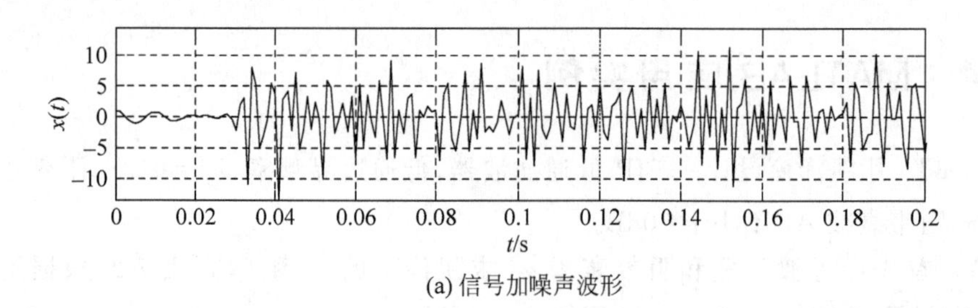

(a) 信号加噪声波形

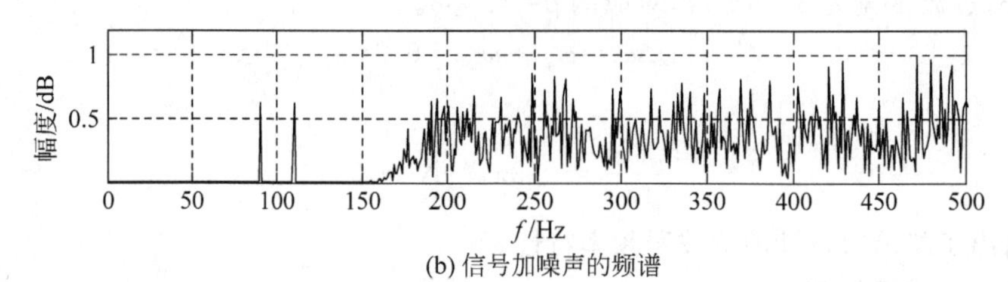

(b) 信号加噪声的频谱

图 7-24 合成信号及其频谱

1. 信号产生函数 xtg

MATLAB 代码如下:

```
function xt = xtg(N)
% xt = xtg(N) 产生一个长度为 N,有加性高频噪声的单频调幅信号 xt,采样频率 Fs = 1000Hz
% 载波频率 fc = Fs/10 = 100Hz,调制正弦波频率 f0 = fc/10 = 10Hz.
Fs = 1000;T = 1/Fs;Tp = N * T;t = 0:T:(N - 1) * T;
fc = Fs/10;f0 = fc/10;                % 载波频率 fc = Fs/10,单频调制信号频率为 f0 = Fc/10;
mt = cos(2 * pi * f0 * t);            % 产生单频正弦波调制信号 mt,频率为 f0
ct = cos(2 * pi * fc * t);            % 产生载波正弦波信号 ct,频率为 fc
xt = mt. * ct;                        % 相乘产生单频调制信号 xt
nt = 2 * rand(1,N) - 1;               % 产生随机噪声 nt
% == 设计高通滤波器 hn,用于滤除噪声 nt 中的低频成分,生成高通噪声 ==
fp = 150; fs = 200;Rp = 0.1;As = 70;  % 滤波器指标
fb = [fp,fs];m = [0,1];               % 计算 remezord 函数所需参数 f,m,dev
dev = [10^( - As/20),(10^(Rp/20) - 1)/(10^(Rp/20) + 1)];
[n,fo,mo,W] = remezord(fb,m,dev,Fs); % 确定 remez 函数所需参数
hn = remez(n,fo,mo,W);                % 调用 remez 函数进行设计,用于滤除噪声 nt 中的低频成分
yt = filter(hn,1,10 * nt);            % 滤除随机噪声中低频成分,生成高通噪声 yt
% ===========================================================
xt = xt + yt;                         % 噪声加信号
fst = fft(xt,N);k = 0:N - 1;f = k/Tp;
subplot(3,1,1);plot(t,xt);grid;xlabel('t/s');ylabel('x(t)');
axis([0,Tp/5,min(xt),max(xt)]);title('(a) 信号加噪声波形')
subplot(3,1,2);plot(f,abs(fst)/max(abs(fst)));grid;title('(b) 信号加噪声的频谱')
axis([0,Fs/2,0,1.2]);xlabel('f/Hz');ylabel('幅度')
```

2. 滤波器程序设计

滤波器指标参数:通带截止频率 $f_p=120\text{Hz}$,阻带截止频率 $f_s=150\text{Hz}$。代入采样频率 $F_s=1000\text{Hz}$,换算成数字频率,通带截止频率 $\omega_p=2\pi f_pT=0.24\pi$,通带最大衰减为

0.1dB,阻带截止频率 $\omega_s=2\pi f_s T=0.3\pi$,阻带最小衰减为 60dB。所以选取布莱克曼窗函数。

MATLAB 程序如下:

```
clear all;close all;
% == 调用 xtg 产生信号 xt, xt 长度 N = 1000,并显示 xt 及其频谱
N = 1000;xt = xtg(N);fp = 120; fs = 150;Rp = 0.2;As = 60;Fs = 1000;    % 输入给定指标
% (1) 用窗函数法设计滤波器
wc = (fp + fs)/Fs;                    % 理想低通滤波器截止频率(关于 pi 归一化)
B = 2 * pi * (fs - fp)/Fs;            % 过渡带宽度指标
Nb = ceil(11 * pi/B);                 % 布莱克曼窗的长度 N
hn = fir1(Nb - 1,wc,blackman(Nb));
Hw = abs(fft(hn,1024));               % 求设计的滤波器频率特性
ywt = fftfilt(hn,xt,N);               % 调用函数 fftfilt 对 xt 滤波
% 以下为用窗函数法设计法的绘图部分(滤波器损耗函数,滤波器输出信号波形)
f = [0:1023] * Fs/1024;figure(2);
subplot(2,1,1);plot(f,20 * log10(Hw/max(Hw)));grid;title('(a) 低通滤波器幅频特性')
axis([0,Fs/2, - 120,20]);xlabel('f/Hz');ylabel('幅度')
t = [0:N - 1]/Fs;Tp = N/Fs;subplot(2,1,2);plot(t,ywt);grid;
axis([0,Tp/2, - 1,1]);xlabel('t/s');ylabel('y_w(t)');
title('(b) 滤除噪声后的信号波形')
```

程序的运行结果如图 7-25 所示,其中,图 7-25(a)为低通滤波器的幅频特性,满足题目要求的设计指标;图 7-25(b)为含有噪声的信号通过滤波器后的输出。

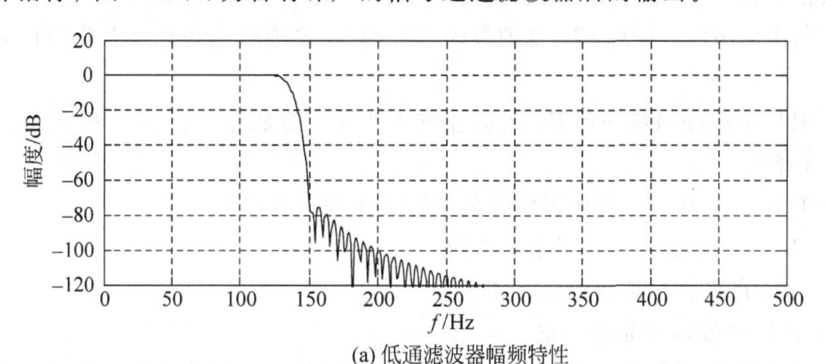

(a) 低通滤波器幅频特性

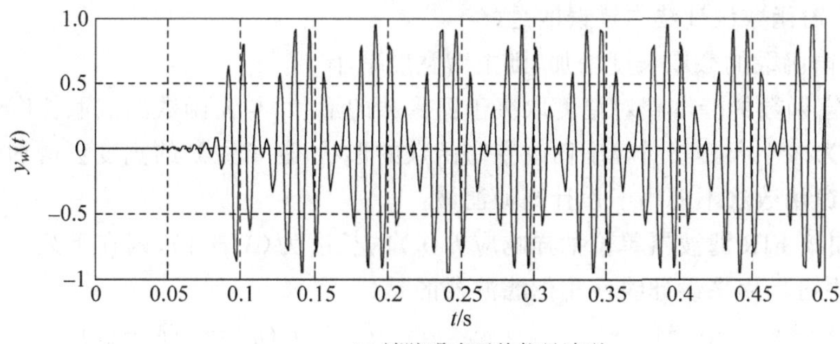

(b) 滤除噪声后的信号波形

图 7-25　低通滤波器幅频响应及滤除噪声后的信号波形

【本章习题】

7.1　填空题

(1) 若数字滤波器的单位脉冲响应 $h(n)$ 是奇对称的，长度为 N，则它的对称中心是________。

(2) 用窗函数法设计 FIR 数字滤波器时，加矩形窗比加三角形窗时，所设计出的滤波器的过渡带比较________，阻带衰减比较________。

(3) 当线性相位 FIR 数字滤波器满足偶对称条件时，其单位冲激响应 $h(n)$ 满足的条件为________，此时对应系统的频率响应 $H(\mathrm{e}^{\mathrm{j}\omega})=H(\omega)\mathrm{e}^{\mathrm{j}\phi(\omega)}$，则其对应的相位函数为________。

(4) 设 $H(z)$ 是线性相位 FIR 系统，已知 $H(z)$ 中的 3 个零点分别为 $1, 0.8, 1+\mathrm{j}$，该系统阶数至少为________阶。

(5) 已知一 FIR 数字滤波器的系统函数 $H(z)=\dfrac{1-z^{-1}}{2}$，试判断滤波器的类型(低通，高通，带通，带阻)为________。

(6) 要获得线性相位的 FIR 数字滤波器，其单位脉冲响应 $h(n)$ 必须满足条件________、________。

(7) 线性相位 FIR 滤波器传递函数的零点呈现________的特征。

(8) 在利用窗函数法设计 FIR 滤波器时，窗函数的窗谱性能指标中最重要的是________与________。

(9) 有限长单位冲激响应(FIR)滤波器的主要设计方法有________和________两种。

7.2　选择题

(1) 以下对 FIR 和 IIR 滤波器特性的论述中不正确的是(　　)。

A. FIR 滤波器主要采用递归结构

B. IIR 滤波器不易做到线性相位

C. FIR 滤波器总是稳定的

D. IIR 滤波器主要用来设计规格化的频率特性为分段常数的标准滤波器

(2) 关于窗函数设计法中错误的是(　　)。

A. 窗函数的截取长度增加，则主瓣宽度减小

B. 窗函数的旁瓣相对幅度取决于窗函数的形状，与窗函数的截取长度无关

C. 为减小旁瓣相对幅度而改变窗函数的形状，通常主瓣的宽度会增加

D. 窗函数法不能用于设计高通滤波

(3) 已知某 FIR 滤波器单位抽样响应 $h(n)$ 的长度为 $(M+1)$，则在下列不同特性的单位抽样响应中可以用来设计线性相位滤波器的是(　　)。

A. $h(n)=-h(M-n)$　　　B. $h(n)=h(M-n)$

C. $h(n)=-h(M-n+1)$　　　D. $h(n)=h(M-n+1)$

(4) 利用矩形窗函数法设计 FIR 滤波器时，在理想特性的不连续点附近形成的过滤带的宽度近似等于(　　)。

A. 窗函数幅度函数的主瓣宽度

B. 窗函数幅度函数的主瓣宽度的一半

C. 窗函数幅度函数的第一个旁瓣宽度

D. 窗函数幅度函数的第一个旁瓣宽度的一半

(5) 因果 FIR 滤波器的系统函数 $H(z)$的全部极点都在(　　)处。

A. $z=0$　　B. $z=1$　　C. $z=j$　　D. $z=\infty$

(6) 下列关于 FIR 滤波器的说法中正确的是(　　)。

A. FIR 滤波器容易设计成线性相位特性

B. FIR 滤波器的脉冲响应长度是无限的

C. FIR 滤波器的脉冲响应长度是确定的

D. 对于相同的幅频特性要求,用 FIR 滤波器实现要比用 IIR 滤波器实现阶数低

7.3　已知 FIR 滤波器的单位响应脉冲为 $h(n)$,滤波器阶数 $N=6$,并且有 $h(0)=h(5)=2.5$,$h(1)=h(4)=5$,$h(2)=h(3)=9$,则

(1) 说明该系统的相位特性和幅度特性。

(2) 求出系统的系统函数 $H(z)$。

(3) 判断系统稳定性。

7.4　设计一个 FIR 低通滤波器,其技术指标为:通带截止频率 $f_p=2\text{kHz}$,阻带截止频率 $f_s=3\text{kHz}$,阻带最小衰减 40dB,采样频率 $F_s=10\text{kHz}$。

7.5　使用窗函数法设计一个线性相位 FIR 数字低通滤波器,要求该滤波器满足技术指标,则

(1) 通带截止频率 $\Omega_p=30\pi\text{rad/s}$,此处衰减不大于$-3$dB。

(2) 阻带起始频率 $\Omega_s=46\pi\text{rad/s}$,此处衰减不小于$-40$dB。

7.6　用频率采样法设计一线性相位滤波器,$N=15$,幅度采样值为

$$H_k=\begin{cases}1, & k=0\\ 0.5, & k=1,14\\ 0, & k=2,3,\cdots,13\end{cases}$$

试设计采样值的相位 θ_k,并求 $h(n)$及 $H(e^{j\omega})$的表达式。

附录 A 各章习题详细解答

APPENDIX A

第1章 离散时间信号与系统习题解答

1.1 题答案如下：

(1)大于或等于、最高频率；(2)单位圆；(3)14；(4)$x(m)$；(5)$\sin\frac{1}{2}n$；(6)$n<0$，$h(n)=0$；(7)$\sum_{-\infty}^{+\infty}|h(n)|<\infty$；(8)采样、归一化频率

1.2 题答案如下：

(1) A (2) B (3) D (4) D (5) B (6) C (7) C (8) D (9) C

1.3 题答案如下：

在 A/D 变化之前让信号通过一个低通滤波器，是为了限制信号的最高频率，使其满足当采样频率一定时，采样频率应大于或等于信号最高频率 2 倍的条件。此滤波器亦称为“抗折叠”滤波器。

在 D/A 变换之后都要让信号通过一个低通滤波器，是为了滤除高频延拓谱，以便把抽样保持的阶梯形输出波平滑化，故友称之为“平滑”滤波器。

1.4 题答案如下：

输出序列

$$y(n)=x(n)*h(n)=\sum_{k=-\infty}^{\infty}x(k)h(n-k)=\sum_{k=-\infty}^{\infty}R_N(k)a^{n-k}u(n-k)$$

(1) 当 $n<0$ 时，$y(n)=0$。

(2) 当 $0\leqslant n<N-1$ 时，$x(k)$与 $h(n-k)$在 $k=0$ 到 $k=n$ 有非零区间重叠，即

$$y(n)=\sum_{k=0}^{n}x(k)h(n-k)=\sum_{k=0}^{n}a^{n-k}=a^n\sum_{k=0}^{n}(a^{-1})^k=a^n\frac{1-a^{-n-1}}{1-a^{-1}}$$

(3) 当 $n\geqslant N-1$ 时，$x(k)$与 $h(n-k)$在 $k=0$ 到 $k=N-1$ 有非零区间重叠，即

$$y(n)=\sum_{k=0}^{N-1}x(k)h(n-k)=\sum_{k=0}^{N-1}a^{n-k}=a^n\sum_{k=0}^{N-1}(a^{-1})^k=a^n\frac{1-a^{-N}}{1-a^{-1}}$$

1.5 题答案如下：

(1) $x_a(t)$的周期是 $T_a=\frac{1}{f}=0.05\text{s}$

(2) $\hat{x}_a(t)=\sum\limits_{n=-\infty}^{\infty}\cos(2\pi fnT+\varphi)\delta(t-nT)=\sum\limits_{n=-\infty}^{\infty}\cos(40\pi nT+\varphi)\delta(t-nT)$

(3) $x(n)$的数字频率为 $\omega=0.8\pi$，$\frac{2\pi}{\omega}=\frac{5}{2}$，周期 $N=5$。$x(n)=\cos(0.8\pi n+\pi/2)$，画出其波形如图 A.1 所示。

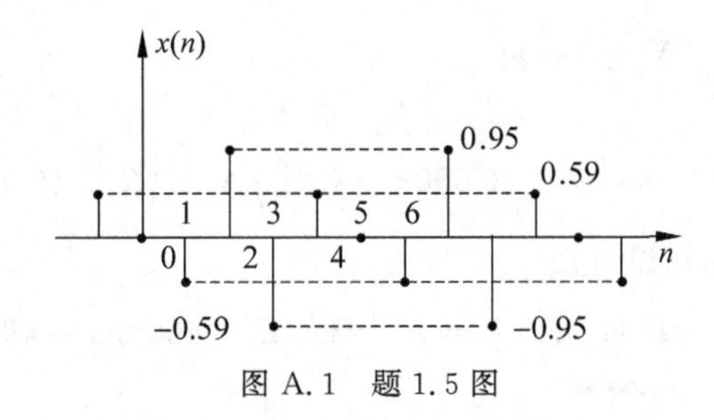

图 A.1　题 1.5 图

1.6 题答案如下：

(1) 令输入为 $x(n-n_0)$，输出为

$$Y(n)=T[x(n-n_0)]=\sum_{m=0}^{n}x(m-n_0)$$

而 $y(n-n_0)=\sum\limits_{m=0}^{n-n_0}x(m)\neq Y(n)$，所以系统是时变的。

(2) 令输入 $x(n-n_0)$，输出

$$Y(n)=T[x(n-n_0)]=nx(n-n_0)$$

而 $y(n-n_0)=(n-n_0)x(n-n_0)\neq Y(n)$，所以系统为时变的。

1.7 题答案如下：

(1) 在模拟信号中含有的频率成分是：

$$f_1=1000\text{Hz},\quad f_2=3000\text{Hz},\quad f_3=6000\text{Hz}$$

所以最高频率成分为 $f_m=6000\text{Hz}$，根据采样定理 $f_s\geqslant 2f_m$，所以奈奎斯特频率为 $f_N=2f_m=12\text{kHz}$。

(2) 根据 $x(n)=x_a(nT)=x_a(n/f_s)$，$f_s=5\text{kHz}$，所以

$$\begin{aligned}x(n)&=3\cos\left[2\pi\left(\frac{1}{5}\right)n\right]+5\sin\left[2\pi\left(\frac{3}{5}\right)n\right]+10\cos\left[2\pi\left(\frac{6}{5}\right)n\right]\\&=3\cos\left[2\pi\left(\frac{1}{5}\right)n\right]-5\sin\left[2\pi\left(\frac{2}{5}\right)n\right]+10\cos\left[2\pi\left(\frac{1}{5}\right)n\right]\\&=13\cos\left[2\pi\left(\frac{1}{5}\right)n\right]-5\sin\left[2\pi\left(\frac{2}{5}\right)n\right]\end{aligned}$$

(3) 根据(2)得到结论，在已抽样信号中，只出现 1kHz，2kHz 的频率成分，即

$$\frac{1}{5}=\frac{1000}{5000}=\frac{f_1}{f_s},f_1=1\text{kHz},\text{同理},f_2=2\text{kHz}$$

1.8 题答案如下：

采样角频率为 $\Omega_s=2\pi/T=12\,000\pi$，模拟信号的最高模拟角频率为 $\Omega_h=16\,000\pi$。

(1) 由于 $\Omega_h>\Omega_s/2$，所以 $\hat{x}_a(t)$ 的频谱会发生混叠，不满足采样定理。

(2) 由信号与系统的知识可知

$$X_a(\mathrm{j}\Omega)=F[\cos(16\,000\pi t)]=F\left[\frac{\mathrm{e}^{\mathrm{j}16\,000\pi t}+\mathrm{e}^{-\mathrm{j}16\,000\pi t}}{2}\right]$$
$$=\pi\delta(\Omega-16\,000\pi)+\pi\delta(\Omega+16\,000\pi)$$

$\hat{x}_a(t)$的频谱为

$$\hat{X}_a(\Omega)=\frac{1}{T}\sum_{k=-\infty}^{\infty}X_a(\Omega-k\Omega_s)$$
$$=\frac{1}{T}\sum_{k=-\infty}^{\infty}\left[\pi\delta\left(\Omega-16\,000\pi-k\frac{2\pi}{T}\right)+\pi\delta\left(\Omega+16\,000\pi-k\frac{2\pi}{T}\right)\right]$$

(3) 由信号与系统的知识可知

$$y_c(t)=F^{-1}[\hat{X}_a(\Omega)H(\mathrm{j}\Omega)]=F^{-1}[\pi\delta(\Omega-4000\pi)+\pi\delta(\Omega+4000\pi)]$$
$$=\frac{\mathrm{e}^{\mathrm{j}4000\pi t}+\mathrm{e}^{-\mathrm{j}4000\pi t}}{2}=\cos(4000\pi t)$$

可见 $y_a(t)\neq x_a(t)$,不能无失真地恢复原模拟信号。

第2章 Z变换与序列傅里叶变换习题解答

2.1 题答案如下:

(1)无限、左边;(2)$z_1=-\frac{1}{2}$,$z_2=-2$、不稳定、$h(0)=4$、不存在;(3) $\frac{1-z^{-4}}{1-z^{-1}}$,$|z|>0$;(4)绝对可和或 $\sum_{n=-\infty}^{+\infty}|x(n)|<\infty$;(5)$Y(\mathrm{e}^{\mathrm{j}\omega})=\frac{1}{2\pi}\int_{-\pi}^{\pi}X(\mathrm{e}^{\mathrm{j}\theta})X(\mathrm{e}^{\mathrm{j}(\omega-\theta)})\mathrm{d}\theta$

2.2 题答案如下:

(1) D (2) C (3) A (4) A (5) C (6) D (7) A

2.3 题答案如下:

(1) $Z\left[\left(\frac{1}{2}\right)^n u(n)\right]=\frac{z}{z-1/2}$, $|z|>\frac{1}{2}$

(2) $Z\left[\left(-\frac{1}{2}\right)^n u(n)\right]=\frac{z}{z+1/2}$, $|z|>\frac{1}{2}$

(3) $Z\left[\left(-\frac{1}{2}\right)^n u(-n-1)\right]=\frac{-z}{z+1/2}$, $|z|<\frac{1}{2}$

(4) $Z[\delta(n+1)]=z$, $|z|<\infty$

(5) $Z\left[\left(\frac{1}{2}\right)^n[u(n)-u(n-10)]\right]=\frac{z^{10}-\left(\frac{1}{2}\right)^{10}}{z^9\left(z-\frac{1}{2}\right)}$, $|z|>0$

(6) $Z\left[\left(\frac{1}{2}\right)^{|n|}\right]=\frac{3z/4}{\left(1-\frac{1}{2}z\right)\left(z-\frac{1}{2}\right)}$, $\frac{1}{2}<|z|<2$

2.4 题答案如下:

(1) $x(n)=\left(-\frac{1}{2}\right)^n u(n)$

(2) $x(n)=-\left(-\frac{1}{2}\right)^n u(-n-1)$

(3) $x(n)=\left[4\left(-\frac{1}{2}\right)^n-3\left(-\frac{1}{4}\right)^n\right]u(n)$

(4) $x(n)=\left(-\frac{1}{2}\right)^n u(n)$

2.5 题答案如下：

极点为 $z=2, z=1/2$；零点为 $z=0$(零极点图略)

(1) $|z|>2$,其序列为右边序列,也是因果序列。$x(n)=-2^n u(n)+\left(\frac{1}{2}\right)^n u(n)$。

(2) $|z|<\frac{1}{2}$,其序列为左边序列，$x(n)=2^n u(-n-1)-\left(\frac{1}{2}\right)^n u(-n-1)$。

(3) $\frac{1}{2}<|z|<2$,其序列为双边序列，$x(n)=2^n u(-n-1)+\left(\frac{1}{2}\right)^n u(n)$。

2.6 题答案如下：

(1) $|z|<\frac{1}{2}, x(n)=\frac{1}{13}\left[(1+5\mathrm{j})\left(-\frac{\mathrm{j}}{2}\right)^n+(1-5\mathrm{j})\left(\frac{\mathrm{j}}{2}\right)^n-15\left(-\frac{3}{4}\right)^n\right]u(-n-1)$

(2) $\frac{1}{2}<|z|<\frac{3}{4}$

$$x(n)=\frac{1}{13}\left[(-1-5\mathrm{j})\left(-\frac{\mathrm{j}}{2}\right)^n u(n)+(-1+5\mathrm{j})\left(\frac{\mathrm{j}}{2}\right)^n u(n)-15\left(-\frac{3}{4}\right)^n u(-n-1)\right]$$

(3) $|z|>\frac{3}{4}, x(n)=\frac{1}{13}\left[(-1-5\mathrm{j})\left(-\frac{\mathrm{j}}{2}\right)^n+(-1+5\mathrm{j})\left(\frac{\mathrm{j}}{2}\right)^n+15\left(-\frac{3}{4}\right)^n\right]u(n)$

2.7 题答案如下：

(1) $x(n)=(u(n)-2\times 2^n u(-n-1))=-u(n)-2^{n+1}u(-n-1)$

(2) $x(n)=-6(0.5)^n u(n)-4\times 2^n u(-n-1)$

(3) $x(n)=-\frac{1}{2}\left[1+(-1)^n\right]u(-n-1)$

(4) $x(n)=\frac{1}{\sin\omega_0}\left[\sin\omega_0(n+1)u(n+1)+\sin\omega_0 n u(n)\right]$

(5) $x(n)=n\cdot 6^{n-1}u(n)$

(6) $x(n)=\sin\left[(\pi/2)(n-1)\right]u(n-1)$

(7) $x(n)=\delta(n-1)+6\delta(n-4)+5\delta(n-7)$

2.8 题答案如下：

(1) $X(z)=\frac{az}{(z-a)^2},\quad |z|>|a|$

(2) $X(z)=\frac{az(z+a)}{(z-a)^2},\quad |z|>|a|$

2.9 题答案如下：

(1) $x(0)=1, x(\infty)=30/7$

(2) $x(0)=0, x(\infty)=2$

(3) $x(0)=1, x(\infty)=-3$

(4) $x(0)=1, x(\infty)=0$

2.10 题答案如下：

$$x(0)=x_1(0)+x_2(0)=\frac{1}{3}$$

2.11 题答案如下：

$$Y(z)=-\frac{3z^{3}}{(z-3)\left(z-\frac{1}{2}\right)},\quad \frac{1}{2}<|z|<3$$

2.12 题答案如下：

(1) $X(e^{j\omega})=e^{-jn_0\omega}$

(2) $X(e^{j\omega})=\dfrac{1}{1-e^{-a}e^{-j\omega}}$

(3) $X(e^{j\omega})=\dfrac{1}{1-e^{-\alpha}e^{-j(\omega+\omega_0)}}$

(4) $X(e^{j\omega})=\dfrac{1-e^{-a}e^{-j\omega}\cos\omega_0}{1-2e^{-a}e^{-j\omega}\cos\omega_0+e^{-2a}e^{-2j\omega}}$

2.13 题答案如下：

(1) $X(e^{j0})=12.5$

(2) $\int_{-\pi}^{\pi}X(e^{j\omega})d\omega=2\pi$

(3) $\int_{-\pi}^{\pi}|X(e^{j\omega})|^{2}d\omega=66.5\pi$

(4) $\int_{-\pi}^{\pi}\left|\dfrac{dX(e^{j\omega})}{d\omega}\right|^{2}d\omega=718.5\pi$

2.14 题答案如下：

(1) $\text{DTFT}[x_1(n)]=X(e^{-j\omega})[e^{j\omega}+e^{-j\omega}]=2X(e^{-j\omega})\cos\omega$

(2) $\text{DTFT}[x_2(n)]=\dfrac{X^{*}(e^{j\omega})+X(e^{j\omega})}{2}=\text{Re}[X(e^{-j\omega})]$

(3) $\text{DTFT}[x_3(n)]=\dfrac{d^{2}X(e^{j\omega})}{d\omega^{2}}-2j\dfrac{dX(e^{j\omega})}{d\omega^{2}}+X(e^{j\omega})$

2.15 题答案如下：

(1) $X(z)$的收敛域为：$\frac{1}{3}<|z|<2$,序列 $x(n)$是双边的。

(2) 假如序列是双边的,其收敛域有两种可能$\frac{1}{3}<|z|<2$ 或 $2<|z|<3$。

$$\text{DTFT}[x_3(n)]=\frac{d^{2}X(e^{j\omega})}{d\omega^{2}}-2j\frac{dX(e^{j\omega})}{d\omega^{2}}+X(e^{j\omega})$$

2.16 题答案如下：

(1) $H(z)=\dfrac{Y(z)}{X(z)}=\dfrac{z^{-1}}{1-z^{-1}-z^{-2}}$,零点：$z_0=0$,极点：$z_1=\dfrac{1+\sqrt{5}}{2}$,$z_2=\dfrac{1-\sqrt{5}}{2}$。

(2) $h(n)=\dfrac{1}{\sqrt{5}}\left[\left(\dfrac{1+\sqrt{5}}{2}\right)^{n}-\left(\dfrac{1-\sqrt{5}}{2}\right)^{n}\right]u(n)$。

(3) 系统的结构框图略。

(4) $y(n)=\dfrac{2}{\sqrt{5}}\left[\dfrac{\left(\dfrac{1+\sqrt{5}}{2}\right)^{n+1}-0.4^{n+1}}{\dfrac{1+\sqrt{5}}{2}-0.4}-\dfrac{\left(\dfrac{1-\sqrt{5}}{2}\right)^{n+1}-0.4^{n+1}}{\dfrac{1-\sqrt{5}}{2}-0.4}\right]u(n)$。

2.17 题答案如下：

$$H(z)=\frac{Y(z)}{X(z)}=\frac{1}{1-\frac{5}{6}z^{-1}+\frac{1}{6}z^{-2}}$$

$$h(n)=\left[3\left(\frac{1}{2}\right)^{n}-2\left(\frac{1}{3}\right)^{n}\right]u(n)$$

2.18 题答案如下：

(1) 系统的结构框图略。

(2) $H(z)=\dfrac{Y(z)}{X(z)}=\dfrac{1}{1-\frac{1}{3}z^{-1}}$，零、极点图略。

(3) 当收敛域为$|z|<\dfrac{1}{3}$时，系统即非因果的，也是不稳定的，$h(n)=-\left(\dfrac{1}{3}\right)^{n}u(-n-1)$。

当收敛域为$|z|>\dfrac{1}{3}$时，系统是稳定的因果系统，$h(n)=\left(\dfrac{1}{3}\right)^{n}u(n)$。

2.19 题答案如下：

$h(n)=[0.7^{n}-(-0.2)^{n}]u(n)$，零、极点图略。频率响应图略。

第3章 离散傅里叶变换习题解答

3.1 题答案如下：

(1) N、采样；(2)主值区间截断、周期延拓；(3) $x((n-m))_{N}R_{N}(n)$；(4) $W_{N}^{-mk}X(k)$；(5) N、$\dfrac{2\pi}{M}$；(6)主值，主值；(7) $X(k)=X(z)\Big|_{z=W_{N}^{-k}}$、$X(k)=X(\mathrm{e}^{\mathrm{j}\omega})\Big|_{\omega=\frac{2\pi}{N}k}$。

3.2 题答案如下：

(1) B (2) B (3) A

3.3 题答案如下：

(1)

		5	2	4	−1	2
				−3	2	1
		5	2	4	−1	2
	10	4	8	−2	4	
−15	−6	−12	3	−6		
−15	4	−3	13	−4	3	2

$$y(n)=x(n)*h(n)=\{-15,4,-3,13,-4,3,2\}$$

(2)

		5	2	4	−1	2
				−3	2	1
		5	2	4	−1	2
	10	4	7	−2	4	
−15	−6	−12	3	−6		
−15	4	−3	13	−4	3 |	2
2						
−13	4	−3	13	−4	3	2

$$y_1(n)=x(n)⑥^{①}h(n)=\{-13,4,-3,13,-4,3\}$$

(3) 因为 $8>(5+3-1)$,所以 $y_3(n)=x(n)⑧^{②}h(n)=\{-15,4,-3,13,-4,3,2,0\}$,$y_3(n)$与 $y(n)$非零部分相同。

3.4 题答案如下:

$$W_N^{(N-n)k}=e^{-j\frac{2\pi}{N}(N-n)k}=e^{j\frac{2\pi}{N}nk}$$

$$W_N^{-nk}=e^{-j\frac{2\pi}{N}(-n)k}=e^{j\frac{2\pi}{N}nk}$$

$$(W_N^{nk})^*=(e^{-j\frac{2\pi}{N}nk})^*=e^{j\frac{2\pi}{N}nk}$$

所以,$W_N^{(N-n)k}=W_N^{-nk}=(W_N^{nk})^*$。

3.5 题答案如下:

$$X(z)=\sum_{n=0}^{5}x(n)z^{-n}=1+z^{-2}+z^{-3}+z^{-5}$$

$$X(k)=X(z)\big|_{z=W_5^{-k}}=1+W_5^2+W_5^3+W_5^5=2+W_5^2+W_5^3=\sum_{n=0}^{4}x_1(n)W_5^{kn}$$

$$x_1(n)=\{2,0,1,1,0\}$$

3.6 题答案如下:

$$\widetilde{X}(k)=\sum_{n=0}^{4}\tilde{x}(n)e^{-j\frac{2\pi kn}{5}}=2+e^{-j\frac{2\pi k}{5}}+3e^{-j\frac{4\pi k}{5}}+4e^{-j\frac{8\pi k}{5}}$$

3.7 题答案如下:

$$\tilde{x}(k)=\text{DFS}[\tilde{x}(n)]=\sum_{n=0}^{3}\tilde{x}(n)e^{-j\frac{2\pi}{4}k\pi}=\sum_{n=0}^{1}e^{-j\frac{\pi}{2}kn}=1+e^{-j\frac{\pi}{2}k}$$

$$=e^{-j\frac{\pi}{4}k}(e^{j\frac{\pi}{4}k}+e^{-j\frac{\pi}{4}k})=2\cos\left(\frac{\pi}{4}k\right)\cdot e^{-j\frac{\pi}{4}k}$$

$\tilde{x}(k)$以 4 为周期。

$$X(e^{j\omega})=\text{DTFT}[\tilde{x}(n)]=\frac{2\pi}{4}\sum_{k=-\infty}^{\infty}\tilde{x}(k)\delta\left(\omega-\frac{2\pi}{4}k\right)=\frac{\pi}{2}\sum_{k=-\infty}^{\infty}\tilde{x}(k)\delta\left(\omega-\frac{\pi}{2}k\right)$$

$$=\pi\sum_{k=-\infty}^{\infty}\cos\left(\frac{\pi}{4}k\right)e^{-j\frac{\pi}{4}k}\delta\left(\omega-\frac{\pi}{2}k\right)$$

$x(n)$和 $\tilde{x}(n)$波形图如图 A.2 所示。

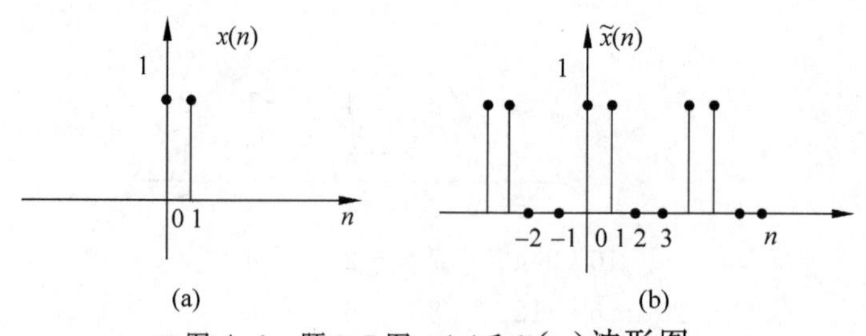

图 A.2 题 3.7 图 $x(n)$和$\tilde{x}(n)$波形图

① ⑥表示 6 点圆周卷积。

② ⑧表示 8 点圆周卷积。

3.8 题答案如下：

$x(n)$的 4 点 DFT：

$$X(k)=\sum_{n=0}^{3}x(n)W_4^{nk}=1+2W_4^{2k}+W_4^{3k}$$

因为

$$y(n)=x(n)\circledast x(n)$$

所以

$$\begin{aligned}Y(k)=X^2(k)&=(1+2W_4^{2k}+W_4^{3k})^2=1+4W_4^{2k}+2W_4^{3k}+4W_4^{4k}+4W_4^{5k}+W_4^{6k}\\&=5+4W_4^{k}+5W_4^{2k}+2W_4^{3k}\end{aligned}$$

所以

$$y(n)=5\delta(n)+4\delta(n-1)+5\delta(n-2)+2\delta(n-3)$$

3.9 题答案如下：

序列 $y(n)$的 5 点 DFT 等于乘积 $Y(k)=X(k)X(k)$，所以 $y(n)$是 $x(n)$与本身 5 点圆周卷积的结果为

$$y(n)=\left[\sum_{k=0}^{4}x(k)x((n-k))_5\right]R_5(n)$$

一个简单的计算圆周卷积的方法是先进行线性卷积 $y'(n)=x(n)*x(n)$，然后将结果叠加

$$y(n)=\left[\sum_{k=-\infty}^{\infty}y'(n-5k)\right]R_5(n)$$

$x(n)$与本身的线性卷积的结果为

$$y'(n)=[4,4,1,4,2,0,1]$$

用表格法计算圆周卷积如表 A.1 所示。

表 A.1 表格法计算圆周卷积

n	0 1 2 3 4	5 6 7
$y'(n)$	4 4 1 4 2	0 1 0
$y'(n+4)$	0 1 0 0 0	0 0 0
$z(n)$	4 5 1 4 2	— — —

所以，

$$y(n)=4\delta(n)+5\delta(n-1)+\delta(n-2)+4\delta(n-3)+2\delta(n-4)$$

3.10 题答案如下：

(1) $X(\mathrm{e}^{\mathrm{j}\omega})=\sum_{n=-2}^{3}x(n)\mathrm{e}^{-\mathrm{j}\omega n}=\mathrm{e}^{\mathrm{j}2\omega}+2\mathrm{e}^{\mathrm{j}\omega}+3+2\mathrm{e}^{-\mathrm{j}\omega}+\mathrm{e}^{-\mathrm{j}2\omega}=3+4\cos\omega+2\cos2\omega$。

(2) $V(k)=\mathrm{DFT}[v(n)]_6=\sum_{n=0}^{5}v(n)W_6^{kn}=3+2W_6^{k}+W_6^{2k}+W_6^{4k}+2W_6^{5k}=3+4\cos(\pi k/3)+2\cos(2\pi k/3)$。

(3) 对比(1)、(2) 的结果，得到 $V(k)$ 与 $X(\mathrm{e}^{\mathrm{j}\omega})$ 之间的关系 $V(k)=X(\mathrm{e}^{\mathrm{j}\omega})\big|_{\omega=\frac{2\pi}{6}k}$，$k=0,1,2,3,4,5$。

第4章　快速傅里叶变换习题解答

4.1 题答案如下：

(1) N^2、$N(N-1)$、$\frac{N}{2}\log_2 N$、$N\log_2 N$

(2) 长度逐次变短、周期性、蝶形计算、原位计算、码位倒置

(3) 栅栏效应

(4) 将输入变输出，输出变输入

(5) 蝶形

(6) 不变、变小

(7) L、$N/2$

(8) 混叠现象、栅栏效应

(9) N^2、$NL/2$

4.2 题答案如下：

(1) A　(2) A　(3) D　(4) A　(5) C

4.3 题答案如下：

DFT 计算时，时间为 $N^2\cdot 100+N(N-1)\cdot 20=125.808\text{s}$，FFT 需要 $100\cdot\frac{N}{2}\log_2 N+20\cdot N\log_2 N=0.7168\text{s}$。

4.4 题答案如下：

减少$\frac{N}{2}$即 512 点，比例为 $1/\log_2 N=1/10$。

4.5 题答案如下：

0 8 4 12 2 10 6 14 1 9 5 13 3 11 7 15，4 和 2 进行了倒位序，说明倒位序不只是发生在前半部分和后半部分。

4.6 题答案如下：

4 级，8 个

4.7 题答案如下：

(1) $\Delta f=\frac{f_s}{N}=\frac{20\,000}{1000}=20$

(2) 略

4.8 题答案如下：

(1) $f_s=4096$，则 $f_{\max}\leqslant 2048$。

(2) $F=\frac{f_s}{N}=1$。

(3) 该范围内一共 101 点，DFT 计算 101×4096；FFT 需要$\frac{N}{2}\log_2 N=6\cdot 4096$。

4.9 题答案如下：

$$x_1(n)=\cos\frac{2\pi\cdot 8\cdot n}{64}+\cos\frac{2\pi\cdot 8.5\cdot n}{64}$$

$$x_2(n)=\cos\frac{2\pi\cdot 8\cdot n}{64}+\cos\frac{2\pi\cdot 10.5\cdot n}{64}$$

$$x_3(n)=\cos\frac{2\pi\cdot 8\cdot n}{64}+0.001\cos\frac{2\pi\cdot 10.5\cdot n}{64}$$

三个频率分别有$\frac{f}{f_s}=8/64$，$\frac{f}{f_s}=8.5/64$，$\frac{f}{f_s}=10.5/64$，题目中$F=\frac{f_s}{64}$，所以三个频率中一个能被采到中心点，另外两个采集不到。$x_1(n)$两个峰值距离太近，不容易观察到。$x_3(n)$中$0.001\cos\frac{21\pi n}{64}$信号幅度太小，考虑强信号对弱信号的影响，所以$x_2(n)$可能有可区分的谱峰。

4.10 题答案如下：

(1) $F=\frac{10^7}{1000}=10\,000$，信号最高频率才1000Hz，意味着什么细节看不到，方案不合理。

(2) 采样点数可以增加到$N=\frac{10^7}{F}=10^6$，或者采样率下降到$f_s=10\,000\text{Hz}$。

4.11 题答案如下：

参考第2章共轭对称性部分

$$X_1(k)=\frac{1}{2}[X(k)+X^*(N-k)]$$

$$X_2(k)=-\mathrm{j}\,\frac{1}{2}[X(k)-X^*(N-k)]$$

4.12 题答案如下：

参考按频域抽取方式，当输入是$X(k)$时，输出相应的是$x(n)$，输入有$2N$点，但是此时不一定是2的幂次方，可以借鉴第一级

$$X_1(k)=\frac{1}{2}[X(k)+X(k+N)]$$

$$X_2(k)=\frac{1}{2}[X(k)+X(k+N)]W_{2N}^{-k}$$

此处借鉴了按频率抽取反变换过程的第一级，除以1/2是因为反变换最后要除以$1/N$，按照基2算法，可以将除的动作平均分配到每一级，所以除以1/2。在第一级之后，不一定能进行FFT计算，但是此后计算规模减半了。计算结构成为不相关联的两部分。所以令

$$Y(k)=X_1(k)+\mathrm{j}\cdot X_2(k),\quad 0\leqslant k\leqslant N-1$$

$$y(n)=\mathrm{IDFT}[Y(k)]=x_1(n)+\mathrm{j}x_2(n)=x(2n)+\mathrm{j}x(2n+1)$$

按照信号流图，反变换后上半部分是偶数下标，结果为实数，下半部分是奇数下标，也为实数，本题目中奇数下标的数在$x(2n+1)$中。反变换时，不需要顾及倒位序，这里用的是IDFT。

4.13 题答案如下：

(1) 512，512

(2) $4\times1024\times2+4\times512\times2=12\times1024$(数据实部虚部需要2倍存储器，正余弦表需要2倍)

(3) 程序略。

4.14 题答案如下：

(1) $t_p \geqslant 1/F = 0.1\text{s}$。

(2) $f_s \geqslant 2f_{\max} = 8000, T \leqslant 1/8000$。

(3) $N = \dfrac{f_s}{F} = \dfrac{8000}{10} = 800$，取 $N = 1024$。

4.15 题答案如下：

2FFT 流图如图 A.3 所示。

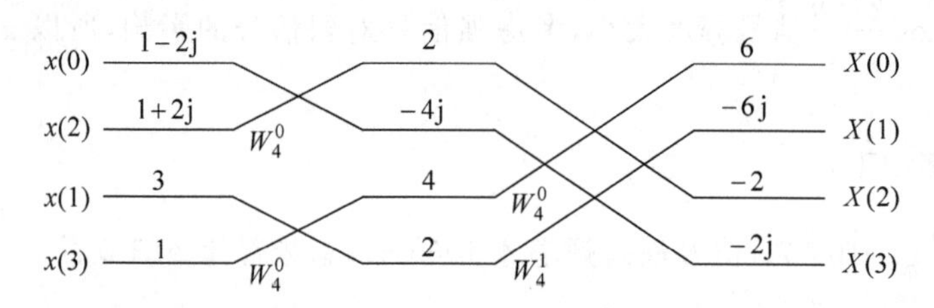

图 A.3　题 4.15 图时域基 2-FFT 流图

$$x(0) + W_4^0 x(2) = 2 \qquad 2 + W_4^0 \times 4 = 6$$

$$x(0) - W_4^0 x(2) = -4\text{j} \qquad 2 - W_4^0 \times 4 = -2$$

$$x(1) + W_4^0 x(3) = 4 \qquad -4\text{j} + W_4^1 \times 2 = -6\text{j}$$

$$x(1) - W_4^0 x(3) = 2 \qquad -4\text{j} - W_4^1 \times 2 = -2\text{j}$$

$$X(k) = \{6, -6\text{j}, -2, -2\text{j}\}, \quad k = 0,1,2,3$$

4.16 题答案如下：

由于序列 $x(n)$ 的长度为 200，所以取 $N = 256 = 2^8 = 2^M$，得 $M = 8$。

又因为 $L = 3, P = J \cdot 2^{M-L} = J \cdot 2^{8-3} = 32J, J = 0,1,2,\cdots,2^{L-1} - 1 = 0,1,2,3$。

第 3 级蝶形运算中不同的旋转因子为 $W_{256}^0, W_{256}^{32}, W_{256}^{64}, W_{256}^{96}$。

4.17 题答案如下：

(1) 已知 $F = 50\text{Hz}, T_{P,\min} = \dfrac{1}{F} = \dfrac{1}{50} = 0.02\text{s}$。

(2) $T_{\max} = \dfrac{1}{f_{s\min}} = \dfrac{1}{2f_{\max}} = \dfrac{1}{2 \times 10^3} = 0.5\text{ms}$。

(3) $N_{\min} = \dfrac{T_p}{T} = \dfrac{0.02\text{s}}{0.5 \times 10^{-3}} = 40$。

(4) 频带宽度不变意味着采样间隔 T 不变，应该使记录时间扩大一倍为 0.04s 实现频带分辨率提高 1 倍。

第 5 章　数字滤波器基本结构及状态变量分析法习题解答

5.1 题答案如下：

(1)级联型、并联型；(2)单位延迟；(3)状态方程

5.2 题答案如下：

(1) A　(2) D　(3) C

5.3 题答案如下(见图 A.4):

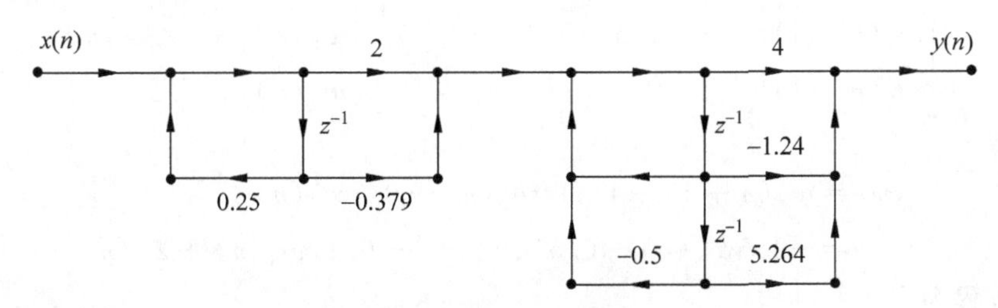

图 A.4 题 5.3 图

5.4 题答案如下:

将系统函数 $H(z)$ 表达为实系数一阶,二阶子系统之和,即

$$H(z)=\frac{2}{1-\dfrac{1}{3}z^{-1}}+\frac{1+z^{-1}}{1+\dfrac{1}{2}z^{-1}+\dfrac{1}{2}z^{-2}}$$

由上式可以画出并联型结构如图 A.5 所示。

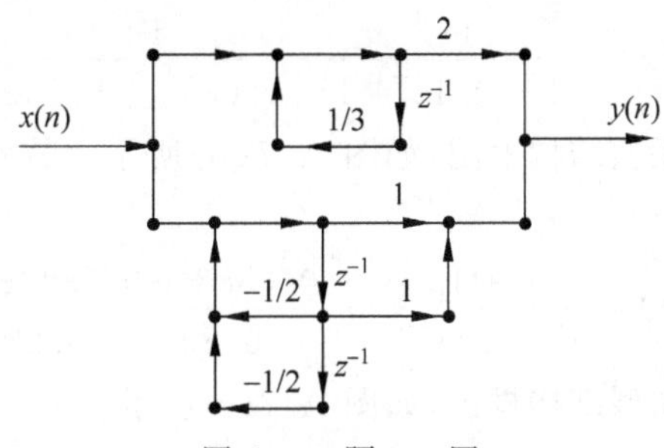

图 A.5 题 5.4 图

5.5 题答案如下(见图 A.6):

(1)

$$H(z)=2\,\frac{(1-z^{-1})}{1+0.5z^{-1}}\cdot\frac{1-1.414z^{-1}+0.7z^{-2}}{1-0.9z^{-1}+0.81z^{-2}}$$

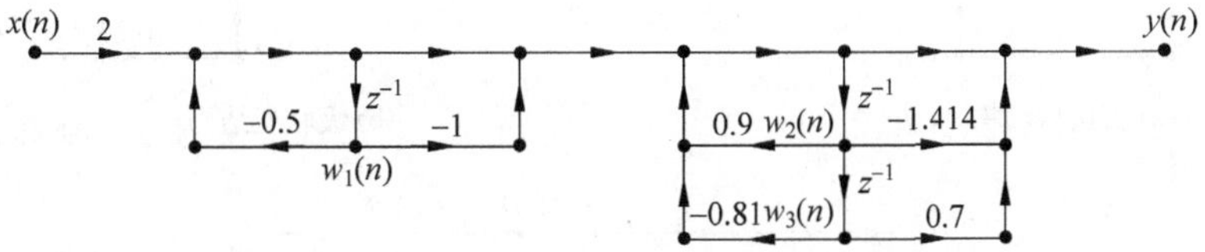

图 A.6 题 5.5 图

(2) 在延时支路输出端建立状态变量 $w_1(n)$、$w_2(n)$和 $w_3(n)$。写出状态变量的节点方程

$$w_1(n+1)=-0.5w_1(n)+2x(n)$$

$$\begin{aligned}w_2(n+1)&=w_1(n+1)-w_1(n)+0.9w_2(n)-0.81w_3(n)\\&=-1.5w_1(n)+0.9w_2(n)-0.81w_3(n)+2x(n)\end{aligned}$$

$$w_3(n+1)=w_2(n)$$

将以上三个方程写成矩阵方程

$$\begin{bmatrix} w_1(n+1) \\ w_2(n+1) \\ w_3(n+1) \end{bmatrix} = \begin{bmatrix} -0.5 & 0 & 0 \\ -1.5 & 0.9 & -0.81 \\ 0 & 1 & 0 \end{bmatrix} \begin{bmatrix} w_1(n) \\ w_2(n) \\ w_3(n) \end{bmatrix} + \begin{bmatrix} 2 \\ 2 \\ 0 \end{bmatrix} x(n)$$

输出方程为

$$\begin{aligned} y(n) &= w_2(n+1) - 1.414w_2(n) + 0.7w_3(n) \\ &= -1.5w_1(n) - 0.514w_2(n) - 0.11w_3(n) + 2x(n) \end{aligned}$$

写成矩阵方程为

$$y(n) = [-1.5 \quad -0.514 \quad -0.11][w_1(n) \quad w_2(n) \quad w_3(n)]^{\mathrm{T}} + 2x(n)$$

5.6 题答案如下：

将 $H(z)$表示为

$$H(z) = \frac{1}{1 - z^{-1} + 0.49z^{-2} - 0.1z^{-3}}$$

由此可画出系统的直接型结构框图，如图 A.7(a)所示。由于系统有一单实数极点和一对共轭复数极点，故将 $H(z)$表示实系数一阶、二阶子系统的乘积，即

$$H(z) = \frac{1}{1 - 0.4z^{-1}} \frac{1}{1 - 0.6z^{-1} + 0.25z^{-2}}$$

由此可画出系统的级联型结构框图，如图 A.7(b)所示。故将 $H(z)$表示实系数一阶、二阶子系统之和

$$H(z) = \frac{0.9412}{1 - 0.4z^{-1}} + \frac{0.0588 + 0.5882z^{-1}}{1 - 0.6z^{-1} + 0.25z^{-2}}$$

由此可画出系统的并联型结构框图，如图 A.7(c)所示。

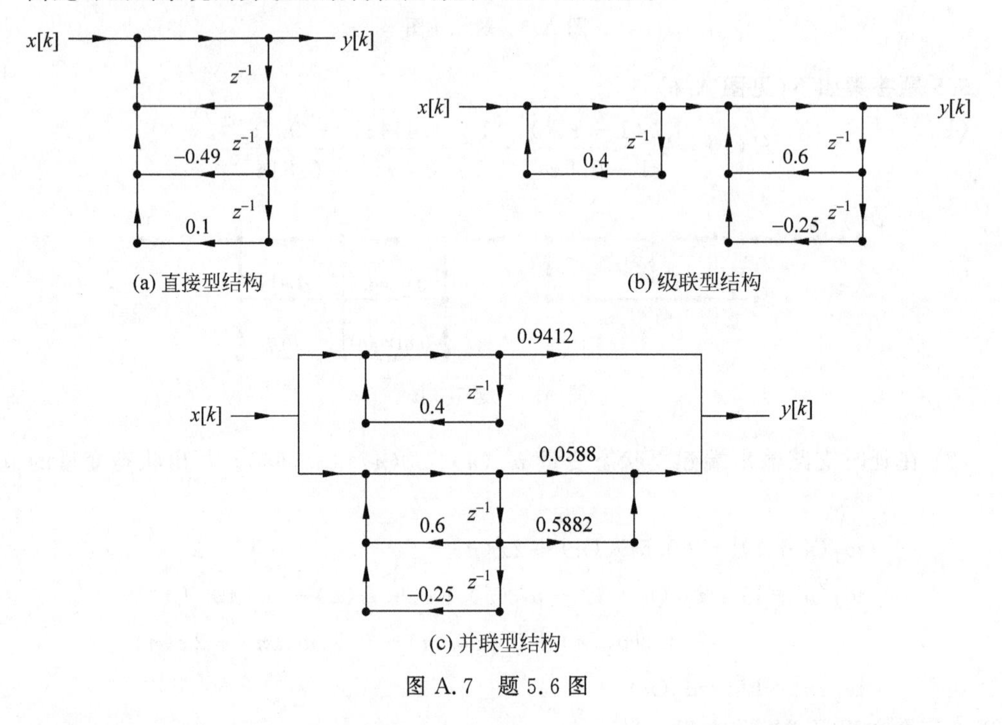

(a) 直接型结构　(b) 级联型结构　(c) 并联型结构

图 A.7　题 5.6 图

5.7 题答案如下：

(1) $H(z)=\dfrac{1}{1-3z^{-1}-z^{-2}}\dfrac{1}{1-z^{-1}-2z^{-2}}=\dfrac{1}{1-4z^{-1}+7z^{-3}+2z^{-4}}$

$$y[k]-4y[k-1]+7y[k-3]+2y[k-4]=f[k]$$

(2) 每个输出样本需要 4 次实数乘法和 4 次实数加法。

5.8 题答案如下：

(1) $h[k]=\delta[k]-2\delta[k-1]+4\delta[k-2]+3\delta[k-3]-\delta[k-4]+\delta[k-5]$

(2) $h[k]=2\delta[k]+3\delta[k-1]+\delta[k-2]-\delta[k-3]-\delta[k-4]+\delta[k-5]+3\delta[k-6]+2\delta[k-7]$

5.9 题答案如下：

(1) $H(z)=\sum\limits_{k=0}^{7}h[k]z^{-k}=1+az^{-1}+a^2z^{-2}+a^3z^{-3}+a^4z^{-4}+a^5z^{-5}+a^6z^{-6}+a^7z^{-7}$

直接型 FIR 结构流图如图 A.8(a)所示。

(2) 由(1)，根据等比数列的前 n 项和，即可得到

$$H(z)=\frac{1-a^8z^{-8}}{1-az^{-1}}=(1-a^8z^{-8})\frac{1}{1-az^{-1}}$$

由此可画出由 FIR 系统和 IIR 系统级联而成的结构流图，如图 A.8(b)所示。

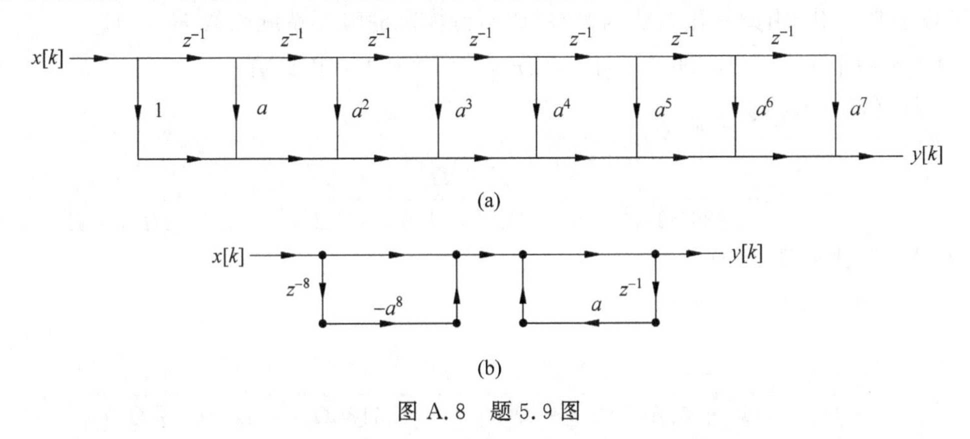

图 A.8 题 5.9 图

第 6 章 无限脉冲响应数字滤波器的设计习题解答

6.1 题答案如下：

(1) 混叠

(2) $\Omega=\dfrac{\omega}{T}$、$\Omega=\dfrac{2}{T}\tan\left(\dfrac{\omega}{2}\right)$或 $\omega=2\arctan\left(\dfrac{\Omega T}{2}\right)$。

(3) 脉冲响应不变法

(4) 平坦、衰减越快

(5) 全通系统

6.2 题答案如下：

(1) C (2) D (3) D (4) B

6.3 题答案如下：

(1) 求阶数 N。

$$N=\frac{\lg k_{sp}}{\lg\lambda_{sp}},\quad k_{sp}=\sqrt{\frac{10^{0.1A_s}p-1}{10^{0.1A_p}s-1}}=\sqrt{\frac{10^{2.5}-1}{10^{0.3}-1}}\approx 17.794$$

$$\lambda_{sp}=\frac{\Omega_s}{\Omega_p}=\frac{2\pi\times 12\times 10^3}{2\pi\times 6\times 10^3}=2$$

将 k_{sp} 和 λ_{sp} 值代入 N 的计算公式，得

$$N=\frac{\lg 17.794}{\lg 2}=4.15$$

所以取 $N=5$。

(2) 求归一化系统函数 $G(p)$。

由阶数 $N=5$ 直接查教材表 6.2.1，得五阶巴特沃思归一化低通滤波器系统函数 $G(p)$ 为

$$G(p)=\frac{1}{p^5+3.236p^4+5.2361p^3+5.2361p^2+3.2361p+1}$$

或

$$G(p)=\frac{1}{(p^2+0.618p+1)(p^2+1.618p+1)(p+1)}$$

(3) 去归一化，由归一化系统函数 $G(p)$ 得到实际滤波器系统函数 $H_a(s)$。

由于本题中 $A_p=3\text{dB}$，即 $\Omega_c=\Omega_p=2\pi\times 6\times 10^3\,\text{rad/s}$，因此有

$$H_a(s)=H_a(p)\big|_{p=\frac{s}{\Omega_c}}$$

$$=\frac{\Omega_c^5}{s^5+3.2361\Omega_c s^4+5.2361\Omega_c^2 s^3+5.2361\Omega_c^3 s^2+3.2361\Omega_c^4 s+\Omega_c^5}$$

对分母因式形式，则有

$$H_a(s)=H_a(p)\big|_{p=\frac{s}{\Omega_c}}$$

$$=\frac{\Omega_c^5}{(s^2+0.6180\Omega_c s-\Omega_c^2)(s^2+1.6180\Omega_c s-\Omega_c^2)(s+\Omega_c)}$$

如上结果中，Ω_c 的值未代入相乘，这样使读者能清楚地看到去归一化后，3dB 截止频率对归一化系统函数的改变作用。

6.4 题答案如下：

(1) 用脉冲响应不变法，即

直接按脉冲响应不变法设计公式，$H_a(s)$ 的极点为

$$s_1=-\frac{1}{2}+\text{j}\frac{\sqrt{3}}{2},\quad s_2=-\frac{1}{2}-\text{j}\frac{\sqrt{3}}{2}$$

$$H_a(s)=\frac{-\text{j}\frac{\sqrt{3}}{3}}{s-\left(-\frac{1}{2}+\text{j}\frac{\sqrt{3}}{3}\right)}+\frac{-\text{j}\frac{\sqrt{3}}{3}}{s-\left(-\frac{1}{2}-\text{j}\frac{\sqrt{3}}{2}\right)}$$

$$H(z)=\frac{-\mathrm{j}\frac{\sqrt{3}}{3}}{1-\mathrm{e}^{\left(-\frac{1}{2}+\mathrm{j}\frac{\sqrt{3}}{2}\right)T}z^{-1}}+\frac{-\mathrm{j}\frac{\sqrt{3}}{3}}{1-\mathrm{e}^{\left(-\frac{1}{2}-\mathrm{j}\frac{\sqrt{3}}{2}\right)T}z^{-1}}$$

将 $T=2$ 代入上式,得

$$H(z)=\frac{-\mathrm{j}\frac{\sqrt{3}}{3}}{1-\mathrm{e}^{-1+\mathrm{j}\sqrt{3}}z^{-1}}+\frac{-\mathrm{j}\frac{\sqrt{3}}{3}}{1-\mathrm{e}^{-1-\mathrm{j}\sqrt{3}}z^{-1}}=\frac{2\sqrt{3}}{3}\cdot\frac{z^{-1}\mathrm{e}^{-1}\sin\sqrt{3}}{1-2z^{-1}\mathrm{e}^{-1}\cos\sqrt{3}+\mathrm{e}^{-2}z^{-2}}$$

(2) 用双线性变换法:

$$H(z)=H_a(s)\Big|_{s=\frac{2}{T}\frac{1-z^{-1}}{1+z^{-1}},T=2}=\frac{1}{\left(\frac{1-z^{-1}}{1+z^{-1}}\right)^2+\frac{1-z^{-1}}{1+z^{-1}}+1}$$

$$=\frac{(1+z^{-1})^2}{(1-z^{-1})^2+(1-z^{-1})(1+z^{-1})+(1+z^{-1})^2}=\frac{1+2z^{-1}+z^{-2}}{3+z^{-2}}$$

6.5 题答案如下:

(1) 求数字频率

$$\omega_c=\Omega_c T=\frac{2\pi}{3}$$

(2) 预畸变

$$\Omega_c'=\frac{2}{T}\tan\frac{\omega_c}{2}=\frac{2}{T}\tan\frac{\pi}{3}=\frac{2}{T}\sqrt{3}$$

(3) 查表得归一化巴特沃思低通滤波器的系统函数为

$$H_a'(p)=\frac{1}{p^2+\sqrt{2}p+1}$$

令 $p=\frac{s}{\Omega_c'}$,得

$$H_a(s)=\frac{1}{\left(\frac{T}{2\sqrt{3}}\right)^2 s^2+\frac{T}{2\sqrt{3}}\sqrt{2}s+1}$$

(4) 双变换后为

$$H(z)=H_a(s)\Big|_{s=\frac{2}{T}\ \frac{1-z^{-1}}{1+z^{-1}}}=\frac{3+6z^{-1}+3z^{-2}}{(4+\sqrt{6})+4z^{-1}+(4=\sqrt{6})z^{-2}}$$

6.6 题答案如下:

已知 $A_p=3\mathrm{dB}$,$A_s=25\mathrm{dB}$,$f_p=25\mathrm{Hz}$,$f_s=50\mathrm{Hz}$,确定巴特沃思滤波器的阶数为

$$N\geqslant\lg\sqrt{\frac{10^{0.1A_s}-1}{10^{0.1A_p}-1}}/\lg\left(\frac{\Omega_s}{\Omega_p}\right)=\lg\sqrt{\frac{10^{0.1\times25}-1}{10^{0.1\times3}-1}}/\lg\left(\frac{2\pi\times50}{2\pi\times25}\right)$$

$$=\lg\sqrt{\frac{10^{2.5}-1}{10^{0.3}-1}}/\lg\left(\frac{50}{25}\right)=4.15$$

取 $N=5$。

本题由于 A_p 正好是 3dB，故低通滤波器的 3dB 截止频率为

$$\Omega_c=\Omega_p=2\pi f_p=2\pi\times 25=50\pi=157\text{rad/s}$$

或者，由下式求取 Ω_c，则

$$\Omega_c=\frac{\Omega_p}{(10^{0.1A_p}-1)^{\frac{1}{2N}}}=\frac{2\pi\times 25}{(10^{0.1\times 3}-1)^{\frac{1}{10}}}=157\text{rad/s}$$

将 Ω_c 代入五阶巴特沃思模拟低通传递函数

$$H(s)=\frac{1}{\left(\frac{s}{\Omega_c}\right)^5+3.236\times\left(\frac{s}{\Omega_c}\right)^4+4.236\times\left(\frac{s}{\Omega_c}\right)^3+4.236\times\left(\frac{s}{\Omega_c}\right)^2+3.236\times\left(\frac{s}{\Omega_c}\right)+1}$$

$$=\frac{1}{1.048\times 10^{-11}s^5+5.326\times 10^{-9}s^4+5.326\times 10^{-9}s^4+1.095\times 10^{-6}s^3+1.719\times 10^{-4}s^2+0.021s+1}$$

6.7 题答案如下：

(1) 双线性变换法：3dB 截止频率为

$$\omega_c=0.25\pi,\quad \Omega_c=\frac{2}{T}\tan\left(\frac{0.25\pi}{2}\right)=\frac{0.828}{T}$$

于是

$$H_a(s)=\frac{1}{1+sT/0.828}$$

所以

$$H(z)=H_a(s)\Big|_{s=\frac{2}{T}\cdot\frac{1-z^{-1}}{1+z^{-1}}}=\frac{1}{1+(2/0.828)[(1-z^{-1})(1+z^{-1})]}$$

$$=0.2920\,\frac{1+z^{-1}}{1-0.4159z^{-1}}$$

参数 T 不参与设计。

(2) 脉冲响应不变法：3dB 截止频率为

$$\omega_c=0.25\pi,\quad \Omega_c=\frac{2}{T}\tan\left(\frac{0.25\pi}{2}\right)=\frac{0.828}{T}$$

于是

$$H_a(s)=\frac{1}{1+sT/0.828}=\frac{0.828/T}{s+0.828/T}$$

因为脉冲响应不变法是由下面的映射完成的，即

$$\frac{1}{s+p_l}\to\frac{1}{1-e^{-p_lT}z^{-1}}$$

所以

$$H(z)=\frac{0.828/T}{1-e^{-T\cdot 0.828/T}z^{-1}}$$

6.8 题答案如下：

由题意可以得出：

$$\omega_p=0.3\pi\text{rad},\quad A_p=1\text{dB},\quad \omega_s=0.5\pi\text{rad},\quad A_s=12\text{dB}$$

(1) 频率预畸变

$$\Omega_p=\frac{2}{T}\tan\frac{\omega_p}{2}=\frac{2}{T}\tan 0.15\pi=1.019/T\,\text{rad/s}$$

$$\Omega_s=\frac{2}{T}\tan\frac{\omega_s}{2}=\frac{2}{T}\tan 0.25\pi=2/T\,\text{rad/s}$$

(2) 确定滤波器阶数

$$k_{sp}=\sqrt{\frac{10^{0.1A_p}-1}{10^{0.1A_s}-1}}=\sqrt{\frac{10^{0.1}-1}{10^{1.2}-1}}=0.1321$$

$$\lambda_{sp}=\frac{\Omega_s}{\Omega_p}=\frac{2\times\frac{1}{T}}{\frac{1.019}{T}}=1.9627$$

$$N=-\frac{\lg k_{sp}}{\lg\lambda_{sp}}=-\frac{\lg 0.1321}{\lg 1.9627}=3.002,\quad N=3$$

(3) 查表求归一化低通滤波器函数

$$H_a(p)=\frac{1}{p^3+2p^2+2p+1}$$

(4) 求模拟滤波器系统函数

$$\Omega_c=\Omega_p(10^{0.1\alpha_p}-1)^{-\frac{1}{2N}}=\frac{1.019}{T}(10^{0.1}-1)^{-\frac{1}{6}}=\frac{1.2764}{T}\text{rad/s}$$

$$H_a(s)=H_a(p)\Big|_{p=\frac{s}{\Omega_c}}=\frac{\Omega_c^3}{s^3+2\Omega_c s^2+2\Omega_c^2 s+\Omega_c^3}$$

$$=\frac{2.0793}{s^3T^3+2\times 1.2764T^2s^2+2\times 1.2764^2Ts+2.0793}$$

(5) 求系统函数 $H(z)$,将 $s=\frac{2(1-z^{-1})}{T(1+z^{-1})}$ 代入,得

$$H(z)=\frac{0.0766+0.2327z^{-1}+0.2327z^{-2}+0.0766z^{-3}}{1-0.8004z^{-1}+0.5040z^{-2}-0.6799z^{-3}}$$

6.9 题答案如下:

(1) 已知数字高通滤波器指标,则

$$\omega_p=0.8\pi\text{rad},\quad A_p=3\text{dB}$$

$$\omega_s=0.44\pi\text{rad},\quad A_s=20\text{dB}$$

(2) 由于设计的是高通数字滤波器,所以采用双线性变换法,所以要进行预畸变校正,确定相应的模拟高通滤波器指标(为了计算方便,取 $T=2$s),则

$$\Omega_p=\frac{2}{T}\tan\frac{\omega_p}{2}=\tan 0.4\pi=3.0777\text{rad/s}$$

$$\Omega_s=\frac{2}{T}\tan\frac{\omega_s}{2}=\tan 0.22\pi=0.8273\text{rad/s}$$

(3) 将高通滤波器指标转换成模拟低通指标。高通归一边界频率为(本题 $\Omega_p=\Omega_c$)

$$\eta_p=\frac{\Omega_p}{\Omega_c}=1,\quad \eta_s=\frac{\Omega_s}{\Omega_p}=\frac{0.8273}{3.0777}=0.2688$$

低通指标为

$$\lambda_p=\frac{1}{\eta_p}=1,\quad \lambda_s=\frac{1}{\eta_s}=3.7203$$

(4) 设计归一化低通 $G(p)$,则

$$k_{sp}=\sqrt{\frac{10^{0.1A_p}-1}{10^{0.1A_s}-1}}=\sqrt{\frac{10^{0.3}-1}{10^{1.8}-1}}=0.1003,\quad \lambda_{sp}=\frac{\lambda_s}{\lambda_p}=3.7203$$

$$N=-\frac{\lg k_{sp}}{\lg\lambda_{sp}}=1.75,\quad N=2$$

查表可得

$$G(p)=\frac{1}{p^2+\sqrt{2}p+1}$$

(5) 频率变换,求模拟高通 $H_a(s)$,则

$$H_a(s)=G_a(p)\Big|_{p=\frac{\Omega_p}{s}}=\frac{s^2}{s^2+\sqrt{2}\Omega_p s+\Omega_p^2}=\frac{s^2}{s^2+4.3525s+9.4722}$$

(6) 用双线性变换法将 $H_a(s)$ 转换成 $H(z)$,则

$$H(z)=H_a(s)\Big|_{s=\frac{1-z^{-1}}{1+z^{-1}}}=H_a(s)\Big|_{s=\frac{1-z^{-1}}{1+z^{-1}}}=\frac{0.06745(1-z^{-1})^2}{1+1.143z^{-1}+0.428z^{-2}}$$

第7章 有限脉冲响应数字滤波器的设计习题解答

7.1 题答案如下:

(1) $(N-1)/2$

(2) 窄、小

(3) $h(n)=h(N-1-n)$、$\varphi(\omega)=-\dfrac{N-1}{2}\omega$

(4) 7阶。

(5) 高通。

(6) $h(n)$是实数;$h(n)$满足以 $n=(N-1)/2$ 为中心的偶对称或奇对称,即 $h(n)=\pm h(N-1-n)$。

(7) 互为倒数的共轭对(四零点组、二零点组或单零点组)。

(8) 主瓣过渡区宽度、旁瓣峰值衰减。

(9) 窗函数、频率取样法。

7.2 题答案如下:

(1) A (2) D (3) AB (4) A (5) A (6) A

7.3 题答案如下:

(1) 由已知 $h(n)$满足 $h(n)=h(N-1-n)$,所以 FIR 滤波器具有 A 类线性相位相位特性为

$$\theta(\omega)=-\omega\frac{N-1}{2}=-2.5\omega$$

由于 $N=6$ 为偶数，幅度特性关于 $\omega=\pi$ 奇对称。

(2) $h(n)=2.5\delta(n)+5\delta(n-1)+9\delta(n-2)+9\delta(n-3)+5\delta(n-4)+2.5\delta(n-5)$。由 Z 变换对 $\delta(n)\leftrightarrow 1$ 及 Z 变换的移位性质 $\delta(n-m)\leftrightarrow z^{-m}$，可得

$$H(z)=2.5+5z^{-1}+9z^{-2}+9z^{-3}+5z^{-4}+2.5z^{-5}$$

(3) 由传递函数 $H(z)$ 可知，系统只在原点处有极点，收敛域包括单位圆，所以系统稳定。

7.4 题答案如下：

(1) 确定过渡带 $\Delta\omega$ 和截止频率 ω_c，则

$$\Delta f=f_s-f_p=1\text{kHz}\Rightarrow \Delta\omega=2\pi\Delta f/F_s=0.2\pi$$

$$f_c=\frac{f_s+f_p}{2}=2.5\text{kHz}\Rightarrow\omega_c=2\pi f_c/F_s=0.5\pi$$

(2) 给出 $H_d(\mathrm{j}\omega)$，则

$$H_d(\mathrm{j}\omega)=\begin{cases}\mathrm{e}^{-\mathrm{j}\omega\tau}, & |\omega|\leqslant 0.5\pi\\ 0, & \text{其他}\end{cases}$$

(3) 求出单位冲激响应，则

$$h_d(n)=\frac{1}{2\pi}\int_{-\omega_c}^{\omega_c}\mathrm{e}^{\mathrm{j}\omega n}\mathrm{e}^{-\mathrm{j}\omega\tau}\mathrm{d}\omega=\frac{\sin[0.5\pi(n-\tau)]}{\pi(n-\tau)}$$

(4) 阻带最小衰减为 40dB，通过查表可知，汉宁窗即能满足要求，因此窗口长度为

$$N=\left[\frac{\text{窗函数的精确过渡带}}{\text{滤波器过渡带}}\right]_{\text{上取整}}=\left[\frac{6.2\pi}{0.2\pi}\right]_{\text{上取整}}=31$$

所以

$$\tau=(N-1)/2=15$$

从而得到滤波器的单位冲激响应：

$$\begin{aligned}h(n)&=\frac{\sin[0.5\pi(n-15)]}{\pi(n-15)}w(n)\\&=\frac{\sin[0.5\pi(n-15)]}{\pi(n-15)}\times\frac{1}{2}\left[1-\cos\left(\frac{\pi n}{15}\right)\right]R_{31}(n)\end{aligned}$$

7.5 题答案如下：

(1) 选择汉明窗 $\omega_s=\Omega_s T=0.46\pi$，$\omega_p=\Omega_p T=0.3\pi$，$\Delta\omega=\omega_s-\omega_p=0.16\pi$，$N\geqslant\frac{p\cdot 4\pi}{\Delta\omega}=50$，选 $N=51$。

(2) 根据题意，得理想低通滤波器的单位脉冲响应为

$$h_d(n)=\frac{\sin 0.3\pi n}{n\pi}$$

对 $h_d(n)$ 进行 $m=\frac{N-1}{2}=25$ 移位，得

$$h'_d(n)=\frac{\sin 0.3\pi(n-25)}{(n-25)\pi}$$

乘以窗函数后为

$$h(n)=\frac{\sin 0.3\pi(n-25)}{(n-25)\pi}\left[0.45-0.46\cos\left(\frac{2\pi n}{N-1}\right)\right],\quad 0\leqslant n\leqslant 50$$

7.6 题答案如下：

因本题所给 $N=15$，且 $H_k=H_{N-k}$ 满足偶对称条件，$H_0=1$，根据相位约束条件可知，这是第一类线性相位滤波器。相位 $\theta(\omega)=-\omega\dfrac{N-1}{2}$，因此有

$$\theta_k=-k\frac{2\pi}{N}\times\frac{N-1}{2}=-\frac{14}{15}k\pi,\quad 0\leqslant k\leqslant 14$$

$$\begin{aligned}h(n)&=\frac{1}{N}\sum_{k=0}^{N-1}H(k)W_N^{-nk}=\frac{1}{N}\sum_{k=0}^{N-1}H_k\,e^{j\theta_k}\,e^{j\frac{2\pi}{N}nk}\\&=\frac{1}{15}\sum_{k=0}^{14}H_k\,e^{j\theta_k}\,e^{j\frac{2\pi}{15}nk}\\&=\frac{1}{15}\left[1+0.5e^{\left(\frac{2\pi}{15}n-\frac{14}{15}\pi\right)}+0.5e^{j\left(\frac{2\pi}{15}\times 14n-\frac{14\pi}{15}\times 14\right)}\right]\\&=\frac{1}{15}\left[1+\cos\left(\frac{2\pi}{15}n-\frac{14}{15}\pi\right)\right],\quad 0\leqslant n\leqslant 14\end{aligned}$$

滤波器频率响应为

$$\begin{aligned}H(e^{j\omega})&=\sum_{k=0}^{N-1}H(k)\Phi\left(\omega-\frac{2\pi}{N}k\right)\\&=\sum_{n=0}^{14}H(k)\frac{\sin\left[\left(\omega-\frac{2\pi}{N}k\right)\frac{N}{2}\right]}{N\sin\left[\left(\omega-\frac{2\pi}{N}k\right)/2\right]}e^{-j\left[\left(\omega-\frac{2\pi}{N}k\right)\frac{N-1}{2}\right]}\\&=\frac{\sin\frac{\omega N}{2}}{N\sin\frac{\omega}{2}}e^{-j\omega\frac{N-1}{2}}+0.5^{-j\frac{14}{15}\pi}\frac{\sin\left[\left(\omega-\frac{2\pi}{N}\right)\frac{N}{2}\right]}{N\sin\left[\left(\omega-\frac{2\pi}{N}\right)/2\right]}e^{-j\left[\left(\omega-\frac{2\pi}{N}\times 14\right)\frac{N-1}{2}\right]}+\\&\quad 0.5^{-j\frac{14}{15}\pi}\frac{\sin\left[\left(\omega-\frac{2\pi}{N}\times 14\right)\frac{N}{2}\right]}{N\sin\left[\left(\omega-\frac{2\pi}{N}\times 14\right)/2\right]}e^{-j\left[\left(\omega-\frac{2\pi}{N}\times 14\right)\frac{N-1}{2}\right]}\\&=\frac{1}{15}\sin\frac{15}{2}\omega\left[\frac{1}{\sin\frac{\omega}{2}\sin\left(\frac{\omega}{2}-\frac{\pi}{15}\right)}+\frac{1/2}{\sin\left(\frac{\omega}{2}-\frac{14}{15}\pi\right)}\right]\end{aligned}$$

参 考 文 献

[1] 程佩青.数字信号处理教程[M].5版.北京：清华大学出版社，2017.
[2] 陈怀琛.数字信号处理及其MATLAB实现[M].北京：电子工业出版社，2013.
[3] 刘顺兰，吴杰.数字信号处理[M].3版.西安：西安电子科技大学出版社，2016.
[4] 高西全，丁玉美.数字信号处理[M].3版.西安：西安电子科技大学出版社，2015.
[5] 王艳芬，王刚，张晓光，等.数字信号处理原理及实现[M].3版.北京：清华大学出版社，2017.
[6] 胡念英，李鉴，吴冉，等.数字信号处理[M].北京：清华大学出版社，2016.
[7] 高西全，丁玉美.数字信号处理学习指导[M].3版.西安：西安电子科技大学出版社，2015.
[8] 王大伦.数字信号处理[M].北京：清华大学出版社，2014.
[9] MITRA S K.数字信号处理——基于计算机的方法[M].3版.北京：电子工业出版社，2006.
[10] 陈怀琛.MATLAB及在电子信息课程中的应用[M].3版.北京：电子工业出版社，2006.
[11] 奥本海姆，谢弗.数字信号处理[M].北京：科学出版社，1980.
[12] 胡广书.数字信号处理——理论、算法与实现[M].3版.北京：电子工业出版社，2012.
[13] 姚天任.数字信号处理教程[M].2版.北京：清华大学出版社，2018.
[14] 程佩青.数字信号处理教程习题分析与解答[M].4版.北京：清华大学出版社，2014.
[15] 陈刚.数字信号处理[M].北京：机械工业出版社，2017.
[16] 尹为民.数字信号处理[M].北京：机械工业出版社，2017.
[17] 刘纪红，孙宇舸，叶柠.数字信号处理原理与实践(修订版)[M].北京：清华大学出版社，2014.
[18] 赵健，王宾，马苗.数字信号处理[M].2版.北京：清华大学出版社，2011.
[19] 李力利，刘兴钊.数字信号处理[M].2版.北京：电子工业出版社，2016.
[20] 丛玉良.数字信号处理原理及其MATLAB实现[M].5版.北京：电子工业出版社，2015.
[21] 林永照，黄文准，李宏伟.数字信号处理实践与应用——MATLAB话数字信号处理[M].5版.北京：电子工业出版社，2015.
[22] LYONS R G.数字信号处理[M].3版.北京：电子工业出版社，2015.
[23] 朱冰莲，方敏.数字信号处理[M].2版.北京：电子工业出版社，2014.
[24] 刘舒帆，费诺，陆辉.数字信号处理实验(MATLAB版)[M].西安：西安电子科技大学出版社，2008.
[25] 吴瑛，张莉，张冬玲，等.数字信号处理[M].西安：西安电子科技大学出版社，2015.
[26] 王嘉梅.基于MATLAB的数字信号处理与实践开发[M].西安：西安电子科技大学出版社，2007.
[27] 杨毅明.数字信号处理[M].2版.北京：机械工业出版社，2017.
[28] 张小虹.数字信号处理[M].2版.北京：机械工业出版社，2017.

图书资源支持

感谢您一直以来对清华大学出版社图书的支持和爱护。为了配合本书的使用，本书提供配套的资源，有需求的读者请扫描下方的“书圈”微信公众号二维码，在图书专区下载，也可以拨打电话或发送电子邮件咨询。

如果您在使用本书的过程中遇到了什么问题，或者有相关图书出版计划，也请您发邮件告诉我们，以便我们更好地为您服务。

我们的联系方式：

地　　址：北京市海淀区双清路学研大厦 A 座 714

邮　　编：100084

电　　话：010-83470236　010-83470237

资源下载：http://www.tup.com.cn

客服邮箱：tupjsj@vip.163.com

QQ：2301891038（请写明您的单位和姓名）

教学资源 · 教学样书 · 新书信息

人工智能科学与技术
人工智能|电子通信|自动控制

资料下载 · 样书申请

书圈

用微信扫一扫右边的二维码，即可关注清华大学出版社公众号。